機械製造

簡文通　編著

全華圖書股份有限公司

本書有系統地介紹機械製造的相關內容，可做為大學及技職院校機械工程及工業工程管理等有關學系學生研讀的教科書，也可供從事機械製造相關產業人員參考之用。本書源自編者於 1997 年所編著的初版，及 2004 年進行部份內容增添與修改的第二版，因應2010年之後機械製造的觀念、技術、設備及大環境的演進，故再次進行改版。主要增添的內容有第一章的工業 4.0 智慧製造，第八章的多軸複合工具機和智能化工具機，第十六章的 3D 列印技術；並將其內涵加入到本書相關的章節中。第十六章的微機電系統改稱為微奈米機電系統。全書內容文字的訂正及敘述的潤飾也逐一進行。目的在提供讀者對機械製造的基本觀念、應用原理、製程技術、新興工程技術，和未來發展方向等均能有所認識。

本書共有十六章，分為三大部份：第一部份包含第一章、第二章和第十三章至第十五章，著重機械製造系統的整體概念，以設計、材料和製造的關聯性為主軸，探討工程材料的特性，以及製程之規劃、管理和電腦輔助的重要性。第二部份包含第三章至第十二章，描述機械零件之各種成形加工或特性處理相關方法的原理、應用和發展趨勢，主要是以金屬材料為說明對象，有關陶瓷、塑膠及複合材料的加工方法則於第十二章中敘述。第三部份包含第十六章，介紹與機械製造相關的新興工程技術，簡述半導體製程、微奈米機電系統、奈米科技和 3D 列印技術之原理、製程及應用。本書在每一章的後面均附有習題供讀者練習，以增進對本書內容的熟稔度。並增加綜合問題供讀者選為報告或計畫的題目，做為進一步的研讀與討論。

本書的編寫參閱許多書籍和資料，在此謹向諸位原作者表達誠摯的謝意。在編著及改版的過程，承蒙多位同仁及研究生的大力協助，對本書的完成貢獻良多，深為感激。全華圖書公司編輯部與本書相關的小姐及先生們，對本書進展的督勉與關心，更是本書得以順利付梓的重要推手，在此一併表示感謝。

限於編者的學識和能力有限，本書的內容難免有欠妥、疏漏甚或錯誤之處，懇請讀者和先進們不吝指正，以做為改進之根據，在此致上最誠摯的感謝。

簡文通 謹識

2021 年於國立屏東科技大學機械工程系

「系統編輯」是我們的編輯方針，我們所提供給您的，絕不只是一本書，而是關於這門學問的所有知識，它們由淺入深，循序漸進。

本書有系統地介紹機械製造的相關知識。本書共有十六章，分為三大部份：第一部份包含第一章、第二章和第十三章至第十五章，著重機械製造系統的整體概念，以設計、材料和製造的關聯性為主軸，探討工程材料的特性，以及製程之規劃、管理和電腦輔助的重要性。第二部份包含第三章至第十二章，描述機械零件之各種成形加工或特性處理方法的原理、應用和發展趨勢，主要是以金屬材料為說明對象，有關陶瓷、塑膠及複合材料的加工方法則於第十二章中敘述。第三部份包含第十六章，介紹與機械製造相關的新興工程技術，簡述半導體製程、微奈米機電系統、奈米科技和 3D 列印技術之原理、製程及應用。適合大學及技職院校機械工程及工業工程管理等有關學系學生研讀的教科書，也可供從事機械製造相關產業人員參考之用。

同時，為了使您能有系統且循序漸進研習相關方面的叢書，我們以流程圖方式，列出各有關圖書的閱讀順序，以減少您研習此門學問的摸索時間，並能對這門學問有完整的知識。若您在這方面有任何問題，歡迎來函連繫，我們將竭誠為您服務。

相關叢書介紹

書號：038577
書名：機械設計製造手冊(精裝本)
編著：朱鳳傳、康鳳梅、黃泰翔
施議訓、劉紀嘉、許榮添
簡慶郎、詹世良

書號：05465
書名：奈米材料科技原理與應用
編著：馬振基

書號：01138
書名：圖解機構辭典
日譯：唐文聰

書號：05228
書名：微機械加工概論
編著：楊錫杭、黃廷合

書號：05399
書名：奈米工程概論
編著：馮榮豐、陳錫添

書號：06242
書名：金屬熱處理－原理與應用
編著：李勝隆

書號：05446
書名：奈米科技導論
編著：羅吉宗、戴明鳳、林鴻明
鄭振宗、蘇程裕、吳育民

◎上列書價若有變動，請以最新定價為準。

流程圖

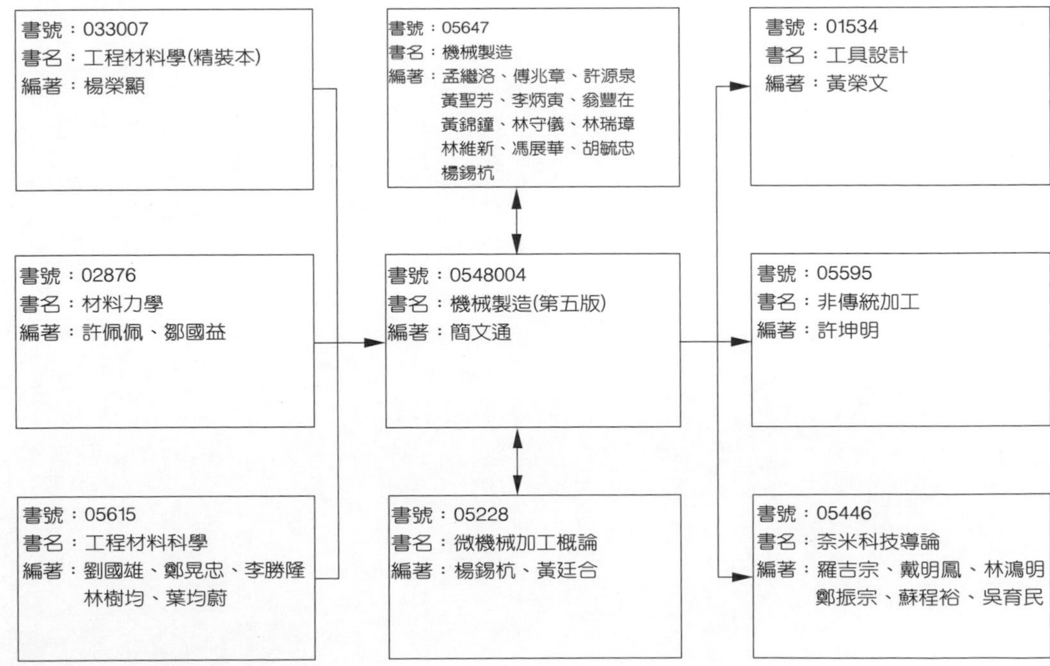

目錄

第 1 章 機械製造概論

1.1 製造的發展過程 1-3
1.2 設計、材料與製造 1-4
1.3 製造系統 1-9

第 2 章 工程材料

2.1 金屬材料之性質 2-4
2.1.1 化學性質 2-4
2.1.2 物理性質 2-5
2.1.3 機械性質 2-7
2.2 鐵系金屬材料 2-13
2.2.1 鐵和碳鋼 2-13
2.2.2 合金鋼 2-14
2.2.3 鑄 鐵 2-16
2.3 非鐵系金屬材料 2-16
2.3.1 鋁和鋁合金 2-16
2.3.2 鎂和鎂合金 2-17
2.3.3 銅和銅合金 2-17
2.3.4 鎳和鎳合金 2-18
2.3.5 鈦和鈦合金 2-18
2.3.6 其他金屬和合金 2-18
2.4 非金屬材料 2-19
2.4.1 陶瓷材料 2-19
2.4.2 聚合體材料 2-20
2.4.3 複合材料 2-22

第 3 章 鑄 造

3.1 模 型 3-3
3.1.1 模型裕度 3-4
3.1.2 模型材料 3-4
3.1.3 模型種類 3-6
3.1.4 流路系統 3-9

目錄

3.2 砂模鑄造 3-10

3.2.1 模　砂 3-10
3.2.2 砂模種類 3-12
3.2.3 砂　心 3-13
3.2.4 造模程序 3-14

3.3 澆注和鑄件處理 3-16

3.3.1 熔化 3-16
3.3.2 澆注 3-17
3.3.3 凝固 3-18
3.3.4 鑄件之清理與檢驗 3-18
3.3.5 鑄件之缺陷與預防 3-20

3.4 現代鑄造法 3-21

3.4.1 重力鑄造法 3-22
3.4.2 壓鑄法 3-22
3.4.3 離心鑄造法 3-23
3.4.4 瀝鑄法 3-24
3.4.5 精密鑄造法 3-24
3.4.6 其他鑄造法 3-25

第 4 章 塑性加工

4.1 塑性變形理論 4-3

4.2 熱作和冷作 4-7

4.3 素材生產 4-8

4.4 整體成形 4-10

4.4.1 鍛　造 4-10
4.4.2 滾　軋 4-15
4.4.3 擠　製 4-19
4.4.4 抽　拉 4-22

4.5 薄板成形 4-23

4.5.1 沖剪加工 4-23
4.5.2 壓　印 4-26
4.5.3 旋壓成形 4-27

4.5.4 引伸成形 4-27
4.5.5 伸展成形 4-28
4.5.6 彎曲加工 4-29
4.5.7 高能率成形 4-30
4.5.8 超塑性成形 4-31

第 5 章 接合程序

5.1 氣體銲接 5-6
5.1.1 氧乙炔氣銲法 5-7
5.1.2 氫氧氣銲法 5-8
5.1.3 空氣乙炔氣銲法 5-8

5.2 電弧銲接 5-9
5.2.1 碳極電弧銲法 5-10
5.2.2 遮蔽金屬電弧銲法 5-10
5.2.3 氣體鎢極電弧銲法 5-11
5.2.4 氣體金屬極電弧銲法 5-12
5.2.5 潛弧銲法 5-13
5.2.6 電漿電弧銲法 5-15
5.2.7 嵌柱式電弧銲法 5-15

5.3 電阻銲接 5-15
5.3.1 電阻點銲法 5-16
5.3.2 電阻浮凸銲法 5-18
5.3.3 電阻縫銲法 5-19
5.3.4 閃光銲法 5-20
5.3.5 端壓銲法 5-20
5.3.6 衝擊銲法 5-21

5.4 固態銲接 5-21
5.4.1 摩擦銲法 5-21
5.4.2 爆炸銲法 5-22
5.4.3 超音波銲法 5-22
5.4.4 高頻銲法 5-23
5.4.5 鍛壓銲法 5-23
5.4.6 氣體壓銲法 5-23
5.4.7 冷銲法 5-23

5.4.8 擴散銲法 5-23

5.5 軟銲和硬銲 5-25

5.6 其他銲接 5-26

5.6.1 電子束銲法 5-26
5.6.2 雷射束銲法 5-28
5.6.3 電熱熔渣銲法 5-30
5.6.4 鋁熱銲法 5-31

5.7 銲接處理 5-32

5.7.1 缺陷與防治 5-32
5.7.2 檢驗與測試 5-34
5.7.3 安全與管理 5-35

5.8 機械式緊固 5-35

5.9 黏著接合 5-36

第 6 章 切削理論

6.1 切削過程 6-3

6.2 切屑形式與切屑控制 6-6

6.3 刀具幾何形狀 6-9

6.4 刀具材料 6-11

6.5 切削力學 6-16

6.6 切削溫度 6-22

6.7 切削液 6-24

6.8 刀具壽命與刀具磨耗 6-25

6.9 加工面表面特性 6-28

6.10 切削性與切削參數 6-29

目錄

第 7 章 切削加工

7.1 鋸 切 7-3

7.2 車 削 7-5

7.3 鑽 削 7-6

7.4 製孔方法 7-8

7.5 銑 削 7-10

7.6 鉋 削 7-15

7.7 磨 削 7-17

7.8 螺紋與齒輪加工 7-21

第 8 章 工具機

8.1 工具機的構造 8-4

8.1.1 本體結構 8-4
8.1.2 傳動機構 8-5
8.1.3 控制系統 8-6

8.2 一般工具機 8-8

8.2.1 車 床 8-9
8.2.2 鑽 床 8-10
8.2.3 銑 床 8-12
8.2.4 搪 床 8-13
8.2.5 拉 床 8-14
8.2.6 磨 床 8-14

8.3 電腦數值控制工具機 8-16

8.3.1 數值控制 8-17
8.3.2 構造和種類 8-19

8.4 特殊工具機 8-21

8.4.1 專用工具機 8-21
8.4.2 高速工具機 8-23

8.4.3 超精密工具機 8-25
8.4.4 多軸複合工具機 8-26
8.4.5 智能化工具機 8-27

第 9 章 熱處理

9.1 鐵系合金熱處理原理 9-3
9.1.1 鐵碳平衡圖 9-6
9.1.2 鐵碳冷卻變態圖 9-9
9.1.3 硬化能 9-12

9.2 一般熱處理 9-13
9.2.1 退　火 9-14
9.2.2 正常化 9-16
9.2.3 淬　火 9-17
9.2.4 回　火 9-19
9.2.5 非鐵系合金的熱處理 9-19
9.2.6 熱機處理 9-21

9.3 熱處理設備 9-23
9.3.1 加熱爐 9-23
9.3.2 冷卻裝置 9-24
9.3.3 溫度測量裝置和控制裝置 9-25

9.4 熱處理工件的檢驗 9-26
9.4.1 機械性質試驗 9-27
9.4.2 材料組織檢查 9-27
9.4.3 非破壞檢驗 9-28

第 10 章 表面處理

10.1 表面前處理 10-3
10.1.1 表面清潔 10-3
10.1.2 表面機械處理 10-4

10.2 表面硬化處理 10-5
10.2.1 表面滲透法 10-5
10.2.2 表面淬硬法 10-8
10.2.3 珠擊法 10-9

10.3 表面防護處理 10-9
10.3.1 電　鍍 10-11
10.3.2 熱　浸 10-11
10.3.3 無電電鍍 10-12
10.3.4 電　鑄 10-12
10.3.5 物理氣相沉積 10-12
10.3.6 化學氣相沉積 10-13
10.3.7 噴　覆 10-13
10.3.8 塗　層 10-13
10.3.9 油　漆 10-14
10.3.10 陽極處理 10-14
10.3.11 鋼鐵發藍 10-15
10.3.12 染　色 10-15
10.4 表面光製處理 10-15

第 11 章 特殊加工

11.1 非傳統切削加工 11-2
11.1.1 化學加工 11-3
11.1.2 電化學加工 11-4
11.1.3 電子束加工 11-5
11.1.4 雷射束加工 11-6
11.1.5 放電加工 11-6
11.1.6 放電線切割 11-7
11.1.7 電漿電弧加工 11-8
11.1.8 放電研磨加工 11-8
11.1.9 超音波加工 11-8
11.1.10 磨料噴射加工 11-9
11.1.11 水噴射加工 11-10
11.2 粉末冶金 11-11
11.2.1 粉末製造 11-12
11.2.2 混合與成形 11-14
11.2.3 燒結與完工處理 11-16
11.3 金屬射出成形 11-18
11.4 電鑄成形 11-19

第 12 章 非金屬材料加工

12.1 陶瓷材料加工 12-2

12.1.1 陶瓷加工 12-3
12.1.2 玻璃加工 12-4

12.2 塑膠材料加工 12-5

12.2.1 擠製法 12-6
12.2.2 注射模製法 12-6
12.2.3 吹模製法 12-7
12.2.4 旋轉模製法 12-7
12.2.5 熱成形製法 12-7
12.2.6 壓力模製法 12-7
12.2.7 移轉模壓製法 12-7
12.2.8 鑄造法 12-8
12.2.9 彈性體加工 12-8
12.2.10 快速成型 12-8

12.3 複合材料加工 12-9

12.3.1 纖維複合材料加工 12-9
12.3.2 粒子複合材料加工 12-11
12.3.3 板狀複合材料加工 12-12
12.3.4 複合材料的切削加工 12-12

第 13 章 工程規劃

13.1 產品設計與工程分析 13-5

13.2 工程圖 13-7

13.2.1 零件圖與裝配圖 13-10
13.2.2 快速成型 13-11

13.3 產品生產的加工程序 13-11

13.3.1 工程材料 13-12
13.3.2 輔助工具 13-13
13.3.3 成形加工與處理 13-14

目錄

13.4 量測與檢驗 13-15
13.4.1 量測概論 13-15
13.4.2 長度量測 13-16
13.4.3 角度量測 13-19
13.4.4 表面量測 13-20
13.4.5 形狀量測 13-21
13.4.6 非破壞檢驗 13-22
13.5 裝　配 13-23

第 14 章 生產管理
14.1 生產規劃 14-3
14.2 生產管制 14-5
14.3 物料管理 14-8
14.4 作業研究 14-8
14.5 工程管理 14-10
14.6 品質管制 14-11
14.7 工作研究 14-16
14.8 製造成本 14-17
14.9 財務管理 14-18
14.9.1 財務報表 14-19
14.10 工業安全與衛生 14-22

第 15 章 電腦輔助製造系統
15.1 電腦輔助設計 15-3
15.2 電腦輔助製造 15-5
15.3 電腦輔助製程規劃 15-6

15.4 物料需求規劃與製造資源規劃 15-7

15.5 彈性製造系統 15-8

15.5.1 電腦數值控制工具機 15-9
15.5.2 物料處理系統 15-9
15.5.3 自動檢驗系統 15-10

15.6 管理資訊系統 15-10

15.7 電腦整合製造系統 15-10

第 16 章 新興工程技術

16.1 半導體製程 16-3

16.1.1 晶圓製造 16-4
16.1.2 前段製程 16-5
16.1.3 後段製程 16-9

16.2 微奈米機電系統 16-11

16.2.1 矽基微細加工 16-12
16.2.2 光刻鑄模技術 16-13
16.2.3 微機械加工 16-14

16.3 奈米科技 16-14

16.3.1 奈米結構的特性 16-15
16.3.2 奈米材料 16-16
16.3.3 奈米技術 16-20
16.3.4 奈米科技的應用 16-21

16.4 3D 列印技術 16-22

16.4.1 原理與特性 16-23
16.4.2 種類 16-24
16.4.3 應用與發展 16-28

參考書目 .... 參 -1

索引 .... 索 -1

Chapter 1

機械製造概論

1.1 製造的發展過程

1.2 設計、材料與製造

1.3 製造系統

從歷史文獻的記載得知，人類在數千年以前就已經知道利用地球上存在的資源，製造求生存所需的工具，例如石刀、石箭或石斧等；以及用來改善生活的器具，例如陶器、瓷器或青銅器等。他們藉助人力或水力等能量，利用簡易的手工操作設備和加工方法，例如鑄造、鍛錘或切削等，所得到的產品精度和生產效率並不是很理想。此後，生產設備或加工方式，乃至產品品質都持續不斷地在改進，然而成效卻是極為緩慢而有限。直到十八世紀末，蒸汽機的發明導致了所謂的第一次工業革命後，這些現象才大為改觀。第一次工業革命的主要特點是應用蒸汽機於各行各業，實現了產業機械化，因而得以節省人力，並使產能大增。到十九世紀末，內燃機與發電機取代了蒸汽機，造成機械使用能源的種類改變，從燃煤、燃油、電力、核能到太陽能等不同階段的演進。同時也促進了加工機器和加工技術的改革，進一步促使加工效率及產品精度的增進，遠遠超越以往幾千年來的努力，對人類文明的發展和生活品質的提升貢獻極大。

二十世紀中後期電子計算機（又稱為電腦）和資訊傳輸技術的發展與進步，更是徹底地影響人類生活的模式。當電腦被應用於機械工業後，促使了加工用的工具機和加工方法都產生本質上的改變。機械的控制方式由傳統的機械式轉變為數值控制式，使得機械製造的生產效率及產品的品質都大為提高。同時藉助電腦對大量資料儲存和快速計算處理的能力，使生產自動化、整合製造系統和無人化工廠的目標得以達成。因此，有人稱電腦的誕生和應用為第二次工業革命。目前有許多國家正努力於奈米科技的研發與應用，期許它可帶動包括材料、生醫、光電、資訊、能源、農業、化工、機械等相關產業進入新的發展方向，大幅提升其附加價值及競爭力，成為最可能導致二十一世紀新產業革命的關鍵技術。

通常可將產業結構分為三級，第一級是原料供應業，包括農業、漁業、牧業、林業和礦業等。第二級是製造業，用以將原料加工成更有價值的產品。第三級是服務業，例如教育、保險、銀行、運輸、娛樂和商業等。很明顯的可以看出第一級和第三級的產業都必須結合第二級製造業所生產的機器、設備或產品，才能達成它們的功能需求，因此可以說製造業是人類經濟活動的原動力。然而，若無第一級產業供應的原料則製造業根本無法運作。若無第三級產業的消費及分配，則製造業生產的產品也無法充分發揮其作用與價值。

1.1 製造的發展過程

機械製造的定義是指利用一些方法將材料轉變成有用 (Useful) 且可以銷售 (Salable) 出去的產品。欲完成此目的則需依靠機器的協助，通常稱這些機器為工具機，並將轉變材料的形狀、尺寸或特性使成為產品的方法稱為製造程序 (Manufacturing processes) 或加工方法。工具機和加工方法的發展是相輔相成且為同時並進，跟加工對象所使用材料種類的不同與新材料的出現，供應能量形式的改變，輔助設備的更替和製程技術的進步等，有極為密切的關係。

機械製造的處理對象是材料，而材料的種類很多，其中又以金屬材料的使用量最大。因此，機械製造所提及的工具機和加工方法大都是針對金屬材料加以討論。金屬材料的來源是將取自大自然的礦砂，經冶鍊及澆鑄後，再經滾軋等加工而形成棒狀、管狀、線狀、板狀或條狀等素材做為供應後續加工之用，並稱此過程為一次加工。將素材再進一步製造成產品的方法，則稱之為 (機械) 加工方法，即所謂的二次加工。其中，又可分為傳統加工方法和非傳統加工方法。傳統加工方法包含鑄造、切削、塑性成形、銲接、粉末冶金等，所需的能量以熱能和機械能為主，其值相對較小，但有時候對某些材料或複雜形狀的產品卻無法加工。非傳統加工方法則是以放電、電化學、超音波、雷射、爆炸或磁力等不同形式的能量為手段，所得到產品的精度較高，可以製造出較複雜形狀的產品。

由於製造的目的在生產出有用的產品以滿足市場需求，故製造發展過程在最早期的階段，是以採用如何提升生產效率來增加產量的加工方法為主。但隨著人類追求更高生活品質的要求，有關如何增進產品品質的加工方法則成為優先之考量。近年來由於加工時內外在條件的變遷，在資金、能源、環保和操作人員的安全衛生等的限制或規範下，以及電腦和科技快速進展並大量應用於製造業中，可以兼顧達成生產目標並能考量各種因素的加工方法將成為最佳的選擇。有關加工方法的發展過程如表 1.1 所示，其中各種加工方法的原理、特性、種類和應用等，將分別在第三章以後詳述。

機械製造有三個主要不同生產方式的演進，即包工方式、勞動分工和自動化生產等。在第一次工業革命之前，工人對產品的每一加工道次都需親自操作，即材料被加工成產品的程序全部由一人包辦，且工作場所大都較窄小。第一次工業革命後發展出勞動分工的觀念，將產品的不同加工道次分別交由不同的工人負責，每人專門負責其中的一項操作程序，產品需經過不同工作內容的所有道次負責之操作人員後才能完成。同時也形成了近代工廠的型態，其後更有生產線的出現被用來製造大量生產的產品。近年來由於科技的進步，新型的工具機陸續被發明使用，先是自動工具機，然後是數值控制工具機，接著因電腦的發達而產生自動化設備、彈性製造系統和無人化工廠等自動化生產方式。

未來機械製造發展的趨勢將是朝向加強新材料的開發使用、零組件製造的專業分工、提升產品品質和生產效率、加工方式的自動化及高速化、減少加工現場直接操作人員、採用加工步驟較少的加工方法、數值控制機器及電腦的大量使用、新興工程技術的應用和製造系統的功能整合等，進而邁向智慧製造的新領域。

表 1.1　加工方法的發展過程

年　代	加　工　方　法
1000 ～ 1700	永久模鑄造、滾軋、手工鍛造、鋸切
1700 ～ 1800	擠製、深抽、車削、搪孔
1800 ～ 1900	電鍍、離心鑄造、銑削、粉末冶金
1900 ～ 1940	壓鑄、熱擠、銲接、塑性成形
1940 ～ 1950	脫蠟鑄造、潛弧銲接、鋼擠製
1950 ～ 1960	半導體、連續鑄造、爆炸成形、惰氣鎢極電弧銲、惰氣金屬極電弧銲、電化加工、自動機械
1960 ～ 1970	電漿銲接、電子束銲接、數值控制
1970 ～ 1980	真空鑄造、雷射束銲接、超塑性成形、彈性製造系統
1980 ～ 1990	電腦整合製造系統、無人化工廠
1990 ～ 2000	微機電系統、精密機械、奈米科技
2000 ～	微奈米機電系統、3D 列印技術、工業 4.0、智慧製造

1.2 設計、材料與製造

一種產品的開發生產大都起源於人類的需求，以及根據市場反應的資訊，歷經評估、設計、備料、製造、裝配、測試、銷售等階段而達成，並且是在有利潤可得的前提下所從事的經濟性行為。完整的發展流程如圖 1.1 所示，其中有關產品設計、材料選用和製造程序的決定等三項是構成生產產品最重要的關鍵過程。

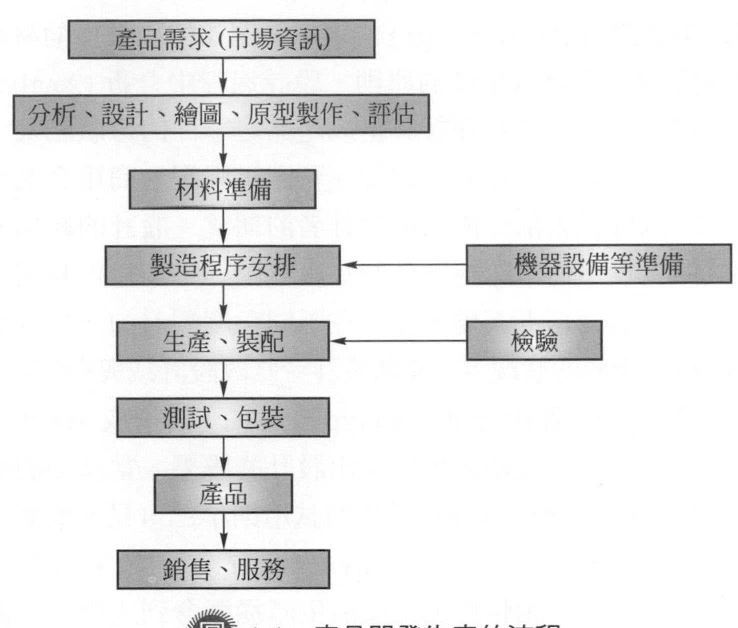

圖 1.1　產品開發生產的流程

由於人類生活模式邁向世界村的趨勢已形成，國際間的貿易障礙也逐漸被消弭，如何提升產品的競爭力是所有產業能否生存或成長時所不容忽視的課題。降低生產成本是其中一項有效的措施，通常產品開發及製造成本的百分之七十到百分之八十是取決於最初的設計階段。這是因為設計時首先要考量滿足產品的功能要求，如此才能生產出合乎市場上所需要的產品。故如何選用適當的材料以達成產品設計的功能，又可儘量節省購買的費用，在設計產品的階段時即需加以考慮。同時製造程序 (即加工方法) 及其使用的機器設備和人力素質等需求，也將隨著設計所要求的規範 (如尺寸、形狀、工件表面狀態、產品特性等) 和材料的選用而決定，這些項目回過頭來會影響到生產成本的計算，甚至是生產此一產品能否獲得利潤的重要因素。根據此概念所衍生出來的價值工程 (Value engineering) 即著重於此一問題的討論。另一方面，若選用的製造程序受限於本身的加工特性或配合之機器、人員等的能力，無法達成設計所要求的規範，或在加工過程中造成材料性質的改變，或需要增加其他設備的投資，以致形成額外成本的負擔等，都會影響到原先產品設計及材料選用的優勢。故如何平衡設計、材料和製造三者分別評估所得的因素，以達到最佳的經濟生產目的是一項值得探討的課題。

設計時除了考量上述的產品功能、材料價格和製造能力等主要因素外，尚需包括有關產品使用壽命的週期、產品未來改良的可行性、是否可回收、環保問題、安全性、美觀等因素，而近來強調的創意設計更是成為提升產品競爭力的利器。

惟需注意勿落入過度設計 (Over design) 的迷思，例如採用太貴的材料或過高的精度要求等，可能導致不合經濟生產的原則。設計過程中分析 (Analysis) 是一項非常重要的工作，例如利用力學原理計算組成產品之零件的形狀和尺寸，利用運動學原理安排組成產品之機構的相關位置等。藉由電腦配合商用套裝軟體的應用，分析的準確度和時效性已大部分能達成設計者的期望。設計的結果傳統上是以工程圖做平面形式的表現，通常包括零件圖及組裝圖等。現在可利用已發展成熟的虛擬實境技術，在電腦螢幕上表現出產品在不同角度觀看的三度空間模樣，以及其作動行程或運轉時變形的狀況等，成為設計者修改設計或與顧客溝通時的利器。若進一步使用快速原型製造 (Rapid prototyping，RP) 技術或 3D 列印技術製作和產品實體一樣的模型，則更能明確地顯示出設計的成果。當產品的價值很高，製作真材實料之全尺寸原型 (Prototype) 供作測試用則早已可見，例如新型戰鬥機的開發等。設計過程中，逆向工程 (Reverse engineering，RE) 可以提供仿製及改良已存在的實體物品之流程，相較於通常產品生產從概念到成形之正向工程的發展流程正好相反。同步工程 (Concurrent engineering，CE) 則是把從設計到製造依先後順序進行的一些步驟合併或同時處理，因此可縮短產品開發生產的過程，減少各階段前置時間的花費，和及時因應市場多變化性的趨勢，其功效為可以提升產品的競爭力。

材料是構成產品的實體物質，它被選用的必要條件是可以滿足設計時所規劃的功能要求。換句話說，材料本身的性質 (Properties) 是選用時最先要被評估的主要因素。其次是考慮材料的購買成本及加工性，因為機器及勞動成本加上材料費用是構成生產成本的大部分。然而，若只求材料價格的便宜而導致加工效率不佳或製程變多，造成設備及加工成本增加，對生產整體言則不見得合適。通常我們用“偷工減料”一詞對不良產品給予負面評價中的“減料”即為選用了不適當的材料，“偷工”指的是加工過程未依正確合宜的方法、步驟、時間或設備等，導致產品未能符合設計時對功能等的要求。其他如材料供應來源是否穩定，材料本身的可回收性等，也是選擇材料時需列入評估的因素。有關材料的性質和種類等，將於第二章中詳加敘述。

經設計過程所得之產品或零件有一定的形狀、尺寸及表面狀態，但是由不同的製程規劃人員所安排的加工方法及順序，其結果大都會有一些差異。因為完成一種產品的製造，可以融合現實的加工能力和個人的創意而達成相關的品質要求，故有人說製造是一種技術同時也是一種藝術。製造過程的貢獻是增加材料的價值，如何降低加工成本，提高生產效率，且得到的產品能合乎設計的品質要求，又為顧客所能接受，因而可獲得較高的利潤，這才是最佳的製程規劃。一般製造產業最先加工的對象是機械零件 (或稱組件、元件)，例如軸、彈簧、螺絲、齒輪、軸承、閥等。結合兩項以上的各種零件，形成有特定作用的組合體即稱為機構 (Mechanism)。進一步結合不同的機構，並經輸入能源而形成具有特定功能的有用產品即為機器 (Machine)。若集合兩部以上的機器構成更複雜的系統則稱為機械 (Machinery)。因此，在生產零件時即需考慮到零件間或機構間之組合裝配 (Assembly) 的問題，且這部分在設計階段時即應加以考慮。 此外，尚需注意影響製程選用很重要的一項因素是產品預定要生產的數量。產量一般可分為連續生產 (Continuous production)：指生產線日夜不停地生產者，例如鋼材、汽油等；大量生產 (Mass production)：指年產十萬件以上者，例如汽車、變壓器等；中量生產或批量生產 (Batch production)：指年產數千件到十萬件者，例如大客車、飛機零組件等；和零星生產 (Job lot production)：指由訂單決定者，每次約為單件到上千件，例如人造衛星、抽油設備等。產品的數量將對選用的製造程序、使用的機器種類、輔助系統的建構、材料購置的成本乃至於產品價格的高低等，有決定性的影響。當然將材料轉變得到零件的形狀、尺寸、表面狀態和特性是生產產品的關鍵過程，此即前面所言之製造程序或加工方法。本書自第三章以後即針對此一主題詳加討論。圖 1.2 說明製造程序的種類及架構，並於表 1.2 列舉製造零件不同形狀或特性的常見加工方法。

表 1.2　零件形狀或特性及常見的加工方法

形狀或特性	加　工　方　法
平　　面	鑄造成形、銑削、滾軋、鏨平、研磨
孔　　洞	鑽孔、端銑削、放電加工、電化學加工、超音波加工、氧乙炔切割、沖孔、插孔、拉孔、砂心鑄造、雷射束、電子束、蝕刻、水刀、粉末冶金
管　　形	擠製、抽拉、滾軋、離心鑄造、銲接
曲　　面	銑削、滾軋、研磨
螺　　紋	車削、滾軋、研磨
表面特性	精車、壓印、研磨、珠擊、蝕刻、電鍍、物理氣相沉積、化學氣相沉積、陽極處理
大型零件	泥土模鑄造、銲接、機械式組裝
小型零件	精密鑄造、粉末冶金、蝕刻、非傳統加工、微奈米機電系統、奈米技術

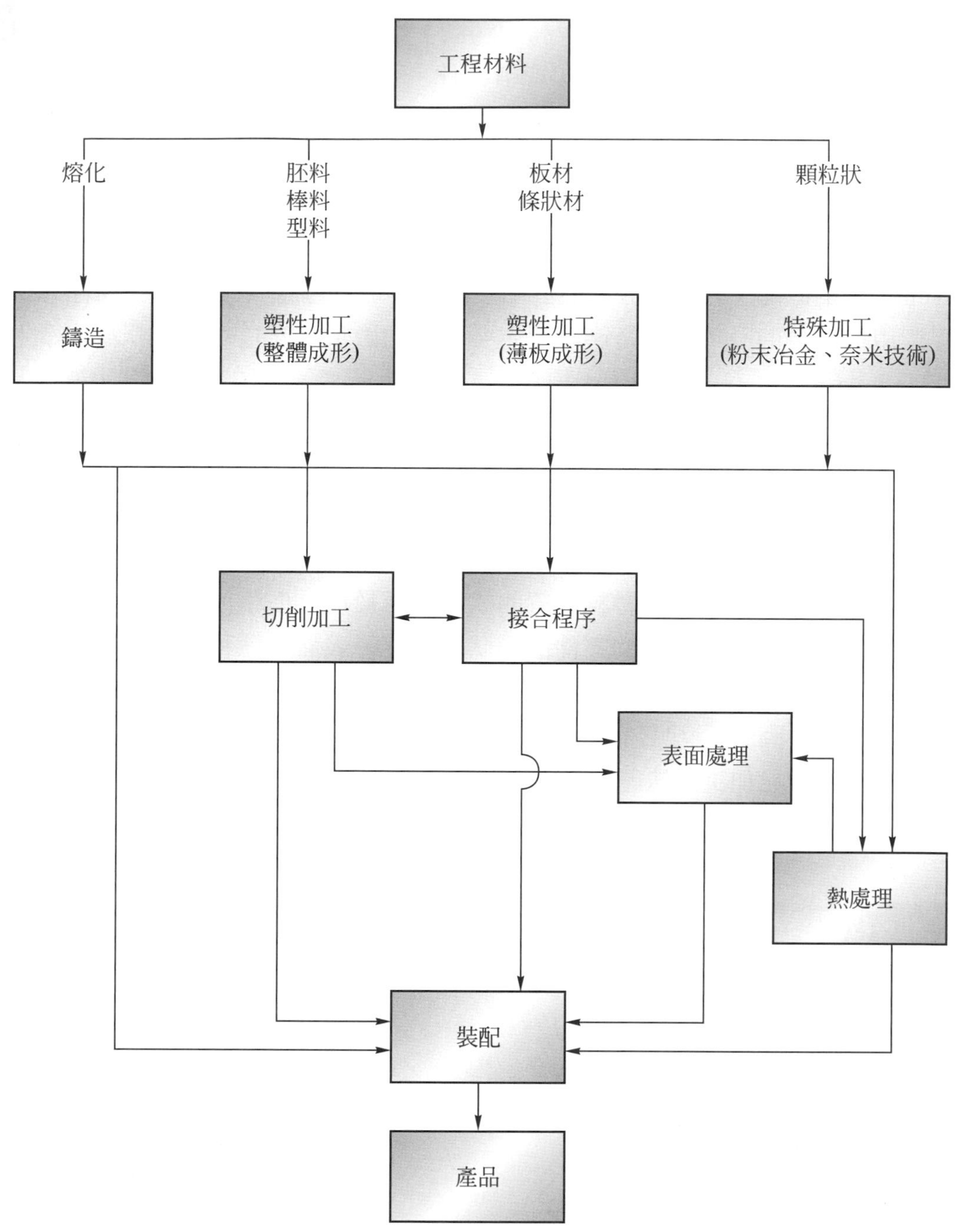

圖 1.2　製造程序的種類及架構

1.3 製造系統

機械製造業結合許多相關之活動架構成一整合性的製造系統，目的在藉由生產特定功能的產品並經銷售後，獲取利潤以創造財富。其中所涵蓋的內容及範圍廣泛而複雜，依其關聯性可分為三個基本部分，即輸入、生產製程和輸出。輸入部分是指製造系統存在的動機和資源的供應，包括顧客需求、材料、資金、人力、機器、能源、時間、知識、技術、和教育等。生產製程部分是指完成產品的整個過程，包括設計、製程規劃、生產和管理等。輸出部分是指產品、服務支援、品質保證和成本效益等，如圖 1.3 所示。

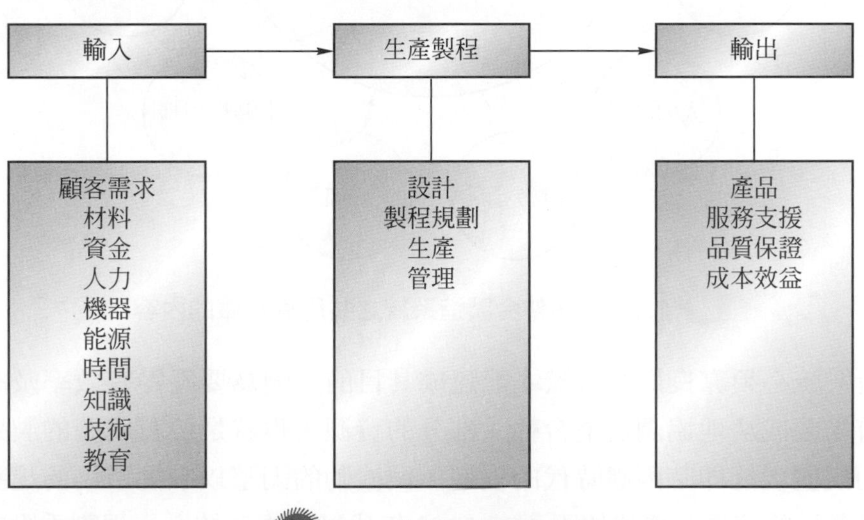

圖 1.3　製造系統的架構

製造系統的三個基本部分在運作上可分別歸納至不同的活動中，例如市場調查、物料採購、人力調配、財務管理、產品設計與開發、製程規劃、生產管制、零件加工、品質管制、裝配包裝、運輸、客戶服務等，並可依實際需要將其中數個活動整併在一個次系統中。然而，它們彼此間仍存在著相互影響的密切關係，無法分開各自處理，故在運作時往往會造成極大的困擾。此時，電腦應用在製造業的重要性即充分顯現出來，藉由電腦龐大的記憶容量和快速執行運算與判斷的能力，並經共用資料庫 (Common database) 接收或提供各類活動有關的資訊，架構成所謂的電腦整合製造系統 (Computer integrated manufacturing system，CIMS)，如圖 1.4 所示。CIMS 已成為現代製造業所不可或缺的工具，本書將於第十五章中再詳述電腦在製造業中的應用。

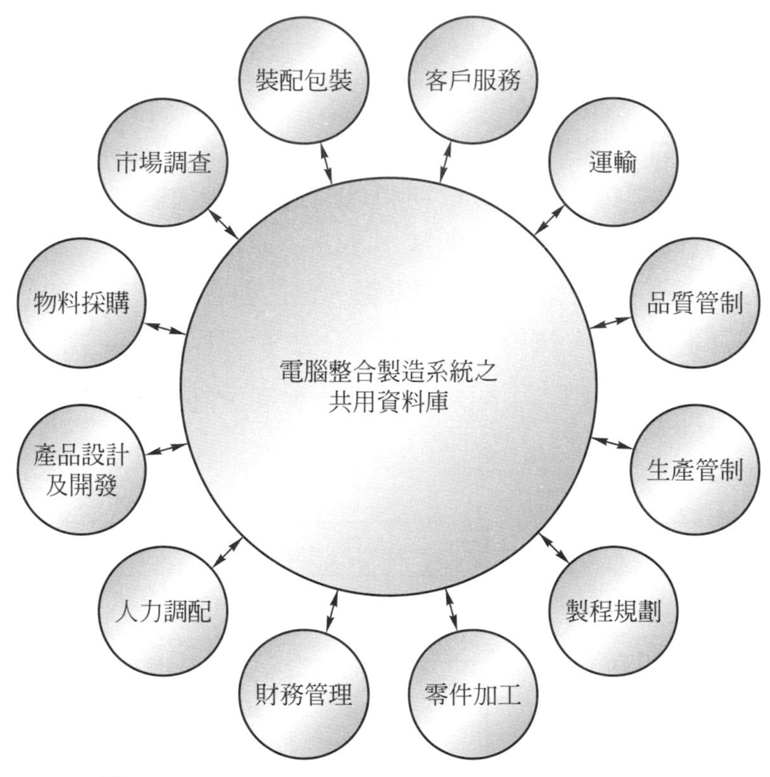

圖 1.4 電腦整合製造系統之共用資料庫的內容

製造系統必須靠良好的組織才能達成其目的。因為要獲得有效率及經濟性的生產，首先要成功地協調及整合輸入部分的資源，也就是要有明確的製造策略，而策略的規劃要能即時因應時代的變遷，做機動的調整以掌握市場的趨勢。有關製造策略考量的演進可概述如下：在 1960 年代以成本為核心，規劃重點在如何大量生產及使成本最小化，支援的系統有生產與庫存控制系統及數值控制；在 1970 年代以市場為核心，規劃重點在產品的功能整合、自動化及多樣化，支援的系統有材料需求規劃、生產時程掌控及電腦數值控制；在 1980 年代以產品品質為核心，規劃重點在製程控制、全球化製造及管理費用的降低，支援的系統有製造資源規劃、即時供應及電腦輔助設計與製造；在 1990 年代以供應到市場的時間為核心，規劃重點在新產品的介紹、制度化及快速原型製造，支援的系統有電腦整合製造、分散生產及總體品質管理；在 2000 年代則以服務和價值為核心，規劃重點在以顧客為中心的任務、資訊分享、環境管理及虛擬企業，支援的系統有智慧型製造系統、彈性與靈敏自動化系統、無紙化系統及人因工程與安全系統。

德國在 2013 年正式提出工業 4.0 的發展策略，以智慧製造 (Smart manufacturing) 為導向，以虛實整合系統 (Cyber-physical system，CPS) 為根基，藉由結合機器人 (Robot)、智慧設備、自動化系統、產業物聯網、大數據分析及雲端計算等，促使製造業服務化。其目的不僅是要解決日益嚴重之人力短缺及成本提高的問題；更要利用虛實分離及人機分離的方式，縮短新產品開發、測試的時間與成本，及縮短製造階段時進料、接單到生產的時間，達成零庫存的理想；並進一步建立可兼具大量客製化 (Mass customization) 及少量多樣化生產，機器狀態監控及預防性維護，和生產線最佳化自動調整的高度智慧化生產控制系統。因此，可解決大量生產及客製化之間的不協調處，生產出多元化的產品並增進其市場占有率，同時也可以大幅降低製造成本。智慧製造系統的特點為透過虛實整合，時時掌握與分析終端使用者，用以驅動生產、服務，甚至是商業模式的創新；是一種可滿足高度客製化的少量或大量生產，或多變化的智慧化生產，也可以直接服務客戶的一種製造策略。

製造策略的擬定及執行，以及使製造系統能順利運作，則有賴一　有組織的人分工合作，因而形成所謂的製造公司組織。其典型的架構包括董事會、總經理及研究發展、製造、採購、財務、行銷、行政 (總務)、人事等部門。其中，製造部門包括現場作業、輔助製造、品質管制、物料管理、生產規劃與監控、工業安全與衛生等次級部門。

一、習題

1. 敘述第一次工業革命及第二次工業革命對產品生產的影響。
2. 敘述機械製造的定義及對象。
3. 通常產品開發生產的流程為何？
4. 產品設計階段需考量的主要因素為何？
5. 產品選用材料需考量的主要因素為何？
6. 舉例說明製造零件之不同形狀或特性的常見加工方法。
7. 製造系統涵蓋的範圍有那些？其架構為何？
8. 敘述 2010 年之後所謂智慧製造的內涵、目的及特點。

二、綜合問題

1. 就加工方法的發展過程，依不同年代各舉 3 項代表性的加工方法，並敘述其特性。

2. 試舉一項金屬零組件為例，說明產品開發生產的典型流程。
3. 自行閱讀有關第一次工業革命的相關資料，並以 200 字左右簡述心得感想。

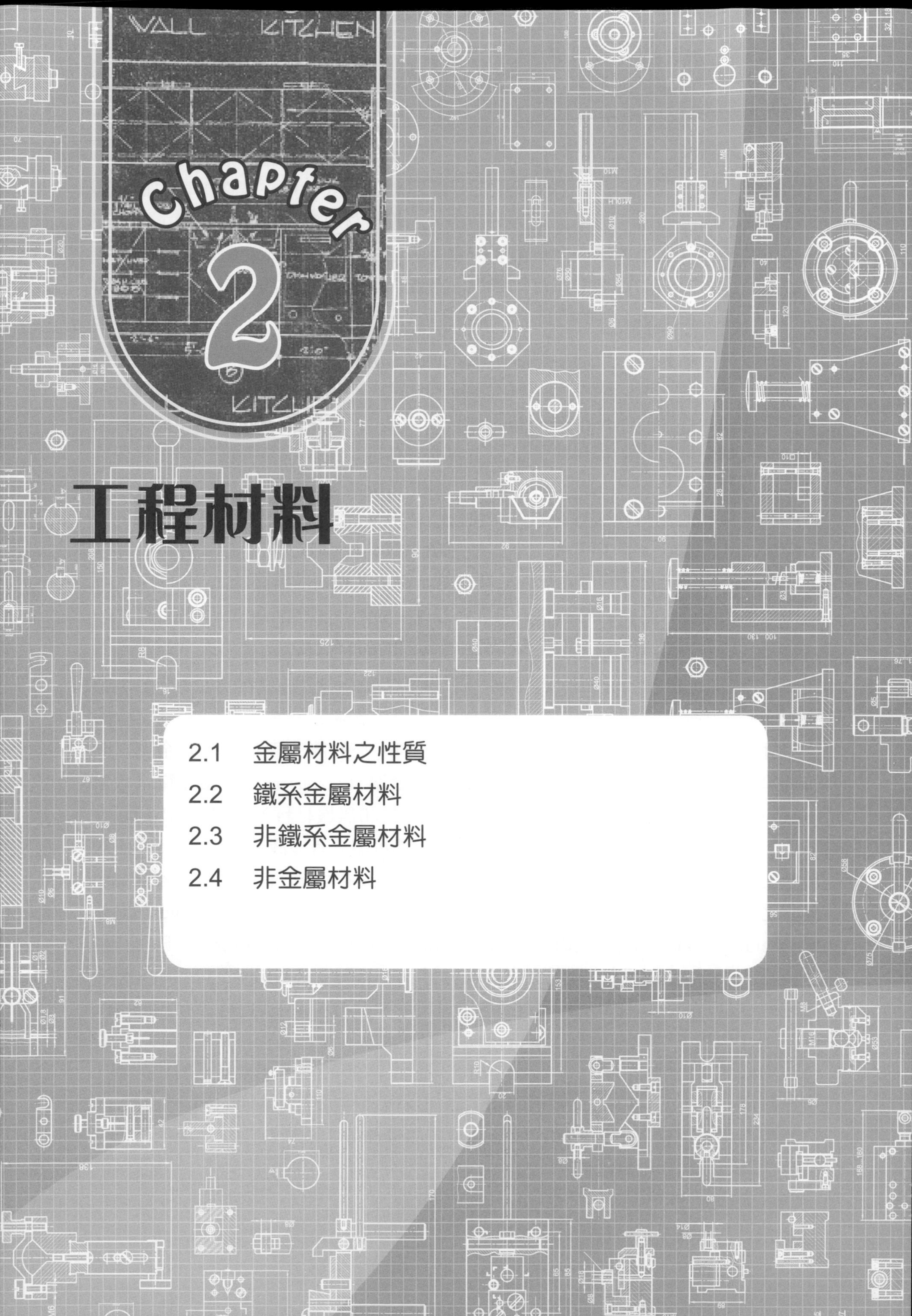

工程材料

2.1　金屬材料之性質

2.2　鐵系金屬材料

2.3　非鐵系金屬材料

2.4　非金屬材料

材料應用種類的演變可說是人類文明發展的里程碑，討論人類進化歷史里程碑的石器、陶器、銅器和鐵器時代，即是以記載當時人類用來製造工具和日用品的材料做為區分基準。近年來塑膠、半導體和複合材料等的發明和應用，更是促使加工技術突飛猛進的原動力，兩者配合下生產出各種大量或更高精度的產品，使得人類自古以來的許多夢想得以實現。因此，可以說材料的進步主導著人類科技文明的發展和生活品質的提升。

由於材料是製造系統的關鍵因素之一，故了解材料本身的組成和特性，已成為從事製造相關研究或產業之人員所必備的知識。材料在設計階段即被選用的主要考量是它所具備的性質 (Properties) 可以符合產品的功能要求。對應用於工程的材料言，材料性質中的機械性質是最主要的評估因素，其次是物理性質和化學性質。材料性質是由組成的成分 (元素或化合物) 和其組織所決定，並且會影響材料的加工性和使用特性。材料的組織包含晶粒本身的大小及形狀和晶粒內部的原子排列方式。其中，排列方式又分為結晶和非結晶兩種形式。當原子在晶粒內有一定規則的週期性排列，形成單一晶粒或結合許多晶粒構成所謂的結晶組織材料，例如金屬和陶瓷。晶粒內原子的不同排列方式，例如金屬結晶中常見的體心立方，面心立方或六方最密的排列等，以及晶粒本身的形狀和大小，都會造成材料性質的差異。若材料的組成原子無一定規則排列的特性者，稱之為非結晶組織材料，例如玻璃和塑膠。

材料的種類繁多，分類的方式也各有不同。一般將工程材料分為金屬材料和非金屬材料兩大類。金屬材料又分為鐵系金屬 (Ferrous metal) 和非鐵系金屬 (Nonferrous metal)。非金屬材料則分為有機材料和無機材料，詳如圖 2.1 所示。其中，有機材料包含大部分的碳氫化合物，大都可溶於有機液 (例如酒精) 但不溶於水。無機材料則包含可以溶於水的礦物，其耐熱能力優於有機材料。若依材料組成之原子間的鍵結方式，即離子鍵 (Ionic bond)、共價鍵 (Covalent bond)、金屬鍵 (Metallic bond) 和凡得瓦爾鍵 (van der Waals bond) 等做為分類依據，則可分為金屬材料 (Metal material)、陶瓷和玻璃材料 (Ceramic and Glass material)、聚合體材料 (Polymer material)(又稱為高分子材料或塑膠材料)、複合材料 (Composite material) 和電子材料 (Electronic material) 等五大類。通常工程材料是指上述的材料被用來加工製造成零件，然後再經組裝成產品本體的結構性材料，例如碳鋼、聚氯乙烯 (PVC) 等；或被用做輔助加工過程及增進機械使用性能的輔助性材料，例如製作工具或模具的工具鋼、做為潤滑劑的機油等；或做為特殊功能使用的非結構性材料，例如半導體材料。

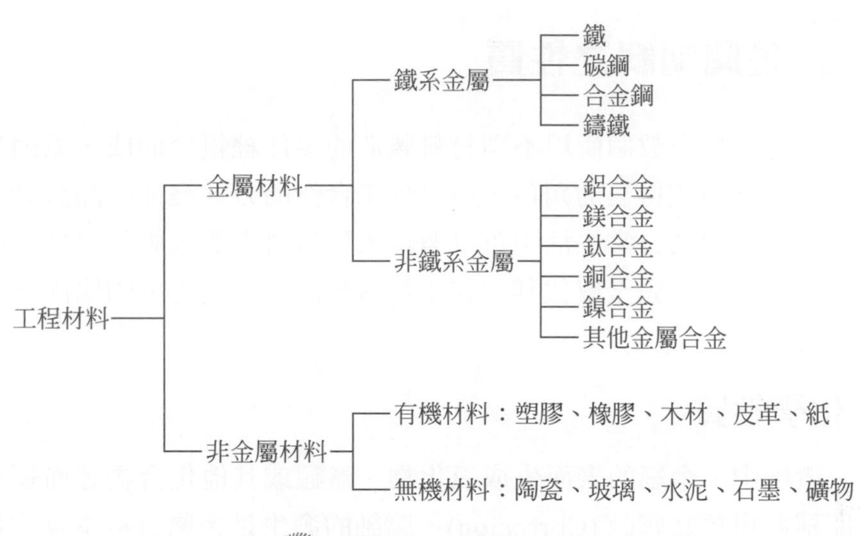

圖 2.1　工程材料的種類

目前機械相關產業用量最多的工程材料是金屬材料，其產品扮演著承載負荷、傳遞運動及動力和耐熱結構等重要角色。這是因為金屬材料的種類及產量很多，具有許多優良的性質，對其使用特性也較為了解，較易於加工成形，並且價格方面相對於同等級的其他材料較為便宜等優勢。然而，隨著能源或環保問題的日益受到重視，對產品使用性能及品質要求的提高，或產品被使用於更嚴苛的惡劣環境，加工技術和機器設備能力的進步等發展趨勢，非金屬材料的重要性及使用量則是與日俱增。例如陶瓷材料因具耐高溫的性質，被應用到工業級的高溫爐或高速切削的刀具上；聚合體材料為近代開發出的人造材料，因為具有容易成形、重量輕及抗腐蝕的特性，用它製成的產品包羅萬象，從日常民生用品的水桶、碗盤、玩具等，到工程方面的機械零件、襯墊、外殼構件等常可見到。至於新材料的研發及應用，更是促使製造系統的相關活動隨之產生巨大的改變和進展。例如複合材料是由金屬、陶瓷或聚合體材料所組成，利用不同材料的特性，擷長補短以滿足對此種新材料須具備之特定性質的要求，例如重量輕又需具有高強度。複合材料的應用範圍廣泛，涵蓋從休閒器材的球拍、釣竿，到尖端科技的飛機、太空梭等。目前廣受矚目的奈米材料，許多工業先進國家早已投入龐大的研發人力與資金，有關奈米材料的開發與應用，必將影響人類的生活至鉅。電子材料中最重要的是半導體材料，它是電腦工業的主角，而電腦對機械製造的影響與發展扮演著極為重要的角色，惟電子材料無法被加工成結構體來使用。

2.1 金屬材料之性質

大多數的產品是由數個使用不同材料製造的零件經組合而成，原因是材料本身的性質決定了它所能扮演的角色，並以分工合作的方式發揮產品設計時所預期的功能。在工程應用及日常生活中可以發現工程材料中的金屬材料佔有極為廣泛的範圍，可是它也無法完全取代其他種工程材料的地位，主要的原因是金屬材料特有的性質使然。

2.1.1 化學性質

在大氣環境中，金屬的表面生成氧化物、鹽類或其他化合物等而逐漸被侵蝕消耗時，即稱此現象為腐蝕 (Corrosion)。腐蝕的發生是金屬材料本身的化學性質所導致，隨材料的不同而有很大的差異。金屬腐蝕發生的狀態可分為氧化作用的腐蝕和發生電子轉移的電化學腐蝕兩種。

氧化 (Oxidation) 作用可發生在沒有水分存在，以及在常溫或高溫的狀態。金屬元素在化學反應方面言因具有較活潑的特性，容易和氧產生反應而形成氧化物薄膜即稱之為氧化作用。溫度升高則會加速氧化的進行。鐵系材料的氧化物薄膜又稱為鐵銹，在表層形成不夠緻密的鱗皮，呈膨脹鬆散狀而且容易自母材剝落，故不能隔絕氧繼續和未氧化材料的接觸，因此氧化作用會隨著時間的增長不斷地進行，最後使全部的鐵材受到破壞。然而銅、鋁、鈦、鎂和不銹鋼等金屬材料的氧化物薄膜則非常緻密，且會緊附在母材表面而形成一層保護膜，可完全阻擋氧或其他物質進一步和其內部材料的接觸，防止腐蝕繼續進行，故氧化作用會達到飽和而停止。甚至有些氧化物比原材料的硬度更高，例如鋁的氧化物 (Al_2O_3)，可增加零件表面的硬度及抗磨耗的能力，因此發展出使其氧化層增厚的製程，將於第十章中再詳述。

電化學腐蝕是指金屬材料受到周圍環境中的水分或化學溶液等介質的作用，產生電子轉移及金屬本身離子化 (Ionization) 的現象，並稱此處為陽極。失去電子的金屬以陽離子狀態溶入水或溶液中形成電的通路，在陽極部位的金屬因此受到侵蝕而逐漸地減少。金屬的表面若存在不純物、成分偏析、加工畸變或殘留應力等，即形成不均勻的狀態。此時若處於足夠的水分條件下，狀態不同的部位之間容易因產生電位差而發生腐蝕。各工業化國家每年因為腐蝕所造成的損失及花費極為可觀，如何預防及改善金屬材料的腐蝕作用是一項重要的工作，將於第十章中再進一步討論。另一方面，電化學腐蝕作用可被應用在非傳統加工的製程上，例如化學加工和電化學加工等，將工件材料欲去除的部位侵蝕掉而得到所要的工件形狀和尺寸，此部分將詳述於第十一章中。

2.1.2　物理性質

金屬材料具有許多不同的物理性質，其中與機械製造關係較密切的有七項，即比重、熔點、比熱、熱膨脹係數、熱傳導性、比電阻和磁性等。

一、比重 (Specific gravity)

比重是指某一物體的重量對同體積 4℃純水重量之比值。同一金屬材料的比重值會因溫度及加工程度的不同而有差異，例如經鑄造所得的材料，與再經過鍛造、滾軋等加工後所得的材料做比較時，前者的比重較小。

與比重一樣可以用來表示此一性質的是密度。密度 (Density) 是指每單位體積所包含的材料質量。常見金屬的密度，例如鐵的 7.9 g/cm^3、鋁的 2.7 g/cm^3、鈦的 4.5 g/cm^3、銅的 8.9 g/cm^3、鎳的 8.9 g/cm^3、鎢的 19.3 g/cm^3 和鎂的 1.7 g/cm^3 等。密度關係著比強度 (Specific strength) 和比剛性 (Specific stiffness) 的大小，就能量消耗或動力限制的觀點言，它是材料選用的重要考慮因素，尤其是航太工業和高速運轉的機具設備等。

二、熔點 (Melting point)

金屬材料的結晶組織狀態受到溫度升高所供給熱能的影響，促使原先固態之規則且緊密排列的原子開始分離而變成鬆散且可自由移動的液態，此時的溫度稱為該材料的熔點。純金屬的熔點為固定值，合金的熔點則隨所含的成分而異，且在熔化過程中溫度仍會改變。常見金屬的熔點，例如鐵的 1537℃、鋁的 660℃、鈦的 1668℃、銅的 1082℃、鎳的 1453℃、鎢的 3410℃和鎂的 650℃等。

熔點高的材料適用於高溫作業的環境 (此外，尚需考慮該材料之潛變的機械性質)，例如噴射引擎和鍋爐；或是高速運動會產生大量摩擦熱而導致高溫的機械零件。但是熔點高的材料對鑄造性或成形加工性等會有不利的影響，因而會增加其製造成本。金屬材料的再結晶溫度和熔點有關，故在退火熱處理和熱作加工時需注意此性質的影響。

三、比熱 (Specific heat)

使單位質量材料之溫度升高 1℃所需的熱量稱為比熱。相對於其他種工程材料，金屬的比熱較小，且通常會隨溫度上升而增大。

比熱小的材料會因在加工時功能轉換過程所產生的熱量，導致其溫度上升的程度較高。當工件材料的溫度超過某一特定值時，會使工件的尺寸精度及表面精度變差，加速刀具或模具的磨損，甚至改變材料本身的冶金性質等不良的反應。

四、熱膨脹係數 (Coefficient of thermal expansion)

金屬材料受熱時溫度會升高，體積也隨之增加。物體的溫度上升 1℃時，體積的增加率稱為體積膨脹係數，長度的增加率稱為線膨脹係數。普通金屬中線膨脹係數以鋅為最大，以鎢、鉬為最小。通常熔點愈低者其熱膨脹係數愈大。

熱膨脹性質可能導致材料熱應力的產生，進而影響產品的功能和壽命。有些產品，例如測量長度用之直尺或鐘錶零件所使用的材料，不允許輕易地隨溫度的變化而產生膨脹或收縮，因此所使用材料的熱膨脹係數要很低。不變鋼 (Invar) 即屬於這類長度不會隨溫度變化的合金。材料熱膨脹性質可應用於製造程序上，例如將包含有孔的零件加熱膨脹後，促使孔的尺寸加大，再將未經加熱之軸件置入孔內，當含孔零件冷卻後收縮即可與軸件形成緊密配合。

五、熱傳導性 (Thermal conductivity)

體積為 1 立方公分 (cm^3) 的正立方體，當兩對面間的溫度差為 1℃時，每秒自高溫面傳送到低溫面的熱量稱為熱傳導性，用以表示熱量流經材料的難易程度。金屬材料都是熱的良導體，銀的熱傳導性最大，其次為銅及鋁。當機械零件在使用時需要快速散熱者，則要選用熱傳導性較良好的材料。熱傳導性小的材料受熱時，溫度的分佈不易達成均勻狀態，容易產生熱應力，若是脆性材料甚至會因而發生破裂。又如鈦合金材料的熱傳導性較低，在切削加工時不易將切削區的熱傳輸出去，以致使刀具吸收較多的熱而加速磨損，因此鈦合金被歸類為難切削材料。

六、比電阻 (Specific resistance)

截面積 1 平方公分 (cm^2)，長度 1 公分 (cm) 的金屬材料之電阻值 (單位為歐姆，Ohm) 稱為比電阻。金屬是電的良導體，比電阻相對較低，其中以銀為最低，其次為銅、金、鋁等。當溫度上升時，金屬的比電阻隨之增加。

有些金屬或合金材料在某一臨界溫度以下，會產生電阻趨近於零的狀況，稱之為超導性 (Superconductivity)。具經濟性的超導材料若能研發成功且被商業化應用時，將可對電子元件及電力輸送的效率產生極大的貢獻。

七、磁性 (Magnetic property)

若金屬可被磁石的強大磁場磁化而變成小磁石，並可相互吸引時，即稱此金屬為鐵磁性材料 (Ferromagnetic material)，例如鐵、鈷和鎳等。然而大部分的金屬被磁化的強度很微弱，不會被磁石吸引，此類金屬叫做順磁性材料 (Paramagnetic material)，例如鋁、鉑等。甚至有些會對磁石產生微弱排斥現象，謂之為反磁性材料 (Diamagnetic material)，例如銅、銀等。

2.1.3　機械性質

金屬材料之所以被廣泛應用於製造各種機械零件，最主要的原因是它們具有優越的機械性質。較重要的機械性質有：

一、強度 (Strength)

強度是指材料對於外加負荷作用時導致變形的抵抗能力。利用拉伸試驗 (Tensile test) 所得的工程應力與工程應變關係曲線中，材料呈現永久變形所需的最小應力值稱為降伏強度 (Yield strength，Y.S.)；材料斷裂前的最大應力值稱為抗拉強度 (Tensile strength，T.S.)，如圖 2.2 所示。降伏強度通常是機械設計時選擇材料的最重要考量之一。此外，尚有抗壓強度 (Compressive strength)、抗剪強度 (Shear strength)、抗扭強度 (Torsional strength) 等，分別為材料抵抗不同形式外力作用時的能力，其值由相關試驗求得。

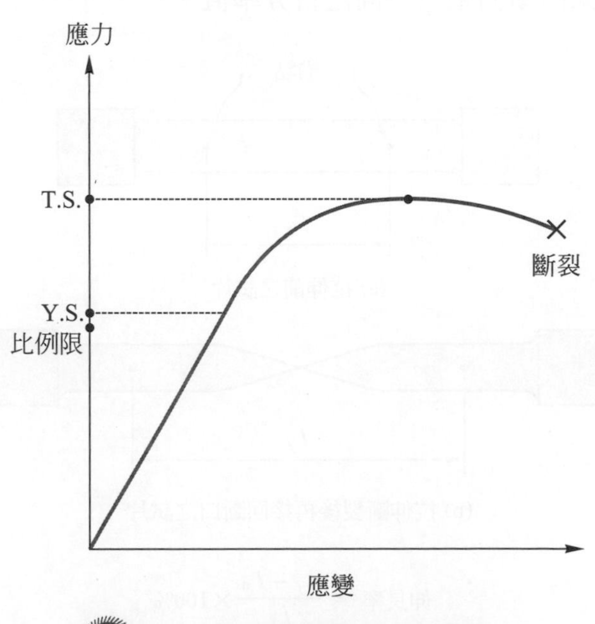

圖 2.2　金屬材料的應力應變曲線

金屬材料在發生降伏狀態(即永久變形)之前的應力應變關係(其最大應力稱為彈性限，即降伏強度)通常是線性的(其最大應力稱為比例限)，且比例限略小於彈性限但極為接近。線性關係的斜率稱為彈性模數 (Modulus of elasticity)，通常以 E 為其代號。此時，材料是屬於彈性區域內，在受到外加負荷時的變形反應可用虎克定律 (Hooke's law) 計算。E 值愈高(即直線愈陡)，代表材料的剛性 (Stiffness) 愈大，對負荷引起變形的抵抗能力愈高。當應力值超過降伏強度以後，材料進入塑性區域，應力與應變之關係曲線不再是線性關係，而是呈曲線變化。材料開始發生永久變形，並受到應變硬化 (Strain hardening) 或稱為加工硬化 (Work hardening) 的作用。當應力趨近於抗拉強度時，材料出現頸縮 (Necking) 現象並持續進行直到斷裂。機械製造程序中的塑性加工即是探討材料在受到降伏強度與抗拉強度之間的應力值所造成的塑性變形。材料溫度高低及變形速率會影響以上所述各項性質之值及曲線形式。

二、延性 (Ductility)

延性是指材料在斷裂後，破壞點之塑性變形量。主要的表示法有伸長率 (Percentage of elongation) 和面積縮減率 (Percentage of area reduction) 兩種，均可藉由拉伸試驗求得。伸長率是把已斷裂試片的兩斷口接回，量取已變長之標點間的長度 (l_f) 並減去標點間的原來長度 (l_0) 後，再除以標點間的原來長度 (l_0) 所得商之百分率值，如圖 2.3 所示。面積縮減率則是將原來的斷面積減去斷裂後最小斷面積，再除以原來的斷面積所得商之百分率值。

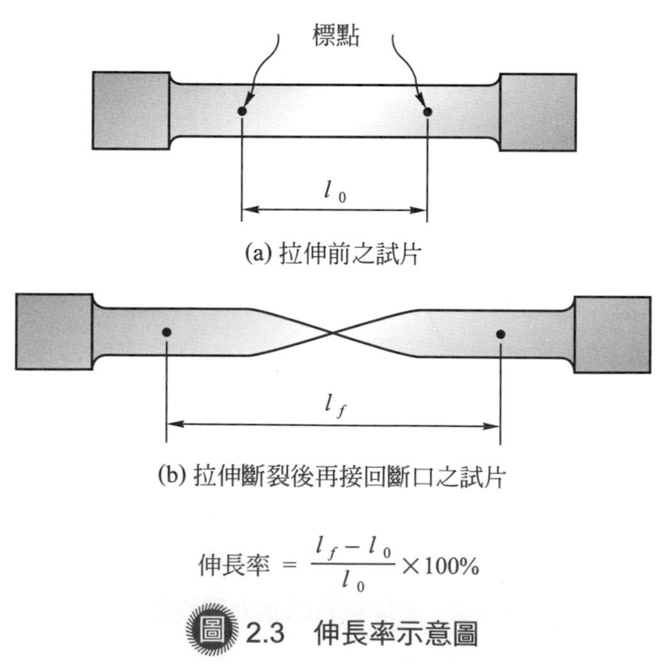

圖 2.3 伸長率示意圖

伸長率或面積縮減率的大小可用來表示材料塑性加工性的優劣程度。對脆性材料言，兩者之值皆趨近於零。

三、硬度 (Hardness)

在材料的表面施以外加壓力時，材料會產生凹痕變形，抵抗此種受壓變形的能力較大者所產生的變形量較小，即表示其硬度較高，同時對摩擦刮傷的抵抗能力也較強。一般而言，金屬材料的硬度與強度值及抗磨耗能力具有相同趨勢的關係，加上硬度試驗法對工件材料只產生局部性的破壞，且操作比較簡單，故應用很廣，通常可利用硬度值做為材料強度大小的指標。硬度試驗法有勃氏 (Brinell，HB)、洛氏 (Rockwell，HRC、HRB 等)、維氏 (Vickers，HV)、蕭氏 (Shore，HS)、努氏 (Knoop，HK) 和莫氏 (Mohs) 等。必須注意的是材料抵抗壓凹能力的大小會隨不同試驗法之壓頭的形狀和施加負荷的方式而有所不同。圖 2.4 顯示勃氏硬度試驗的測量及計算方法。圖 2.5 顯示洛氏硬度試驗中不同壓頭的形狀。

四、韌性 (Toughness)

當材料承受一突然施加的撞擊外力時，將產生很大的應變率 (Strain rate)，導致材料會呈現較脆的特性。通常把這種承受衝擊負荷的能力稱為材料的韌性。常用的衝擊試驗 (Impact test) 有沙丕 (Charpy) 試驗和艾左 (Izod) 試驗兩種，皆為利用瞬間衝擊力撞斷試片時，以能量被吸收的多少來表示韌性的大小，如圖 2.6 所示的是沙丕試驗。

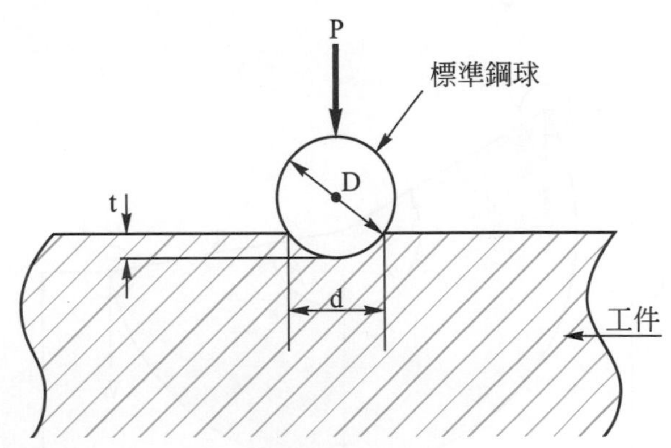

P = 荷重 (kgf)
D = 標準鋼球的直徑 (mm)
d = 壓痕的最大直徑
t = 壓痕的最大深度

$$HB = \frac{2P}{\pi D\left(D - \sqrt{D^2 - d^2}\right)}$$

 2.4　勃氏硬度試驗

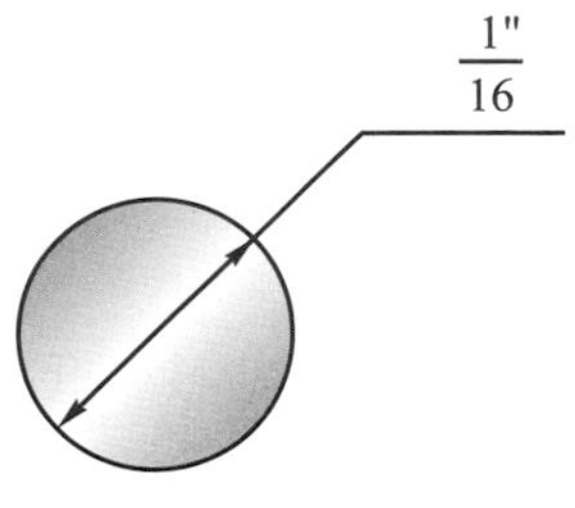

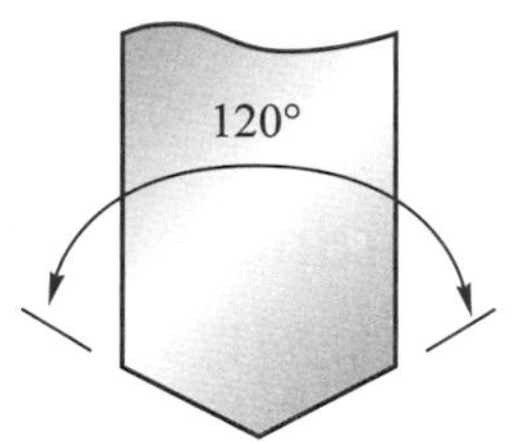

壓痕器：	鋼球	鑽石圓錐體
荷　重：	100 kgf	150 kgf
表示法：	HRB	HRC

(兩者都可由刻度表直接讀出)

圖 2.5　洛氏硬度試驗用壓頭形狀

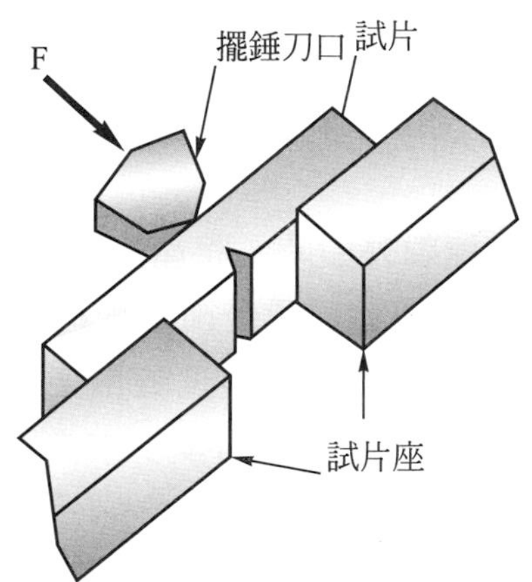

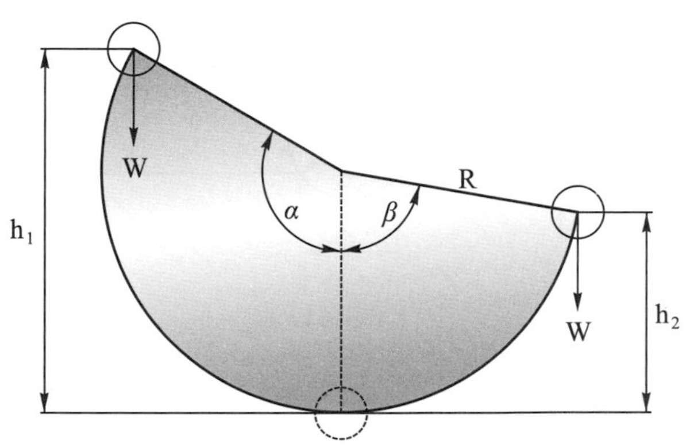

試片吸收的能量$=Wh_1-Wh_2$

$=WR\,(\cos\beta-\cos\alpha)$ (kgf · m)

 2.6　沙丕衝擊試驗

有些延性材料在低於某一溫度時，吸收衝擊能的能力會急劇降低以致破壞的形式會由延性破壞轉變成脆性破壞，此溫度稱為該材料的脆性轉換溫度 (Transition temperature)，體心立方結構的金屬即存在有脆性轉換溫度。衝擊試驗可適用於求材料的脆性轉換溫度值。

若因設計考量或加工過程中在零件的表面產生凹槽時，需特別注意具有凹槽敏感性 (Notch sensitivity) 的材料對衝擊能量吸收的能力會因此而大為降低，即韌性大為變小。

金屬材料大都有高衝擊抵抗值，也就是韌性較高，且通常也具有高延性。陶瓷和許多複合材料具有高強度，但是延性及韌性之值趨近於零。

五、破裂韌性 (Fracture toughness)

當材料由液態凝固成形或加工的過程中，內部或表面產生了微小裂縫 (Crack) 或其他微小空隙的缺陷時，抵抗外力可能造成此類裂縫等成長的能力則以破裂韌性表示。通常工程材料多少會含有一些微小的裂縫，在外力作用下這些裂縫是否會出現不穩定形式的成長，導致材料破壞，即以所謂的應力強度因子 (Stress intensity factor) 是否達到某一臨界值做為判斷依據。其中，應力強度因子是結合外力經換算所得的應力值、工件幾何形狀修正因子和原來存在的裂縫長度等三者計算而得的等效值。其臨界值稱為破裂韌性，是該材料的一個定量性質，其值由相關的試驗得到。相同類型的材料，破裂韌性較大者，其降伏強度較小，在設計產品使用條件、壽命及檢驗標準時，要特別注意需同時考慮材料這兩項性質，以免因為忽略其中任一性質而造成零件失效 (Failure)，導致嚴重的不良後果。

六、疲勞 (Fatigue)

機械零件經常用在承受變動負荷的場合，雖然此種反覆作用的應力值均小於材料的降伏強度，但材料也會發生破壞，稱此現象為疲勞。這種破壞行為是造成機械零件損壞的主因之一。

疲勞破壞進行的模式是工件材料在冶煉過程之結晶凝固時，或二次加工成形的作用而產生微裂縫，造成工件材料在使用時即存在有微裂縫，並在循環應力的反覆作用下，這些裂縫穩定地逐漸延伸，最後當裂縫長度超過某一極限值時，即發生不可遏止的不穩定成長致使工件斷裂。

疲勞試驗 (Fatigue test) 是求取疲勞強度 (Fatigue strength，F.S.) 的方法。將不同的循環應力最大應力振幅值 (S) 及使工件破壞的循環應力反覆作用次數 (N) 的關係繪製成所謂的 S-N 曲線，如圖 2.7 所示。當曲線出現水平線時，其對應的應力值即稱為疲勞限 (Fatigue limit) 或耐久限 (Enduramce limit)，表示工件所能承受不會發生疲勞破壞的最大應力值。表面狀態良好的鋼材，其疲勞限約為抗拉強度的 1/2。然而，如鋁等材料的曲線不會出現水平線，通常取循環應力反覆作用次數為 10^7 時所對應的應力值做為該材料的疲勞強度。

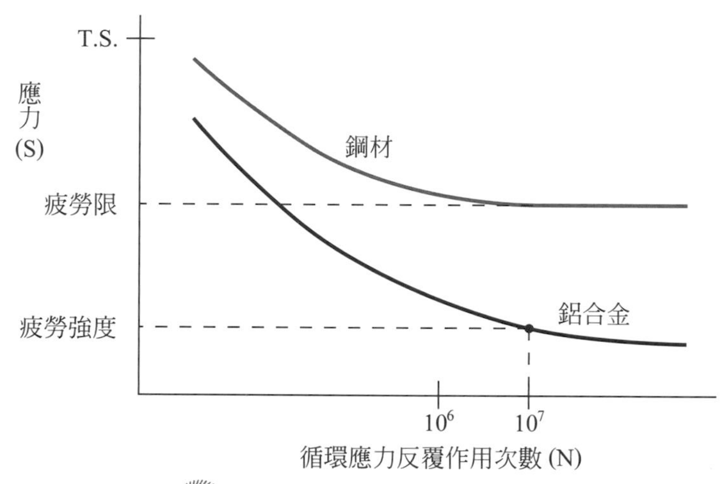

圖 2.7 疲勞試驗的 S-N 曲線

七、潛變 (Creep)

金屬材料在高溫的環境中，受一固定大小的應力或荷重作用時，其長度會隨著時間的增長而增加，最後終至斷裂。在固定荷重及溫度 (高溫狀態) 下，所得到的材料伸長率 (應變) 與時間的關係圖稱為潛變曲線，如圖 2.8 所示。在高溫作業環境中的零組件，例如燃油渦輪機葉片、噴射引擎等，必須特別注意所選用材料的潛變性質。

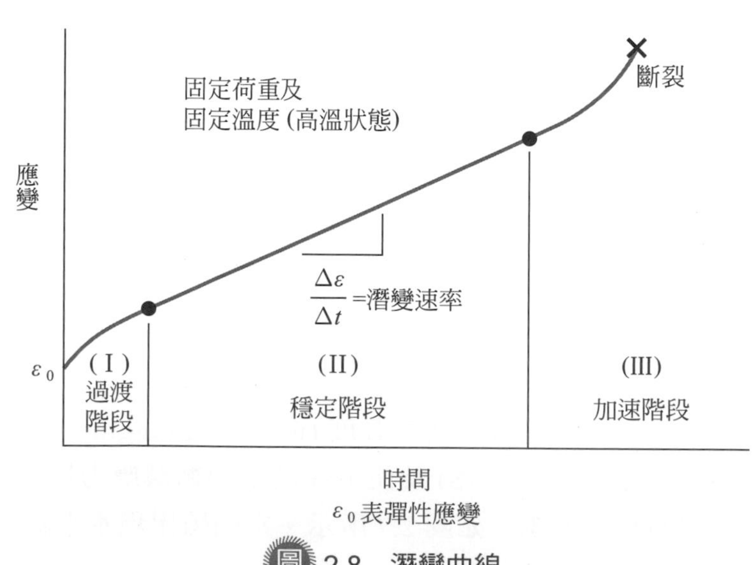

圖 2.8 潛變曲線

2.2 鐵系金屬材料

工程上使用的金屬材料絕大多數是以合金而不是以元素的形式出現。合金是指以某種金屬元素為主要成分，再加入其他金屬或非金屬元素，形成仍具有主要成分金屬之特性的材料。常用的金屬材料分為鐵系金屬 (Ferrous metal) 和非鐵系金屬 (Nonferrous metal) 兩類。前者以鐵元素 (Fe) 為主要成分，包括鐵和碳鋼、合金鋼及鑄鐵。後者則指鐵元素以外的金屬元素為主要成分的材料，例如鋁、鎂、銅、鎳、鈦等的合金。

金屬材料的應用已久，許多工業國家各有一套分類編號的方式，主要是用以界定及顯示其成分內容與機械性質的大小等，常見的材料規格標準有美國的 ASTM、AISI、SAE 和 AA，日本的 JIS，德國的 DIN，英國的 BS，我國的 CNS，以及國際標準組織的 UNS 等。

2.2.1　鐵和碳鋼

純鐵 (Pure iron) 精煉的代價很高，工程應用的所謂純鐵，事實上仍含有微量的雜質。純鐵本身很軟，不適用於有強度要求的結構體，故通常做為合金鋼的原料或電器材料等用途。

碳鋼 (Carbon steel) 是鐵和碳形成的合金，一般含碳量 (指碳在碳鋼中的重量百分比) 在 0.02 ～ 2.0% 之間。碳鋼的機械性質決定於其含碳量和顯微組織，通常抗拉強度、降伏強度和硬度等性質會隨著含碳量的增加而增加，但是延性和韌性則剛好相反。碳鋼為目前使用量最多，用途也是最廣的工程材料，其中又以含碳量 0.05 ～ 1.5% 為主，並依含碳量的高低分為低碳鋼、中碳鋼和高碳鋼，各有其適合的應用場合，詳如表 2.1 所示。

表 2.1　碳鋼的種類及應用例

種　類	含碳量 (%)	應用例
低碳鋼	0.05 ～ 0.3	鎖、管、熔接棒、螺栓、鉚釘、建築用鋼筋、橋樑、柱子、起重機、鍋爐、車輪
中碳鋼	0.3 ～ 0.6	軸、齒輪、螺栓、鏟子、船殼、鐵軌
高碳鋼	0.6 ～ 1.5	鋸子、鍛造用模、砧、衝頭、針、圓鋸、岩石用鑽頭、彈簧、刀具、銑刀、螺絲攻、鑽頭、鉸刀、銼刀、雕刻用刀具、冷硬鑄鐵用刀具或模具

低碳鋼又稱為軟鋼 (Mild steel)，含碳量低於 0.3%。其中含碳量在 0.2% 左右的低碳鋼為主要的構造用鋼，例如建築、橋樑、車輪等使用的鋼條或鋼板。通常經滾軋或鍛造後不需熱處理即可直接使用。然而，在使用條件要求較為嚴格的機械構造體時，則往往要實施熱處理後才能使用，目的在保證其質地的均勻性。低碳鋼因含碳量低，不論是鑄造、鍛造、切削或銲接加工都非常容易。中碳鋼則通常使用在強度要求比低碳鋼高的場合。高碳鋼則用於需要高強度、硬度和耐磨耗性的零件。

2.2.2 合金鋼

合金鋼 (Alloy steel) 是指在碳鋼中添加一種或一種以上的特殊元素，用以增進或改善原有材料的某些機械性質，成為特定用途的材料。依其用途可分為構造用合金鋼和特殊用途合金鋼，如圖 2.9 所示。

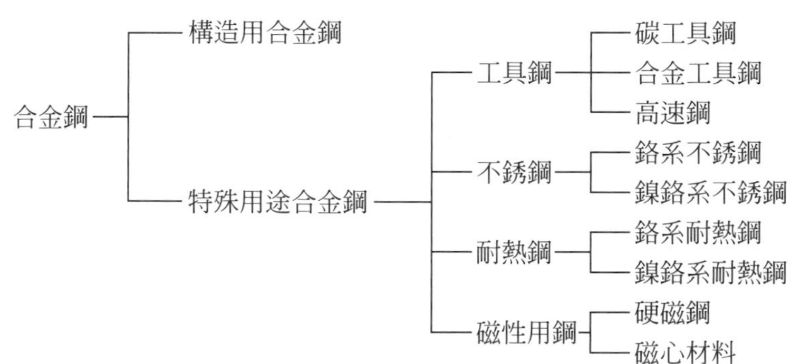

圖 2.9 合金鋼的種類

構造用合金鋼除了鐵和碳以外，所添加的特殊元素總量並不多，故價格較其他合金鋼便宜。它的機械性質比碳鋼優越許多，並且在鑄造、鍛造、切削及銲接等的加工性也都較好，被廣泛地用於建築、運輸工業和各類機械的重要零件。近來橋樑、建築物、壓力容器等結構體趨向大型化，並常在惡劣的環境下使用；施工時需使用銲接方法卻又無法進行熱處理；甚且需具有良好的抗蝕性等。此時一般構造用碳鋼即無法滿足上述之要求，因而發展出高強度低合金鋼 (High strength low alloy steel，HSLA) 的材料以因應此類需求。

特殊用途合金鋼較重要的有以下四類：

一、工具鋼 (Tool steel)

用做為刀具、工具或模具的材料，為機械製造程序中的切削加工或塑性成形所不可或缺的重要輔助材料。工具鋼的特性為不論在常溫或高溫時都具有高強度、高硬度、高韌性、耐磨耗和抗氧化及抗熔合性優良等。包含的種類甚多，依化學成分的不同有碳工具鋼、合金工具鋼和高速鋼等三種。

碳工具鋼 (Carbon tool steel) 的含碳量為 0.6 ～ 1.5%，亦即屬於高碳鋼。優點為容易加工，淬火及回火後硬度甚高；但其缺點為硬化深度淺，高溫時硬度變低，切削耐久性差，故只適用於做為木材及輕合金材料之切削用刀具。

合金工具鋼 (Alloy tool steel) 是指在碳工具鋼中添加鉻 (Cr)、鎢 (W)、鉬 (Mo)、釩 (V)、鎳 (Ni) 等元素，增加其硬化深度、耐磨耗性和抵抗高溫軟化等性質。主要用途為切削刀具、耐衝擊工具、耐磨耗工具和熱加工模具等。

高速鋼 (High speed steel，HSS) 內所含的特殊元素有鎢、鉻、釩、鉬、鈷 (Co) 等，可大幅改善高溫回火軟化的現象，使之在紅熱溫度時仍保有足夠的切削硬度，故多用於較高速的切削刀具。

二、不銹鋼 (Stainless steel)

不銹鋼的主要特性為耐蝕性優良，應用的範圍非常廣泛，例如石化、航太、運輸、機械零件和民生工業等，為高合金鋼中產量最多者。根據組成成分有鉻系和鎳鉻系兩種主要類型。鉻系不銹鋼的主要添加元素為鉻，當鉻和氧結合在鋼的表面形成具保護作用之氧化膜時，可防止氧或水分等的侵蝕。但它遇到非氧化性酸 (例如硫酸或鹽酸) 時會喪失其抗蝕性。至於鎳鉻系不銹鋼則可抵抗硫酸等的侵襲，著名的 18-8 型不銹鋼即為含鉻 18% 及含鎳 8% 所組成。

依其組織型式可將不銹鋼分為五個主要類型，即肥粒鐵型、麻田散鐵型、沃斯田鐵型、析出硬化型和雙相型。

三、耐熱鋼 (Heat-resisting steel)

此類材料在高溫時仍保有高強度，並可抵抗各種氣體的侵蝕，主要有鉻系和鎳鉻系耐熱鋼。常被用在製造應用於高溫環境之機械的零件。

四、磁性用鋼 (Magnetic steel)

磁性用鋼有具永久磁性的硬磁鋼和暫時磁性的磁心材料。硬磁鋼為鋼材加工成形後，在適當的磁場內磁化而具有永久磁性，被用來做耐久磁石。磁心材料又稱為軟磁體，用於製造電機零件，例如電磁鐵心、變壓器和電氣馬達等，常被使用的材料有純鐵和矽鋼片。矽鋼片的比電阻雖然比純鐵高，但渦電流損失比較低，故成為變壓器和交流電動機等的主要鐵心材料。

2.2.3 鑄 鐵

鑄鐵 (Cast iron) 指含碳量為 2.0 ～ 6.7% (但通常在 4.5% 以下) 的鐵碳合金，為鑄造製程中使用量最大的金屬材料，主要是因為其鑄造性 (Castability) 良好。鑄鐵的耐磨耗性佳，且吸收振動能量之制振能 (Damping capacity) 高於其他的金屬材料。因此在易受振動作用的結構體，例如飛輪、凸輪軸、曲柄軸、大機器之底座等，大都是使用鑄鐵經鑄造而成。

鑄鐵依其抗拉強度的不同可分為灰鑄鐵、白鑄鐵、展性鑄鐵、延性鑄鐵 (球狀石墨鑄鐵) 和高合金鑄鐵等。灰鑄鐵的強度和硬度較差，價格較便宜，且易於鑄造及加工，主要用於家庭器具，也可做為引擎或工作母機的本體。當工件需要強度較大且耐磨耗時則宜使用白鑄鐵。展性鑄鐵的延性比灰鑄鐵或白鑄鐵好，但隨後發展出的延性鑄鐵之韌性更是和鋼相近，在鑄鐵中具有最好的強度與韌性之組合，其用途很廣，可製造成輥子和齒輪等。若加入特殊元素用以改良其耐磨耗性、耐蝕性或耐熱性者，即形成高合金鑄鐵。

2.3 非鐵系金屬材料

非鐵系金屬材料的種類很多，分別具有特殊的性質，因此各有其不同且重要的應用。若沒有這些材料，當今許多產品即無法被設計或製造出來。

2.3.1 鋁和鋁合金

鋁 (Al) 的導電度、熱傳導性良好，在金屬中僅次於銀和銅。易加工、外觀好看、不具磁性，而其中最重要的特點是質輕，可是因為強度太低故用途不多。但是鋁合金的強度、硬度、伸長率等機械性質則非常優良，又容易被鑄造或鍛造加工，故廣泛應用於一般要求重量輕且強度大的機械，例如飛機、電氣、建築、車輛、化工等之零件。

鋁合金分為鑄造用和鍛造用兩類。鑄造用鋁合金的熔點較低，適用於鑄造零件，採用的鑄造法有砂模鑄造、金屬模鑄造和壓鑄法等。鍛造用鋁合金依其用途分為耐蝕性鋁合金、高強度鋁合金和耐熱性鋁合金等。根據美國鋁業協會 (AA) 的規定，鍛造用鋁合金的標示包括四位數字和處理狀態的代號等兩部分，其中，四位數字的第一位數字用來表示主要合金元素。例如 6061-T6 的第一位數字 6 表示主要合金元素為 Mg 和 Si，T6 表示溶解處理後人工時效。鑄造用鋁合金則為三位數字，並以第一位數字說明與主要合金元素的關係。例如 212 的第一位數字 2 表示 Al-Cu 系鑄造用鋁合金。

2.3.2　鎂和鎂合金

鎂 (Mg) 的比重比鋁更小，是目前工程用最輕的金屬，但因化學活性很高、易燃燒，且常溫加工硬化性大、缺延展性，故工業上很少使用純鎂材料。鎂合金則是添加特定元素來改良其機械性質，已大量應用於航太、車輛、運動器材、電子、資訊、光學等要求輕量化的機械零件上。

鎂合金分為鑄造用和鍛造用兩類。鑄造用鎂合金可用壓鑄法生產，其中的鎂鋁系合金最輕且最容易鑄造。有時為提高其耐蝕性，可加入少量的錳 (Mn)。因鎂合金的常溫加工性不佳，易形成裂痕，故鍛造用鎂合金常於 300 ～ 400℃的溫度下進行加工。

2.3.3　銅和銅合金

銅 (Cu) 為極優良的導電和導熱材料，被大量用做為電氣材料或熱傳用材等。銅的韌性及延展性良好、容易加工，但強度則較差，不適合做結構用途。若添加其他元素形成銅合金，則用途大增，為一重要的工程材料。最常見的銅合金有黃銅和青銅。

黃銅 (Brass) 為銅和鋅 (Zn) 的合金，機械性質良好，具耐蝕性且色澤優美，又容易被鑄造及成形加工，廣用於各種機械零件、彈殼和工藝裝飾品等。若再另外添加其他元素，例如鉛 (Pb)、錫 (Sn)、鋁等，則形成特殊黃銅，可改進其切削性、耐蝕性等，用於大量生產如小螺絲之類的產品，或抵抗海水侵蝕之船舶零件等。

青銅 (Bronze) 為銅和錫的合金，強度大、硬度高、耐磨耗及耐蝕性佳，又有優美的色澤。其鑄造性極佳，用途有機械零件、鐘錶、工藝用品、貨幣等。特殊青銅有磷青銅，為再添加磷 (P) 以提高其硬度和耐磨耗性，可做為軸承材料。軸承用青銅，為添加鉛 (Pb) 使成為具有工作母機之高壓軸承的特性需求。鋁青銅，為銅鋁系合金，有良好的機械性質，其耐磨耗性、耐蝕性及耐疲勞性都很好，但是較不易進行鑄造、銲接或成形加工等，適用於化工、車輛、船舶、飛機等機械的零件。

2.3.4 鎳和鎳合金

鎳 (Ni) 的耐熱及耐蝕性優良，延性及韌性均佳，在常溫或高溫下都易加工，但是在 600℃以上時易被含硫氣體侵蝕而脆化。鎳主要是做為合金的添加元素或用於鍍在其他材料的外表層以增加其抗蝕性。

鎳合金中的鎳銅合金之加工性及鑄造性均很良好，機械性質優越，尤其是具高抗蝕性。其中之蒙納合金 (Monel metal) 更是被廣用於食品、礦業、化工機械、汽輪機葉片、蒸汽閥等。當鎳鐵合金的組成成分為鐵 64% 和鎳 36% 時即形成所謂的不變鋼 (Invar)，具有在溫度發生變化時，其熱膨脹係數幾乎為零的特性，適用於鐘錶和精密量具等。

2.3.5 鈦和鈦合金

鈦 (Ti) 的耐蝕性極佳且耐熱性良好。鈦合金在強度與合金鋼相近時，同體積的鈦合金重量卻較小。鈦雖因提煉的技術問題，直到 1950 年才開始商業化生產，但因具有上述優越的性質，且地球中鈦的含量僅次於鋁、鐵和鎂，居金屬材料蘊藏量第四位的優勢，目前鈦合金已是重要的工程材料，成為不銹鋼及鎳基合金的理想代替品。用於航太零件、船舶引擎、熱交換器、儲存槽和人體醫學零件等。

2.3.6 其他金屬和合金

貴重金屬的銀 (Ag)、金 (Au) 和白金 (Pt) 等的延展性都很好。銀可直接用於電子工業及化學工業。銀合金則常用於製成銀幣、裝飾品等。金則是最常見的飾物，金合金硬度稍高些，用在牙科、電子工業，金幣、裝飾品等。白金具優良的耐酸性可製成化學用的容器，又因熔點高可與其他合金配製成測量高溫用的熱電偶。鎢、鉬、鈮 (Nb)、鉭 (Ta) 等的熔點都很高稱為耐熱金屬，是重要的合金添加元素，用於提高合金的耐熱性及高溫強度。著名的超合金即是以鎳、鈷、鉬、鉻和鐵等為主要成分，它在高溫下具有高強度、抗腐蝕、耐疲勞、耐衝擊及抗潛變等優良特性，應用在引擎、渦輪機、熱作工模具、核能及石化工業等。

錫質軟、熔點低、耐蝕性優良，主要用途為馬口鐵的鍍層、錫箔、錫器等，也是一重要的合金添加元素。鉛質軟、延展性大，具有毒性，但對放射線的隔絕性良好，為 X 光等之防護器具及放射性元素之容器用材料。鋅質脆，具優良防蝕性，被大量用於鍍鋅鋼板的鍍層，鍍鋅鋼板是重要的建築材料。利用上述三種元素 (即錫、鉛和鋅) 為主要成分，再添加其他元素可配製成軸承合金、銲接用合金、活字合金和易熔合金等，各有其特定且重要的用途。

2.4 非金屬材料

工程用之非金屬材料的種類很多，且不斷有新的形式出現，應用的場合也愈來愈廣泛，其重要性可說是與日俱增。其中與機械製造程序較有關或可被用來製造成機械零件的有陶瓷材料、聚合體材料和複合材料，以下將分別敘述其重要性質、種類和應用。至於不能做為結構用的電子材料及其製造程序則於第十六章中再加以介紹。

2.4.1 陶瓷材料

陶瓷 (Ceramic) 材料是人類歷史上最早使用的材料之一，被用來製作陶器、瓷器及磚塊等民生用品。陶瓷材料為金屬元素和非金屬元素所組成的化合物或固溶體，大部分具有結晶組織，其特性有高強度、高硬度、脆性、高熔點和化學穩定性等。陶瓷材料的物理性質和機械性質簡述如下：

一、比重

大多在 2 ～ 4 之間，但有少數例外，例如碳化鎢為 15.7。

二、熔點

大多很高，例如碳化鎢為 2775℃。

三、熱膨脹係數

一般遠低於聚合體材料及金屬材料。

四、熱傳導性

自很低到很高都有，分別適用於絕熱到導熱的各種用途。鑽石是目前所知最硬的材料，是電的絕緣體，但其熱傳導性為銀的六倍，在電子元件方面的應用有很大的潛力。

五、比電阻

範圍很廣，自超導性到高度絕緣性都有。

六、磁性

存在具有磁性的陶瓷，廣泛應用於電機及機械工業。磁鐵礦 (Fe_3O_4) 是人類最早知道的磁性材料。

七、脆性破裂

絕大部分的陶瓷是屬脆性材料，當受到外加負荷過大時，會突然斷裂，而不會先出現如同金屬材料般之塑性變形階段後才斷裂。

八、強度

通常只可以測量其抗壓強度或彎曲強度。硬度常以維氏硬度測試法量度，它與抗壓強度存在著密切的關係。

陶瓷材料的種類可分為傳統陶瓷和工程陶瓷。傳統陶瓷包括黏土、水泥和耐火材料等。黏土可用於衛生陶瓷製品、容器、磁磚等。水泥則廣用於混凝土建築物。耐火材料主要用於加熱爐、鍋爐、坩堝及各種窯業等。

工程陶瓷則是近年來由於材料科技進步所開發出的材料，具有極佳的機械、電氣和化學特性。例如氧化鋁 (Al_2O_3) 的熔點高、硬度及強度大，應用於研磨、砂輪、耐火磚、半導體用基板、爐管等。氧化鋯 (ZrO_2) 可用做超合金的塗層，製成渦輪引擎葉片，使引擎操作溫度提高，增加引擎效率。碳化矽 (SiC) 的硬度很高，熱傳導性優良，最重要的是強度幾乎不受溫度升高的影響，其高溫強度及抗潛變能力為陶瓷材料中最高者，在工程上的應用有做為研磨用料、燃燒器、渦輪引擎葉片、熱交換器及陶瓷引擎等。其他重要的碳化物有碳化鈦 (TiC) 和碳化鎢 (WC)，均為高硬度、高強度的陶瓷材料，用於製造超硬切削刀具及耐熱產品。氮化硼 (BN) 在高溫高壓合成為立方結晶時以 CBN 表之，其硬度僅次於鑽石，可做為高速切削用刀具。氮化矽 (Si_3N_4) 耐熱振能力強，應用於切削刀具、軸承和引擎零件等。氮化鈦 (TiN) 呈黃金色，堅硬耐磨又耐蝕，可利用化學氣相沉積在模具、刀具、手飾上形成鍍層，增進該產品的使用壽命及美觀。

玻璃 (Glass) 和陶瓷的化學成分相同，但它不具結晶組織。一般而言，玻璃的硬度高、導熱及導電性差及具脆性。在工程上主要是利用玻璃對光的特性，用於容器和交通工具及建築物等的門窗。

2.4.2 聚合體材料

聚合體 (Polymer) 材料又稱為高分子材料，即一般所稱之塑膠 (Plastic) 材料，為人工合成的有機材料，其種類繁多。一般特性為容易加工、可塑性大、具耐蝕性、電絕緣體、化學鈍性、質量輕、美觀，但是強度較小、耐熱性差等，不僅在民生用品方面被大量使用，更在機械、電機、化學、建築、食品、農業、汽車、航太等工程應用上占有很重要的地位。

聚合體是由許多重複性且小而簡單的化學單元藉共價鍵結合而成的高分子量物質，其中之重複單元稱為單體 (Monomer)。聚合體材料可以是長條鏈狀，也可以是網狀。長條鏈狀聚合體之間是藉由微弱的凡得瓦爾鍵 (van der Waals bond) 彼此吸引聚在一起，因此形成的材料即為熱塑性 (Thermoplastic) 塑膠，例如聚氯乙烯 (PVC)、聚乙烯 (PE)、聚苯乙烯 (PS)、ABS 塑膠、聚碳酸酯、壓克力、耐龍、鐵弗龍等。此類材料遇熱會軟化，冷卻後又可恢復原來的硬度。此外，若是鏈與鏈間進一步反應產生交鏈作用 (Cross-linking) 形成立體的網狀結構者即成為熱固性 (Thermosetting) 塑膠，例如酚醛樹脂 (電木)、尿素樹脂、環氧樹脂 (Epoxy) 等，當其遇熱時會促進反應產生硬化並固定，冷卻後也不再改變。聚合體材料應用的範圍很廣，舉其中一些常見者列於表 2.2 中。

表 2.2　常見聚合體材料的應用例

	名　稱	特　性	應用例
熱塑性塑膠	聚氯乙烯 (PVC)	性質廣泛、抗水性佳、價廉	管線、電纜絕緣物、密封環、襪子、椅墊、唱片
	聚乙烯 (PE)	良好的電氣及化學性質	家庭用品、玩具、輸送管、減震器
	聚苯乙烯 (PS)	具一般性質、較脆、價廉	捨棄式容器、包裝用品、家電零件、食品盒子、傢俱
	ABS 塑膠	尺寸穩定、耐衝擊、化學抵抗性好、強度及韌性佳、良好低溫特性	管線附件、安全頭盔、工具把手、電話線、水箱襯裡、面板、船殼
	壓克力 (PMMA)	適當強度、具透光性、耐蝕性佳、化學抵抗性好、電氣絕緣	透鏡、展示板、玻璃、擋風板、輕夾具
	聚醯胺 (耐龍)	耐磨、化學抵抗性好，但會吸水為其缺點	齒輪、軸承、拉鍊、導桿、夾持器
	鐵弗龍	對環境因素抵抗力強，具非粘結特性、極低摩擦阻力	襯墊、軸承、密封及絕緣物
	聚碳酸酯	機械及電性質佳、耐衝擊、化學抵抗性好	安全頭盔、光學鏡片、防彈玻璃、瓶子、電子零件、機器零件、絕緣物

表 2.2　常見聚合體材料的應用例 (續)

	名　稱	特　性	應用例
熱固性塑膠	酚醛樹脂 (電木)	硬度高、抗熱、耐蝕、吸濕性小、絕緣	絕緣材料、電子零件、黏結劑、電器用品外殼、家庭器具
	尿素樹脂	硬度高、耐磨、抗潛變、透明	裝飾品、桌上用具、電器及電子零件、護罩
	環氧樹脂 (Epoxy)	優良的機械及電性質、尺寸穩定、黏著性強、抗熱、化學抵抗性好	要求高強度及絕緣性的電子材料、工具、模具、黏著劑、壓力容器、火箭推進器外殼

2.4.3　複合材料

人類很早即知道並使用複合材料 (Composite material)，甚至目前日常生活中的許多用品仍是利用木材和竹子等天然的複合材料製造而成。人造的複合材料也是很早就出現，例如建築物用的土磚是由稻草桿混入泥土中所形成，而混凝土則是砂石、水泥和水均勻混合所形成。然而，有系統的對複合材料進行開發研究，並應用於科學工程方面，則是自 1960 年代才開始。目前複合材料已成為增進產品功能及提升人類生活品質時不可或缺的重要工程材料，廣泛地應用於機械、汽車、航空、太空、能源和民生工業等產品。

複合材料是由上述金屬、陶瓷和聚合體等三種工程材料中，採用兩種或兩種以上不同種類的材料組合而成的新材料。目的在擷長補短，使此新材料兼具各組成材料所無法同時擁有的性質。複合材料的特性受到組成材料的本身性質、體積佔有率、分佈狀況及方向、形狀、大小和製程等的影響而有差異，相關性質可由混合法則 (The rule of mixture) 的計算來推測。

複合材料主要分為強化材 (Reinforcement) 和基材 (Matrix) 兩相。一般而言，強化材用於提供強度，其形式有纖維狀、顆粒狀或板狀。基材用於將強化材結合在一起，並提供韌性及保護強化材等功能。若以基材的種類做為複合材料的分類時，可分為高分子基複合材料 (Polymer matrix composite，PMC)、金屬基複合材料 (Metal matrix composite，MMC) 和陶瓷基複合材料 (Ceramic matrix composite，CMC) 等三大類。

高分子基複合材料是以熱固性塑膠 (如環氧塑脂) 或熱塑性塑膠 (如聚碳酸脂) 為基材，以玻璃、石墨、硼或亞拉酸等為強化纖維。廣泛應用於軍事、交通、運動器材和日用品等，例如火箭零件、頭盔、壓力容器、管路、驅動軸、飛機及船舶的結構或傳動用零組件、網球拍、高爾夫球桿、釣竿、浴缸和電腦外殼等。金屬基複合材料是以鋁、鎂、鈦等為基材，以石墨、硼、氧化鋁、碳化矽、鉬、鎢等為強化纖維。用於人造衛星、太空梭、飛彈、直昇機的結構件，空壓機葉片、結構體支柱架和高溫引擎零件等。

陶瓷基複合材料的組成和前兩者不同。基材是高強度、高剛性、高抗熱性，但缺少韌性的陶瓷材料，例如碳化矽、氧化鋁、氮化矽等。添加的補強材則為聚合體材料或金屬材料，用來保護基材及提供新形成複合材料的韌性。應用於切削刀具、模具、噴射引擎、汽車引擎、壓力容器、太空梭絕熱陶瓷片和人工牙齒等。

一、習題

1. 敘述金屬材料的特點。
2. 金屬材料腐蝕的種類可分為兩種類型？形成的原因與影響各為何？
3. 金屬材料的物理性質中與機械製造過程有較大關聯者為何？
4. 繪圖說明金屬材料之應力與應變關係曲線中各種強度的意義。
5. 金屬材料硬度的意義為何？有何相關聯的機械性質？包含那些試驗方法？
6. 何謂金屬材料的破裂韌性？
7. 敘述金屬材料之疲勞破壞發生的原因與影響。
8. 何謂合金？形成之目的為何？
9. 敘述工具鋼的特性、種類及應用。
10. 敘述不銹鋼的特性、種類及應用。
11. 敘述鑄鐵的特性、種類及應用。
12. 敘述鎂合金的特性、種類及應用。
13. 敘述銅合金的特性、種類及應用。
14. 敘述鎳合金的特性、種類及應用。
15. 敘述鈦合金的特性、種類及應用。
16. 敘述陶瓷材料的物理性質及機械性質。
17. 敘述熱塑性塑膠和熱固性塑膠的特性及種類。

二、綜合問題

1. 探討有關鐵合金、鋁合金、銅合金、鈦合金、鎂合金及鎳合金等金屬材料的種類、主要的規格及應用。
2. 烹煮用鍋具常見的材料包括：不銹鋼、鑄鐵、鋁合金、鈦合金、陶器、玻璃陶瓷(康寧鍋)等，試比較其使用特性。
3. 敘述不銹鋼的種類及適用的產業別為何？說明其理由，並各舉出3項代表性產品。

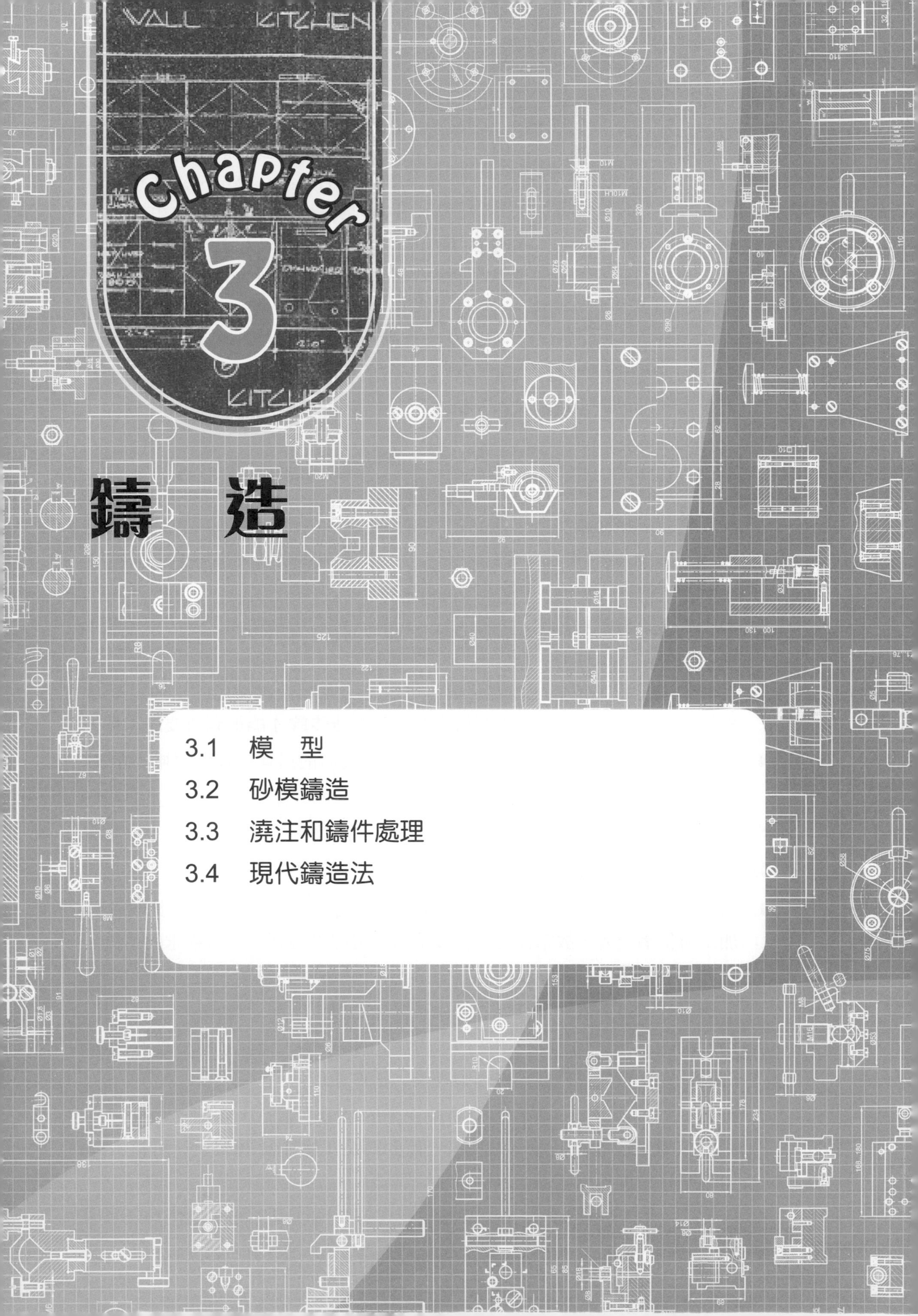

Chapter 3

鑄　造

3.1　模　型

3.2　砂模鑄造

3.3　澆注和鑄件處理

3.4　現代鑄造法

工程材料通常需經過多次不同的加工方法，最後才能得到設計時對工件要求的外形、尺寸和表面特性等，並經裝配而成為有用的 (Useful) 產品。鑄造是其中一種重要的加工方法，尤其對金屬工件而言，很多是以鑄造為其製造過程中的第一道加工步驟。在人類歷史上，鑄造的方法早在西元前四千多年就開始被用來製造各種器皿、裝飾品、工具和武器等。即使在各種加工技術日益精進的今日，鑄造仍是一種不可或缺的製造方法，況且目前的鑄造技術已能適用於很多種類的材料，不同大小及複雜外形的工件，也可得到良好的表面粗糙度及 / 或很小的尺寸公差，甚至可以改進材料性質，並能達到高生產率。因此被廣泛地應用於各種零件或產品的生產，例如工具機的床台、變速箱、汽缸、曲柄軸、火車車輪、管件、渦輪機葉片和高爾夫球頭等。

鑄造的優點有：

1. 適用於製造形狀複雜的工件 (零件或產品)。當使用其他加工方法，例如鍛造、切削、銲接等，無法製成或非常困難完成或代價很高者，可利用鑄造來生產。
2. 適用於一些重量或體積甚大的工件。這類工件若用其他加工方法製造時，會發生無法夾持或加工效率太低的問題。
3. 可簡化加工程序或裝配步驟。鑄造可以一次完成複雜構造的工件，不必先加工成許多個別零件，再經組合裝配等繁雜步驟才能得到所要的工件。
4. 由於材料特性上的限制，鑄造是此類材料成形的最佳，甚至是唯一的加工方法，例如鑄鐵。
5. 適用於大量生產，具有很高的生產率。

鑄造的缺點有：

1. 鑄件 (即鑄造所得之工件) 的尺寸和形狀精度通常比切削加工或其他成形加工所得者為差，故常需再進行後續加工製程以得到工件所要求的品質。
2. 鑄件的表面狀態一般較差，大都需再經研磨或噴砂等加工以去除表面的毛邊，或改進其表面粗糙度等，使後續加工得以順利進行。
3. 鑄件的內部組織通常並不均勻，且容易出現缺陷，需透過檢驗的步驟確認品質，甚至要再施以熱處理製程後，鑄件才能使用。
4. 鑄造的過程有許多是在高溫及粉塵密佈的環境中進行，此種又熱又髒的狀況，對人體危害甚鉅，尤其在老舊的鑄造工廠中更為嚴重。可藉由採用自動化設備加以改善。

鑄造的方法可分為兩大類，即傳統鑄造法 (Traditional casting process) 又稱為砂模鑄造法 (Sand casting process)，和現代鑄造法 (Contemporary casting processes) 所包含的重力鑄造法、離心鑄造法、精密鑄造法、壓鑄法和瀝鑄法等。鑄造場所使用的材料，依其功能可分為：(1) 鑄件本身用的材料，例如鑄鐵、鑄鋼、鑄鋁、鑄銅及其他金屬等；(2) 輔助施工用的材料，例如製作模型的木材或金屬，製作砂模的模砂，與鑄件材料熔化有關之熔化爐、坩鍋或容器等使用的耐火材料；(3) 用以和提供能源的燃料等。

不論是何種鑄造方法，其進行的順序大致為：

一、製作模型 (Pattern) 和鑄模 (Casting mold)

依工件形狀、尺寸和表面狀態的要求、鑄件材料的特性和考慮模型的各種裕度等，設計並製作出模型。然後利用模型進行造模程序，製作包括鑄模和流路系統。鑄模的內部為中空的模穴或為可消失模型，用來容納熔融的鑄件材料。

二、熔化 (Melting) 和澆注 (Pouring)

鑄件材料 (大部分是金屬材料) 在熔化爐中加熱成為熔融金屬液後，在適當的高溫下，控制好流量及流速，以人工或機器協助的方式將它澆注到流路系統，然後進入鑄模內部。

三、凝固 (Solidification) 和取出鑄件 (Casting)

熔融金屬液在鑄模內，逐漸冷卻而凝固成為鑄件。若鑄模為使用一次即廢棄者 (例如砂模、殼模等)，則將之破壞取出鑄件；若鑄模為可反覆使用多次者 (例如金屬模、壓鑄模等)，則常需借助頂出桿 (Ejector) 將在鑄模內的鑄件頂出。

四、清理 (Fettling) 和檢驗 (Inspection)

與鑄模分離後的鑄件，需將不屬於工件本身的流路系統等切除，並且把其他如模砂等異物除去，稱此為清理操作。完成清理的鑄件，尚需經檢驗其形狀、尺寸及內部是否有缺陷等步驟，才算完成全部的鑄造程序。

3.1 模 型

模型 (Pattern) 是用以製作鑄模之空穴進而生產鑄件所需的實體，其形狀和尺寸與鑄件相近。設計模型時需考慮其幾何精度及表面平滑度等對鑄件品質的影響，儘可能節省澆注所使用的鑄件材料，使鑄造各步驟的執行簡單且順利，以及模型本身應為容易製作和經久耐用等條件。當製作鑄模的材料為模砂時即稱之為砂模。

3.1.1 模型裕度

模型的形狀和尺寸與鑄件相近但並不完全相同，這是因為存在有模型裕度 (Pattern allowance) 的緣故，模型裕度主要的項目有：

一、收縮裕度 (Shrinkage allowance)

鑄件是金屬材料從熔融的狀態經凝固而形成，但金屬的體積會隨著溫度的降低而縮小。故製作模型時需考慮金屬材料的收縮率，將模型尺寸適度的放大，稱此為收縮裕度。如此得到的鑄件才能符合工件所要求的外形和尺寸。

二、起模斜度 (Draft taper)

當模型自砂模中取出時，若拔取方向和模型與模穴之接觸平面平行的話，容易造成模穴被刮到而崩裂或使模砂脫落，將會影響到鑄件的表面平滑度。因此模型的垂直面必須有適當的起模斜度，且截面上部需較下部寬一些，故當往上起模愈高時，模型與模穴之間隙會愈大，即可避免上述的缺失。

三、搖動裕度 (Shake allowance)

製作砂模時，因為模型和砂模會緊密接觸，為了順利起模，往往需要輕輕的敲動模型使之做上下左右搖動，因而造成模穴擴大。為消除此現象對鑄件的影響，在製作模型時即需將它的尺寸做適當的縮小，以涵蓋搖動裕度。

四、加工裕度 (Finish allowance)

當鑄件的表面處需進行後續切削加工才能合乎工件所要求的規格時，則模型在該處的厚度需加大些，以利鑄件的後續加工，稱之為加工裕度。

五、變形裕度 (Distorsion allowance)

若鑄件在冷卻過程中，會因金屬收縮而造成扭曲變形時，則需將此特性納入模型製作的考慮因素，稱此為變形裕度。

3.1.2 模型材料

模型的形式分為可取出模型 (Removable pattern) 和可消失模型 (Disposable pattern) 兩類。在造模過程中，模型需自鑄模內取出方能形成中空模穴者稱為可取出模型，此類模型的優點為可反覆使用，易於存放及搬動，鑄模完成後可檢查其模穴是否合格，及較不會造成環保問題等。缺點為需考慮及評估各模型裕度，複雜鑄件的模型不易製作，需注意使用砂心時形成的問題，造模程序較繁瑣和較費時等。可取出模型常用的材料有木材及金屬。若製作鑄模時模型留在其內部不必取出，利用加熱方式使模型材料熔化流出鑄模而形成中空模穴；或直接澆注熔融金屬液使模型材料氣化而離開鑄模者稱為可消失模型，其優缺點大致與可取出模型相反。可消失模型常用的材料有蠟及塑膠材料。

常用的模型材料有：

一、木　材

由於木材質輕，容易加工又較便宜，因此最常被用來製作模型。依鑄件產量的多寡，選用硬度不同的木材，量多者宜採用硬質木材，例如柚木、桃花心木等，雖然加工較困難但較耐用。量較少時可考慮用硬度較低者，例如柳安木、檜木等。木材在使用前需經適當的乾燥及塗層處理，使形成安定的含水量，避免製成模型後，經過一段時間可能發生變形的情況。

二、金　屬

若鑄件是屬大量且為經常性生產者，可使用鋁合金或銅合金等材料製作模型。雖然金屬模型的製作成本較高，但其尺寸精確，表面平滑度良好，且較經久耐用，因此若能符合經濟效益時即可加以採用。

三、蠟

使用蠟製作模型時，在完成造模程序後，利用加熱方式使蠟熔化流出鑄模，形成所要的中空模穴，故不需要考慮起模的步驟。熔化的蠟可回收再重覆使用。用蠟製作的模型只能使用一次，故需考量成本，一般用於形狀複雜或尺寸精密的小型鑄件生產時。

四、塑膠材料

塑膠材料中，例如發泡聚苯乙烯 (Expanded polystyrene，EPS) 即常被用來製作可消失模型。造模完成後，此類模型會留在鑄模內。當高溫的熔融金屬澆入時，模型材料遇熱氣化而逸出到鑄模外面，原有的位置被澆入的金屬液所取代。塑膠模型適用於形狀複雜或體積太大或數量極少的場合。因不需起模的步驟，可簡化造模工作，但缺點為模型強度較低，不能使用機器製造鑄模，且模型僅能使用一次。

3.1.3 模型種類

依據鑄件的形狀、尺寸及加工程序等發展出不同形式的模型，主要的種類有：

一、整體模型 (Solid pattern)

又稱為單件模型 (One piece pattern)，如圖 3.1 所示。為最簡單的一種模型，由同一材料所做成的單一整體，適用於形狀簡單的鑄件。其特點為往往存在一最大截面，可供做為上下砂箱的分模面。

二、分裂模型 (Split pattern)

又稱為二片模型 (Two pieces pattern)，如圖 3.2 所示。若使用單件模型會造成起模困難，或鑄模內無法形成鑄件的空穴，或影響砂模強度時，可將模型分成兩部分，分別置於上、下兩砂箱中，上下兩片模型之間的結合需有準確的定位裝置。

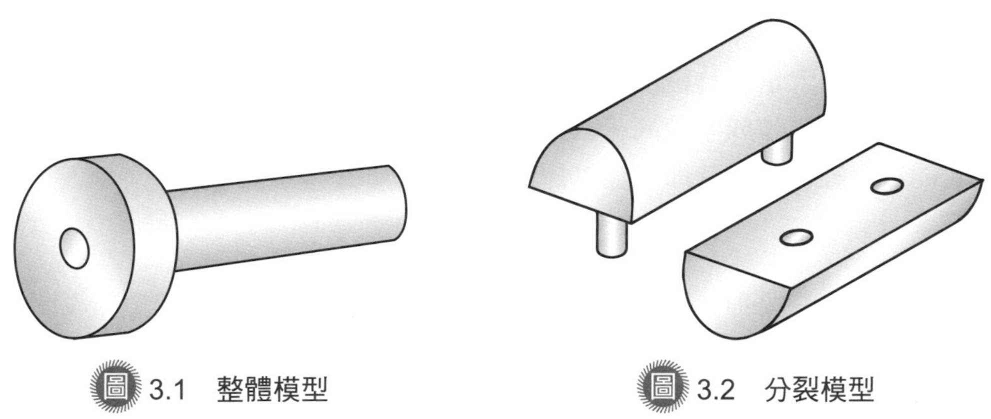

圖 3.1　整體模型　　圖 3.2　分裂模型

三、鬆件模型 (Loose piece pattern)

又稱為組合模型 (Composited pattern)。對於形狀較為複雜的鑄件，常將模型分成幾個較小的部分，再組合成完整形狀。當完成砂模製作後，可將模型分解，依序分別取出，以避免模型的凸出部分破壞模穴。例如圖 3.3 顯示鳩尾槽鑄件的鬆件模型組合及起模方式。

四、板模模型 (Match plate pattern)

將原本是分別放置於上下砂箱的兩片模型，分別固定在同一塊平板 (即雙面模板) 的上下兩面用以造模，如圖 3.4 所示。如此可補強模型的強度，雖然製作模型的費用較高，但可大量節省鑄模的製作時間，適用於形狀簡單且產量較多的鑄件。

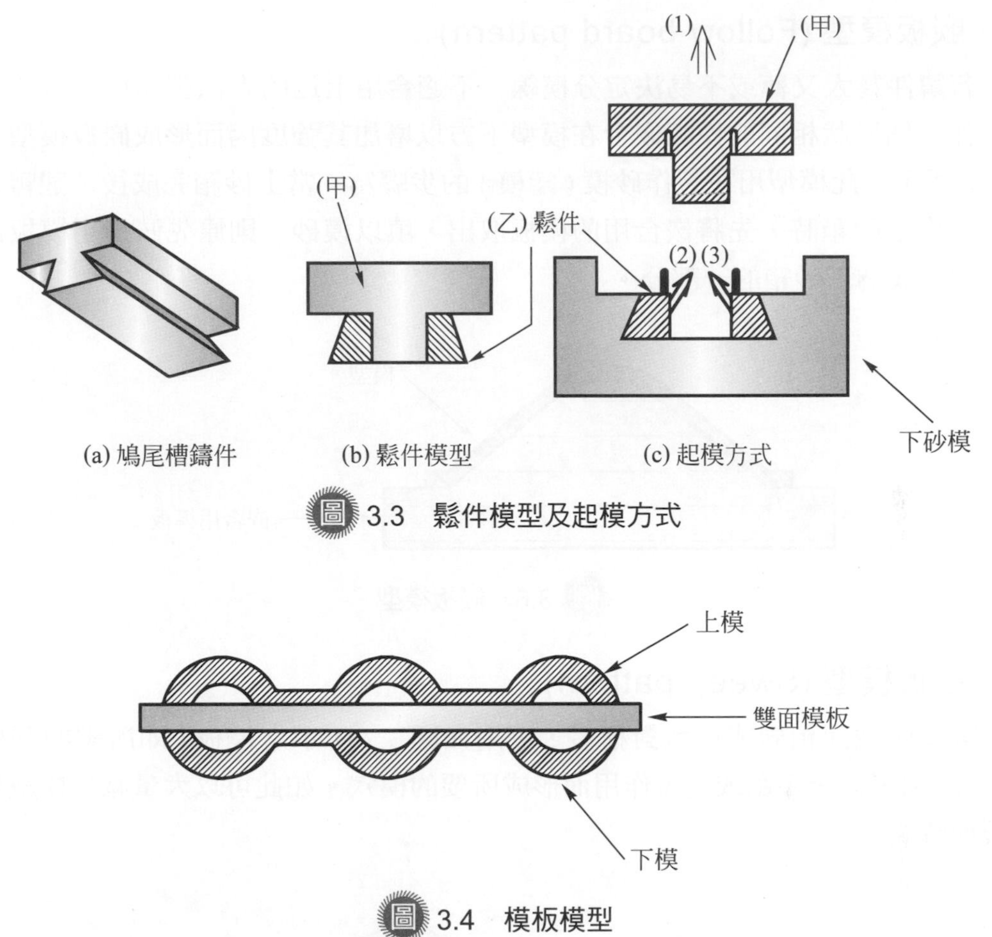

圖 3.3 鬆件模型及起模方式

圖 3.4 模板模型

五、流路模型 (Gated pattern)

當鑄件尺寸較小，產量又很多時，可將許多相同的小模型以流道 (Runner) 聯結起來形成所謂的流路模型，如圖 3.5 所示。

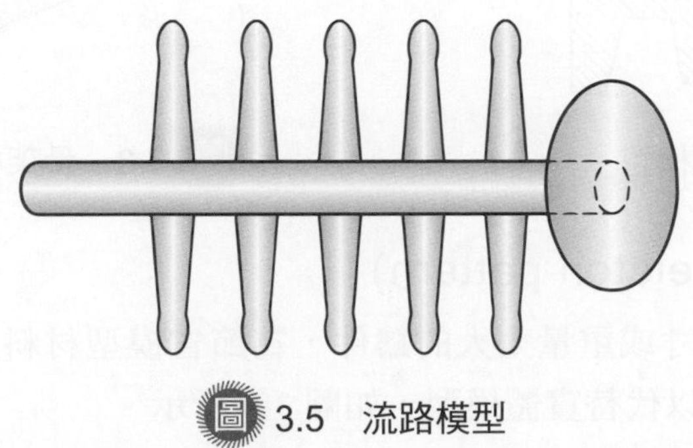

圖 3.5 流路模型

六、嵌板模型 (Follow board pattern)

若鑄件為大又薄或不易決定分模線，不適合用上述的方法製作模型時，可藉由製作一個形狀相同的模板嵌合在模型下方以增加其強度因而形成嵌板模型，如圖 3.6 所示。此模型用在製作砂模 (鑄模) 的步驟為：當上砂箱完成後，翻轉模型打算製作下砂箱時，先將嵌合用的模板取出，填以模砂，則原先嵌合用模板占有之空間即成為下砂箱的一部分。

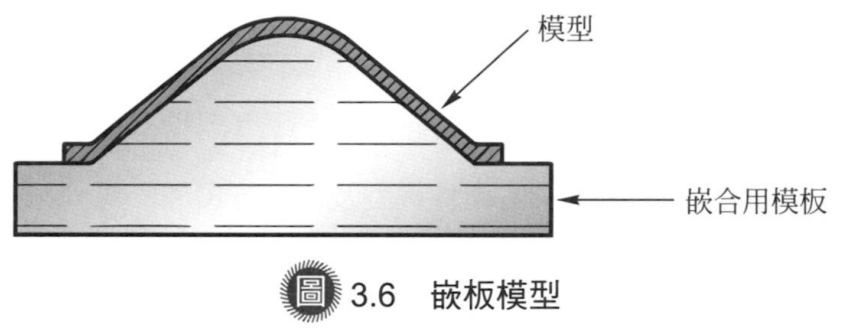

圖 3.6　嵌板模型

七、刮板模型 (Sweep pattern)

當鑄件截面相同或形狀對稱者，可用如圖 3.7 所示之模板 (即所謂的刮板模型)，經由平移、平刮或旋轉作用而形成所要的模穴。如此可以大量減少模型材料及製模時間。

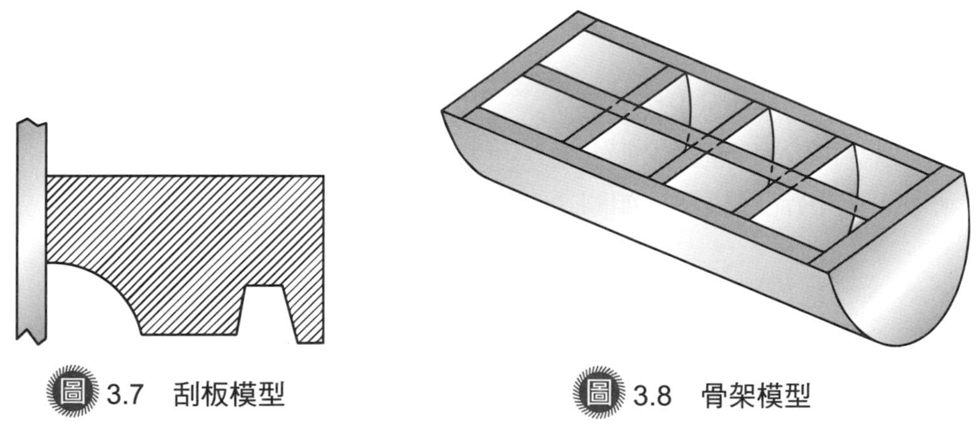

圖 3.7　刮板模型

圖 3.8　骨架模型

八、骨架模型 (Skeleton pattern)

對於少量而且尺寸或重量太大的鑄件，為節省模型材料及方便製作鑄模，可採用骨架構造的模型以代替實體模型，如圖 3.8 所示。

3.1.4 流路系統

流路系統 (Gating system) 是指熔融的金屬液自澆入口到鑄模模穴所經路徑上的相關設施，主要為澆注部分 (包含澆池、澆道、流道及鑄口) 和冒口部分，如圖 3.9 所示。流路系統的設計需考量金屬熔液澆注時對鑄模的沖刷和衝擊作用，鑄件各部位不同的凝固速率，和鑄件金屬本身的收縮率等問題。

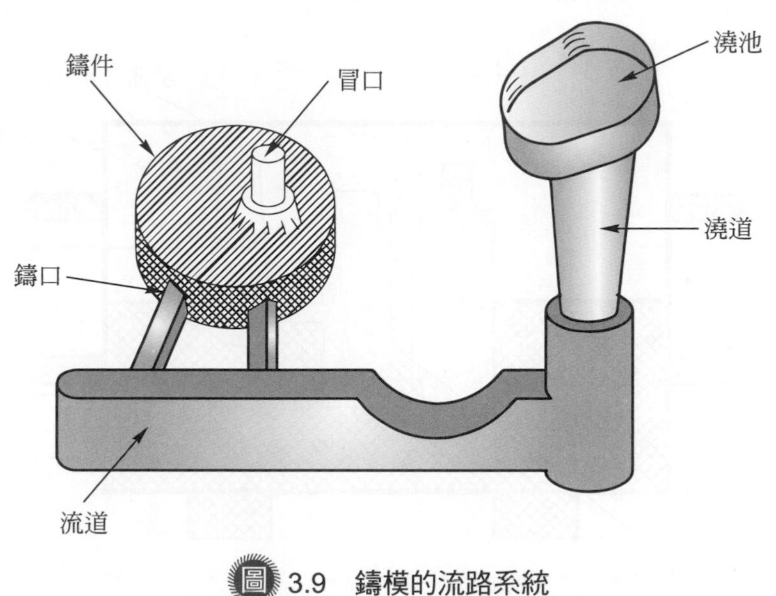

圖 3.9 鑄模的流路系統

1. 澆池 (Pouring basin) 又稱澆槽，位於熔融金屬液進入鑄模最開始的澆入口，其功能有 (1) 容納鑄件所需的金屬熔液量並避免它溢流出去，(2) 引導熔液成流線型流動以減少渦流產生，和 (3) 阻隔浮渣以防止其進入模穴影響鑄件品質。澆道 (Sprue) 是指接於澆池下方的直立孔道，一般呈上大下小的形狀，目的為減少金屬熔液流動時所產生的渦流。
2. 流道 (Runner) 又稱橫澆道，用以提供金屬熔液水平流動的路徑。鑄口 (Gate) 則為流道進入模穴的門口。兩者的設計都需考慮如何減少金屬熔液流動時產生的渦流及其衝擊作用，和防止浮渣或雜質進入模穴。
3. 冒口 (Riser) 的形狀通常為直立的圓柱體，其功用為可使金屬熔液在長時間內仍保持著高溫的液態，用以提供鑄件凝固收縮時所需補充之不足的量。

3.2 砂模鑄造

鑄模 (Mold) 的內部為與欲生產之鑄件形狀及尺寸相近的中空模穴，或可消失模型。外部實體構造所使用的材料主要有模砂、金屬、陶瓷或石膏等，其中以模砂為材料所製作的鑄模稱為砂模 (Sand mold)，如圖 3.10 所示。其他的鑄模材料則用於現代鑄造法中，並將於第 3.4 節中再詳加說明。

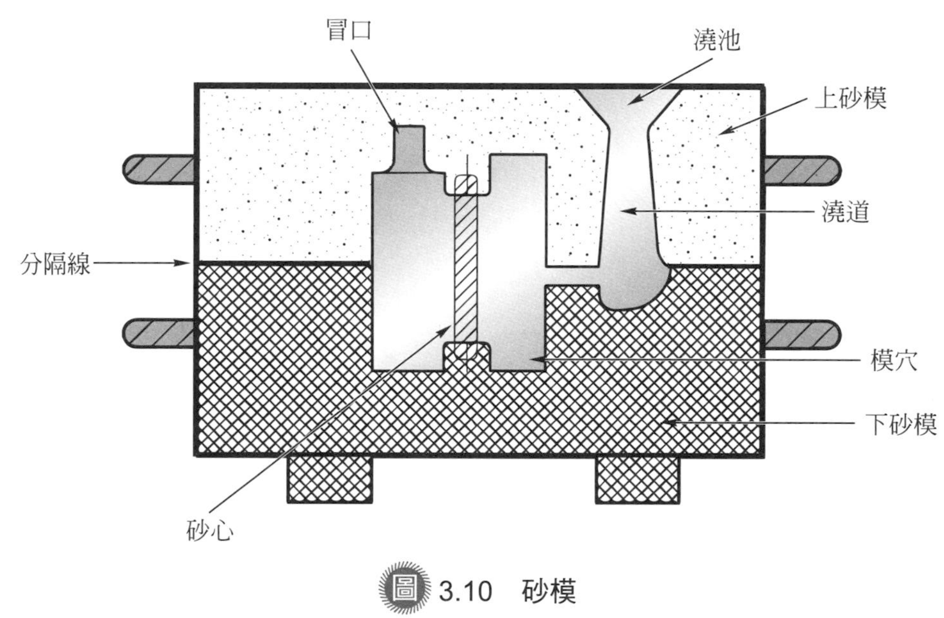

圖 3.10 砂模

砂模鑄造的經濟利益通常優於其他鑄造方法，在鑄件總生產重量中佔有極高的比例。要得到砂模鑄造的優良鑄件，則需先了解影響此製程的重要因素，包括模型的製作、模砂的性質、砂模的種類、造模的工具及機器設備、鑄件材料的特性、熔化及澆注的過程和鑄件的清理及檢驗等。

3.2.1 模 砂

模砂 (Molding sand) 的特性將直接影響到鑄件的品質，在砂模鑄造中扮演著很重要的角色，模砂可依其不同來源 (例如陸砂、河砂、湖砂等)、不同顆粒形狀 (例如圓形、橢圓形、多角形等)、不同用途 (例如鑄鐵用、鑄鋼用、鑄鋁合金用等) 或不同化學成分 (例如天然模砂、合成模砂、特殊模砂等) 加以分類。其中，天然模砂中含有矽砂 (SiO_2) 和黏土成分可直接使用，且價格低廉，故成為最常用的砂模材料。模砂的使用需依鑄件的尺寸大小及特性，和其金屬材料的種類而有不同的選擇。通常模砂需具備下列的性質：

一、透氣性 (Permeability)

當金屬熔液澆注入砂模後，熔液的高溫會將模砂中的水分蒸發成氣體。若模砂的透氣性良好，讓這些氣體得以順利逸出砂模，則鑄件即可避免發生氣孔等瑕疵。

二、強度 (Strength)

指經起模步驟取出模型，完成造模程序後，砂模之砂粒間的結合強度需足以維持模穴的外形而不會崩潰。當金屬熔液流入時，砂模受熱變得較乾燥，此時的砂粒結合強度亦需能抵抗金屬熔液的沖刷及衝擊作用。

三、耐熱性 (Refractoriness)

模砂在高溫時需能保有原有的物理和化學性質，且不致發生變形或熔融的情況。

四、細密性 (Fineness)

為了得到表面平滑度較佳的鑄件，模砂需有適當的細密度，以防止過多的金屬熔液滲入模砂之間而形成不佳的鑄件表面。

五、崩潰性 (Collapsibility)

當澆入的金屬熔液在砂模內凝固後，必須將砂模破壞才能取出鑄件。如果模砂的崩潰性良好，則鑄件的清理和模砂的回收再處理等工作可以較容易進行。

為確保模砂是否合乎所要求的性質，需對它進行下列的試驗：

一、水分含量試驗

模砂中水分含量太少或過多，會影響砂模的強度和透氣性，故需嚴格控制。取 50 克重的模砂加熱至完全乾燥後再量一次重量，計算兩者之相差值，即可求得水分含量的百分比。

二、黏土含量試驗

模砂中的黏土含量，同樣關係著砂模的強度和透氣性。取烘乾後的模砂 50 克重，加入475 cc的蒸餾水和25 cc的標準氫氧化鈉溶液，以快速拌攪機攪拌5分鐘，再加入足夠的水，待靜止10分鐘後將水吸出。如此重複多次，然後將砂烘乾秤重，所得到的重量與原來 50 克重量之相差值，即為黏土重量，並可計算出黏土含量的百分比。

三、粒度試驗

模砂顆粒大小會直接影響到砂模的強度和透氣性。將去除黏土成分的模砂用振動篩選機，區分成 11 種不同粗細的分佈。再依美國鑄造學會 (AFS) 所規定的計算公式求出模砂粒度指數。

四、透氣性試驗

在標準狀況下，每單位時間內空氣通過依規定製作之砂模試件的量。亦即在壓力 10 g/cm^2，砂模試件長 5.08 cm，截面積 20.268 cm^2 時，每分鐘通過的空氣量，稱為模砂的透氣性。

五、強度試驗

砂模結合強度通常以縱向抗壓強度為主要的測試項目。測試時採用彈簧加壓的手動測試機對砂模試件施加壓力，可直接從量錶上讀取試件破碎時的壓力強度。

六、硬度試驗

砂模外表面的硬度值可顯示砂模對澆注金屬熔液時所產生衝擊作用的抵抗能力。利用砂模硬度試驗機對砂模試件測試，可直接從量錶上讀取其硬度值。

模砂被用來製作砂模之前，需先經過新舊模砂混合的配砂步驟，主要是考慮成本及環保的因素。通常會將用過的舊模砂回收再使用，但模砂在金屬熔液的高溫及沖蝕作用下會破損及老化，失去原有之尖銳及不規則的形狀，因而影響其交錯結合的強度，故需加入新砂，同時添加黏土等添加劑，和除去砂中的金屬渣及雜質等，以得到性質優良的模砂。混砂機是用來調配模砂的機器，可與輸送帶等設備結合形成一貫作業的自動化系統，從舊砂回收，配製新的模砂，到將它運送至造模機去造模，都可藉由電腦控制方式完成。

3.2.2　砂模種類

砂模依模砂的情況和結合劑的不同可分為：

一、濕砂模 (Green sand mold)

由含有水分的模砂和添加的黏土或結合劑配製成造模材料，適用於可取出模型或可消失模型。在造模完成後，即可進行澆注金屬熔液。等鑄件凝固後，將砂模破壞，模砂可回收使用。濕砂模為砂模鑄造中使用最多的方法，主要的原因是造模成本最低。常用於鑄鐵的鑄造。

二、乾面膜 (Skin-dried mold)

製作的方法有兩種，其一為先舖一層硬砂在模型的周圍，乾燥後即形成一層硬殼，在硬殼層之外仍填以濕砂；其二為先做好濕砂模，然後在模穴外表噴上塗料，經加熱硬化後即形成具有一層乾硬殼模穴的砂模。

三、乾砂模 (Dry sand mold)

把較粗的模砂和結合劑混合之後，使用金屬砂箱製作砂模，再將它送入烘爐內烘乾至砂模完全不含水分而得。造模成本較高，常用於鋼材的鑄造。

四、泥土模 (Loam mold)

造模方式是用磚塊或鐵皮做成砂模的基本形狀，其內部先填上濕砂再塗以厚泥漿形成所要的模穴，待完全乾燥後即可使用。泥土模主要用於大型鑄件的鑄造，造模費時，使用機會不多。

五、呋喃模 (Furan mold)

在模砂中加入呋喃樹脂經均勻混合後形成造模材料。此種材料在遇到酸性催化劑時會產生反應開始硬化，故需注意掌握造模時效。呋喃模尤其適用於可消失模型的造模。

六、二氧化碳模 (CO_2 mold)

將模砂與矽酸鈉混合後製作砂模，當通以二氧化碳氣體時，矽酸鈉會與二氧化碳產生化學反應，可使砂模硬化而增加強度。適用於要求生產表面平滑或形狀複雜的鑄件。

3.2.3 砂 心

當鑄件有孔洞、內部凹穴或缺口時，常需製作砂心 (Core) 並裝置在砂模內而成為砂模的一部分。砂心的形式有濕砂心和乾砂心兩種，濕砂心是利用模型直接製成，使用的材料和砂模的砂相同。乾砂心則是另外製作，於模型取出後再裝入砂模中。

砂心必須具備的性質有：

一、良好的透氣性

因砂心只有端部與砂模接觸結合，其餘部位則被澆注入的金屬熔液所包圍，故必須有良好的透氣性。

二、良好的潰散性

在金屬鑄件材料凝固的同時，砂心必須立刻潰散，如此才不會對金屬產生抵抗作用，避免鑄件產生熱裂現象。

三、高強度

砂心相對的尺寸及厚度可能甚小，要能承受修整加工及金屬熔液的衝擊作用等，所以要有較高的強度。

乾砂心的製作可利用砂心盒 (Core box)，填入已混合黏結劑的砂，成形後烘乾而得。亦可利用製作呋喃模或二氧化碳模的方式，即不需經由烘烤的步驟來製作砂心。將乾砂心裝入砂模中時，必須注意支撐的問題。使用乾砂心通常會增加製造成本，在設計及製程規劃時需列入考慮。

3.2.4 造模程序

砂模的造模程序 (Mold making process) 可分為：

一、人工造模 (Hand molding)

是指以人力配合各種造模設備和工具來製作砂模。人工造模不僅費力、效率低且品質也不穩定，目前使用的機會不多。常用的設備和工具有砂箱、套箱、澆口棒、修形匙、底板、砂鏟、鏝刀、刮尺、砂鉤、砂錘、通氣針、起模針、風箱、砂篩、水刷、直尺和瓦斯噴燈等。

二、機器造模 (Machine molding)

是指以機器取代人工方式造模，不僅可節省人力及提高效率，也可使砂模品質穩定，尤其適用於重量大的鑄件之砂模製作。常用的造模機器設備有篩砂機、混砂機、震搗機、擠壓機、震搗擠壓機、拋砂機和壓模式造模機等。

機器造模的方法有：

1. 震動法 (Jolting)：模型置入砂箱後，利用震搗機連續多次地將砂箱上舉再放下，此作用可使砂受到震搗作用而密實接合形成砂模。
2. 壓擠法 (Squeezing)：利用擠壓機施力於壓板的方式將砂壓緊接合。震搗擠壓機則是結合震動和壓擠作用製作砂模。
3. 拋砂法 (Sand slinging)：利用拋砂機高速旋轉盤的拋摔，把砂以高速拋入砂箱中，藉其動能迫使砂被擠壓成密實狀態。可用於大型砂模的製作。

不論是用人工造模或機器造模，其製作程序大致相同。現以人工造模且使用可取出的分裂模型為例，簡敘其步驟如下：

1. 將模型下半部倒置於砂模平板 (Mold board) 上，再把下砂箱倒置於此平板上面。
2. 填模砂入下砂箱，搗實後，將多餘的砂刮去，如圖 3.11(a) 所示。
3. 將底板 (Bottom board) A 放到上面，全體上下翻轉 180 度，取走砂模平板，如圖 3.11(b) 所示。
4. 把上砂箱扣合在下砂箱上面，同時把模型的上半部接合到下半部上。灑上適量的分模砂。並在恰當的位置豎立澆道棒。

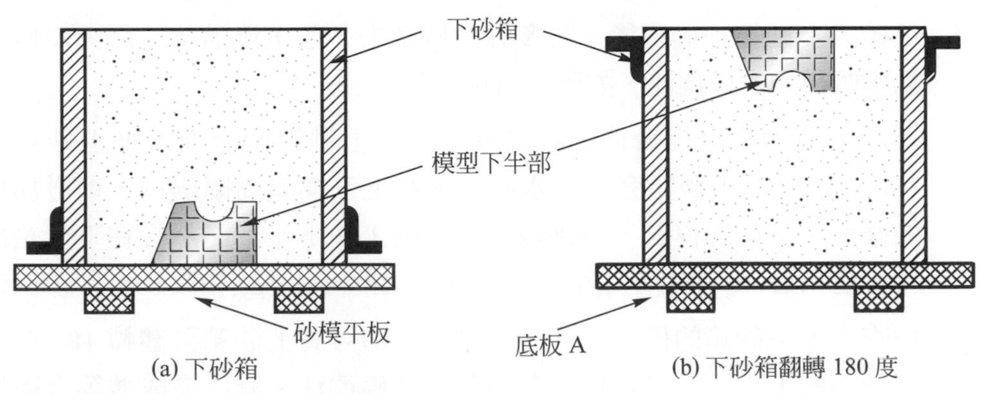

(a) 下砂箱　　(b) 下砂箱翻轉 180 度

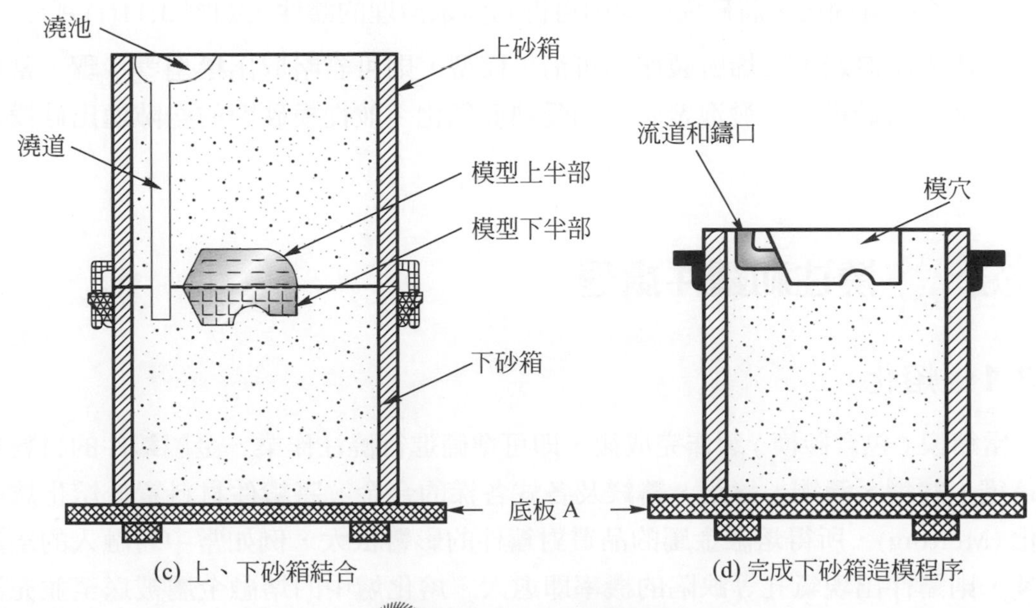

(c) 上、下砂箱結合　　(d) 完成下砂箱造模程序

圖 3.11 人工造模程序

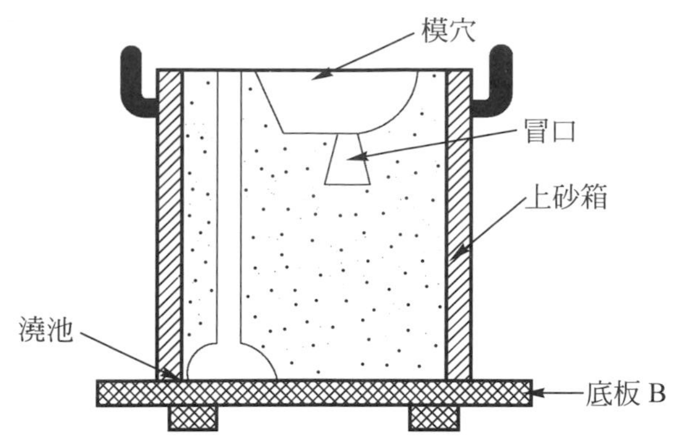

(e) 上砂箱翻轉 180 度並完成上砂箱造模程序

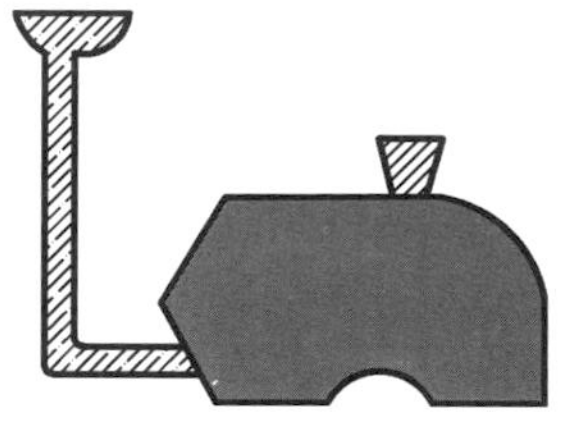

(f) 尚未清理的鑄件

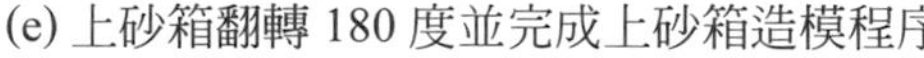

圖 3.11　人工造模程序 (續)

5. 填砂入上砂箱經搗實後，將多餘的砂刮去。取出澆道棒，將澆口修整成為喇叭口，並做澆池，如圖 3.11(c) 所示。
6. 鬆開上下砂箱之扣合件，將底板 B 放在上砂箱的上面再把上砂箱翻轉 180 度後置於下砂箱旁。用水刷沾水在上下模型周圍刷拭，以增加模砂的強度，再以起模針，分別取出模型的上、下半部。然後在下砂箱內製作流道和鑄口，在上砂箱內製作冒口，如圖 3.11(d) 和圖 3.11(e) 所示。
7. 檢查上、下砂箱的模穴，若一切良好，即可將上砂箱再翻轉 180 度放到下砂箱的上面，並以重物將其壓緊，準備澆注。澆注完成並等金屬熔液冷卻凝固後，將砂模破壞即可得到尚未清理的鑄件，如圖 3.11(f) 所示。

若使用發泡聚苯乙烯所製作的可消失模型，則可省略取出模型等步驟，當熔化金屬液注入砂模時，發泡聚苯乙烯受熱而氣化，並從模砂間的空隙逸出砂模之外。

3.3 澆注和鑄件處理

3.3.1 熔化

當鑄模 (包含砂模) 製作完成後，即可準備進行澆注作業。金屬鑄件的材料包括鑄鐵、鑄鋼、鑄銅、鑄鋁、鑄鎂及各式各樣的合金。將鑄件材料置於熔化爐內熔化 (Melting)，所得熔融金屬的品質對鑄件的影響很大，例如當中若融入的空氣愈多，則鑄件出現氣孔等缺陷的機率即愈大。熔化爐中的熔融金屬被送至並充滿整個模穴，需先經過熔液搬運和熔液在澆注系統內流動的過程，因此會經過一段不算短的時間，造成熔液的溫度降低甚多。為確保熔融金屬能在冷卻凝固前到達鑄模內每一處應該被充滿的空間，則在熔化爐內的熔融金屬溫度需比澆注時的溫度高，而澆注溫度又需比金屬熔化溫度(熔點)高才可以。然而，若是熔融金屬的溫度過高時，不僅浪費能源成本，加速相關設備折損，也容易造成鑄件材料冶金方面的缺陷。

熔化爐的選擇需考慮鑄件金屬的熔點，生產此批鑄件所需熔化材料的量和熔解時間等因素。熔化爐的種類有熔鐵爐 (Cupola)、電弧爐 (Electric arc furnace)、反射爐 (Reverberatory furnace)、轉爐 (Converter)、平爐 (Open-hearth furnace)、感應爐 (Induction furnace) 和坩鍋爐 (Crucible) 等。

3.3.2 澆注

熔化爐內的熔融金屬先以澆桶 (Ladle) 盛裝，經搬運再倒入鑄模之澆池然後流到鑄模內的過程稱為澆注(Pouring)。澆桶是用鋼板製成外殼，內部襯以耐火材料，使用前需先烘乾預熱。烘乾是為防止若有殘留水分，受熱時會產生水汽使金屬液濺出發生危險或造成鑄件的瑕疵。預熱則是為避免熔融金屬和內部耐火材料間的溫度差太大時，會影響澆注的順利進行。

澆注是鑄造過程中非常重要的環節，需考慮熔融金屬的流動性和它與鑄模間的熱交換特性，尤其要特別注意控制金屬熔液的澆注溫度和澆注速度方能確保鑄件的品質。

一、澆注溫度

對鑄件的品質影響甚鉅。若澆注溫度太高時，鑄件凝固後體積收縮率較大，易產生裂痕、氣孔及晶粒粗大等缺陷。若澆注溫度太低時，熔融金屬的流動性較差，可能無法流到模穴的所有空間即已凝固，造成鑄件的凹陷、縮孔或裂縫等問題。常見金屬材料的大略澆注溫度，例如鑄鐵為 1300℃、鑄鋼為 1450℃、青銅為 1180℃、鋁合金為 700℃等。

二、澆注速度

需視鑄件的形狀而定。若澆注速度太快則熔融金屬衝力較大，易沖蝕鑄模的模壁，或因模穴內的氣體來不及逸出，致使鑄件產生氣孔。若澆注速度太慢則熔融金屬易與空氣結合，並將之帶入鑄模內致使鑄件產生氣孔，且溫度降也較快，影響澆注溫度的保持。

此外，澆注時需特別注意防止異物進入模穴。對每一個鑄模需一次充滿熔融金屬，否則可能會因冷卻過程的溫度分佈不均而使鑄件產生缺陷。

3.3.3 凝固

澆注完成後的高溫熔融金屬在鑄模內逐漸冷卻而凝固 (Solidification)，形成許多個呈多邊形晶粒的結晶組織。金屬由液態變為固態時，原子會依其特性堆積排列到晶粒內的晶格位置上，使彼此間的距離變小而產生體積收縮。金屬的體積收縮率是根據其熱膨脹係數和溫度的變化量計算而得。在造模時製作之冒口的功能即為在金屬體積因收縮減少時，對空出的空間提供補充熔液之用，以免鑄件發生收縮孔或裂縫等瑕疵。

當鑄件甚大且厚截面的部分不只一處時，應安排多處冒口以便分別提供因收縮減少部分的補充。然而，若使用過多冒口，則對生產成本是一種浪費且不切實際。改進的方法是在冒口效力達不到，且收縮量為一定值處之附近裝置冷凝塊 (Chill) 以加速該處金屬熔液的冷卻，使其因凝固收縮作用所引起的金屬熔液不足的量可由裝置在他處的冒口做及時地補充。冷凝塊是使用可以迅速吸收熱量的金屬做成適當的形狀，為鑄造廠中必備的一種輔助器材。

鑄件在凝固過程中需注意的除了體積收縮的問題以外，鑄件外部的變形、內部成分的偏析或殘留應力等，也都會影響到鑄件的品質，在設計時就必須加以考慮。

3.3.4 鑄件之清理與檢驗

鑄件凝固後，冷卻到某一溫度即可自鑄模或砂模的砂箱及模砂中分離取出，其過程包括拆模、大割和清砂等清理 (Fettling) 工作。

鑄模 (包含砂模) 中取出鑄件後，與鑄件連結的流路系統，包括冒口、澆道、流路等，可用鐵錘直接敲掉或用鋸割、火焰切割、砂輪切割等方式去除，一般稱之為大割。鑄件表面上的黏砂和毛邊等，可用噴砂的方法去除，或置於滾筒機內與加入的磨料一起滾動，藉其彼此間碰撞摩擦的方式去除。最後，鑄件仍存有一些凸出的多餘部分，需使用砂輪機加以磨平。清理工作大部分仰賴人力，約佔鑄件生產中人工成本的 15 ～ 25%。

鑄件經過清理後已成為鑄造所要得到的產品。惟尚需進行檢驗 (Inspection) 工作，以確保其品質，主要的檢驗項目有：

一、外觀檢驗

通常以目視檢查 (Visual examination) 方式觀察鑄件表面是否有氣孔、縮孔、破裂、變形、錯模、異常凸起、砂心位置變動或其他可以直接看出的瑕疵。另外，可用滲透檢驗 (Penetrant inspection) 方法，將螢光滲透液塗在鑄件表面，鑄件若有裂縫則螢光液會滲透進入。經過一段時間後擦乾表面，再塗上顯像劑，則可顯示出裂縫的位置及大小。

二、尺寸檢驗

使用適當的量具檢驗鑄件各部位尺寸是否合乎設計圖所要求的規格。

三、非破壞檢驗

目的在檢測鑄件內部是否有裂痕、氣孔、縮孔等缺陷，使用的方法有放射線檢驗 (Radiographic inspection)、超音波檢驗 (Ultrasonic inspection)、渦電流檢驗 (Eddy current inspection) 和磁粉檢驗 (Magnetic particle inspection) 等 (將詳述於第 13.4.6 節)。

四、成分及金相檢驗

使用光譜儀 (Spectrometer) 分析鑄件之合金成分的百分比。金相檢驗則是將鑄件剖開，取得所要部位的切片，經研磨、拋光及酸蝕過程，以光學顯微鏡觀察其結晶組織和成分分佈等微觀結構，做為評估有否雜質侵入或偏析發生等瑕疵，或做為如何改進鑄件品質的依據。

五、機械性質檢驗

品質要求較高的鑄件，視其設計上的要求，有些需做機械性質的試驗，包括硬度、抗拉、抗壓、韌性和疲勞等。通常是依照美國試驗及材料學會 (ASTM) 的材料機械性質試驗規範，先製作標準試件的鑄模，然後澆注與生產鑄件同一熔化爐中的熔融金屬，冷卻後得到標準試件，再進行相關試驗。

通常鑄件在檢驗前後，大都會進行切削加工或熱處理的製程，目的在使鑄件的尺寸、外形、表面狀態及特性等符合設計的規格要求，使成為可用的產品。綜合以上所述，以圖 3.12 表示砂模鑄造的流程。

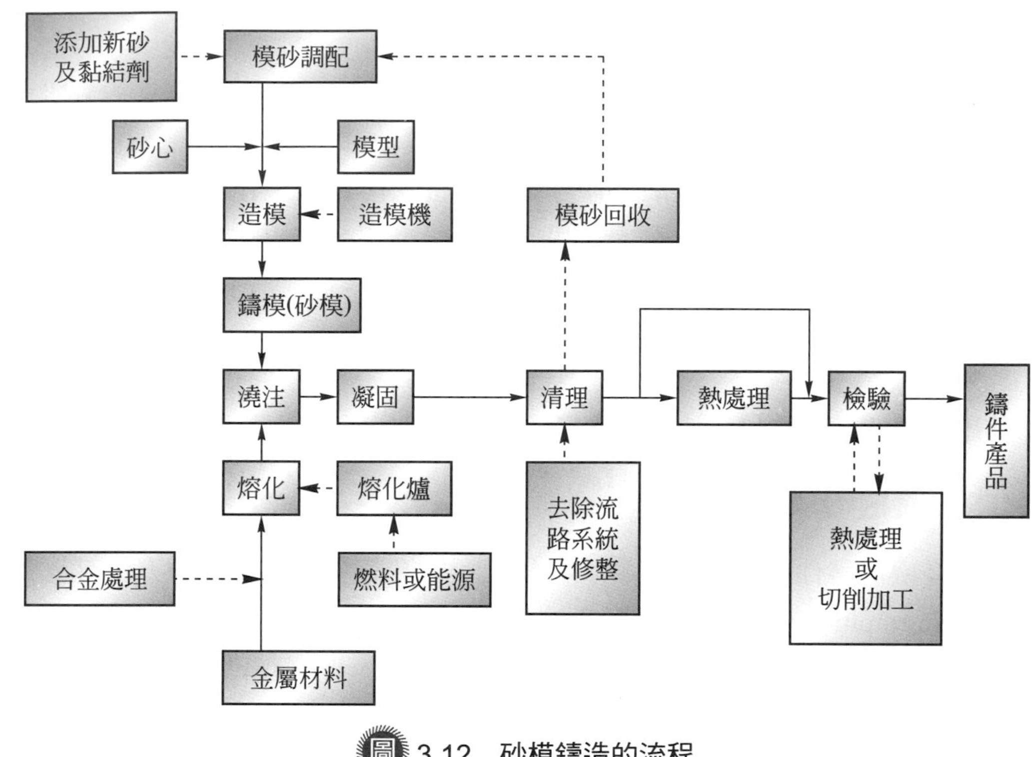

圖 3.12 砂模鑄造的流程

3.3.5 鑄件之缺陷與預防

鑄造所得的產品常會出現缺陷，有品質缺陷的鑄件，考量其嚴重性及功能性，或加以修補，或予以報廢處理。常見的鑄件缺陷與預防方法簡述如下：

一、氣孔 (Gas hole)

指在鑄件表面出現凹陷或內部發生空孔。原因是模穴內或熔融金屬中的氣體，在金屬熔液進入鑄模及凝固時無法順利逸出，殘留在鑄件中所形成。預防的方法有提高鑄模及其包含之砂心的透氣性，降低澆注時高溫熔液對氣體的溶解度，或採用成本較高的真空熔化法等。

二、縮孔 (Shrinkage cavity)

鑄件凝固收縮時引起的不規則形狀凹陷，主要是鑄件材料補充不足或凝固順序不理想所致。預防的方法有改進冒口的位置及大小，避免鑄件的厚薄差距過大，和澆注溫度不要過高等。

三、雜質 (Inclusions)

鑄件雜質來自金屬材料熔化過程及澆注過程。前者可藉改善提鍊技術去除鑄件原料中的雜質。後者可藉由在使用熔化爐及澆桶之前，注意確實清除殘留在其內的雜質或在爐中加入除渣劑等方式避免。

四、粗糙表面 (Rough surface)

鑄件表面過於粗糙，形成原因有砂模的模砂顆粒太粗或砂中含太多雜質所致。可藉由慎選模砂來克服，甚且需改用其他的鑄造方法才能改善。

五、變形 (Distorsion)

鑄件外形或尺寸發生誤差的現象。可能原因為模型變形，起模不當致使模穴變形，砂心位置不正確，澆注時模穴受到沖蝕而變形，或鑄件材料本身的凝固收縮變形等。預防的方法有事前檢查模型是否適用，確實做好製模過程所要求的動作及注意事項，改善流路系統的設計，或更改鑄件的外形設計等。

六、偏析 (Segregation)

鑄件合金成分分佈不均勻的現象。偏析是因為熔融金屬內各種成分原料的凝固溫度不同，以致凝固的時間不同所引起，屬於較難預防的一種鑄件缺陷。加速冷卻速率也許是有效的預防方法，但同時會導致其他缺陷的發生，故不一定實用。偏析可藉由退火熱處理或熱作加工來改善。

此外，在要求高品質的鑄件中，殘留應力 (Residual stress) 的存在成為不可忽視的現象，因為殘留應力可能是造成鑄件疲勞破壞的原因之一。殘留應力的發生是因為冷卻過程不恰當或鑄件的截面變化設計不良所致，可針對上述原因加以改進，或藉由退火熱處理消除之。

3.4 現代鑄造法

鑄造的方法可分為砂模鑄造和現代鑄造兩大類。砂模鑄造的歷史悠久，至今仍然是一種重要的產品製造方法，但是其缺點為生產之鑄件的尺寸較不精確、表面平滑度不夠、不適用於太小或太薄的產品、對特殊合金無法鑄造、生產效率低和不敷大量生產之需。因此，發展出各種現代鑄造法，以滿足各類型鑄件的特殊要求、改進砂模鑄造的缺失、達成高品質及多樣性、適用於特殊合金的鑄件和大量生產的需求等。

3.4.1 重力鑄造法

重力鑄造法 (Gravity casting) 為永久模鑄造法 (Permanent mold casting) 的一種，屬於金屬模鑄造法。使用鑄鐵或合金鋼材料製作鑄模，可重覆使用數千次。鑄模形式大多為兩片式，可以左右開閉。使用前需先經清理、預熱及噴刷塗料於模壁等步驟，目的在避免熔融金屬的冷卻速率太快，並防止熔融金屬直接接觸到鑄模內壁，因此可得到較精確的鑄件，並可延長鑄模的使用壽命。澆注時靠熔融金屬本身的重量填滿模穴，原先在模穴中的空氣則從分模線或特殊設計的通氣孔逸出。鑄件的取出方式為藉由頂出桿頂出。重力鑄造法主要用於鋁合金的鑄造，亦可用於鋅、鎂、銅等非鐵系合金。產品有汽缸、活塞、連桿、廚房用具、冰箱零件等。

重力鑄造法的優點有：

1. 鑄模可重覆使用，省略造模所需的程序，故生產效率高，適合於機械化及自動化生產。
2. 模壁表面平滑，模穴不易變形，故鑄件有較精良的尺寸及表面特性。
3. 鑄件冷卻速率較快，可得到細晶粒組織，且較無偏析現象，故鑄件的機械性質良好。
4. 工作環境較砂模鑄造好。

重力鑄造法的缺點有：

1. 金屬鑄模製造及維護成本高，生產準備時間長，和不適合少量生產。
2. 金屬鑄模導熱快，容易使只靠本身重量流動的熔融金屬，在未充滿模穴之前即因凝固而失去流動性，故不適於生產太厚或太薄的鑄件。

3.4.2 壓鑄法

壓鑄法 (Die casting) 為永久模鑄造法中使用最多的方法。利用施加壓力將熔融金屬壓入金屬鑄模內，並保持壓力至熔融金屬冷卻凝固成形後，再開模取出鑄件。壓鑄模為兩片式，其中與壓鑄機射出熔液之壓室相通的一片是為固定；另一片則可做水平移動，並裝有頂出桿可用來頂出鑄件。壓鑄機分為熱室 (Hot chamber) 壓鑄機和冷室 (Cold chamber) 壓鑄機兩種。熱室壓鑄機的壓室與熔化爐連成一體，壓室浸在熔融金屬液中，易被腐蝕，且施加的壓力較小，僅適用於壓鑄如錫、鋅、鎂和鉛等低熔點的合金。冷室壓鑄機的壓室和熔化爐分開，進行壓鑄時才將熔融金屬澆入壓室中，以較高的壓力將它壓入鑄模內，可壓鑄銅、鋁、鎂和鋅等合金。

壓鑄法的優點有：

1. 鑄件精度很高，表面平滑，可不必再經後續加工即可直接使用。
2. 複雜形狀或薄壁鑄件的生產均可適用。
3. 生產效率高，適用於大量生產，易於進行自動化。
4. 鑄件組織細密，抗拉強度和表面硬度等性質都比砂模鑄造所得的鑄件高很多。

壓鑄法的缺點有：

1. 熔融金屬進入模穴速度快，又加上有壓力作用，導致氣體不容易排出，鑄件易產生氣孔等缺陷。
2. 壓鑄設備和金屬鑄模製作所需的費用較高，製模時間較長，只適用於大量生產的鑄件。
3. 在實際生產方面，目前仍是以用於熔點較低的非鐵系合金為主。

3.4.3 離心鑄造法

離心鑄造法 (Centrifugal casting) 利用鑄模旋轉時所產生的離心力，迫使模穴內熔融金屬緊貼在模穴內壁上，直到凝固後方停止轉動，因而得到所要的鑄件。主要用來生產具有對稱性的中空鑄件，例如管件、活塞環等；或中心部位必須去除的鑄件，例如齒輪、皮帶輪等。鑄模的材質為鋼材，需注意其密封性與平衡性。離心鑄造法適用的鑄件材料有鑄鐵、碳鋼、合金鋼、銅合金、鋁合金和鎳合金等。

離心鑄造法的優點有：

1. 不需要澆道、冒口等流路系統，故可較節省鑄件材料。且不需要造模時的準備工作及鑄件凝固後的清理工作，故較其他鑄造法經濟。
2. 鑄件的結晶組織可較細密，具優良的機械性質和物理性質。
3. 因熔融金屬中所含雜質的比重不同，對離心力的反應與鑄件材料有所差異，故在鑄模旋轉時產生分離，可減少鑄件內部的缺陷。
4. 因有離心力的作用，當澆注溫度比其他鑄造法低時，仍然可使熔融金屬保持流動狀態。
5. 生產效率很高。

離心鑄造法的缺點有：

1. 只能適用於製造外形與旋轉軸對稱的鑄件。
2. 若鑄件材料中含有比重較大的金屬成分，則可能因離心作用而產生偏析，使鑄件成為非均質體。

3.4.4 瀝鑄法

瀝鑄法 (Slush casting) 是指不必使用砂心即可製造出中空鑄件的方法。鑄模為分裂式金屬模，當熔融的金屬液澆注進入鑄模中，在很短的時間內靠近模穴表面的熔融金屬迅速凝固，但靠近心部者仍是液態。等獲得鑄件所需的凝固層厚度後，很快地將鑄模翻轉，將尚未凝固的金屬熔液倒出，留在鑄模內的是只有外殼的中空鑄件，打開鑄模分成兩半即可取出鑄件。鑄件的厚度視鑄模冷卻效率和操作時間長短而定。鑄件的強度不高，內部尺寸無法精確控制，適用於製造工藝品、紀念品、裝飾品、玩具或塑像等。鑄件材料大多為低熔點金屬，例如鉛、錫、鋅等的合金。

3.4.5 精密鑄造法

精密鑄造法 (Precision casting) 使用非金屬材料製成鑄模，可大幅提高鑄造溫度，故可應用於高熔點的鑄件材料，例如耐熱合金等特殊合金的鑄造，也可適用於形狀複雜或無法進行切削加工的零件。所得鑄件的尺寸精確度及表面平滑度均極為優良，不必再經後續加工即可直接裝配使用。缺點則為只適合於製造小型鑄件，且生產成本較高。

一、包模鑄造法 (Investment casting)

此法因最常用的模型材料是蠟，故又稱為脫蠟法 (Lost wax method)。首先利用鋁合金製作鑄模，將熔化的蠟射入得到蠟模型。近來 3D 列印技術日趨成熟，亦可利用材料噴印成型技術 (詳如本書第 16.4.2 節中所述) 直接製作蠟模型。如此即可省略利用鋁合金製作鑄模的過程，因而增加設計的彈性及縮短生產的前置作業。再將若干個蠟模型組合於事先準備好的蠟流路系統上 (稱此為組樹步驟)，然後浸泡於矽砂與熱固性樹脂等混合成的泥漿狀耐火材料中 (稱此為浸漿步驟)，接著取出送到貯存室乾燥後，再送回浸漿，如此反覆多次，可得到具有一定強度的包模外殼。包模外殼完成後，送入爐中加熱至 90℃使蠟熔化流出，即可得到所要的中空殼模 (即鑄模)。流出的蠟熔液可回收再使用。殼模則用來澆注熔融金屬，待其凝固後，破壞殼模即可得到鑄件。

包模鑄造法對鑄件材料的種類幾乎沒有限制，所得產品的尺寸精確且表面平滑，可用於製造形狀複雜的鑄件，尤其適合小型且大量生產的產品。缺點為人工需求較多、製程繁雜、成本較高等。當產品生產數量不夠多時，即不合經濟效益。

二、陶瓷模鑄造法 (Ceramic mold casting)

此法和包模鑄造法類似，但使用的模型材料為木材或鋁合金。將模型重複浸入以耐火陶瓷材料調配成的泥漿中，直到包覆在模型外面的泥漿形成具一定強度的殼模後，在泥漿膠化但尚未完全硬化之前取出模型，再以高溫烘乾中空殼模即可得到鑄模。因鑄模的耐高溫特性極佳，故適合於鑄造合金鋼、耐熱鋼、不銹鋼及低碳鋼等材料。產品有形狀複雜的模具、工具及渦輪機葉片等。此法的特性綜合評估為介於砂模鑄造法和包模鑄造法之間。

三、石膏模鑄造法 (Plaster mold casting)

將加入強化劑及安定劑的石膏加水攪拌成濃漿，倒在銅或鋁合金製成的可取出模型上。等石膏漿凝固後取出模型，再加熱烘乾得到鑄模。因石膏耐熱性差，故只適合低熔點金屬，例如銅、鋁、鋅等合金的鑄造。優點為石膏本身為多孔性材料，在鑄模乾燥時水分蒸發留下許多透氣孔，澆注時氣體容易逸出，故鑄件中出現氣孔的機會不大。又石膏的熱傳導性差，故熔融金屬液冷卻速度較低，可用於製造薄鑄件，所得產品的尺寸及表面精確度極佳。但是石膏價格昂貴，且鑄模只能使用一次，故成本較高。

四、殼模鑄造法 (Shell mold casting)

將乾矽砂和熱固性樹脂 (例如酚甲醛樹脂) 的混合物，分別噴覆在預熱 250℃左右的鐵或鋁製之金屬模板模型的上下兩面，並經烘烤而得到兩個很薄但很硬的殼模，合併此兩個殼模即可組合形成完整的鑄模。此法主要優點有製模用砂量少、殼模堅固且輕、易於搬運且耐久存放、鑄件尺寸及表面精度良好、清理成本低、極薄截面鑄件也可鑄造和自動化程度高。缺點則有鑄件太大或太重時不適用、加熱的能源成本和金屬模板模型的製造成本較高。

3.4.6 其他鑄造法

鑄造的演進為朝向連續化及精緻化發展。連續性鑄造 (Continuous casting) 早已被用在生產金屬素材和胚料方面，對於個別零件生產的應用，目前也已證實具有良好的經濟性。

真空鑄造 (Vacuum casting) 可配合包模、陶瓷模、濕砂模等鑄模，生產薄壁、外形複雜及性能均一的鑄件。製造過程為一般金屬在大氣中熔融，而具特定活性金屬 (例如鋁、鈦、鋯等) 則在真空狀態熔融後，把鑄模抽真空，再將它的一部分浸入裝有熔融金屬的熔化爐中。熔融金屬會從鑄模下方的澆口被吸入而充滿模穴，待金屬溶液凝固後即可將鑄模自熔化爐中拿出來，最後再將凝固完成的鑄件自鑄模中分離取出。

鑄造法可與其他加工法結合，例如壓擠鑄造 (Squeeze casting) 是指對仍為高溫熔融狀態的金屬施以鍛造加工，使它在高壓狀態下凝固。使用的壓力比熱鍛還低，適用於鐵系與非鐵系合金的零件製造，此法結合了鑄造及鍛造的優點。

一、習題

1. 敘述金屬材料利用鑄造製程生產工件的優缺點，並舉出一些應用例子。
2. 通常將生產金屬工件的鑄造程序分為那兩大類別，各包含那些鑄造方法？並說明為何有這些不同鑄造方法的產生。
3. 鑄造程序中使用模型的模型裕度有那些主要項目？並敘述其內容。
4. 鑄造程序中使用模型之可取出模型和可消失模型的優缺點及所使用材料各為何？
5. 鑄造程序中常用的模型材料有那些？並述敘其內容。
6. 鑄造程序中使用之模型有那些主要的種類？並敘述其內容。
7. 試繪簡圖說明砂模鑄造之流路系統所包含的內容，並敘述各有那些功能？
8. 砂模鑄造之模砂需具備那些性質？
9. 砂模鑄造使用之模砂需進行那些試驗，以確保合乎所要求的品質？
10. 砂模鑄造程序依模砂的情況和結合劑的不同，可將砂模 (鑄模) 分為那些種類？
11. 砂模鑄造之砂心必須具備那些性質？有那些形式？
12. 砂模鑄造程序有那些造模方法？
13. 說明鑄造程序之澆注步驟需注意的事項有那些？
14. 鑄件經清理完成後需進行檢驗的主要項目有那些？
15. 生產鑄件時捨棄砂模鑄造而改使用現代鑄造法的理由為何？
16. 敘述永久模鑄造法之重力鑄造法的製程及用途。

17. 永久模鑄造法之重力鑄造法的優缺點為何？
18. 說明離心鑄造法的製造過程及其優缺點為何？
19. 敘述瀝鑄法的製造過程。
20. 敘述精密鑄造的特點及種類。
21. 何謂陶瓷模鑄造法？
22. 何謂石膏模鑄造法？
23. 說明殼模鑄造法的製造過程及其優缺點為何？
24. 真空鑄造的的製造過程為何？

二、綜合問題

1. 探討砂模鑄造程序中，當鑄件凝固完成從鑄模取出後，以自動化方式進行切割流路系統及去除毛邊等後處理之可行性。
2. 比較砂模鑄造法、壓鑄法及包模鑄造法三者之成本特性(包含鑄模、設備及人工等成本)，需說明生產率及生產鑄件數量的影響性。
3. 繪製一條智慧化鑄造生產線用來執行可消失模型的鑄造生產，除了製程相關之設備外，尚需包含輸送裝置、感測器、機械手臂、資訊傳輸及控制系統等。

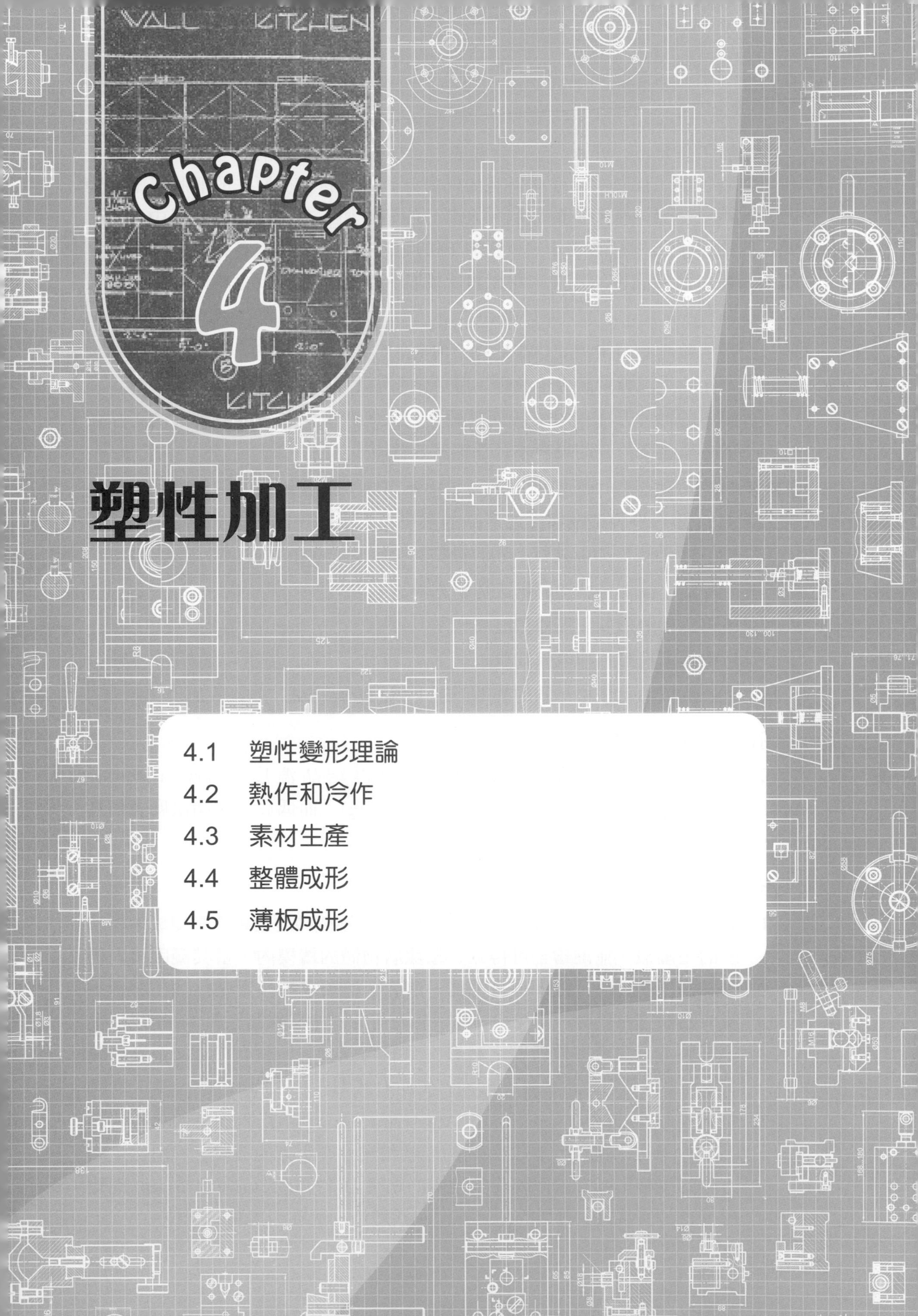

Chapter 4

塑性加工

4.1 塑性變形理論

4.2 熱作和冷作

4.3 素材生產

4.4 整體成形

4.5 薄板成形

塑性加工 (Plastic working) 為金屬成形 (Metal forming) 的重要加工方法，是指利用機器趨動工模具對工件材料施加外力，使工件材料從原先的形狀以塑性變形的方式轉變為另一種不同的形狀。大部分的塑性加工方法在操作過程中，不會改變工件的質量和材料的成分。塑性加工被廣泛地應用於製造各種零件及產品，例如工具機及運輸設備的零件、手工具、螺絲、金屬容器和板金成形件等。塑性加工的特點有：

1. 產生塑性變形所需的負荷及應力很大。
2. 工件的大部分形狀發生改變，屬於精密加工的領域。
3. 使用的機器及工模具一般而言屬於較大、較重且較貴，故製造的產品數量必須達到一定的規模才合乎經濟效益。

在素材的生產過程中，塑性加工是其中不可缺少的關鍵步驟。塑性加工更是大部分素材被進一步製造成零件或產品的重要起始步驟，詳如第一章之圖 1.2 所示。主要的原因是塑性加工具有下列的優點：

1. 工件加工所需的時間較短，故生產率高。
2. 所得工件的形狀和尺寸精度高。
3. 可增進工件材料的機械性質。

塑性加工的種類可依據不同的基準而有下列的分類方式：

一、依加工溫度分類

工件材料被加工時的溫度高於該材料再結晶溫度 (Recrystallization temperature) 的塑性加工製程稱為熱作 (Hot working)，而低於再結晶溫度者稱為冷作 (Cold working)。

二、依產品形式分類

1. 素材生產 (Raw material production)：指金屬礦砂經冶鍊作業變成熔融狀態的金屬液，並澆鑄至可得到大型塊狀物體的鑄模內，當其凝固後但仍處於高溫狀態時，隨即進行鍛造、滾軋、擠製或抽拉等塑性加工製程，使成為板材、型材、棒材、管材或線材等素材 (又稱為原料)，用以提供金屬製造業生產零件所需之材料。至於陶瓷材料、聚合體 (又稱為高分子或塑膠) 材料或複合材料的素材生產方式則大為不同。
2. 整體成形 (Bulk deformation or Massive forming)：指對固態的工件材料 (素材) 施加作用力，使其截面的形狀和尺寸產生大的改變，材料發生多方向的位移。通常工件因受多軸向的壓應力 (Compressive stresses) 而變形，且其值甚大。典型的加工方法包括鍛造、滾軋、擠製和抽拉。

3. 薄板成形 (Sheet forming)：指對厚度尺寸遠小於長度及寬度尺寸的工件材料施加作用力，用以改變工件形狀為主要目的，而厚度尺寸在變形前後的變化量並不大，工件所受應力值相對較小，且包含各種不同的應力形式。加工方法包括沖剪、壓印、旋壓成形、引伸成形、伸展成形和彎曲加工等。

三、依加工變形方式分類

1. 壓縮加工：工件材料受單軸向或多軸向的壓應力而產生塑性變形，例如鍛造、滾軋、擠製、抽拉、壓印和旋壓成形等。
2. 拉伸加工：工件材料受單軸向或多軸向的拉應力而產生塑性變形，例如引伸成形和伸展成形等。
3. 彎曲加工：利用模具的配合將工件材料壓彎成 V 型、L 型或 U 型，例如板彎型、彎管和摺縫等。
4. 剪切加工：利用工具對板材施加作用力，使其產生剪切斷裂作用而分離，例如沖孔、下料和整緣等。
5. 高能率成形：利用在極短的時間內釋出巨大能量，使工件材料快速地發生塑性變形，例如爆炸成形和磁力成形等。

4.1 塑性變形理論

金屬材料是由許多結晶顆粒所構成，每個晶粒內部所包含的原子有一定而規則的排列方式。當外力作用所產生的應力超過材料之降伏強度的性質時，原子間會發生永久性的相對位移，且在外力去除後也不會恢復原來的狀態，此現象稱為塑性變形 (Plastic deformation)。產生塑性變形的機制是由剪應力 (Shear stress) 所引起，而不是由拉應力或壓應力所造成。剪應力引起的塑性變形有滑動 (Slip) 和雙晶 (Twin) 兩種類型，如圖 4.1 所示。滑動是指物體受剪應力作用，其值超過某處材料可以抵抗剪切作用的臨界值時，物體在該處相鄰的兩部分即沿著橫軸方向發生相互移動的現象。發生滑動的鄰接面稱為滑動面 (Slip plane)。雙晶則是指材料以某一界面為分隔面，一邊的結晶發生旋轉，另一邊則沒有變化。此界面稱為雙晶面 (Twin plane)，雙晶面一定會成對出現，也就是在兩個雙晶面中間的原子排列發生旋轉變形，而分別在兩個雙晶面兩側的原子排列則保持原來的形式。雙晶的形成也是滑動所引起，但其變形機制比滑動複雜，所以較不易發生。

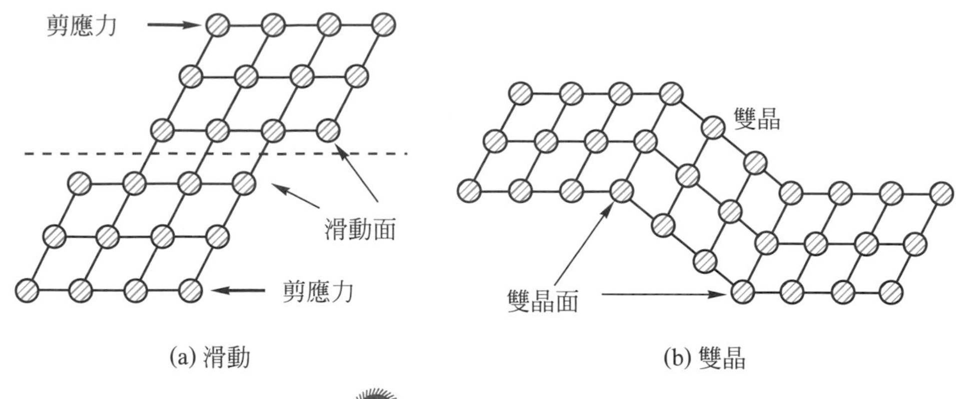

圖 4.1 滑動與雙晶

金屬愈容易發生滑動現象者，亦即愈容易產生塑性變形，同時此類金屬的延展性也較大。金屬發生滑動容易與否，需視其結晶格子的類型而定。晶粒內原子排列密度最大的面即為最容易發生滑動的滑動面，在該滑動面上原子排列最密的直線則是最容易發生滑動的滑動方向，滑動面和滑動方向構成所謂的滑動系統，用以表示滑動是否容易產生的指標。如圖 4.2(a) 所示的面心立方結晶 (FCC) 金屬 (例如 Al、Cu、Au、Ag、Ni、γ-Fe 等)，和體心立方結晶 (BCC) 金屬 (例如 α-Fe、V、Cr、Mo、W 等) 都有 12 個滑動系統，故其延展性良好，較容易產生塑性變形。然而，如圖 4.2(b) 所示的六方結晶 (HCP) 金屬 (例如 Mg、Zn、α-Ti 等) 則只有 3 個滑動系統，故其延展性較差，不利於塑性變形的發生。

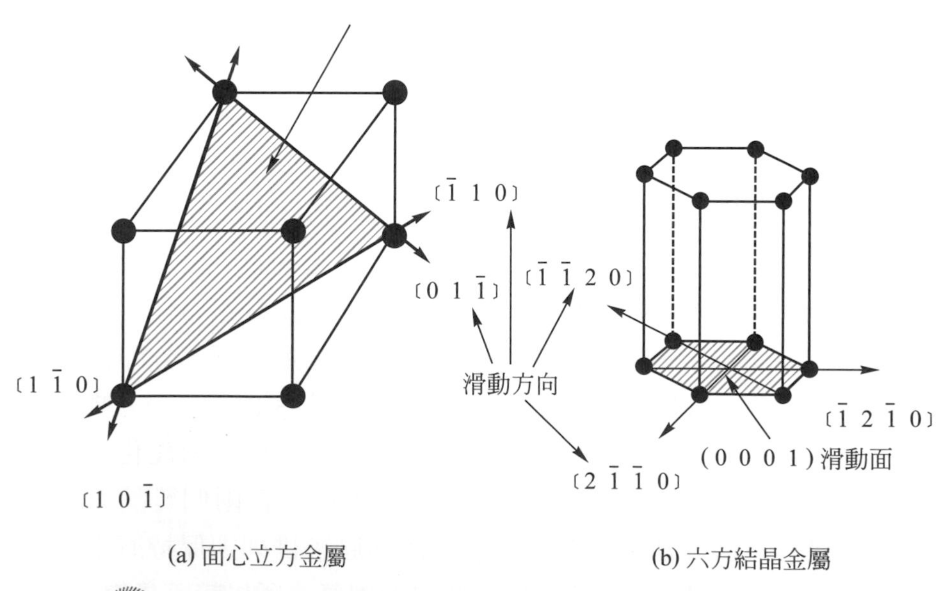

圖 4.2 面心立方金屬和六方結晶金屬的滑動面及滑動方向

使滑動產生所需的最小剪應力值稱為臨界剪應力 (Critical shear stress)。根據理論計算，在完美 (Perfect) 結晶構造的金屬中，臨界剪應力約為其剛性模數 (Modulus of rigidity，G) 的六分之一。然而，實驗發現使金屬發生變形所需的臨界剪應力值約為其理論值的萬分之一到千分之一。經進一步的探討分析後，發現金屬的變形並不是在滑動面上的一群原子同時發生移動，因此推導出差排 (Dislocation) 理論，可用以解釋臨界剪應力的實驗值和理論值為何會有如此大的差異。

差排是指結晶體內原子的排列並非完美時所產生的線缺陷 (Linear defect)，如圖 4.3 所示。當金屬發生變形時，滑動面上原子的滑動是以一次移動一個原子的間隔，且為一個接一個的方式依序進行，並非整體同時產生移動。換句話說，滑動是由一群差排沿滑動面逐漸移動所產生。差排依其差排線方向和原子移動方向的垂直或平行，分為刃差排 (Edge dislocation)、螺旋差排 (Screw dislocation) 和混合差排 (Mixed dislocation) 等三種類型，如圖 4.4 所示。

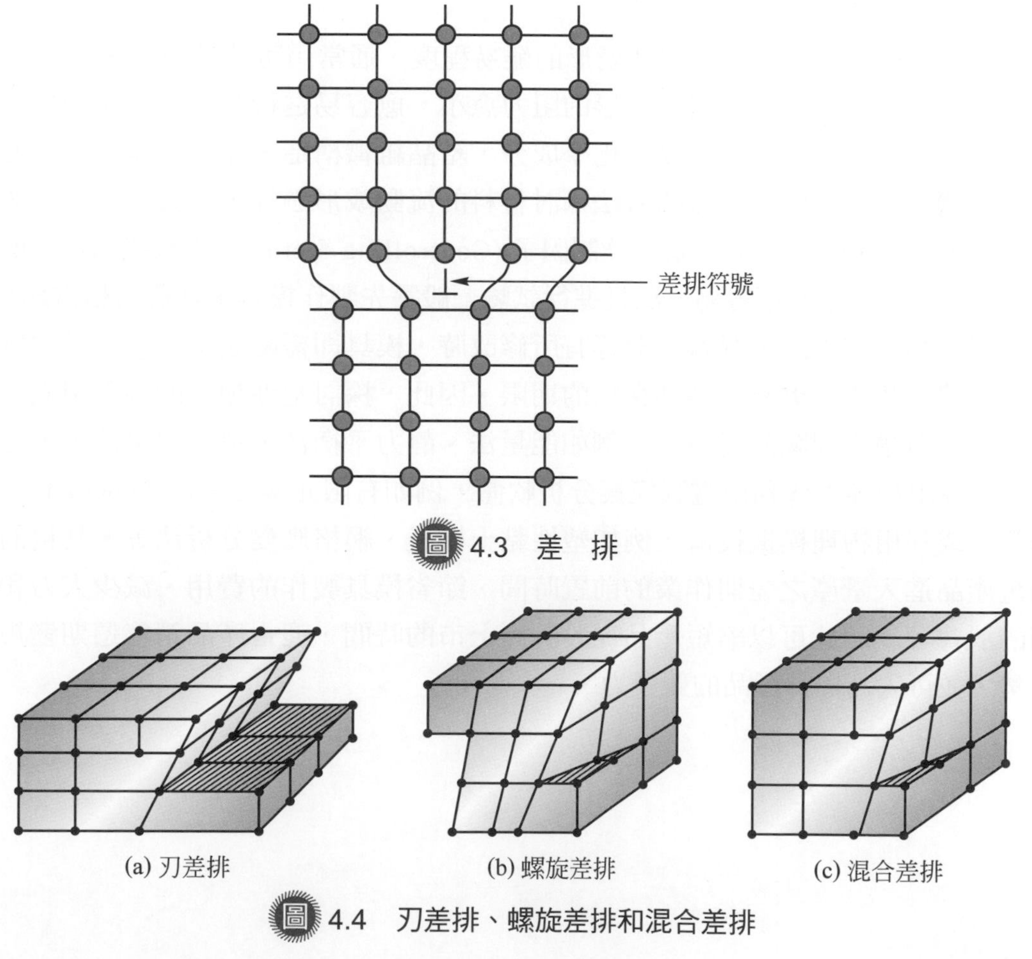

圖 4.3　差　排

(a) 刃差排　(b) 螺旋差排　(c) 混合差排

圖 4.4　刃差排、螺旋差排和混合差排

差排的移動受到晶界 (Grain boundary) 的影響。當金屬材料在晶粒愈小時，形成的晶界即愈多，則差排的移動變得愈不容易，導致工件材料對變形的抵抗能力愈強，也就是說它的強度 (Strength) 愈大。金屬材料在常溫加工時，會隨著變形量的增加而逐漸強化，此現象稱為加工硬化 (Work hardening)。這是因為金屬材料受外力作用時，晶粒內的差排和空孔缺陷等會增加，這些差排本身之間或差排與缺陷之間會發生堆疊的交互作用，致使差排的移動變得愈來愈困難，因而造成材料的強化作用，並影響到後續加工的進行。有關加工硬化的消除方法將於第九章中再詳述。

大部分的塑性加工是屬於無屑加工，只發生形狀及尺寸的改變，並無材料的分離產生，因此加工變形前後的質量不變，又材料的密度也幾乎沒有變化，故總體積因此不會改變，稱之為體積不變 (Constant volume) 定律。塑性加工是藉由工具及模具施加作用力於工件材料上，工模具與材料間的摩擦作用會影響到工件產生變形時材料流 (Material flow) 的進行。工件材料的移動原則是朝向最小阻力的方向進行，稱之為最小阻力定律。

材料受外力作用時產生塑性變形的難易程度，通常用可塑性 (Formability) 來評估，材料的可塑性愈好則對變形的阻力愈小，愈容易進行塑性加工。影響金屬材料可塑性的因素很多，主要有化學成分、結晶組織構造、加工溫度、變形速率和應力狀態等。若要以試驗的方法探討材料的流動成形過程，應力、應變和溫度的分佈等，直接歸納出較重要的控制因子 (Controlling factor)，用來找出最佳的加工製程參數，通常並不容易。況且進行試驗一般需先製作模具，其費用相當昂貴。當發現產品不如理想，擬對外形等有所修改時，模具即需隨之更改，不僅會增加成本及浪費時間，更會影響到交貨的期限。因此，探討塑性加工的製程規劃，常利用塑性力學的理論分析方法，例如能量法、靜力平衡法、滑移線場法、上界限法、下界限法等；或利用電腦模擬分析軟體，例如有限元素法、DEFORM 套裝軟體等；或利用物理模擬技術，例如塑性黏土模擬、網格應變分析法等。其目的在縮短產品進入量產之先期作業的前置時間、節省模具製作的費用、減少人力和時間的浪費等，因此可以縮短產品從設計到上市的時間，迎合產品銷售週期變短的趨勢，並可大為提升產品的競爭力。

4.2 熱作和冷作

金屬材料在某一溫度之上時，原有的結晶晶粒狀態會先消失，原子將再重新排列形成新的晶粒組織，此現象稱為再結晶 (Recrystallization)，此時的溫度稱為該金屬的再結晶溫度。加工時工件的溫度在該工件材料的再結晶溫度以上者稱為熱作，又稱為熱加工。熱作的主要加工方法包括鍛造、滾軋、擠製和熱旋壓成形等。相對的，冷作 (又稱為冷加工) 則是指在該工件材料之再結晶溫度以下的溫度進行加工。冷作的主要加工方法包括抽拉、旋壓成形、壓印、伸展成形、引伸成形、下料、沖孔、板彎形和高能率成形法等。常見金屬的再結晶溫度如表 4.1 所示。

表 4.1　常見金屬的再結晶溫度

金屬名稱	再結晶溫度 (℃)
鐵	450
低碳鋼	480
高碳鋼	540
鎢	1200
鎳	600
銅	200
銀	200
鋁	150
鋅	室　溫
鉛	低於室溫
錫	低於室溫

熱作的優點有：

1. 可消除存在金屬材料內部的大部分孔隙。
2. 較易使金屬材料所包含的雜質等不純物發生破裂而形成均勻散佈。
3. 促使金屬材料的晶粒細微化，因此可增進其機械性質，即不僅強度增加，延性及衝擊抵抗能力等也同時得到改善。

4. 加工所需的能量遠低於冷作加工之所需。

熱作的缺點有：

1. 因為是在高溫下進行加工，工件表面的金屬材料容易發生氧化或剝落 (Scaling)。
2. 加工後的工件表面較粗糙，尺寸較難精確控制，常需再施以切削加工等方可得到要求的精度。
3. 設備及模具的成本和維護費用較高。

冷作的優、缺點大致和熱作相反。此外，冷作的主要特點為：

1. 加工後金屬材料的內部會產生殘留應力 (Residual stress)，需經適當的熱處理 (詳述於第九章) 後才可消除。
2. 易造成金屬結晶顆粒發生破裂或畸變。
3. 金屬材料的強度和硬度會增加，但相對地延性會隨之降低。
4. 金屬材料的再結晶溫度會增高。
5. 可獲得良好的工件表面平滑度。
6. 可得到精確尺寸和形狀的工件。
7. 操作快速且具經濟性，適合於製造屬於大量生產的零件。

4.3 素材生產

素材 (Raw material) 是指將金屬礦砂經過冶鍊程序，並混合特定的成分元素形成合金後，製成固態的材料，用以提供機械製造業進一步加工成各種機械零件及產品。生產素材的製程稱為一次加工，得到的素材形狀有板材、棒材、線材、管材及各種形狀的構造用型材，如圖 4.5 所示。這些素材在未經二次加工成為產品或半成品之前，用途較少且經濟價值較低。

以鋼鐵素材的生產為例，在鍊鋼廠中將熔融的鋼液澆注入鑄模內，在凝固完成後，即自鑄模中取出仍處於高溫狀態的鋼錠 (Ingot) 並放入燜爐中保溫，使鋼錠整體溫度均勻達到約 1200℃。然後取出鋼錠送至一系列的滾軋機或鍛造機中，依序滾軋或鍛造成中胚 (Bloom)、小胚 (Billet) 或扁胚 (Slab) 等半成品，再根據需求進一步利用滾軋等塑性加工法製造成各種形狀的素材成品。當使用連續式滾軋機，並配合連續鑄造及電腦輔助控制時，可使素材產品的產量和精度大為提高。

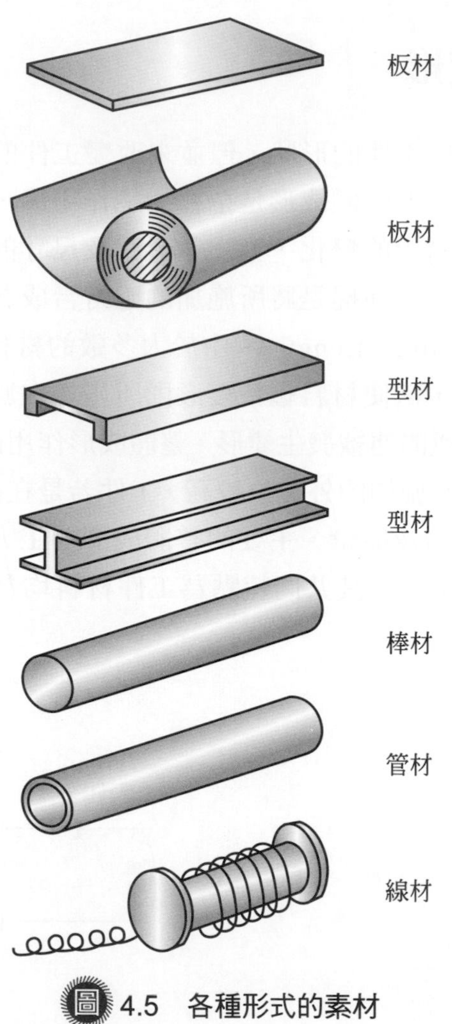

圖 4.5　各種形式的素材

素材生產過程中，尚需其他機具設備的輔助以獲得良好的品質，例如矯直機和整形設備等。其他金屬素材的生產和鋼材的製造方法大致相同。若金屬礦砂經冶鍊後形成的合金金屬熔液，直接澆注凝固成錠而未經過滾軋等加工作用者，將只適用於鑄造加工，通常稱之為生料，例如生鐵和生銅等，其性脆且硬，不適合做為塑性加工所使用的原料。

4.4 整體成形

塑性加工主要是改變工件的形狀，但並未改變工件的體積，同時也未造成工件材料熔化。塑性加工中的整體成形是指經加工作用後，使得工件的厚度、直徑或其他主要尺寸產生相當大的變化，且這些形狀及尺寸的改變是永久性的。使工件材料產生永久塑性變形的前提是將所施加的應力合成為等效應力，其值需超過該材料的屈服強度 (Yielding strength)。由於大多數的材料有加工硬化現象，當材料開始產生塑性變形後，欲使材料繼續變形則所施加之應力需相對的增加，才能夠促使材料可以像流動似的連續發生變形。整體成形作用的工件形狀變化量較大，相對地所需的應力值或需施加的外力也較高。工件若是在高溫軟化的狀態下加工，則可降低所需施加的外力及能量。主要的整體成形加工方法有鍛造、滾軋、擠製和抽拉，分別如圖 4.6 所示，其共同特點為工件材料均為受到壓應力作用而產生塑性變形。

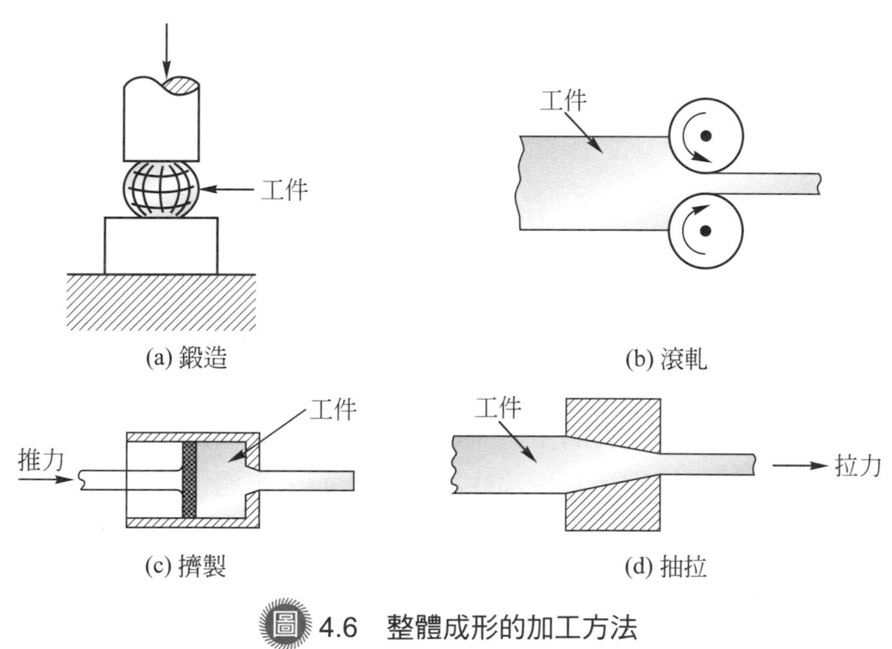

圖 4.6 整體成形的加工方法

4.4.1 鍛 造

鍛造 (Forging) 是指利用衝擊 (Impact) 或擠壓 (Press) 形式的外力，使工件產生塑性變形而得到所要求的形狀、尺寸或機械性質。產生外力的來源可為手工或機器。鍛造被廣泛應用於生產各種零件及產品，例如齒輪、汽缸、連桿、曲柄軸、螺栓、手工具、鋤頭、柴刀、馬蹄鐵等，自古以來即為一種重要的材料成形加工方法。

鍛造的優點有：

1. 工件經鍛造後，內部組織更為細密，可減少孔隙等缺陷的存在。
2. 工件材料會形成扁長狀的連續性晶粒流組織，因此具有最大方向性強度，可增進耐衝擊、韌性及抗疲勞等機械性質。
3. 屬於無屑加工，故材料成本言可較一般切削加工為低。
4. 所得到產品的尺寸及形狀穩定性良好，適合於大量生產。

鍛造的缺點有：

1. 形狀太過複雜的零件或產品可能無法製造。
2. 模具費用高，不適合少量生產。
3. 鍛造一般是在高溫狀態下進行，加工後的產品表面容易產生氧化而剝落，故其表面較為粗糙。
4. 因為是在高溫下工作，機具設備的維護費用較高。

鍛造可依其工作溫度、模具形式或施力方式等有下列的分類方式：

一、工作溫度

依工作溫度可分為熱鍛、冷鍛和溫鍛三種。

1. 熱鍛 (Hot forging)：將工件加熱至超過工件材料的再結晶溫度後，施加鍛造作用力，材料變形過程中不會產生加工硬化現象，故熱鍛所需的作用力及能量較低。鍛造件內部的組織較密實，具有較佳的機械性質。但是它的表面易因氧化產生剝落，以致尺寸精度及表面平滑度較差。
2. 冷鍛 (Cold forging)：在常溫時進行鍛造加工，材料會產生加工硬化現象，故所需的作用力及能量較高。鍛造件的尺寸精確，表面精良且強度增加。適用於冷鍛的材料為變形強度較低且延展性較佳者，例如鋁合金、中碳鋼等。
3. 溫鍛 (Warm forging)：加工時工件的溫度介於常溫和工件材料再結晶溫度之間。因為加工時材料處於加熱狀態，故變形所需的作用力及能量雖然比熱鍛高，但比冷鍛低。鍛造件的尺寸精度及表面狀況則比熱鍛好。但是加工過程中，材料會產生加工硬化現象。

二、模具形式

依鍛模形式的不同可分為開模鍛造和閉模鍛造，如圖 4.7 所示。其中鍛造模具的精密度要求、價格及使用壽命等，通常被用來評估鍛造加工是否合乎經濟生產的關鍵因素。

1. 開模鍛造 (Open-die forging) 又稱為自由鍛造 (Free forging)：指工件材料在鍛造成形過程中並未完全被模具封閉住，材料在變形過程中至少可以在一個以上的方向自由流動，故模具的形式較為簡單。應用的工作內容有鍛伸、鍛粗、彎曲、擴孔和切斷等，生產的鍛造件從幾克到幾百噸不等。
2. 閉模鍛造 (Closed-die forging) 簡稱模鍛：指鍛造時工件材料變形流動的方向都被限制住，最後會填滿整個完全封閉的模穴。所得的鍛造件形狀及尺寸精確，通常由胚料到完工成形之間，必須經過多次的中間成形步驟，稱之為預鍛 (Pre forging)。

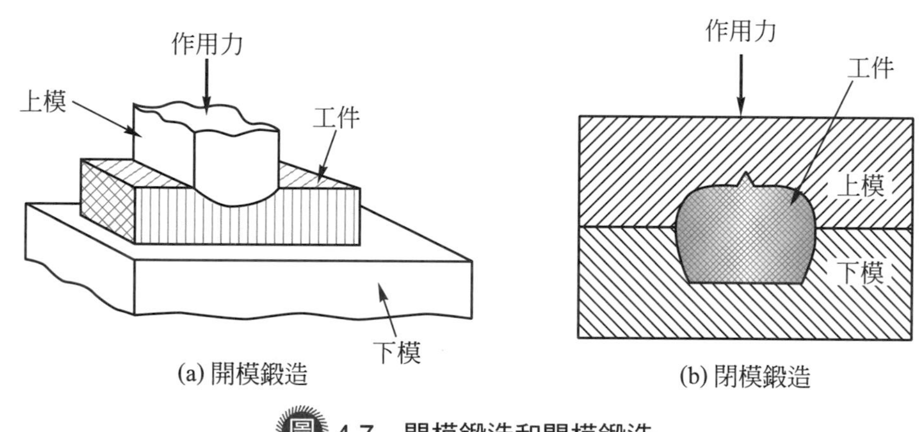

圖 4.7　開模鍛造和閉模鍛造

三、施力方式

依鍛造機對工件材料加工時驅動工模具移動速度的快慢，分為衝擊方式 (速度快) 的錘鍛、落錘鍛造、衝擊鍛造和端壓鍛造，以及擠壓 (速度慢) 方式的壓力鍛造和滾軋鍛造。

1. 錘鍛 (Hammer forging) 又稱為鐵匠鍛造 (Smith forging)：利用手工具或蒸汽錘鍛機對砧面上的工件進行鎚打工作，如圖 4.8(a) 所示，為開模鍛造的一種。

2. 落錘鍛造 (Drop hammer forging)：在衝頭上裝置上模構成衝鎚，利用蒸汽提供衝鎚的衝擊力，或衝鎚自由落下時本身重量產生的衝擊力，對工件施加作用，如圖 4.8(b) 所示。此方法屬於閉模鍛造，全部的鍛造過程可分成好幾個階段，材料的變形是以漸進方式達到最後的尺寸及形狀。

3. 衝擊鍛造 (Impact forging)：在兩個相對的水平汽壓缸上，分別裝置一半的鍛模形成兩個水平衝鎚，然後同時對放置其間的工件進行衝擊，如圖 4.8(c) 所示。因兩個相反方向的力作用在同一直線上，形成力的平衡，故振動很小，兩衝鎚的動能可全部被工件吸收，鍛造效率提高，且鍛造機本身的重量也可大為減輕。

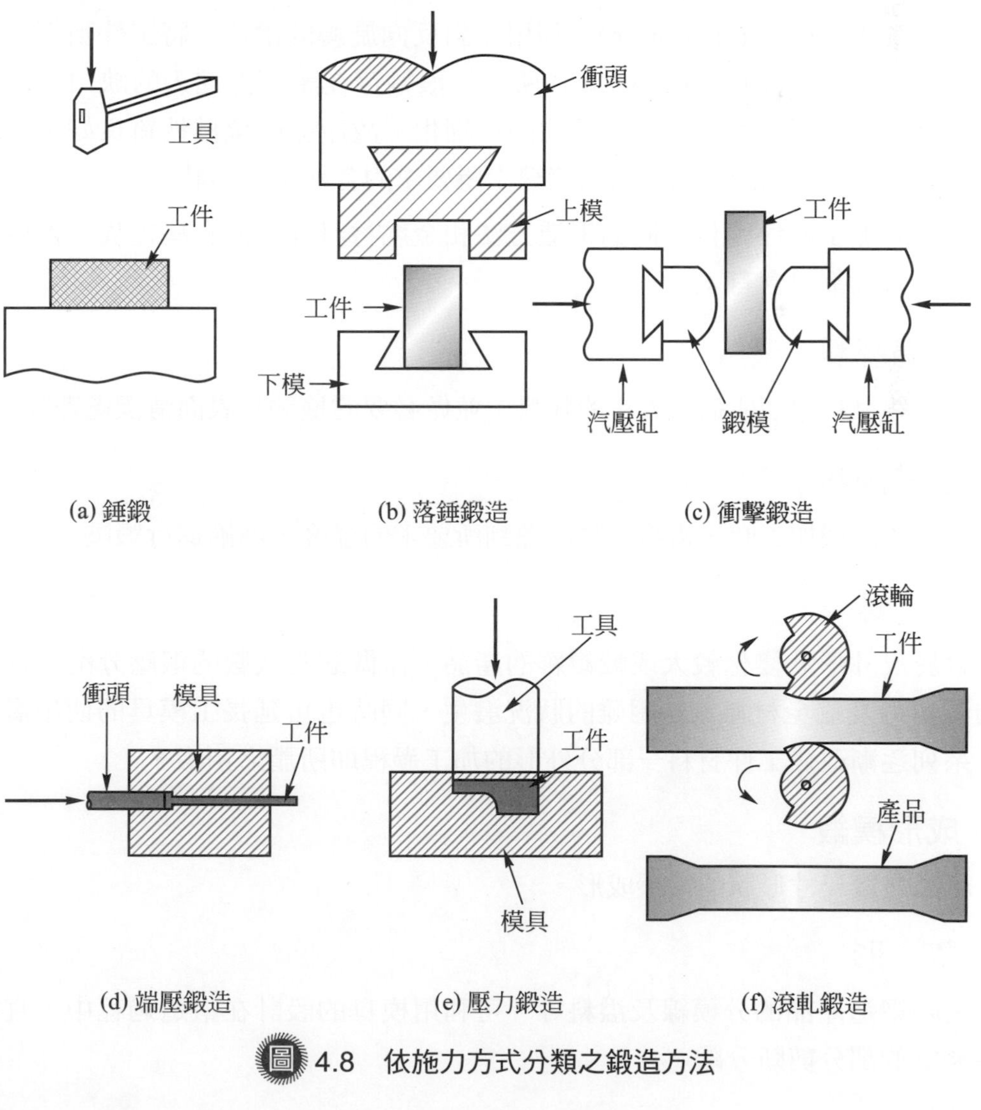

圖 4.8　依施力方式分類之鍛造方法

4. 端壓鍛造 (Upset forging) 又稱為鍛粗鍛造：係指將均勻截面積棒材的一端加熱後再施加壓縮作用力使其變粗或變形，如圖 4.8(d) 所示。伸出挾持模外之長度不可大於工件直徑的 3 倍，以免發生挫曲變形。對於大鍛粗比的工件，可分級鍛造，直到材料充滿於成形模穴中。此法亦可用於中空產品的分段進行穿孔鍛造，例如高壓瓶或汽缸等。
5. 壓力鍛造 (Press forging)：利用壓床產生緩慢的壓力作用，經工具擠壓金屬材料使其產生塑性變形，如圖 4.8(e) 所示。壓力可穿透到工件中心，使材料各處都可得到加工效果。壓床大都是直立式。壓力源有機械式及油壓式兩種，產生的能量可全被工件吸收，此點與落錘鍛造時大部分衝力產生的能量被機器基座所吸收的形式不同。
6. 滾軋鍛造 (Roll forging)：利用一對反向旋轉的滾輪，將工件斷面滾軋變小而長度伸長，如圖 4.8(f) 所示。滾輪存在讓工件進入的缺口，而滾鍛的速度緩慢可使材料內部的晶粒細化，故產品的機械性質良好。滾輪可製作成不同的形狀，用以滾鍛出所要求的各種工件形狀。

鍛造的加工程序會依不同的鍛造方法和金屬材料種類而有些差異，但所進行的主要步驟大都包含有：

一、準備胚料

將工件材料鋸切成適當大小的胚料，並做必要的檢驗和表面清潔處理等。

二、加熱胚料

溫鍛或熱鍛加工時，需將胚料加熱到所要求的溫度，準備進行鍛壓。

三、預　鍛

對於尺寸形狀變化較大或較複雜的產品，需做適當次數的鍛壓分配，以減少鍛造作用力及避免材料流動困難的狀況發生，同時也可延長工模具的使用壽命。這一系列逐漸改變工件材料一部分外形的加工過程即所謂之預鍛。

四、成形模鍛

產品最後尺寸形狀的鍛壓成形。

五、整　形

去除鍛造產品的分模線及溢料等，可利用模具的設計在鍛造過程中，直接將這些多餘的部分剪斷分離。

六、熱處理

鍛造件有時需進行適當的熱處理，以滿足產品在設計時所要求的機械性質。

七、檢　驗

鍛造件的檢驗項目包括產品的外形、尺寸、表面狀態、內部組織和所要求的機械性質等。

鍛造可與其他成形加工方法結合用以生產零件。粉末鍛造 (Powder forging) 又稱為燒結鍛造 (Sinter forging) 是指對粉末燒結體施以鍛造作用，以得到性質更佳的產品。有關鍛造與鑄造的結合應用已於第 3.4.6 節中敘述過。鍛造加工在管件型鍛的應用方面有不需要心軸 (Mandrel) 和使用心軸配合的不同方式，用以執行管件壁厚的改變和管件之不同形狀內孔的製作，例如方形內孔、多邊形內孔或槍管來福線 (螺旋槽) 等。

4.4.2　滾　軋

滾軋 (Rolling) 是指將金屬棒材或塊狀胚料在加熱或未加熱的狀態下，通過一對旋轉方向相反的滾輪之間，利用其互相配合的轉動輾軋，使工件厚度減小而長度伸長，或改變截面形狀的塑性加工方法。滾軋不僅是重要的素材生產的加工方法，同時也是金屬成形工業中應用最廣的加工方法之一。典型的產品有造船用平板、建築用不同截面形狀的結構樑、螺帽及螺栓用的六角棒材、汽車及家電用鋼片、用來製作小零件的銅合金條板和鋁箔等。

滾軋可依滾輪的外形和輔助的工具而分為平板滾軋 (Flat rolling)、成型滾軋 (Shape rolling)、圓環滾軋 (Ring rolling) 和管件滾軋 (Tube rolling) 等類別。滾軋又可依加工溫度的高低分為在工件材料再結晶溫度以上之熱作滾軋，和在該溫度以下之冷作滾軋。然而，不論滾軋的種類為何，其加工的基本原理大都相同，可用圖 4.9 所示的平板滾軋為例說明。

厚度為 h_0 的工件材料進入滾軋作用區的入口端，如 A 和 C 兩點所示，經滾輪輾軋的壓力作用後，產品的厚度減少變為 h_1 並離開滾軋作用區的出口端，如 B 和 D 兩點所示，其厚度的減少量為 $\Delta h = h_0 - h_1$。以 $\overset{\frown}{AB}$ 和 $\overset{\frown}{CD}$ 表示滾輪與工件材料接觸的區域，作用原理是利用其間的摩擦力將材料不斷的拉進滾軋作用區 (即 $ABCD$ 間的範圍)。因入口端的厚度 h_0 比出口端的厚度 h_1 大，故工件材料進入滾軋作用區的速度 (V_0) 小於產品離開滾軋作用區的速度 (V_1)，如此才能使工件材料在單位時間內通過任一截面的體積移動量保持不變。因為滾軋是屬於穩態 (Steady state) 加工，在分析加工參數的影響時可以暫不考慮時間因素。

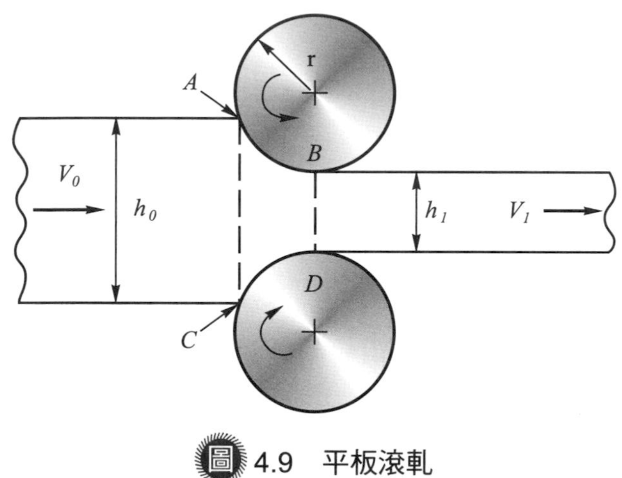

圖 4.9　平板滾軋

熱作滾軋中，工件材料受壓應力作用而產生塑性變形，晶粒伸長變成扁平長條狀。當工件溫度保持在再結晶溫度以上的狀態時，會因再結晶作用，使晶粒破裂，且很快地重新長成為多角形的細晶粒。一般熱作滾軋可利用控制再結晶溫度的保持時間，使新長成的晶粒比尚未受滾軋前的晶粒細小，因而可增進產品的機械性質，如圖 4.10 所示。

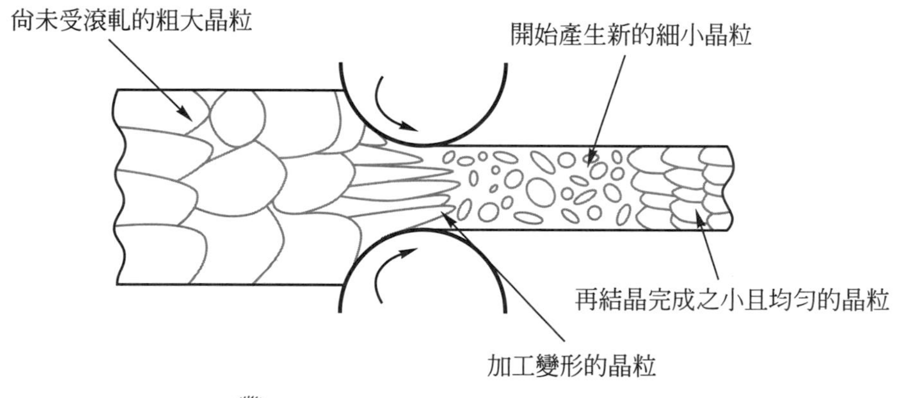

圖 4.10　熱作滾軋的結晶組織變化

生產圓形截面的棒材或線材，需經過橢圓、菱形或四邊形等不同截面交錯改變的方式，歷經多次的滾軋或鍛造加工才能得到所要的圓形截面產品。成型滾軋則用於生產截面積均一但非簡單幾何形狀的產品，例如 I 形樑、鐵軌等，在滾軋成形的過程中需經過許多截面變化的複雜步驟漸次完成。

穿孔法 (Piercing) 是指應用滾輪製造無縫管的方法。將實心圓柱形棒材加熱後，使之通過兩個轉向相同，但轉軸分別與棒材主軸左右偏轉約 6° 的錐形滾輪，並在兩滾輪中間安置一個固定且具有尖端的心軸，工件材料被迫沿心軸外表面前進而形成無縫管，如圖 4.11 所示。無縫管的內徑與心軸的直徑相同。無縫管的厚度、拉直及矯正等，則需其他滾輪組的配合來完成。利用滾軋成型 (Roll forming) 製程配合銲接 (電阻縫銲法) 可將板材加工成有縫管，有關銲接部分將於第五章中再敘述。

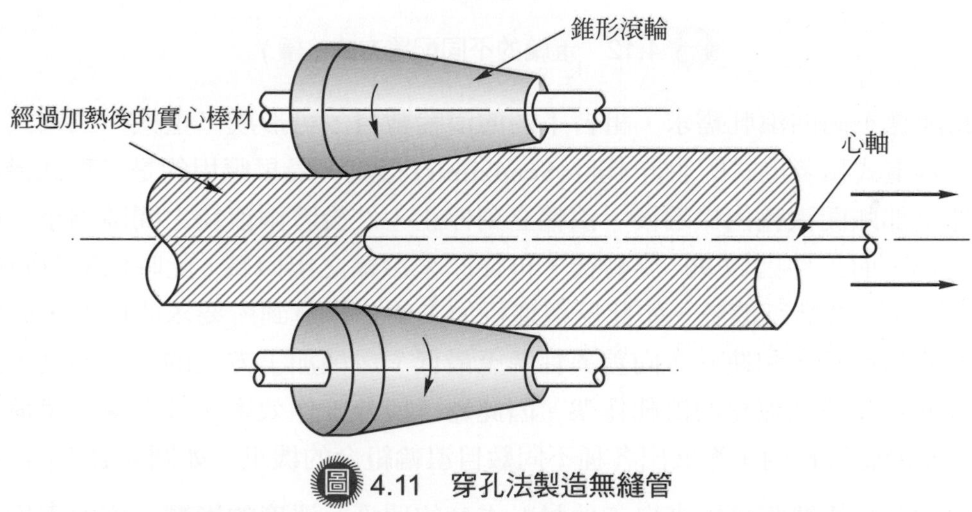

圖 4.11　穿孔法製造無縫管

滾軋又可依滾輪配置方式的不同分為縱向滾軋 (Longitudinal rolling)、橫向滾軋 (Transverse rolling) 和歪斜滾軋 (Skew rolling) 三種，如圖 4.12 所示。

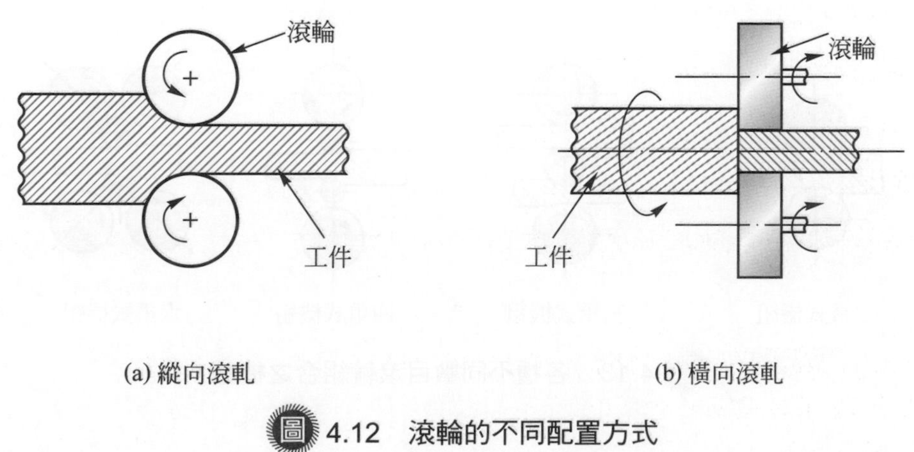

(a) 縱向滾軋　(b) 橫向滾軋

圖 4.12　滾輪的不同配置方式

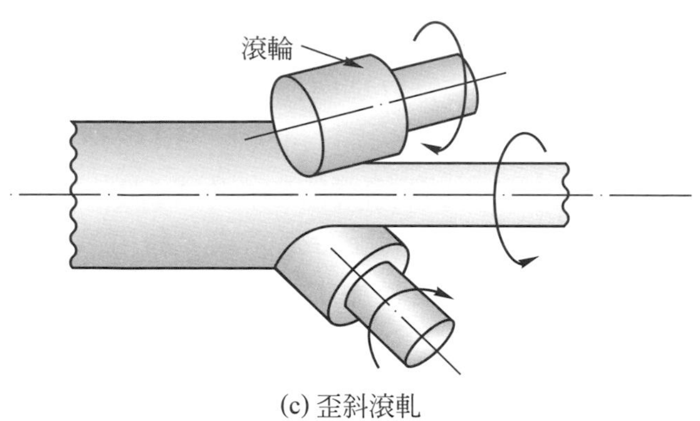

(c) 歪斜滾軋

圖 4.12 滾輪的不同配置方式 (續)

為因應不同的滾軋需求，組合不同的滾輪數目，可形成二重式、三重式、四重式、六重式和多重式的仙吉米亞 (Sendzimir) 機組。最早應用的是二重式機組，當工件全部離開滾輪出口端後，滾輪立刻停止，然後將兩滾輪之間隙調小，再做反向旋轉，而工件則做 90° 旋轉後，再從原來滾輪之出口端 (此時已變為新的入口端) 進入，再進行滾軋。如此反覆進行加工使工件達到所要求的厚度，同時可使材料的晶粒細化和使其方向差異性降至最低。這種加工方式的效率不高，適用於重型型材及粗軋板材的滾軋作業。因此為了提升工作效率、減低滾輪負荷、進行精軋和冷軋等目的，發展出各種不同數目滾輪組合的機組，如圖 4.13 所示。

滾軋產品的缺陷可能來自工件材料本身的瑕疵、溫度的影響、施力不均、滾輪變形或磨損以及熱處理不當等因素所造成的結果。例如平板滾軋時，常見的缺陷有板面不平呈波浪狀、板緣破裂呈鋸齒狀、板中央出現皺紋或破裂等現象。

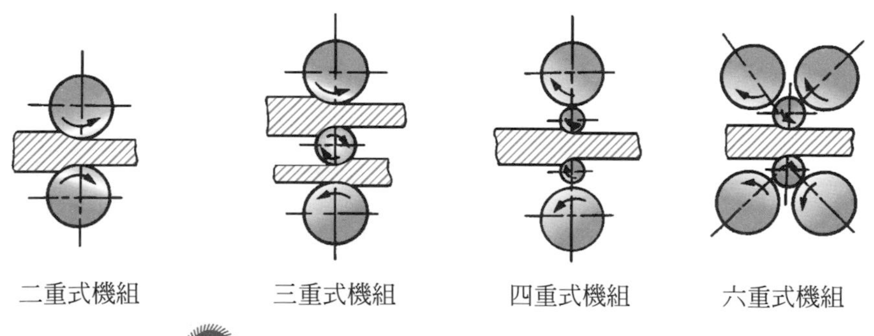

圖 4.13 各種不同數目滾輪組合之機組

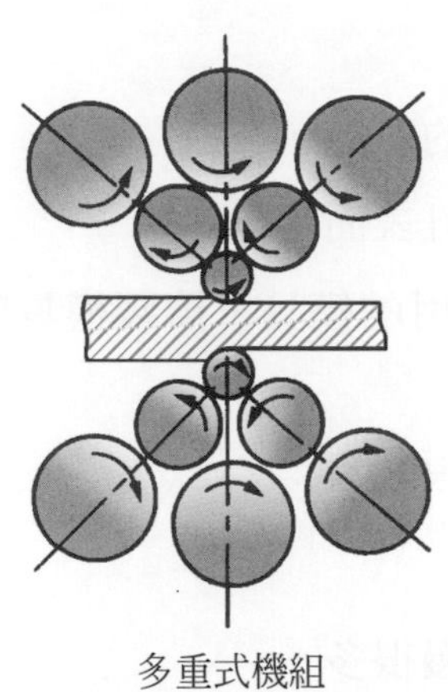

圖 4.13　各種不同數目滾輪組合之機組 (續)

4.4.3　擠　製

擠製 (Extrusion) 是指對工件施以推力，使其通過某種形狀的模具中空成形孔時，材料受模具之反作用力的壓應力而造成截面積縮小，形成截面形狀均一的產品。一般製程為將材料加熱至塑性狀態後置於擠製室內，藉由衝桿的推擠與模具的配合而成形，如圖 4.14 所示。有些延展性較佳的金屬材料，例如鋁、錫、鉛或鋅等，可在常溫時進行冷作擠製。

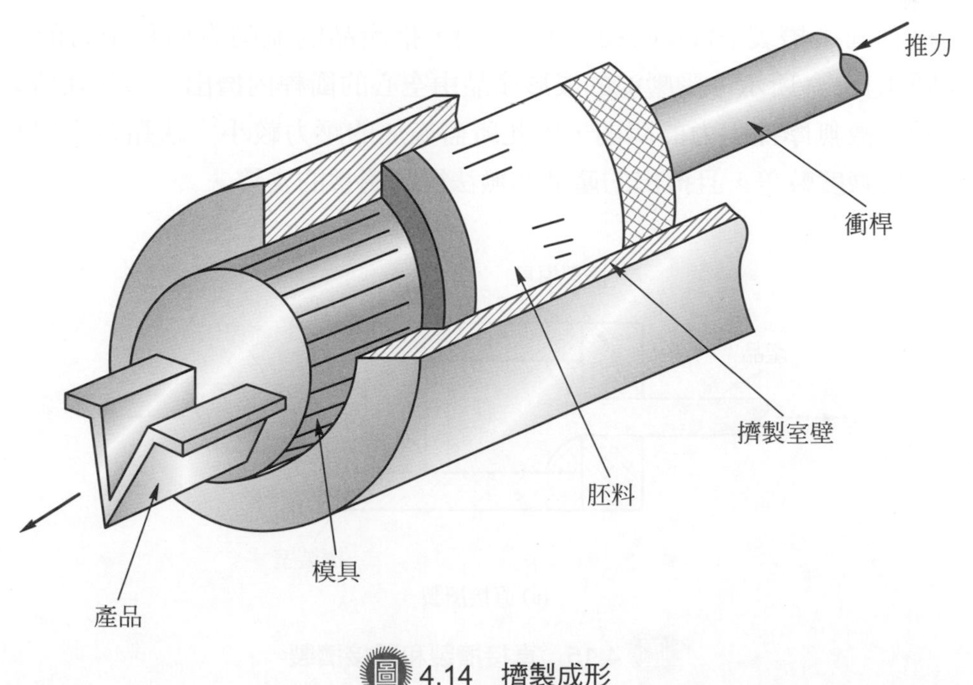

圖 4.14　擠製成形

擠製的優點有：

1. 可製造絕大部分形狀的產品。
2. 產品的強度及精度高且表面平滑。
3. 相較於鑄造或鍛造所用的模具，擠製模具的製造費用低很多，故生產成本相對較低。
4. 產品的長度幾乎沒有限制。

擠製的缺點有：

1. 生產速率比滾軋加工慢很多。
2. 產品的截面積必須為均一。

擠製依其施力方向與材料流動方向的關係，以及施力速度的快慢，可分為：

一、直接擠製 (Direct extrusion)

又稱為向前擠製 (Forward extrusion)，指產品的流動方向和施力的方向相同，如圖 4.15(a) 所示。首先將加熱的工件材料放入耐高壓的擠製室內，擠製室的一端有開口可供衝桿進行推擠作用，材料被迫向另一端的模具成形孔移動，並在通過成形孔時，受模具的擠壓而成為產品，直到剩下一小部分的餘料為止。

二、間接擠製 (Indirect extrusion)

又稱為向後擠製 (Backward extrusion)，指產品的流動方向和施力的方向相反，如圖 4.15(b) 所示。受壓迫的成形產品由空心的衝桿內擠出。材料在擠製室內沒有移動，故無摩擦阻力的問題，因此所需施加的壓力較小。缺點有衝桿必須是中空的，故強度較差，且擠出的產品亦無法得到適當的支撐。

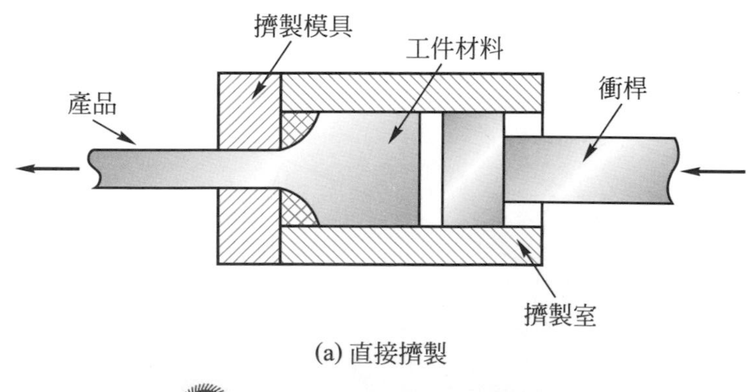

(a) 直接擠製

圖 4.15　直接擠製和間接擠製

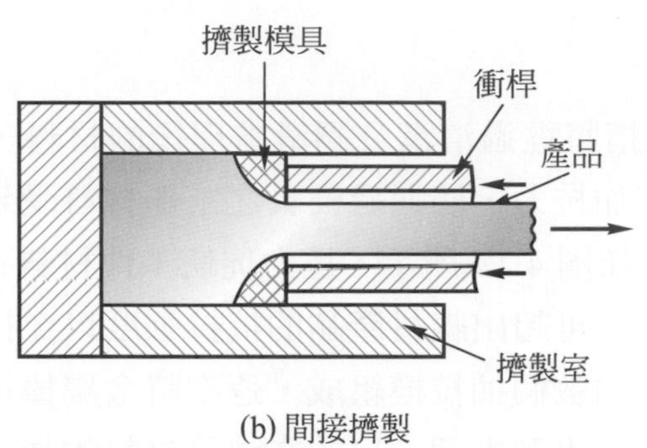

(b) 間接擠製

圖 4.15　直接擠製和間接擠製 (續)

三、衝擊擠製 (Impact extrusion)

上述之直接擠製和間接擠製的施力方式是採用緩慢的擠壓作用，而衝擊擠製，如圖 4.16 所示，則是以高速衝擊工件材料，並迫使其沿著衝頭外表面上升，形成薄壁管狀的產品，例如牙膏管等的製造。

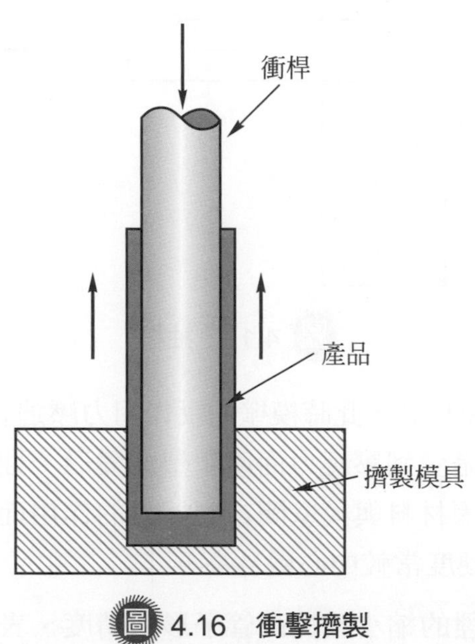

圖 4.16　衝擊擠製

擠製加工亦為一重要的無縫管製造方法。最常使用的是直接擠製，將一心軸置於模具成形孔中間，心軸的直徑等於管的內徑。此法一般用於銅、鋁和鉛等低熔點金屬無縫管的製造，若用於鋼管的擠製，則需在高溫、大推擠力和作用速度快的狀況下完成製程。

4.4.4 抽 拉

抽拉 (Drawing) 是指將經過清潔及潤滑處理後的材料，在模具出口端之已預先加工成形的線材上施加拉力，使通過模具之工件材料受到模具的壓迫作用而縮小直徑形成線材產品，如圖 4.17 所示。拉力促使工件材料不斷地流經模具得到線材產品，且拉力的大小不可超出線材產品的抗拉強度以免拉斷線材產品造成加工失敗。一般抽拉製程是由數個抽拉模組成，逐次將金屬棒抽拉成較細的線材。通常在抽拉模之間需進行退火熱處理，目的在消除材料的加工硬化現象，以利下一道次抽拉的順利進行。

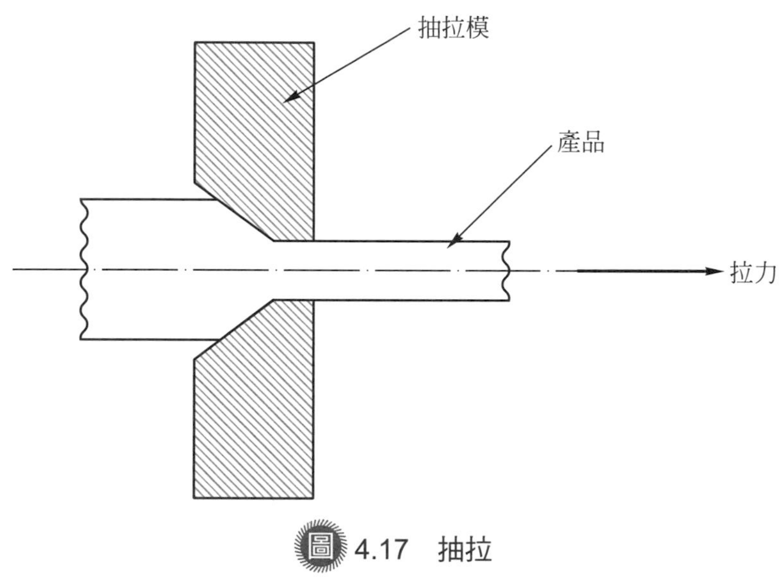

圖 4.17 抽拉

拉力促使材料通過模具孔，此時模壁的反作用力壓迫材料使其截面減縮成形，故抽拉加工的工件材料是受到壓應力而產生塑性變形。抽拉和擠製的另一相同處為產品的外周部位，會因材料與模壁間之摩擦力的作用而產生附加的剪應變，致使所得產品外周部位的硬度常較中心處為高。

抽拉可用於管子直徑的縮小或提高管子形狀精度、表面平滑度和機械性質等的加工，如圖 4.18 所示。首先將管子前端壓扁使通過抽拉模孔，然後夾緊並施以拉力。模孔中間的心軸，用以控制縮管的內徑大小。因加工硬化作用的現象很明顯，故在每次抽拉後常需施以製程退火熱處理，才能繼續下一道次的抽拉。

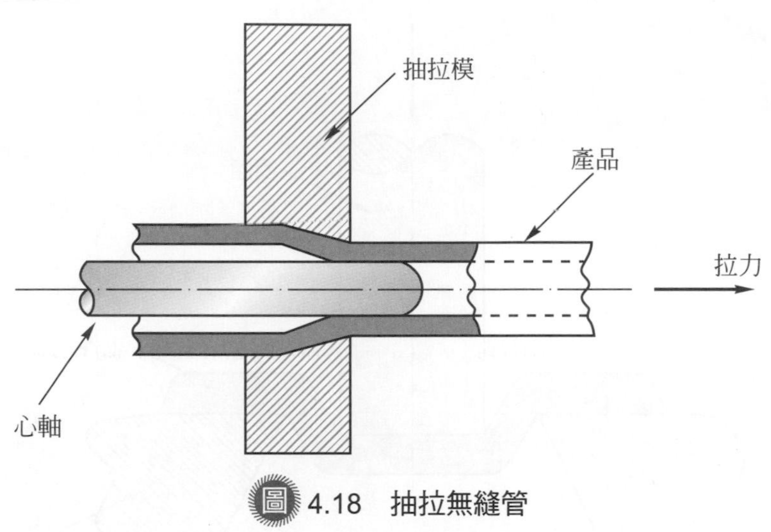

圖 4.18　抽拉無縫管

整體成形的四種加工方法都可以用來製造或加工無縫管。製造無縫管的方法尚有噴鑄法，是指將熔融的金屬液噴灑在一旋轉的心軸上，當金屬凝固後，將已成形的無縫管與心軸分離即可得到所要的產品。

4.5 薄板成形

薄板成形與整體成形的材料變形基本原理大致相同，但兩者之間尚存在著一些差異，其中較重要的有薄板成形是：

1. 以冷作加工為主，故產品具有冷作加工的特性。
2. 使材料發生變形的應力形式不只是壓應力而已，還包括拉應力、剪應力和彎曲應力等。
3. 工件在塑性變形前後，厚度方面的尺寸變化很小，主要是產生形狀的改變。
4. 有些加工 (例如彎曲加工) 在施加的外力去除後會產生彈回 (Spring back) 現象，影響加工要求的變形量。
5. 包含有材料剪切分離產生廢料的加工方式，例如沖孔、剪斷及下料等。

4.5.1　沖剪加工

沖剪加工是利用衝頭 (Punch) 對置於沖剪模具 (Die) 間的材料施加衝擊作用，使材料受到的剪應力值超過其剪力強度 (Shear strength) 而發生剪斷分離的加工方法，如圖 4.19 所示。

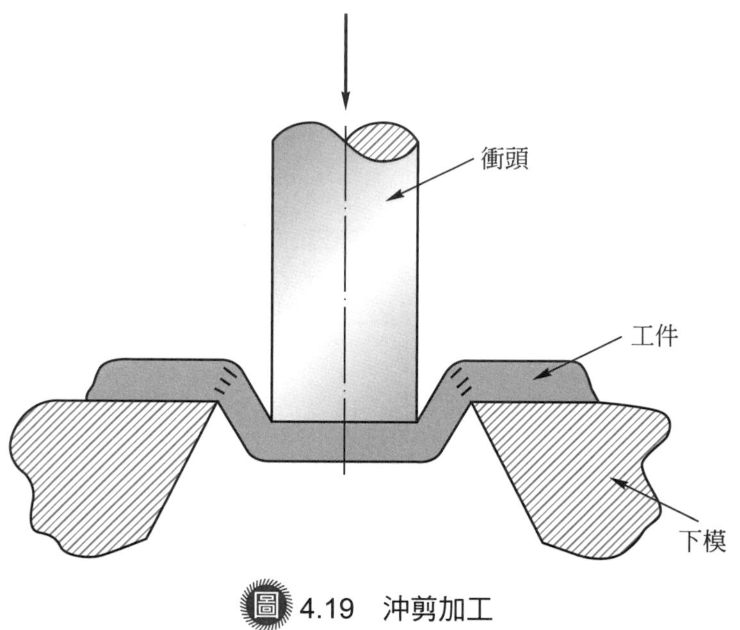

圖 4.19 沖剪加工

材料受衝擊作用的剪斷過程分為開始階段的彈性變形並造成薄層擠壓面；接著是塑性變形的平滑剪斷面，約佔被沖離料片厚度的三分之一；最後是當剪力超過材料具有的抵抗能力後，將其撕斷形成的不規則破裂面和一小部分的毛邊，如圖 4.20 所示。這些剪斷面的不同形式同時出現在工件內壁和沖離料片的外表面。

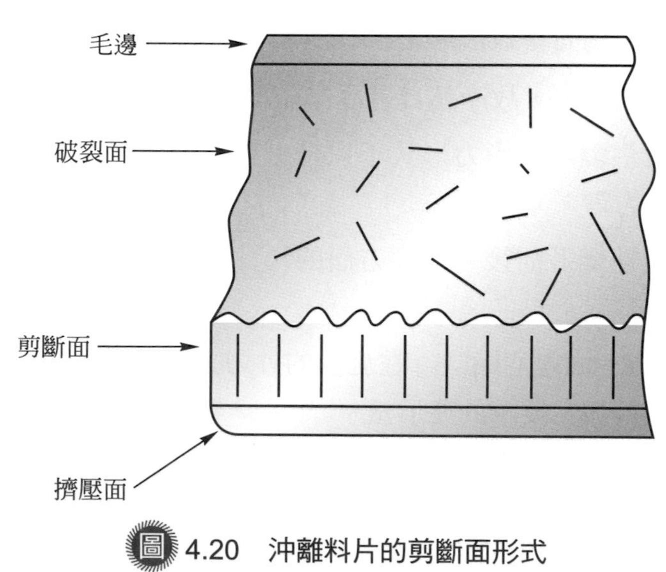

圖 4.20 沖離料片的剪斷面形式

沖剪加工的種類很多，常見的有：

一、沖孔 (Piercing 或 Punching)

在板材或半成品上衝出不同形狀的孔，被沖離的料片成為廢料，相當於切削加工的切屑，如圖 4.21(a) 所示。

二、剪斷 (Shearing)

利用手工具或沖剪模具等，將板材裁剪成所要的形狀，如圖 4.21(b) 所示。

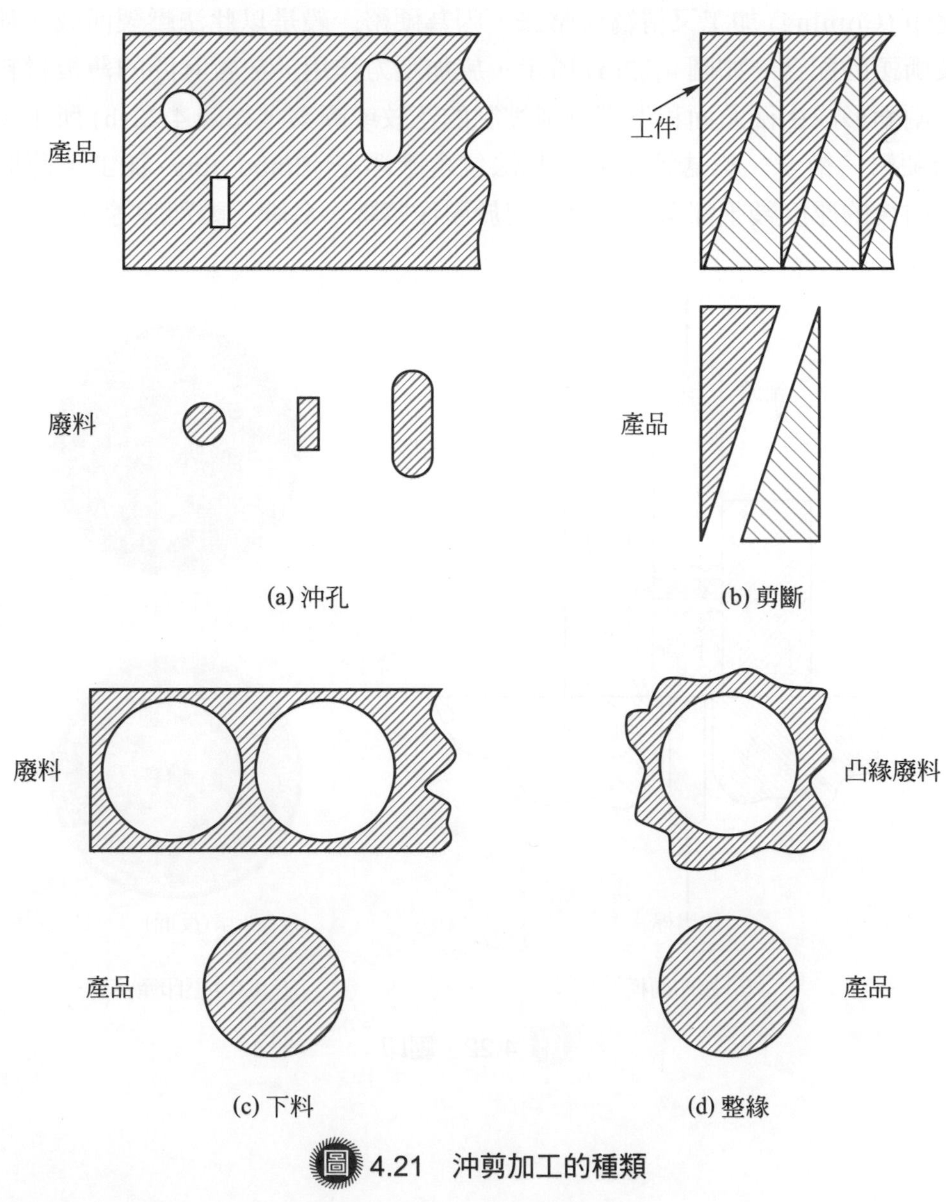

圖 4.21　沖剪加工的種類

三、下料 (Blanking)

利用沖剪模在板材上沖剪出完整輪廓的胚料，供做為下一加工道次之用，如圖 4.21(c) 所示。

四、整緣 (Trimming)

將板材或加工後零件中不平順或多餘的外緣沖剪去除掉，如圖 4.21(d) 所示。

4.5.2 壓　印

壓印 (Coining) 加工又稱為鑄幣法，因為硬幣一般是以此法壓製而成。利用閉合模及衝頭的配合，如圖 4.22(a) 所示，施加壓力作用於放置其間的薄板材料，使其上下兩面形成由衝頭面和下模分別控制的花紋或圖案，如圖 4.22(b) 所示。可用於製造硬幣、徽章、標誌等產品。此法包含壓浮花 (Embossing) 加工，薄板材料在加工前後的厚度幾乎都保持不變，用於製作獎牌、名牌、識別牌等。

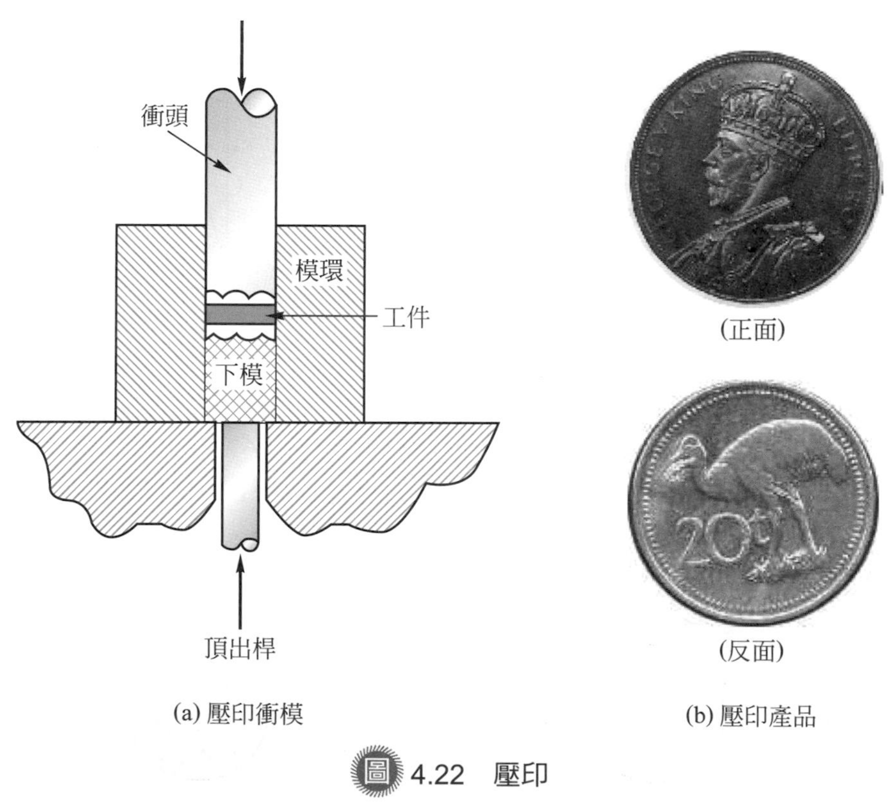

(a) 壓印衝模　　(b) 壓印產品

圖 4.22　壓印

4.5.3　旋壓成形

旋壓成形 (Spinning) 是指把工件材料置於夾持在工具機主軸之成形模具上面，當旋形機 (或車床) 啟動時利用工具 (例如滾輪) 加壓於工件上，迫使工件連同模具一起旋轉並產生塑性變形，如圖 4.23 所示。旋壓成形加工的產品外形為對稱圓筒狀或盤狀，例如茶壺、花瓶、大型鍋子等。成形模具形式可依產品形狀的複雜度，分為整體模具或分裂式模具。

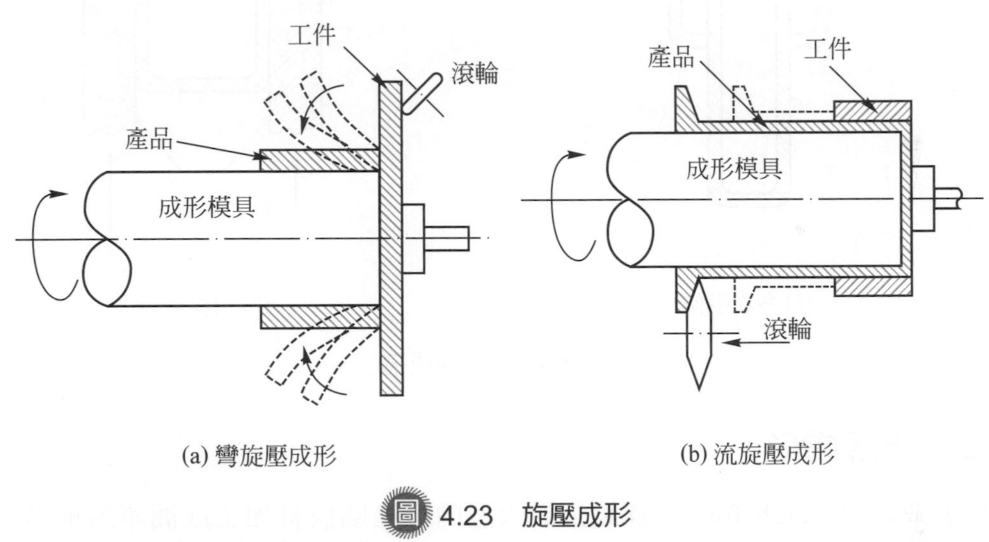

圖 4.23　旋壓成形

4.5.4　引伸成形

引伸成形 (Drawing) 為將一圓形平板胚料置於圓筒狀模孔的上面，利用一直徑比模孔小的平底衝頭向下作用而產生空心圓筒產品。圓筒產品底部的材料與衝頭直接接觸，變形極微。圓筒壁則受雙軸向拉應力作用而產生塑性變形。引伸成形的方法很多，主要有機械式深引伸成形 (Mechanical deep drawing) 和靜液壓力深引伸成形 (Hydrostatic deep drawing) 兩大類。加工的方式則包含無胚料架引伸成形 (Drawing without blank holder)、有胚料架引伸成形 (Drawing with blank holder)、反向再引伸成形 (Reverse redrawing)、壓平深引伸成形 (Deep drawing combined with ironing) 和熱冷深引伸成形 (Hot-and-cold deep drawing) 等。圖 4.24 表示部分引伸成形的加工方法。

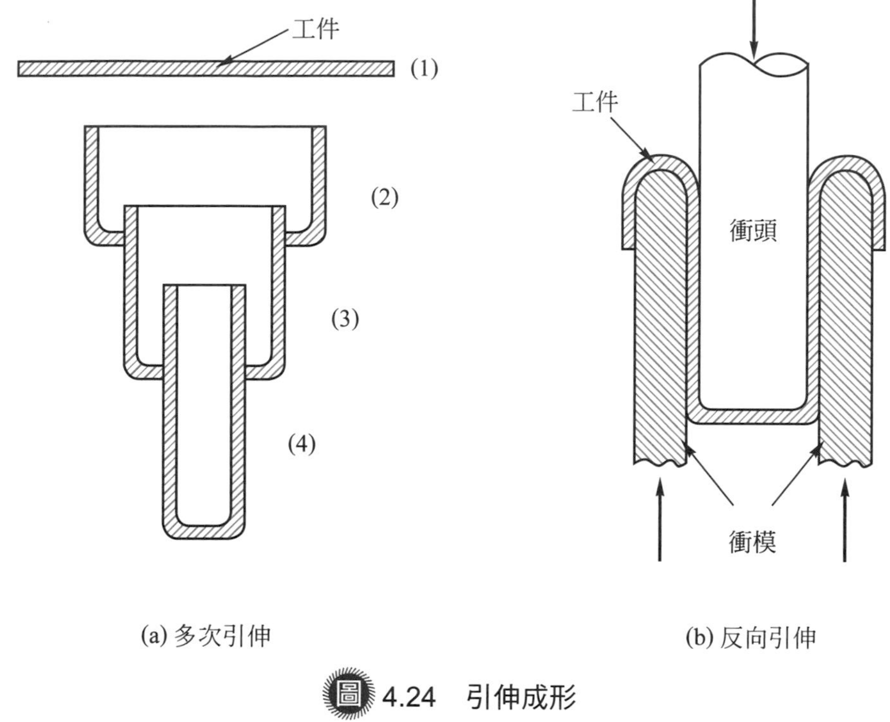

(a) 多次引伸　　(b) 反向引伸

圖 4.24　引伸成形

4.5.5　伸展成形

伸展成形 (Stretch forming) 是指對大型的薄金屬板材加工成簡單對稱形狀產品的方法。加工過程為將板材兩端用可以滑動的挾持器夾緊，並允許做水平移動。成形模則對板材中間部位做垂直方向施力並配合夾持器向左右的移動，使工件材料隨著成形模的外部形狀成形，如圖 4.25 所示。成形後板材的厚度會稍微減少，當拉伸作用力去除後，會有小量的彈回現象。

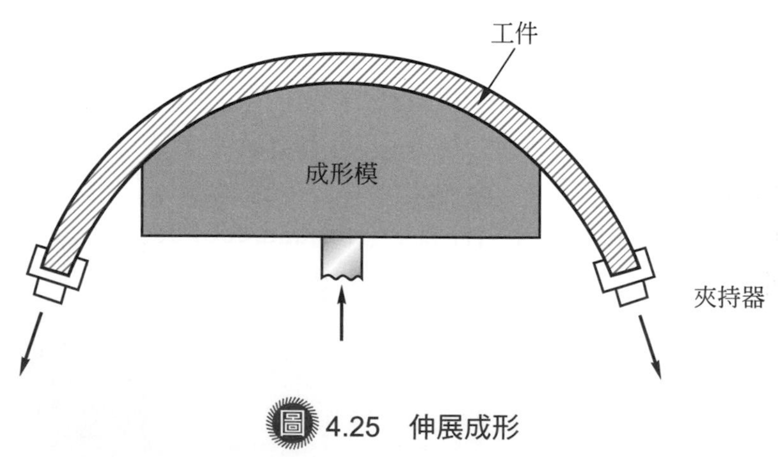

圖 4.25　伸展成形

4.5.6　彎曲加工

彎曲 (Bending) 加工主要是指利用壓力使板材彎曲變形，常見的形式有角彎形 (Angle bending)、板彎形 (Plate bending)、摺縫 (Seaming) 和彎管 (Tube bending) 加工等。

一、角彎形

包括 V 彎形、U 彎形和 L 彎形，如圖 4.26(a) 所示。將板材置於模具上，利用衝頭施力使它彎曲成形。板材內側和外側分別受到不同的壓應力和拉應力的作用。施力去除後產品可能發生的彈回量為加工考量的重點之一。

二、板彎形

又稱為三滾輪成形法 (Three-roll forming)，如圖 4.26(b) 所示。利用直徑相同的三個滾輪，其中兩個滾輪固定，另外一個可以調整位置，板材放在滾輪間被來回滾壓而成為圓柱或圓環形狀的產品，可用於配合銲接製程生產有縫管。

三、摺　縫

常用於結合金屬板，罐或桶底部及其他薄層金屬容器的加工方法，如圖 4.26(c) 所示為摺縫常見的形式。

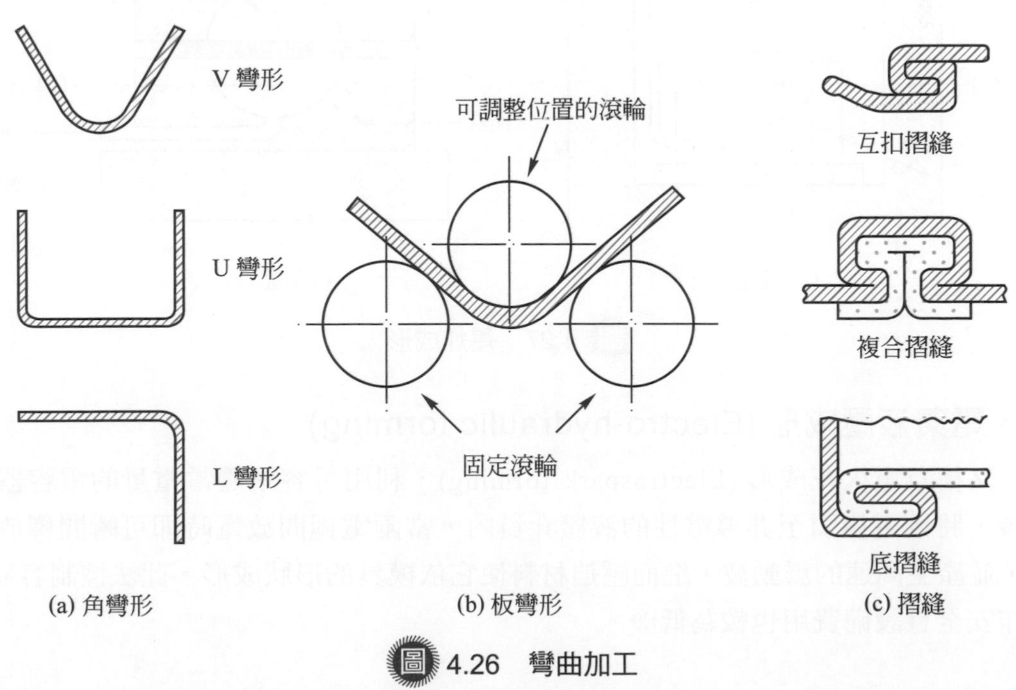

圖 4.26　彎曲加工

1. 互扣摺縫：用於不需要絕對緊密之處。
2. 複合摺縫：材料摺疊的次數加多，結合力增強，用於緊密度要求較高之處。
3. 底摺縫：用於罐或桶底部材料的接合，又分為平面及凹底兩種。

4.5.7 高能率成形

高能率成形 (High energy rate forming，HERF) 是指在極短的時間內產生很高能量迫使板材成形的方法，主要的形式有：

一、爆炸成形 (Explosive forming)

利用炸藥爆炸的能量，造成如水、油或空氣等介質產生震波作用，因而促使板材成形的加工法，如圖 4.27 所示。此法成形速度很高，材料延展性會增加，且成形後不會發生彈回的現象。適用較難成形的特殊合金，例如含鈦量高的合金鋼等。

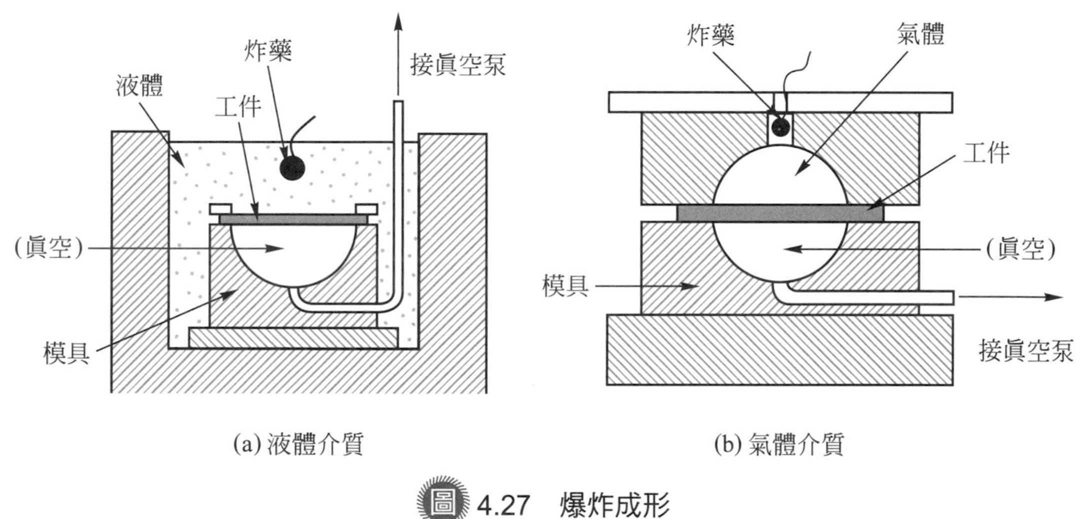

(a) 液體介質　(b) 氣體介質

圖 4.27 爆炸成形

二、電氣液壓成形 (Electro-hydraulic forming)

又稱為電火花成形 (Electrospark forming)，利用可容納適當電量的電容器充電後，將兩電極引至非導電性的液體介質內，當兩電極間放電時即可瞬間釋放能量，並產生高速的震動波，進而壓迫材料使它依模具的形狀成形。此法控制容易，操作安全且設備費用也較為低廉。

三、磁力成形 (Magnetic forming)

利用電磁效應的原理，以高壓直流電在短時間內對電容器完成充電，然後關閉高壓電源，並使電流迅速通過環繞工件的線圈而產生強大的磁場，此磁場又可使金屬工件產生感應電流，進而誘導出另一強大磁場。此兩種磁場彼此相斥而產生極高的磁力對工件材料作用使之成形。此法產生的壓力均勻，生產效率高，再製性佳。但是工件必須為電的良導體，且工件形狀不可太過複雜。

4.5.8　超塑性成形

超塑性成形 (Superplastic forming，SPF) 是指對某些具有非常細晶粒 (一般小於 20 μm) 的材料，在高於該材料的熔點溫度 (以 °K 為單位) 百分之六十以上的溫度，以很低應變率 (10^{-4} ～ 10^{-2} sec^{-1}) 的方式進行塑性加工時，可得到非常大的伸長率 (可超過 1000%)。目前可利用此方法加工的材料包括鋅鋁合金 (Zn-22Al)、鈦合金 (Ti-6Al-4V)、鋁合金 (Al7475-T6) 和鎳合金 (Inconel 718) 等，成形模具使用的材料有低合金鋼、鑄造工具鋼、陶瓷等。此方法主要用於航太、通訊和汽車的零組件，以及設備框架等的製造。

超塑性成形的優點有：

1. 複雜形狀的產品可一次完成且精度良好，不需分開加工後再裝配，或經多次加工才能得到產品所需的形狀，故有較大的設計彈性，並可縮短產品製造的前置時間。
2. 由於工件材料的成形性良好，故可節省使用的材料，因而降低產品的重量。
3. 所得產品的殘留應力很少甚至沒有，對疲勞作用敏感材料的成形加工很有助益。
4. 因流應力 (Flow stress) 較低，模具材料可使用強度較低者，因此可節省模具材料和製模的費用。

超塑性成形的缺點有：

1. 變形速率較慢，故加工時間長。
2. 不適合需大量生產的產品。

此外，可利用超塑性成形時的高溫，同時進行擴散接合 (Diffusion bonding) 的作用，形成超塑性成形／擴散接合 (SPF/DB) 製程。好處有可同時完成工件成形與接合的工作，用於製造具整體性且複雜形狀的產品，並可相對地降低重量和製造成本。

一、習題

1. 敘述金屬材料塑性加工的定義及特點。
2. 金屬材料塑性加工依產品型式的不同，有那些分類？
3. 何謂金屬材料之差排？差排在金屬材料塑性變形時的作用為何？
4. 敘述金屬材料塑性加工之熱作的優缺點。
5. 敘述金屬材料塑性加工之冷作的優缺點及特點。
6. 敘述鋼鐵素材之生產過程。
7. 金屬工件塑性加工之整體成形的種類有那些？其共同特點為何？
8. 敘述金屬工件塑性加工之鍛造的優缺點。
9. 說明金屬工件塑性加工之熱鍛、冷鍛及溫鍛的加工過程及產品特性。
10. 說明金屬工件塑性加工之鍛造的開模鍛造及閉模鍛造的特點各為何？
11. 金屬工件塑性加工之鍛造，依施力方式的不同有那些種類？
12. 繪圖說明金屬工件塑性加工之熱作滾軋的材料組織變化。
13. 金屬工件塑性加工之滾軋所得產品的缺陷有那些？
14. 何謂金屬工件塑性加工之擠製？其優缺點為何？
15. 金屬工件塑性加工之擠製的種類有那些？
16. 製造金屬無縫管的加工方法有那些？
17. 金屬工件塑性加工之薄板成形和整體成形的差異為何？
18. 何謂金屬薄板成形加工之壓印？
19. 何謂金屬薄板成形加工之旋壓成形？
20. 何謂金屬薄板成形加工之引伸成形？
21. 何謂金屬薄板成形加工之伸展成形？
22. 金屬薄板成形加工之彎曲加工的種類有那些？
23. 金屬工件塑性加工之高能率成形的種類有那些？

二、綜合問題

1. 探討金屬工件塑性加工之平板滾軋製程中，溫度、摩擦力、滾軋力、咬合角、厚度減縮率等的影響性。
2. 探討：(1) 金屬材料之無縫管及有縫管的各種製程；(2) 管件彎曲及管件

旋壓製程的內容與應用。

3. 敘述超塑性成形技術與擴散接合形成的製程 (SPF/DB)，在航太產業的應用上可如何節省板金材料的重量及製造成本。

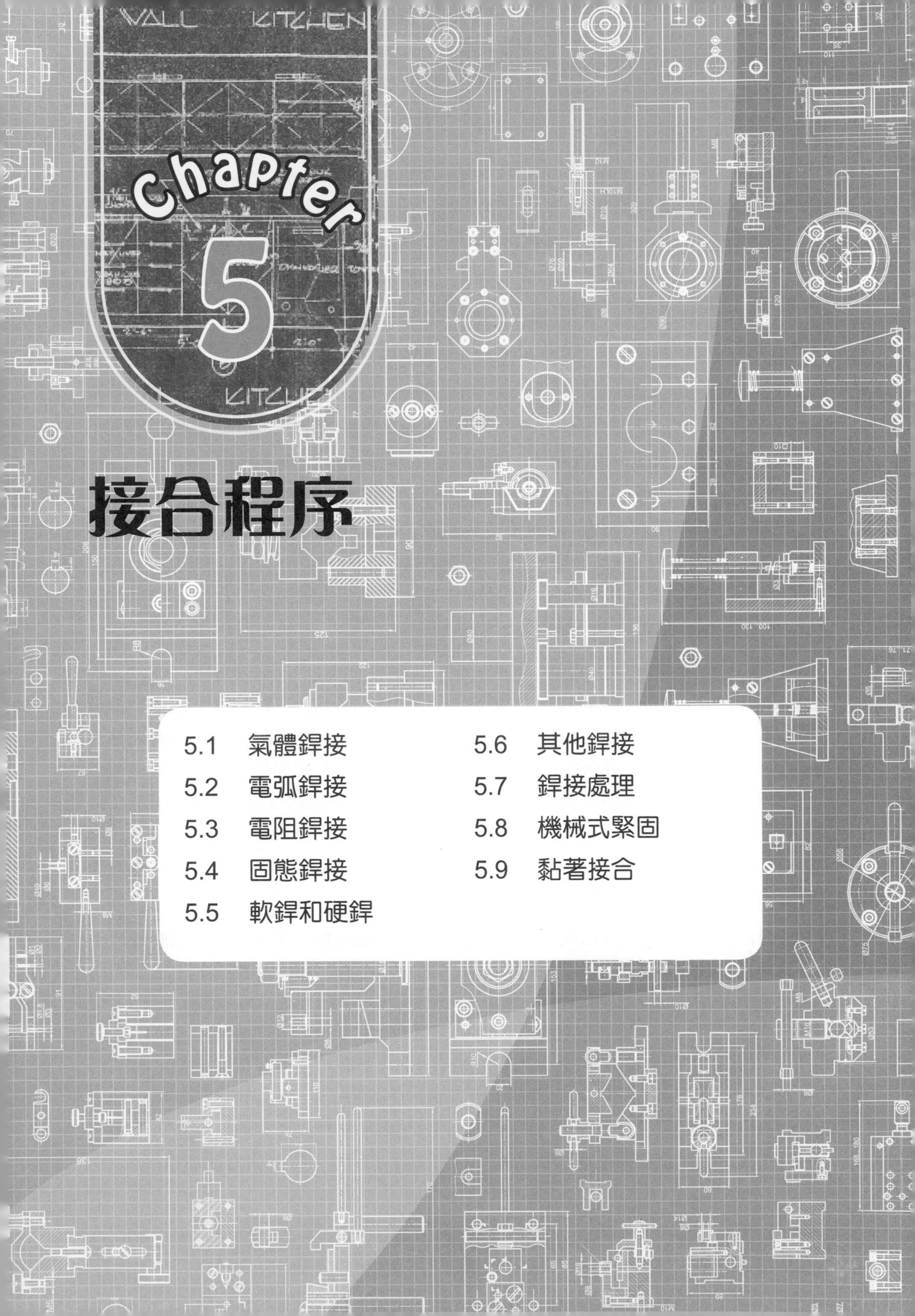

Chapter 5

接合程序

5.1 氣體銲接
5.2 電弧銲接
5.3 電阻銲接
5.4 固態銲接
5.5 軟銲和硬銲
5.6 其他銲接
5.7 銲接處理
5.8 機械式緊固
5.9 黏著接合

當我們對週遭所用的產品加以檢視時，可以發現不論其功能、構造或形式是多麼簡單，大都是經由兩個以上不同的零件組合而成，例如日常用品的原子筆、水果刀、鍋鏟、眼鏡、球鞋等；或者是包含許多零件並依其設計的功能，使用不同的材料加工成各種大小及形狀，再經裝配而得的產品，例如手機、電腦、電視機、自動販賣機、工具機、機車、汽車、飛機、太空梭等。在實際應用上只有極少數僅由單一零件即可構成有用的產品，例如鐵釘、木螺絲、訂書釘、刀叉、吸管、毛巾等。

將產品拆解成數個零件分開製造後，再組合裝配的主要原因有：

1. 產品的形狀尺寸太過複雜或龐大，想要製造單一零件即成為具有所要求功能的產品為不可能。
2. 分開製造個別零件再經裝配組合成產品的做法，比較符合經濟效益。
3. 因應產品在不同部位的特定功能要求，需採用具備性質不同的材料分別加工成零件各司其職，才能達成產品設計的目標。
4. 產品在堪用生命週期內必須將其拆解分開，以利保養、修理或局部更換所包含的零件。
5. 考慮運送的方便及費用等。

零件組合成有用產品的過程一般稱為裝配 (Assembly)，將於第十三章中再進一步敘述。然而，零件本身在成形的過程中也會因為上述的類似原因而需先進行組合加工，此即所謂的接合程序 (Joining processes)。裝配與接合程序在機械製造的應用上並無明確的區分，可通稱為接合。接合的方法包括有非永久性的接合 (例如螺紋扣接、捆綁等) 和永久性的接合 (例如鉚接、黏結、銲接等)，其中又以銲接 (Welding) 最為重要。本章將以銲接為主要敘述的對象，最後再介紹其他的接合方法，例如機械式緊固、黏著結合等。

銲接 (又稱為熔接) 已成為當今工業上不可或缺的材料接合方法，被廣泛地應用於各種產品的生產和維修，例如汽車、造船、建築、機械、航空、化工、國防或家電製品的生產，以及工具、模具、夾具等的磨損修補或鑄件缺陷、零件破裂的填補等，不同的產業各有其重要的銲接方法。由於銲接技術及設備不斷的進步，超過 50 種以上的銲接方法已成功地被發展出來，不僅可用於靜態、動態或疲勞形式負載作用的結構體，也可用於低溫、高溫、高壓或存有強腐蝕介質環境的結構體。適合於使用銲接加工的材料包含所有具商業用途的金屬，包括近年來所開發的特殊合金鋼，例如耐熱鋼、不銹鋼、鈦合金等，皆可用銲接的方法加以接合。

美國銲接學會 (American welding society，AWS) 對銲接的定義敘述如下：「將兩件或兩件以上的金屬或非金屬工件，在接合處加熱至適當溫度使其徹底熔化，或是在其熔融狀態下施加壓力，或是僅使添加的填料熔化，並於冷卻凝固後可使工件接合在一起的程序」。由以上的定義可知，銲接時可以有加熱使溫度高於或低於工件材料的熔點，有施加或不施加壓力，有添加或不添加填料，以及被用來接合的工件材料為相同或不相同等各種情況的組合。

根據美國銲接學會的分類，可將銲接分為氣體銲接、電弧銲接、電阻銲接、固態銲接、軟銲、硬銲和其他銲接等七大種類，如圖 5.1 所示。

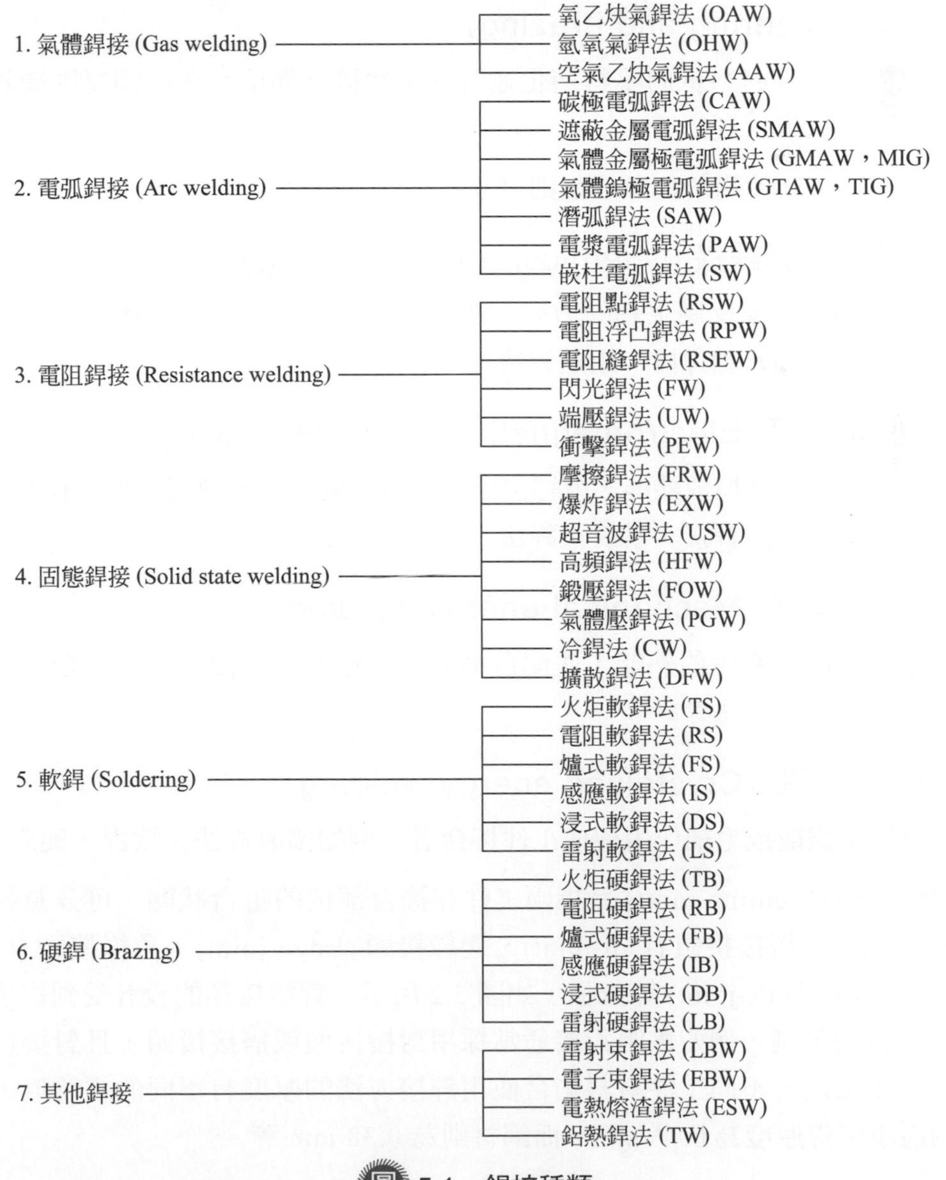

圖 5.1　銲接種類

若依接合原理分類則可分為：

一、熔化銲接 (Fusion welding)

將工件接合部位的材料加熱到熔化狀態，在冷卻凝固後完成接合者，例如氣體銲接、電弧銲接等。

二、壓力銲接 (Pressure welding)

主要的作用是藉由施加壓力於工件接合部位的方式完成接合者，例如端壓銲法、冷銲法等。

三、鑞銲 (Soldering and brazing)

將熔點較工件材料低的填料熔化並置於工件接合部位，在冷卻凝固後將工件接合者，例如軟銲、硬銲等。

若以銲接時所使用的能源分類則可分為：

一、化學反應能銲接 (Chemical reaction energy welding)

利用燃燒或化學反應生熱的方式，使工件材料達到熔化溫度所需的熱量促使工件接合者，例如氣體銲接、鋁熱銲法等。

二、電磁能銲接 (Electromagnetic energy welding)

利用電能直接轉換成熱能，或經由光能、動能再轉換成熱能促使工件接合者，例如電弧銲接、電阻銲接、雷射束銲法、電子束銲法等。

三、機械能銲接 (Mechanical energy welding)

利用機械能所產生的熱能，並配合壓力或以壓力為主促使工件接合者，例如摩擦銲法、超音波銲法等。

四、結晶能銲接 (Crystalling energy welding)

利用原子擴散或毛細作用促使工件接合者，例如擴散銲法、軟銲、硬銲等。

銲接接頭 (Welding joint) 是指兩工件在接合部位的組合狀態，可分為對接接頭 (Butt joint)、搭接接頭 (Lap joint)、邊緣接頭 (Edge joint)、角緣接頭 (Corner joint) 和 T 型接頭 (T-joint) 等五種，如圖 5.2 所示。銲接接頭的設計受到銲接方法和工件材料的限制，例如電阻銲接通常採用對接接頭或搭接接頭，且對接合處的潔淨度要求很高。不同工件材料適合使用銲接方法的厚度有不同的經驗值，例如鋁材的最小可銲厚度為 0.76 mm，而鋼材則為 0.38 mm 等。

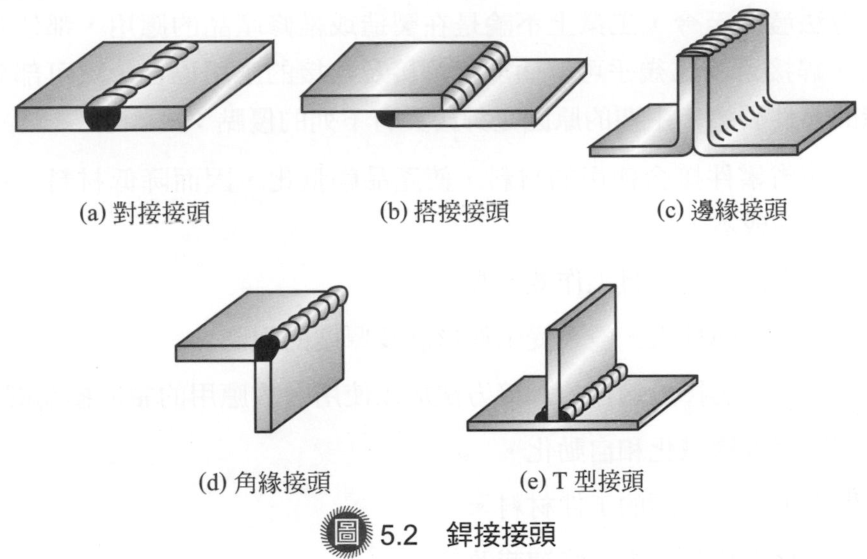

圖 5.2　銲接接頭

銲接位置 (Welding position) 是指工件的銲接部位在空間中所處的位置，可分為平銲位置 (Flat position)、橫銲位置 (Horizontal position)、立銲位置 (Vertical position) 和仰銲位置 (Overhead position) 等四種，如圖 5.3 所示。大多數的銲接方法都可採用不同的銲接位置，只有少數的銲接方法受到限制，例如潛弧銲法只適用於平銲位置，電熱熔渣銲法只適用於立銲位置。

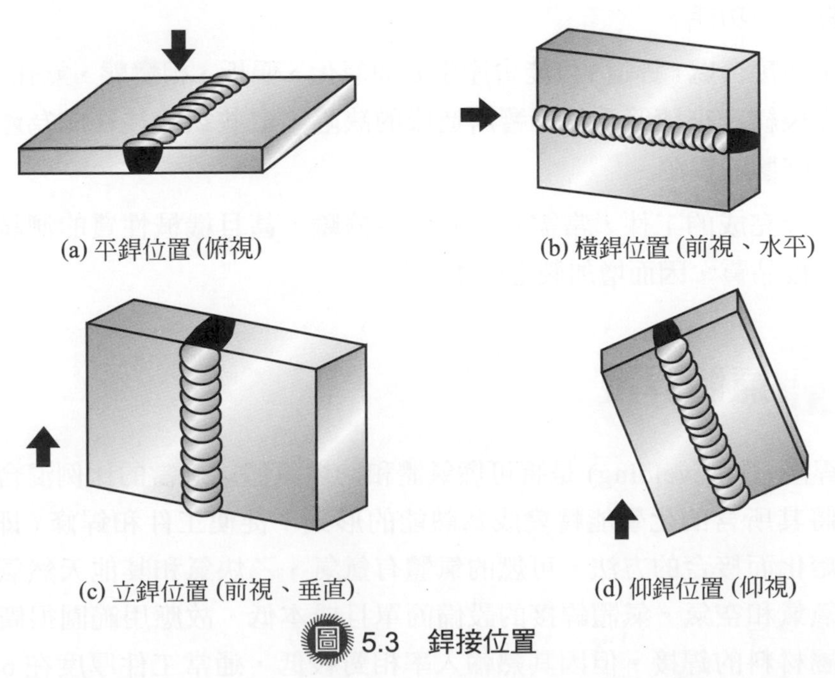

圖 5.3　銲接位置

銲接方法發展至今，工業上不論是在製造或維修產品的應用，都佔有不可或缺的地位。銲接目前已幾乎可全面取代鉚接及栓接的應用場合，更可部分取代鍛造或鑄造的零件製造。主要的原因是銲接具有下列的優點：

1. 可節省零件接合使用的材料，使產品輕量化，因而降低材料、加工及能源等的成本。
2. 施工方法簡單，且工作效率高。
3. 產品設計彈性大，較不受工件形狀及厚度的限制。
4. 可依需求選擇最適合的銲接方法加以使用，故應用的領域極為廣泛。
5. 容易實現機械化和自動化。
6. 可用來接合不同的工件材料。
7. 工件發生缺陷時容易修補或改善。
8. 接合率高，水密性及氣密性良好，且外表平滑。

銲接的缺點有：

1. 許多銲接方法會伴隨著產生強光、高熱及煙塵，工作環境不佳，對人體健康有害。
2. 工件因局部高溫作用，易造成收縮變形及殘留應力問題，進而影響產品的使用功能。
3. 工件接合處 (銲道) 可能會產生表面氧化、偏析、相變態、氣孔、熱裂紋、冷裂紋、夾渣等受熱影響所造成的缺陷，這些缺陷往往成為產品後來發生破壞的根源。
4. 銲接完成的工件，常需做非破壞性檢驗，甚且機械性質的測試，以確保銲接品質，因而增加製造成本。

5.1 氣體銲接

氣體銲接 (Gas welding) 是將可燃氣體和助燃氣體以適當的比例混合後，利用火焰燃燒將其所含的化學能轉變成為熱能的形式，促使工件和銲條 (即填料) 因高溫作用熔化而接合的方法。可燃的氣體有氫氣、乙炔氣和其他天然氣體，助燃氣體則有氧氣和空氣。氣體銲接的設備簡單且成本低，故應用範圍很廣，適用於大多數金屬材料的銲接。但因其熱輸入率相對較低，通常工件厚度在 6 mm 以下者較適合採用。此外，燃燒氣體所產生的熱能，也可用於切割工件，稱之為氣體切割 (Gas cutting)。

氣體銲接的操作方式可分為：

一、前手銲法 (Forehand welding)

依銲接進行方向，銲條在銲炬火口的前面，火炬指向工件即將施銲的部位並先行加以預熱，如圖 5.4(a) 所示。適用於銲接厚度 3.2 mm 以下的工件，可獲得較平滑細密的銲道。

二、後手銲法 (Backhand welding)

銲條在銲炬火口的後面，火焰指向熔池和已完成銲接的銲道，如圖 5.4(b) 所示。因其銲填率較大，所獲得的銲道堆疊較高，根部熔合狀況較佳，適用於銲接厚度 3.2 mm 以上的工件。但銲道波紋粗糙，致使其表面平滑度不佳。

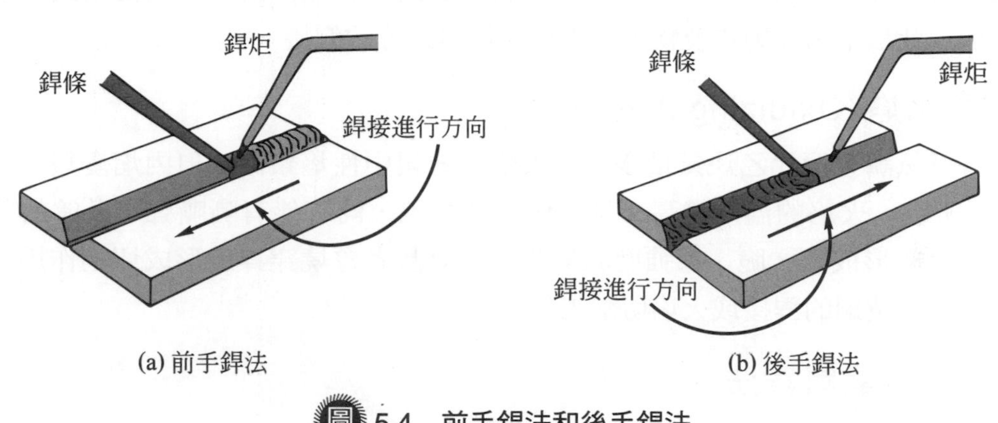

圖 5.4　前手銲法和後手銲法

5.1.1　氧乙炔氣銲法

大部分的氣體銲接是採用氧乙炔氣銲法 (Oxy-acetylene welding，OAW)。乙炔氣 (C_2H_2) 和氧氣 (O_2) 分別存放在不同的鋼瓶中，經由軟管輸送到銲炬 (Welding torch) 內混合燃燒，再從火口噴出火焰進行銲接工作。燃燒產生的溫度可高達 3300℃以上，火焰形式依乙炔氣和氧氣的混合比例不同而變化，可分為三種類型：

一、還原焰 (又稱碳化焰，Carburizing flame)

供應的氧氣量比乙炔氣量少時，火焰形成三個區域，火口處為溫度較低的白色內焰，中間為最高溫的乙炔羽 (Acetylene feather) 其長度隨乙炔氣量的多少而定，外層則是明亮的外焰，如圖 5.5(a) 所示。因乙炔中的碳未被完全燃燒，殘留的碳會與高溫的鐵進行反應，相當於滲碳作用故又稱為碳化焰。此法大都用在軟銲及高碳鋼、非鐵金屬等的銲接。

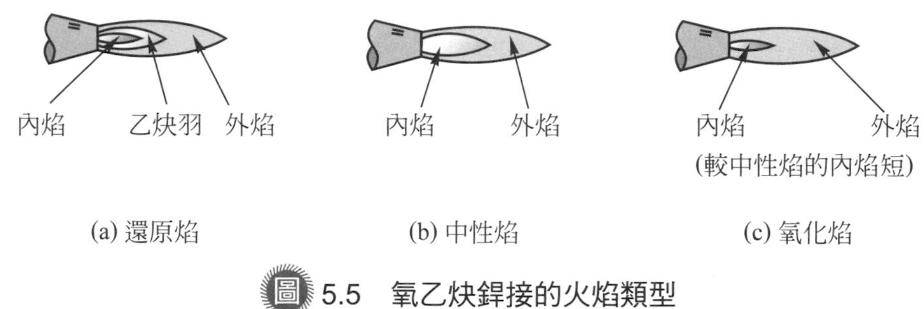

圖 5.5 氧乙炔銲接的火焰類型

二、中性焰 (Neutral flame)

氧氣量和乙炔氣量的比例為 1：1 時，可完全燃燒，兩者都沒有殘留，故無乙炔羽出現，如圖 5.5(b) 所示。對工件材料本身的成分並無增減，為使用最多的一種火焰。此法常用在硬銲及軟鋼、鉻鋼、鎳鉻鋼等的銲接。

三、氧化焰 (Oxidizing flame)

若氧氣調整至比乙炔氣量多時，火焰形式與中性焰類似，但內焰變短，如圖 5.5(c) 所示，火焰的溫度變高，且顏色變為藍色，同時伴有嘶嘶聲。多餘的氧會與工件材料形成硬、脆、低強度的氧化物，更甚者會燒穿銲道形成切割作用。此法一般用在黃銅的銲接或火焰切割工作。

5.1.2 氫氧氣銲法

氫氧氣銲法 (Oxy-hydrogen welding，OHW) 所使用的燃料以氫氣 (H_2) 取代乙炔氣，其餘大致與氧乙炔氣銲法相同。但是燃燒所得的火焰溫度約為 2000℃左右，比氧乙炔氣銲的火焰溫度低甚多，故一般用來銲接較薄工件或低熔點金屬，例如鋁合金等。此外，燃燒火焰顏色不會因氫氣和氧氣比例的不同而有明顯變化，故較難調整，一般採用還原焰以避免金屬產生氧化現象，所得的銲件品質與使用其他銲接法相近。

5.1.3 空氣乙炔氣銲法

當乙炔氣燃燒所需助燃的氧氣改由空氣提供時稱為空氣乙炔氣銲法 (Air-acetylene welding，AAW)，所得之火焰類似本生 (Bunsen) 燈，其溫度比其他氣體銲接法都低，通常使用的場合為鉛的熔接或低溫的軟銲、硬銲等。

5.2 電弧銲接

將電極和工件分別接於電源的負極和正極，當電極和工件快速碰撞接觸後，立即提起分開，造成在兩者之間的空氣被電離形成電弧 (Arc)，此步驟稱為起弧。電弧的溫度高達 5500℃，可將工件接合部位的材料和填料同時熔化，並於冷卻凝固後接合在一起。電源可以是直流電或交流電。此類銲接法是將電能轉變成為熱能的形式，用來提供材料熔化所需的能量。

起弧的方法有兩種：

一、敲擊法 (Tapping method)

將電極垂直向下碰觸工件表面，在起弧成功後，將電極自高處稍微下降以保持適當的電弧長度。

二、摩擦法 (Scratching method)

將電極以畫圓弧動作方式摩擦工件表面，起弧成功後的動作如同敲擊法。

電弧銲接的方法依電極是否可熔化分為兩大類：

一、熔極式

電極用可熔化的銲條，與工件接合部位一起被電弧的高溫熔化，如圖 5.6(a) 所示。使用此種電極的銲接方式有遮蔽金屬電弧銲法 (SMAW)、氣體金屬極電弧銲法 (GMAW，又稱為 MIG)、潛弧銲法 (SAW) 等。

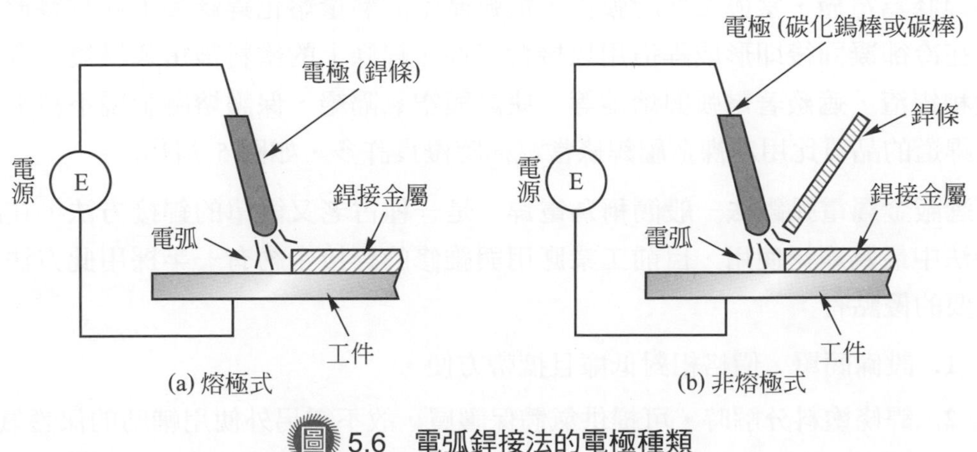

圖 5.6　電弧銲接法的電極種類

二、非熔極式

電極為碳化鎢棒或碳棒，做為與工件起弧之用，但電弧產生的高溫並不會熔化電極，而是熔化外加的銲條和工件接合部位的材料，如圖 5.6(b) 所示。使用此種電極的銲接方法有碳極電弧銲法 (CAW)、氣體鎢極電弧銲法 (GTAW，又稱為 TIG)。

當電極與電流負極相接，工件與正極相接時，稱為正極性，反之則稱為負極性。採用正極性時，因電子流衝向工件，因此工件的熱量分佈較多，電弧穿透力較深，適合銲接較厚的工件。負極性則剛好相反，適合銲接較薄的工件。

電弧產生的高溫亦可用於熔化工件欲切割處的材料，使變成為液態而分離，對於熔點較高或耐腐蝕的材料，因不易氧化而無法使用氣體切割法時，可採用電弧切割法。

5.2.1 碳極電弧銲法

碳極電弧銲法 (Carbon arc welding，CAW) 是以碳棒為電極，利用熔化外加的銲條來接合工件，碳棒本身並不熔化，較適合正極性接法，因為它所得到的電弧較為穩定。但目前很少採用碳極電弧銲法銲接一般的工件，原因是此法之電弧所產生的熱量在實際應用上並不足夠，惟它仍適用於熱處理、銲接薄板工件或軟銲、硬銲等。

5.2.2 遮蔽金屬電弧銲法

遮蔽金屬電弧銲法 (Shielded metal arc welding，SMAW) 是使用包覆塗料的金屬銲條為電極，當與工件起弧後，電弧產生的熱量熔化銲條和工件材料形成熔池，在冷卻凝固後即形成銲道用以接合工件。銲條上的塗料被電弧燃燒，會生成氣體和銲渣，遮蔽著電弧與熔池等，使之與空氣隔絕，保護熔融金屬不被氧化，因此銲道的品質比用赤裸金屬銲條當電極時優良許多，如圖 5.7 所示。

遮蔽金屬電弧銲法一般簡稱為電銲，是一種古老又簡單的銲接方法，在所有銲接法中最為廣泛使用，目前工業應用與維修的銲接中約有一半採用此方法。電銲主要的優點有：

1. 設備簡單，價格相對低廉且攜帶方便。
2. 銲條塗料分解時，可提供氣體保護層，故不需另外使用輔助的保護氣體。
3. 由於是手工操作，對施銲前工件接縫間的精度要求較低。適用於各種不同的銲接位置。

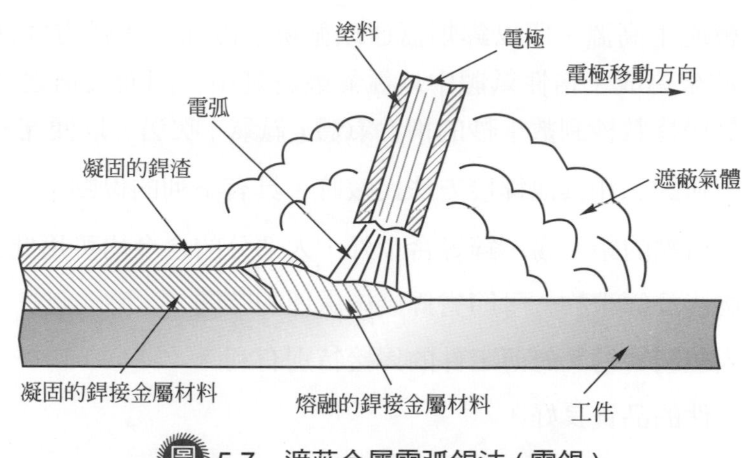

圖 5.7　遮蔽金屬電弧銲法 (電銲)

4. 可適用的金屬材料很廣，包含碳鋼、低合金鋼、不銹鋼、鑄鋼、鋁、銅、鎳及其合金等。

缺點則是為避免因電流過大時會導致銲條過熱，以致銲接熔接率偏低。並且在銲條尚未全部被熔化之前必須更換另一支銲條重新起弧；又每完成一道或一層銲接工作後都必須進行銲渣去除，因此銲接效率較低。

5.2.3　氣體鎢極電弧銲法

氣體鎢極電弧銲法 (Gas tungsten arc welding，GTAW) 是利用非熔極式的鎢棒做為電極，外加銲條於電弧和工件接合處之間，利用銲炬噴出的惰性氣體形成遮蔽作用，保護熔融狀態的銲道不被氧化，此銲法又稱為惰氣鎢極電弧銲法 (Tungsten inert gas arc welding，簡稱 TIG)，如圖 5.8 所示。

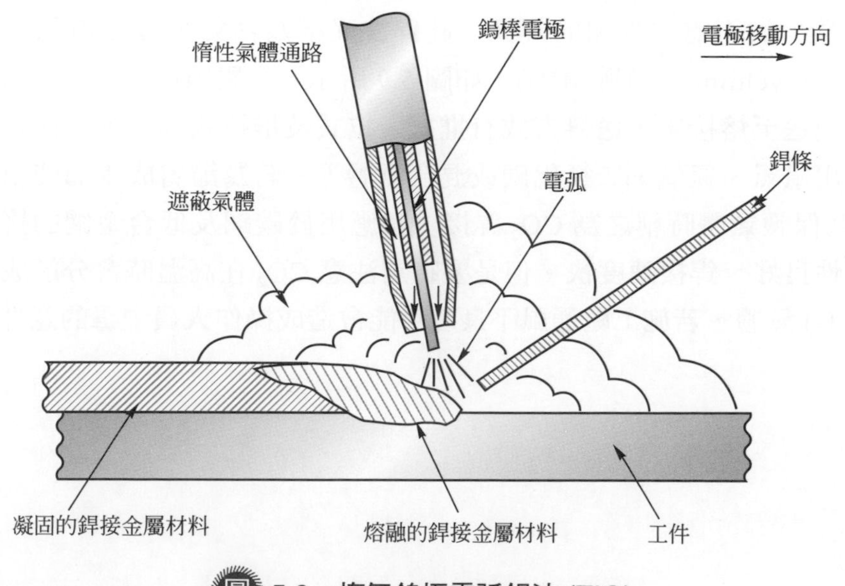

圖 5.8　惰氣鎢極電弧銲法 (TIG)

因銲接時會產生高溫，所以銲炬需通以循環水冷卻。起弧方式則使用銲接機所產生的高週波來達成。惰性氣體中以氬氣最為實用，因而又稱之為氬銲。常在施銲完畢後，仍保持數秒到數十秒的惰性氣體 (氬氣) 吹送，以便充分保護銲道。

惰氣鎢極電弧銲法和其他銲接方法比較時，具有下列的優點：

1. 除了低熔點的鉛、錫、鋅等合金外，大部分的合金均可用此法銲接。
2. 沒有熔渣及銲濺物，可節省銲接後處理的時間。
3. 熱輸入控制容易，對薄工件的銲接特別有利。
4. 銲接工件的品質良好。
5. 銲接環境優良。
6. 可以不使用銲條，直接對工件接合部位加熱熔融。並可用於任何位置的施銲。

缺點則有：

1. 銲接速率較慢。
2. 因其熔接堆積速率慢，對厚截面工件的銲接很費時且成本較高。
3. 電極容易沾到熔池內的金屬，常造成電極需更換，故較費時。
4. 需使用惰性氣體提供銲道及電弧的保護，而惰性氣體的費用佔施工成本中很高的比例。

5.2.4 氣體金屬極電弧銲法

氣體金屬極電弧銲法 (Gas metal arc welding，GMAW) 是使用熔極式的金屬線做為電極，故不需要外加的銲條，此銲法又稱為惰氣金屬極電弧銲法 (Metal inert gas arc welding，簡稱 MIG)，如圖 5.9 所示。金屬線電極經由一組自動送料滾輪不斷地送至熔接處，送料方式有推式、拉式及推拉式等三種。保護用的惰性氣體可使用氬氣、氦氣、二氧化碳或混合氣體等。若為節省成本而使用二氧化碳 (CO_2) 做為保護氣體時稱之為 CO_2 銲接，常應用於碳鋼及低合金鋼的接合，原因是其穿透性良好，銲接速度快。但是要特別注意 CO_2 在高溫時會分解成有毒的一氧化碳 (CO) 氣體，若施工處通風不良時可能會造成操作人員中毒的意外發生。

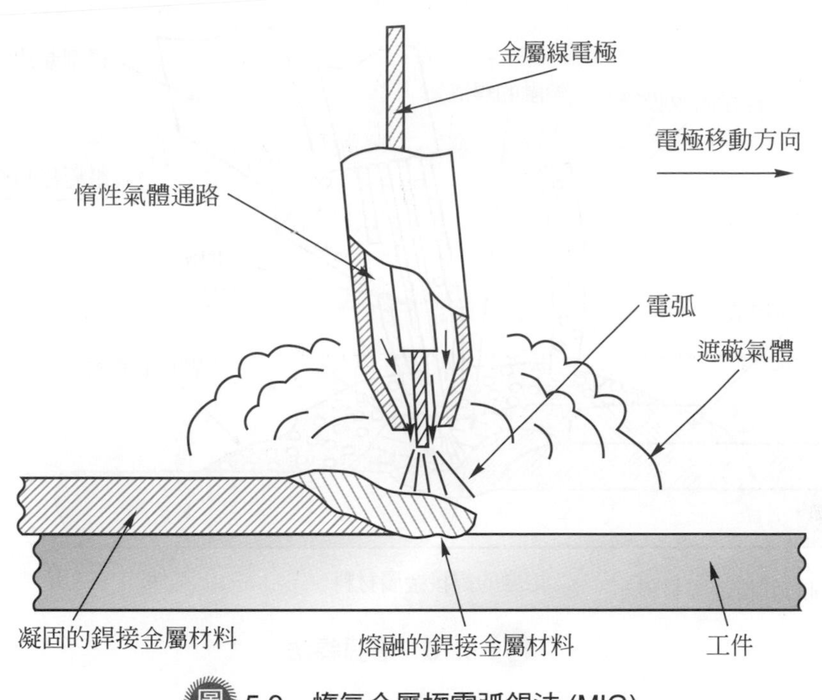

圖 5.9　惰氣金屬極電弧銲法 (MIG)

MIG 銲接與 TIG 銲接的功能及優缺點類似。兩者較大的差別在 TIG 適用於薄工件銲接，而 MIG 則因為熔接堆積效率較高，故適用於較厚的工件。此外，MIG 尤其適合採用自動化，主要的原因是做為熔極式電極的金屬線可自動進料，且其進給速率易於調整而達到自動銲接的目的，因此不僅能提高工作效率且可得到品質優良的產品。

5.2.5　潛弧銲法

潛弧銲法 (Submerged arc welding，SAW) 是指使用可熔性顆粒狀銲劑覆蓋在銲接處的周遭區域，並將電極插入銲劑堆中，利用其尾端與工件起弧進行銲接。銲接過程中，電弧、電極尾端和銲道都被銲劑及一部分銲劑熔化形成的銲渣所遮蔽，因此看不到弧光，且無銲濺物及煙塵，故稱為潛弧銲。電極可為赤裸銲線或包覆塗料銲線，直徑自 1.5 mm 到 10.0 mm 都可見到，其形式可為單極或多極式。銲劑可經由一輸送管送到電極前端，至於未被熔化的銲劑則可經由另一條吸管回收再利用，如圖 5.10 所示。潛弧銲法可分為半自動與全自動兩種。半自動潛弧銲法與 MIG 相似，係使用銲炬，以手握持方式操作。全自動潛弧銲法則為一般常見之依靠行走驅動馬達做全自動的前進裝置。潛弧銲為一具有高經濟效益的加工方法，被廣泛地應用於造船、鐵軌、大型直徑有縫管、建築業、壓力容器等厚鋼板的銲接。

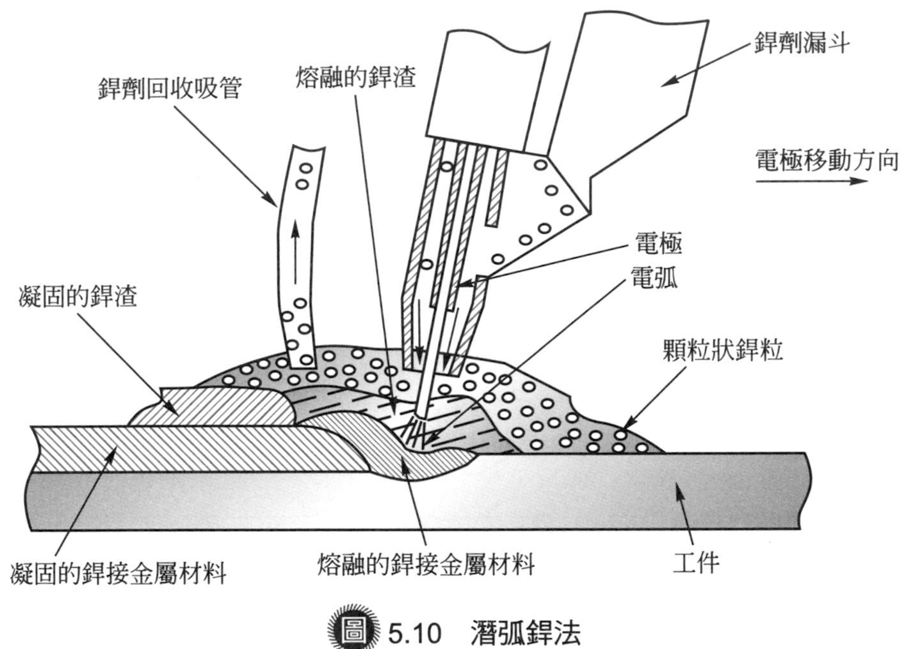

圖 5.10 潛弧銲法

潛弧銲法的優點有：

1. 電弧的弧光不外洩，又無銲濺物及煙塵等，工作環境佳且安全性高。
2. 可使用大電流，故金屬熔接堆積速率快，比一般手工銲接的工作效率高出許多。
3. 適合厚板工件的銲接，且接頭開槽可以較小，甚至不用開槽，可節省銲接時間。
4. 銲劑可加入合金，得以改善銲道的品質。
5. 銲道的外觀平滑均勻。

缺點則有：

1. 設備費用較高。
2. 只適合於平銲位置，無法用於橫銲、立銲或仰銲等位置。
3. 銲接過程中，銲道的好壞不能即時觀察得知，若銲接過程有缺陷發生時無法立刻進行補救。
4. 銲劑容易受潮，一旦受潮後再使用時會造成銲道中出現氣孔等缺陷。
5. 產生的熱量大，造成熱影響區的材料結晶變得較粗大，影響其機械性質。

5.2.6　電漿電弧銲法

電漿電弧銲法 (Plasma arc welding，PAW) 是將做為工作介質用的氣體集中到有一小孔徑的噴嘴銲炬內，使氣體受電弧產生的熱而形成電漿，再以高能量集中的方式噴向工件接合處進行銲接加工。使用的氣體有氬氣、氮氣或混合氣體等。

電漿電弧銲法適用於各種金屬材料，常應用於汽車工業的次系統組裝、電腦主機外殼、門窗框、管狀件的生產等。主要的優點有電弧穩定、電極壽命較長、較低的電流需求、較高的銲接速率和良好的銲接品質。缺點則有設備昂貴、只適用於平銲和立銲位置的銲接。

5.2.7　嵌柱式電弧銲法

嵌柱式電弧銲法 (Stud arc welding，SW) 是將柱狀工件裝置於像手槍形狀的銲接槍內，扣動板機時，柱狀工件與其欲銲接上去的工件表面間產生電弧，然後再藉由銲接槍內的彈簧將之壓入工件受電弧產生熱所形成熔融的銲池中完成嵌銲作業。銲接時槍內的陶瓷護環可遮蔽住電弧，並用來限制熔融金屬的流動使之保持在銲接區內。

嵌柱電弧銲法可用於帆布業、汽車工業、造船工業等。優點為它是一種極為快速的銲接方法，柱狀工件嵌銲可取代螺栓，且不需要鑽孔及鉸孔等加工步驟，銲接完成後並不需要再清理。缺點是接合處的工件需提供可以產生足夠銲接強度所需的大小及形狀，且接合處表面必須先清除乾淨。

5.3　電阻銲接

電阻銲接的基本原理是利用電流經過變壓器的作用，導致電壓降低後使電流變大，然後經電極送至工件接合部位，在該處因電阻較大的緣故而產生高熱，促使接合部位相接觸的材料形成熔融狀態，同時施以適當壓力於移動電極上，迫使工件接合部位於凝固後彼此結合在一起。

電阻銲接中，電流所產生的熱量可利用焦耳定理 (Joule law) 計算而得，其公式為：

$$H = I^2Rt$$

其中，H 表熱量 (單位為焦耳，joule)，I 表電流 (單位為安培，amp)，R 表電阻 (單位為歐姆，ohm)，t 表通電時間 (單位為秒，sec)。

由上式可知，電阻產生的熱量與電流的平方、電阻本身及通電的時間成正比。此即為何必須使用變壓器將電壓降低以升高電流的原因。另外，銲接過程需一直施加壓力以保證形成連續電通路，同時也可協助熔融狀態的材料結合成一體。電阻銲接和其他銲接方法比較時，具有的優點是：

1. 不需要外加填料或銲劑，也不需要保護用的遮蔽氣體。
2. 不會產生弧光及煙塵的污染。
3. 工件材料加熱時間短，不會引起氧化或氮化的作用。
4. 設備簡單，操作容易，不需要技術熟練的作業員。
5. 加工效率高，適用於大量生產。

缺點則是：

1. 工件必須固定夾持於機器工作檯上面，故無法銲接太大型的工件。
2. 接合工件材料不同時，其物理性質也不同，因此銲接條件將隨之改變。
3. 耗電量較大。
4. 設備費用比電弧銲接所使用者高。
5. 銲接強度比電弧銲接所得到者低。

5.3.1 電阻點銲法

電阻點銲法 (Resistance spot welding，RSW) 是電阻銲接中使用最普遍的一種銲接方法。大量應用於薄板金屬的銲接，有取代鉚接、栓接或氣體銲接及其他相近之銲接加工法的趨勢，尤其是在汽車工業，通常一部汽車可多達一萬個電阻點銲處。電阻點銲的基本構造如圖 5.11 所示。

其操作程序為：

1. 將二片或二片以上的工件置於兩個電極之間，並施加壓力。
2. 通以經變壓器處理後成為低電壓的高電流，並於與電極頭相對應的工件接觸點產生電阻熱促使材料熔化。
3. 接合處的材料熔化完成後，切斷電源，但壓力仍需保持到熔融金屬冷卻至凝固為止，所得到熔接處的形狀如圖 5.12 所示。

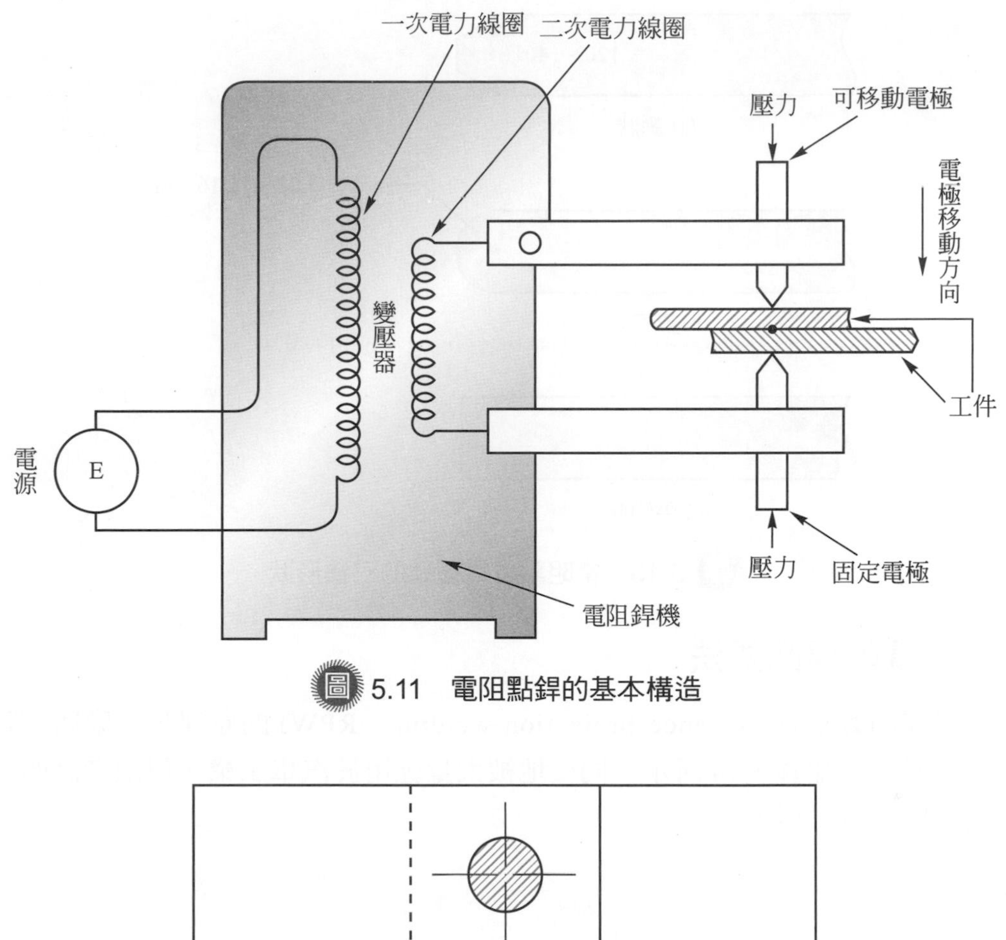

圖 5.11　電阻點銲的基本構造

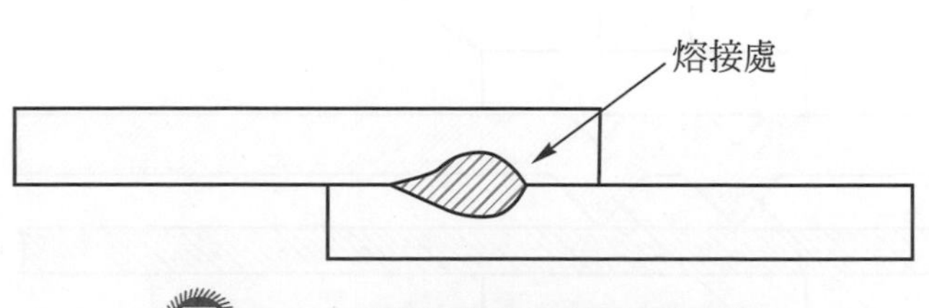

圖 5.12　電阻點銲熔接處的形狀

電阻點銲法的電極可由低電阻的合金鋼製成，其內部需有冷卻裝置。電極頭的形狀有三種，如圖 5.13 所示。其中，錐狀的最常見，大部分用來熔接鐵系金屬；圓頭狀的可承受較高電流和較大壓力，適用於非鐵系金屬；而平頭狀的是用於要求工件在點銲後不允許變形或為了增加美觀的考量。

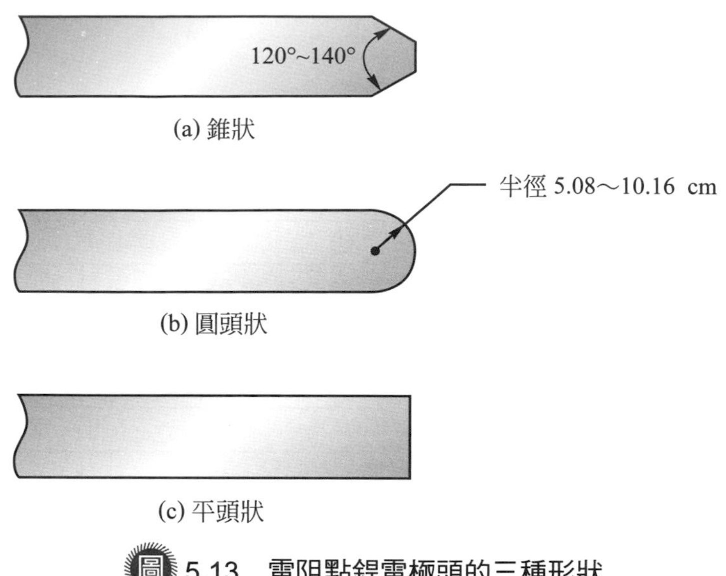

圖 5.13　電阻點銲電極頭的三種形狀

5.3.2　電阻浮凸銲法

電阻浮凸銲法 (Resistance projection welding，RPW) 的原理和設備與電阻點銲法非常類似，如圖 5.14 所示。同樣地被大量應用於汽車工業。但兩者之間存在的主要不同點有二項：

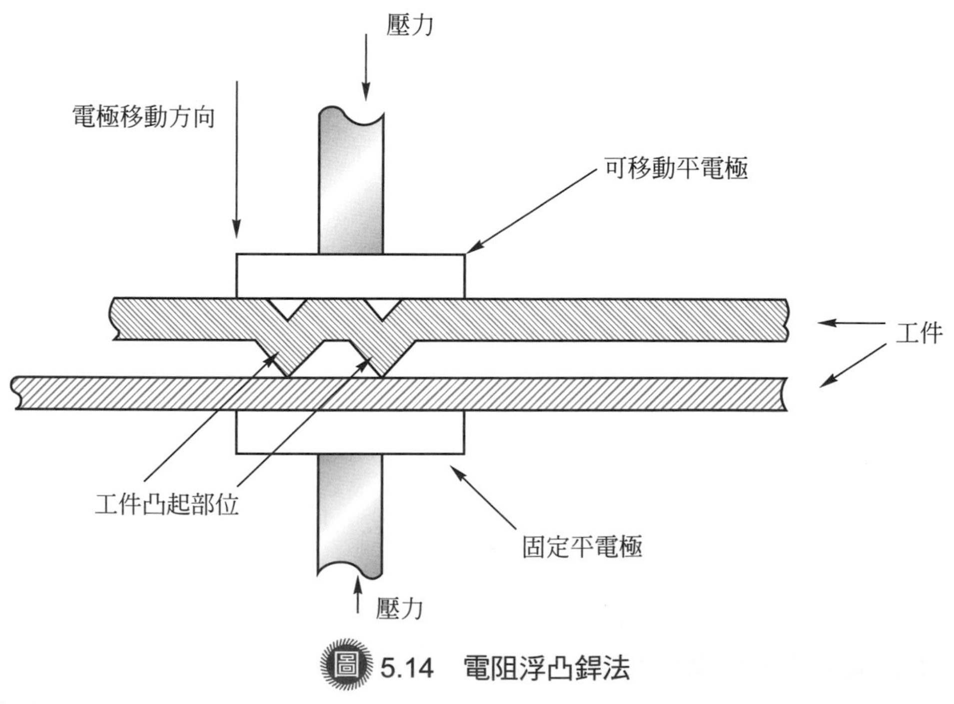

圖 5.14　電阻浮凸銲法

1. 電阻浮凸銲法使用的電極都是平頭狀的，且面積較電阻點銲法所用的要大。
2. 電阻浮凸銲法在銲接前，需先將其中的一工件衝壓成有凸起的部位，再放到電阻銲機上執行銲接。

凸起部位的最大高度約為工件厚度的 60%，可為各種幾何形狀，但凸起的最高點必須在同一基準平面上，如此才能使此二個工件均勻接觸。施銲時大量的電阻熱即集中於這些凸起接觸的部位，可藉由控制接觸的區域，以增加銲接速度，並使所需的電流與壓力變小，銲件受熱可因而較小，對於銲接區域的收縮及變形的困擾也相對減少，並可使電極使用壽命增長，因具有這些優點使得電阻浮凸銲法被工業界廣泛地使用。

5.3.3 電阻縫銲法

將電阻點銲法中的電極棒改為兩個電極滾輪即成為電阻縫銲法 (Resistance seam welding，RSEW)。滾輪形狀的電極用銅合金製成，滾輪轉動時可帶動工件往前移動，同時施加壓力在銲縫上，如圖 5.15 所示。滾輪電極外圍需施以水冷卻，以防止其發生過熱。

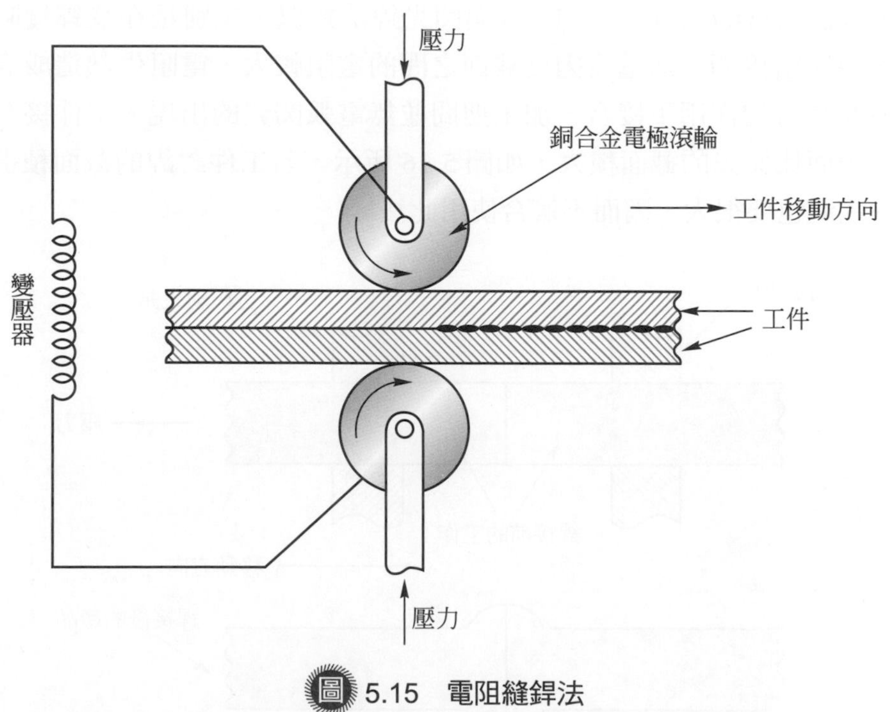

圖 5.15　電阻縫銲法

銲接時滾輪不停地滾動，另一方面用放電控制器控制其通電時間，使銲縫形成一連串銲接點，若形成的銲接點為連續時，稱為連續縫銲；若銲接點存在間隔者，稱為間斷縫銲。電阻縫銲法主要用於水箱、金屬容器、消音器、有縫鋼管等的接合銲接。優點為成本低，材料較省且接合緊密等。

5.3.4 閃光銲法

閃光銲法 (Flash welding，FW) 是將二個工件分別用銅合金夾頭夾住，其中一個固定，另一個則可移動。通電後，當兩工件接近到只有微小間隙時，會產生電弧因而產生高熱量，可使工件材料端面形成高溫而熔融成塑性狀態，隨即切斷電流，並施加壓力，使兩者接合成一體。因施銲過程時有電弧閃光，故稱為閃光銲法。

為防止銅合金夾頭過熱需用循環水冷卻。閃光銲法常用於管、桿、棒的對頭銲接，且二個工件的截面形狀常為相同，適用的截面大小變化範圍很廣。除鑄鐵、鉛、錫及鋅合金以外的金屬材料均可適用。優點是所需電流比其他銲接法為低且操作容易。

5.3.5 端壓銲法

端壓銲法 (Upset welding，UW) 與閃光銲法類似，差別是在欲銲接時二個工件需先保持緊密接觸，通電後因接觸面之間的電阻較大，電阻生熱造成高溫使其熔融，並在壓力的作用下接合，加工期間並無電弧閃光的出現。工件接合處在銲完後會突出而比原先的截面積大，如圖 5.16 所示。若工件對銲的截面積很大時，則所需的電流也要很大，因而不適合使用此法。

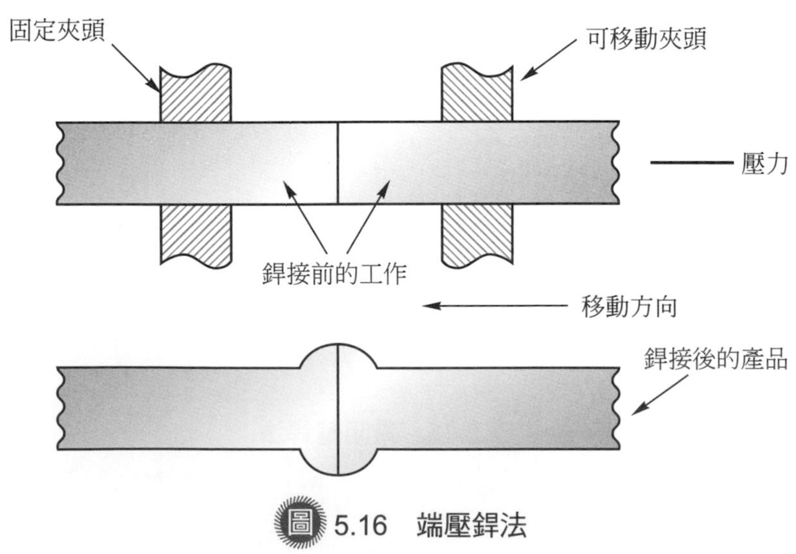

圖 5.16 端壓銲法

5.3.6 衝擊銲法

衝擊銲法 (Percussion welding，PEW) 和閃光銲法非常相似，主要的差別為衝擊銲法是當其中一工件快速移動至接近會引起放電作用的距離而產生電弧，所得到的高熱使工件表面產生高溫，此時可移動的工件仍然快速地衝擊撞向固定的工件。當兩工件接觸後電弧即消失，而此撞擊力量可促使兩工件接合在一起。此法的優點是銲接迅速、熔化範圍及熱影響區小、端壓效應較小、可銲不同材質的工件、用電量小等。尤其適用於銲接小且因為太靠近而對熱敏感的電子元件。

5.4 固態銲接

固態銲接的過程中，不利用化學能產生火焰，也不利用電能產生電弧或電阻，用以加熱工件材料，且不需使用填料 (銲條) 或保護氣體。藉由其他類型能量的作用進行銲接，若有熱能產生而使溫度升高時，其值也不會超過欲銲接工件材料的熔點，亦即不會使工件材料發生熔化成液態的現象。

5.4.1 摩擦銲法

摩擦銲法 (Friction welding，FRW) 是利用摩擦生熱的原理，將機械能轉變成為熱能，使兩工件的接合面受熱達到塑性狀態時，施加適當壓力而形成擠壓接合的方法。銲接時將兩工件互相抵緊並分別夾持在兩個軸上，一軸做高速旋轉，另一軸並不旋轉只提供軸向壓力。兩工件接觸面間因相互摩擦產生高熱，當材料達到可接合狀態時，即停止旋轉並保持壓力使兩工件接合在一起，如圖 5.17 所示。

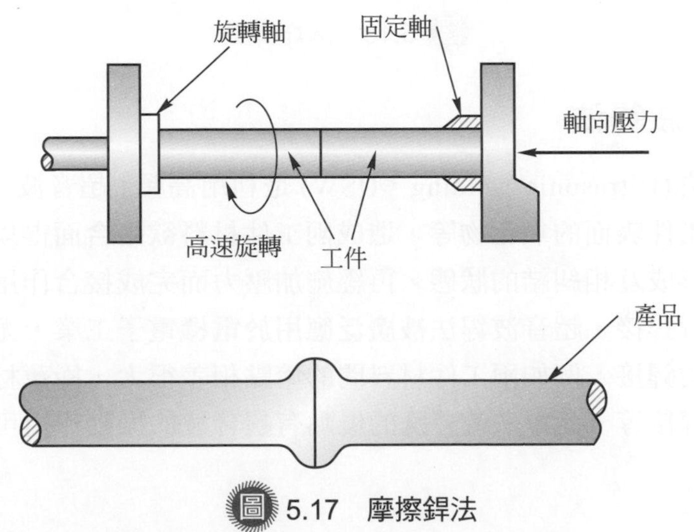

圖 5.17 摩擦銲法

摩擦銲法適用的工件大部分為圓形截面，常用於碳鋼、工具鋼、合金鋼或鋁合金等材料所做成的軸、棒或管的銲接，也可用於兩種不同材料工件的接合。應用在汽車工業、流體機械、塑膠工業等零件的銲接加工。

5.4.2 爆炸銲法

爆炸銲法 (Explosive welding，EXW) 是將兩工件以一定夾角放好，在其中一工件上方放置炸藥及緩衝板，引爆炸藥後，產生的高熱及壓力使兩工件接合面以塑性變形方式快速接合，如圖 5.18 所示。

爆炸銲法可用於異質材料間，薄材與厚材間，或大面積板件間的接合等。但因炸藥的危險性高，使用時需由專家操作才行，且銲接場所必須經過特別選擇，例如在水中進行。

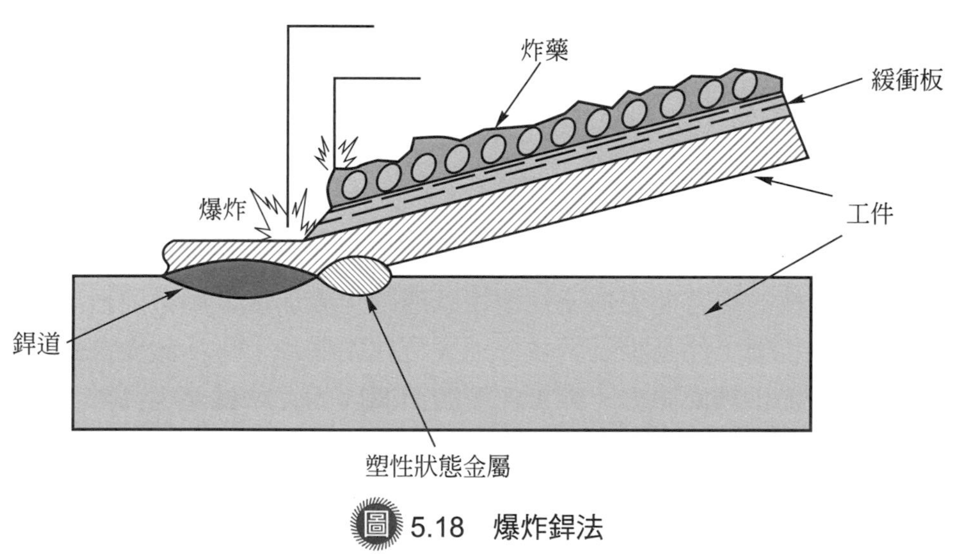

圖 5.18　爆炸銲法

5.4.3 超音波銲法

超音波銲法 (Ultrasonic welding，USW) 是利用高頻 (超音波) 振動產生剪應力作用而破壞工件表面的氧化物等，造成兩工件材料欲接合面得以直接接觸，使其金屬原子間形成互相糾結的狀態，再經施加壓力而完成接合作用，通常使用搭接接頭方式進行銲接。超音波銲法被廣泛應用於電機電子工業，尤其適用於其他銲法無法勝任的銲接，例如兩工件材料間的熔點相差很大，極薄材料銲到大型工件上，或玻璃銲接等。此銲法較特殊的優點有超音波的振動作用可使銲道上的金屬晶粒變細，以致其強度比原材料高出甚多；因不是在高溫狀態下進行銲接，材料性質不受熱影響而改變；銲接速度很快。此銲法最大的缺點則為成本較高，銲接處容易發生龜裂及黏著等。

5.4.4　高頻銲法

高頻銲法 (High frequency welding，HFW) 又稱為高週波銲法，原理和上述其他固態銲接法相近。利用 400 kHz 的電流通過工件表面時所產生的熱能，將工件接合處加熱到接近熔融狀態，再施加壓力使之接合。此法常見於結構用型鋼的銲接。

5.4.5　鍛壓銲法

鍛壓銲法 (Forge welding，FOW) 的操作程序是將欲接合處的材料加熱至低於工件材料熔點的高溫狀態，然後利用錘擊方式產生的壓力，由工件中心處開始，自內向外依序鍛壓接合。此法是最早應用的固態銲接法之一，銲接速度緩慢，適用於低碳鋼和熟鐵的銲接。

5.4.6　氣體壓銲法

氣體壓銲法 (Pressure gas welding，PGW) 是利用氧乙炔火焰對兩工件的欲接合面加熱到高溫，再分別從兩工件的另外非接合端加壓而形成接合的方法。工件接合面可採先分開方式，火炬放在其間加熱至設定的接合溫度後迅速移走，再進行施壓接合；或工件接合面預先即施加壓力使直接接觸後再行加熱，當到達所需溫度時，再加大壓力完成銲接。

5.4.7　冷銲法

冷銲法 (Cold welding，CW) 為工件在常溫狀態且完全不需額外施加熱量的情形下，對接合面已事先清除乾淨的工件施加壓力，促使其接合的方法。施壓方式可為快速衝擊或緩慢擠壓，兩者對銲件品質並沒有多大差異。此法因壓力甚大較易引起接頭的變形，且整形加工不易。適用於異種材料間的接合，例如鋁與鐵、鋁與鈦等合金的接合。

5.4.8　擴散銲法

擴散銲法 (Diffusion welding，DFW) 是利用加熱到溫度低於工件材料的熔點，且在真空或惰氣的環境中，藉由壓力使兩工件接合面緊密接觸，促使其間原子進行擴散作用而達成接合，故又稱為擴散接合 (Duffusion bonding)。工件欲接合的表面必須非常精密且平滑，接觸面間更是不可存在異物。若使溫度升高則可縮短擴散所需的時間，而施加的壓力需小於工件本身的降伏強度。因產生壓力來源的不同可分為下列三種形式：

一、氣體壓力鍵結 (Gas pressure bonding)

當兩工件緊密接觸後，在加熱期間逐漸加大以惰性氣體為介質所提供的壓力，直到可以產生接合所需之值，如圖 5.19 所示。適用於非鐵系金屬材料的接合。

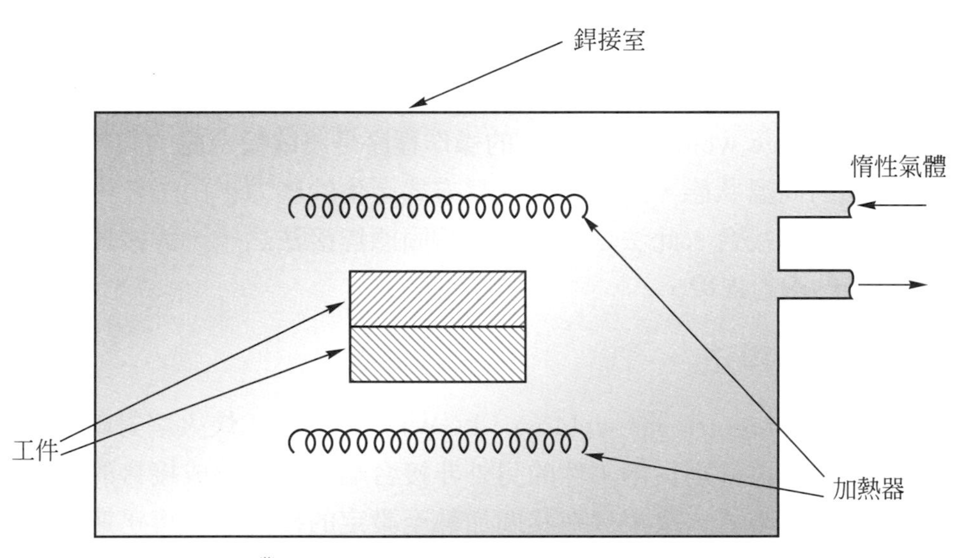

圖 5.19　擴散銲法中的氣體壓力鍵結

二、真空熔化鍵結 (Vacuum fusion bonding)

在真空環境中，壓力源以機械式取代惰性氣體，適用於鋼鐵材料的接合。

三、共融合金熔化鍵結 (Eutectic fusion bonding)

以一片很薄的金屬片置於兩工件中間，此金屬片可以和欲接合的工件材料形成共融合金的成分。當有足夠的時間與高溫的作用下，此金屬片將完全擴散到兩工件內形成共融合金的一部分，並將原先的兩工件接合在一起。此法所需的壓力比上述兩種方法為低。

擴散銲法對欲銲接工件表面平坦及乾淨程度的要求很高，加工環境潔淨度的規定也很嚴格，若使用惰氣時會使成本增加。此法為一低生產率且昂貴的銲接方法，主要應用於原子、航太和電子工業，或切削刀具的塗層 (Coating) 被覆等。尤其在航太工業中，常與超塑性成形結合用以製造複雜形狀的零件，如第 4.5.8 節所述。

5.5 軟銲和硬銲

軟銲 (Soldering) 是指將銲料加熱熔化，置入欲接合的兩工件之間，藉由毛細作用將工件接合在一起的方法。施銲時溫度在 840 ℉ (450℃) 以下，且工件材料並未被熔化。軟銲所使用的銲料為錫合金或鉛合金，故又稱為錫銲。軟銲的優點為銲接溫度較低，工件受熱變形的問題較小，且錫合金凝固後防漏性高。缺點是銲接強度較弱。主要用於薄片金屬、日用器具、電子線路的連接及防漏修補等。值得一提的是軟銲對電子工業具有關鍵性的重要地位。

硬銲 (Brazing) 和軟銲的原理相同，並合稱為鑞接。兩者最主要的不同處為施銲溫度的差異，硬銲的工作溫度在 840 ℉ (450℃) 以上。硬銲使用的銲料為銅合金或銀合金，故又稱為銅銲或銀銲。其中，需注意使用的銲料熔點要低於工件材料的熔點。硬銲的銲接強度較軟銲高，一般用於碳化鎢刀具和管路的銲接，以及熱交換器和鑄件的修補等。

使用軟銲或硬銲時，都需特別注意工件接合面清潔的要求，並使用銲劑以防止氧化物產生及避免腐蝕，如此方可提高銲接品質。因施銲時需使用銲劑，當其熔化後會形成具有毒性的揮發性氣體，故要注意安全防護。

軟銲和硬銲可根據熔化銲料的熱源不同而分為：

一、火炬軟銲法 (Torch soldering，TS) 及火炬硬銲法 (Torch brazing，TB)

熔化銲料的熱源來自燃燒氧乙炔氣體或氫氧氣體的火炬。

二、電阻軟銲法 (Resistance soldering，RS) 及電阻硬銲法 (Resistance brazing，RB)

熱源來自於工件材料上的一對大電阻電極，在通以電流後，因電阻作用而產生熱量，經工件傳到銲料使之熔化。

三、爐式軟銲法 (Furnace soldering，FS) 及爐式硬銲法 (Furnace brazing，FB)

將工件及銲料一起放入加熱爐中加熱，直到產生的溫度高於銲料熔點而使之熔化。

四、感應軟銲法 (Induction soldering，IS) 及感應硬銲法 (Induction brazing，IB)

利用高週波電流通過工件附近，形成電磁感應而產生電動勢，又因工件接合處有空隙存在故其電阻較大，因此產生大量電阻熱用以熔化銲料。

五、浸式軟銲法 (Dip soldering，DS) 及浸式硬銲法 (Dip brazing，DB)

銲料先行熔化置於容器中，將工件預熱後直接浸入其中而接合。

六、雷射軟銲法 (Laser soldering，LS) 及雷射硬銲法 (Laser brazing，LB)

使用雷射產生的熱量來熔化銲料及加熱工件接合面，好處是可準確地控制加熱位置，並使熱影響區減少，甚且可以控制晶粒結構等。應用於小而薄的精密零件，例如微電子元件及對溫度具敏感性的元件。

5.6 其他銲接

除了常用的三大類銲接方法，即氣體銲接、電弧銲接和電阻銲接以外，為配合各種特殊需求與新開發材料的應用，已發展出許多其他特殊銲接方法。以下所述為工業上較常見且較重要的銲接方法。

5.6.1 電子束銲法

電子束銲法 (Electron beam welding，EBW) 是利用高電壓將電子槍內的鎢或鉭陰極激發出電子，並在真空環境中被陰極、柵極和陽極之間的電場加速成為高速的電子束，形成具有高的能量密度，當它撞擊到欲施銲的工件時，動能快速轉變成為熱能，使工件銲接處的材料熔化而完成接合，如圖 5.20 所示。電子束銲法是屬於精密銲接，常用於航太、核子、飛彈及電子等工業。

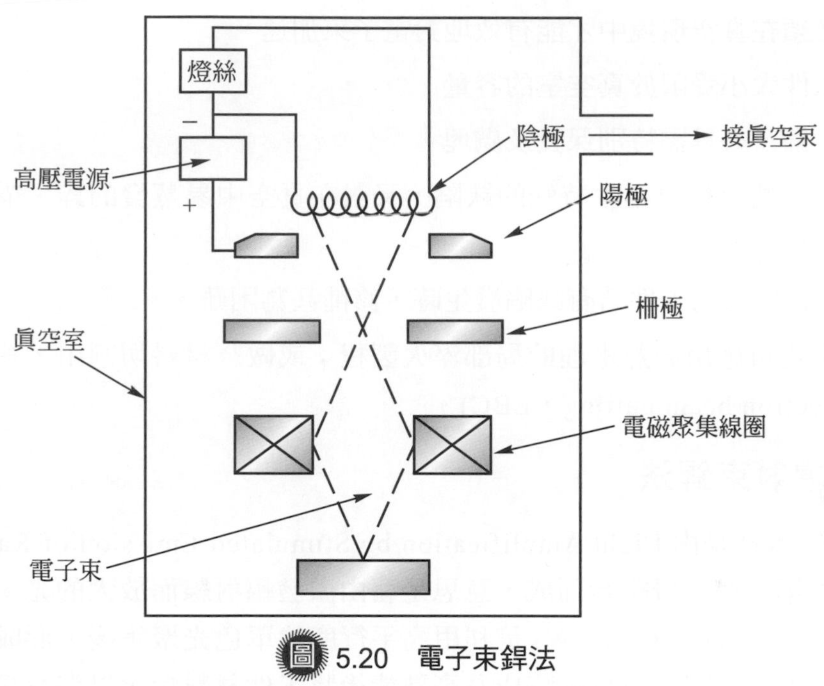

圖 5.20　電子束銲法

電子束銲法具有下列的優點：

1. 穿透力很強，銲道的寬度可為窄狹而深 (深寬比可高達 20：1)。
2. 熱量集中，工件材料的熱影響區小。
3. 工件的殘留應力小。
4. 不需填料及銲劑，不會發生氧化或氮化，故工件材料可保持原有的強度及耐蝕性。
5. 熱傳導率良好的材料不需預熱即可銲接，例如鋁、鎂等合金。
6. 適合銲接高熔點的材料，例如鉬、鎢、錮、鈦等合金。
7. 可用於其他銲法無法銲接的材料，例如耐火材料等。
8. 可銲接不同的工件材料，例如銅與不銹鋼的接合。
9. 不受工件幾何形狀的限制，不論薄、厚、複雜形狀或工件的深部都可以施銲。
10. 銲接完成的工件不需進一步施加熱處理。

缺點則有：

1. 設備成本很高。
2. 需特別注意工作環境，例如其他磁場的干擾，有害輻射線 X-ray 等的產生，或高電壓的安全性等。

3. 必須在真空環境中才能有效地對電子束加速。
4. 工件大小受限於真空室的容量。
5. 設備及夾具需特別保養及處理。
6. 對有些材料會產生特殊的缺陷，又對在真空中易蒸發的鋅、鎘等材料並不適用。
7. 銲接完成的工件若有缺陷發生時，修補甚為困難。

電子束也可應用於熱處理的局部淬火製程；或做為材料切割用，稱之為電子束切割 (Electron beam cutting，EBC)。

5.6.2 雷射束銲法

雷射 (Laser) 是由 Light Amplification by Stimulated Emission of Radiation 的每一個字的第一個字母組合而成，意思是藉由激發輻射線而放大的光。雷射束銲法 (Laser beam welding，LBW) 是利用高平行度的單色光聚焦後，形成一道狹窄而密集的雷射束，其能量可轉變成為高熱能後將工件材料熔化以進行接合，如圖 5.21 所示。可以用來產生雷射的物質很多，例如固體的有玻璃、紅寶石、釹 - 釔鋁石榴石 (Nd：YAG) 等，液體的有染料，氣體的有惰性氣體 (例如 He-Ne)、二氧化碳 (CO_2)、氬離子、準分子等。

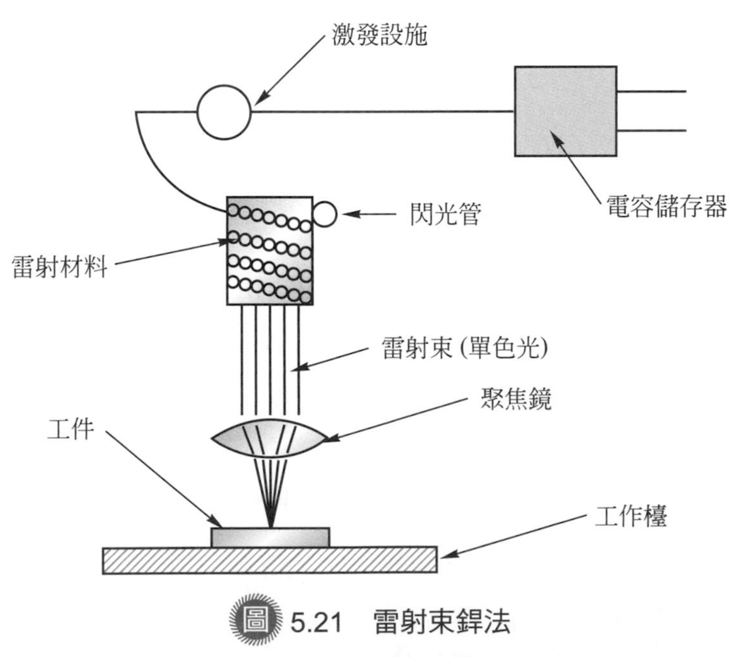

圖 5.21　雷射束銲法

雷射束銲法的應用有下列兩種方式：

一、熱傳導式銲接

雷射束轉變成的熱能促使對接接頭兩邊的工件材料熔化而接合，過程中材料並未氣化，熱量由工件表面傳向內部，通常銲接的工件厚度在 2.0 mm 以內。

二、深孔銲接

又稱為匙孔銲接 (Key-hole welding) 利用高功率密度的雷射束使工件材料氣化，並深入工件內部形成匙孔狀，當匙孔沿著工件的接合縫移動時，其四周熔化的金屬會填滿空位而達成銲接作用。

雷射束銲法的優點有：

1. 能銲接物理性質相差很大的兩種不同工件材料。
2. 熱源集中，工件的熱影響區小，一般銲道寬不超過 0.025 mm，故變形小且不損害材料的機械性質。
3. 銲接過程中沒有銲濺等的產生。
4. 雷射束可以投射到很遠的距離，且能量不致衰減。
5. 可精確定位，容易實現自動化。
6. 不受磁場的影響，可用來銲接磁性材料。

缺點則有：

1. 銲接條件的限制很多，工件表面的前加工要求很重要。
2. 若工件較厚而熱傳導性不夠大時，會因為過多雷射束能量的累積，導致工件表面蒸發而形成銲接缺陷。
3. 設備成本高。
4. 屬高能量電磁波的形式之一，尤其容易對人體的眼睛和皮膚造成傷害，需特別注意防護。

目前雷射束銲法的應用大都是在太空、國防及電子工業等。雷射束也可用在切割加工方面，稱之為雷射束切割 (Laser beam cutting，LBC)，所切割的溝槽很窄，屬精密加工，因受限於設備較貴，主要應用於太空工業及醫療工程方面產品的製造。

雷射束銲法優於電子束銲法之處有：

1. 不需要真空環境，在空氣中即可進行雷射銲接。

2. 不會產生 X-ray 等有害輻射線。
3. 能夠定形，可利用光纖傳送雷射束，故易於自動化。
4. 雷射設備成本相對比較低。
5. 可形成類似自動銲接系統，對操作人員的技術層次要求較低。

5.6.3 電熱熔渣銲法

電熱熔渣銲法 (Electroslag welding，ESW) 是將塗料銲渣填滿於銲道上，以阻止銲道和空氣的接觸。利用熔極式銲條與工件接觸，通電產生電弧來加熱銲渣，當電弧熄滅後，具導電性的熔融銲渣可藉由銲條與工件間的高電阻作用使銲條與工件材料繼續熔化，並於凝固後接合成一體。當以氣體代替塗料銲渣保護銲道時，則稱之為電熱氣體銲法 (Electrogas welding，EGW)。銲道兩側有銅製檔板，可使金屬液或氣體填充於銲道施銲區中，銅檔板內導以循環水冷卻。銲接方式為由下往上的立銲，銅檔板也隨著銲道的延伸而往上移動，如圖 5.22 所示。此法主要使用於重型結構工件，例如重型金屬機械、核子反應容器等的銲接。

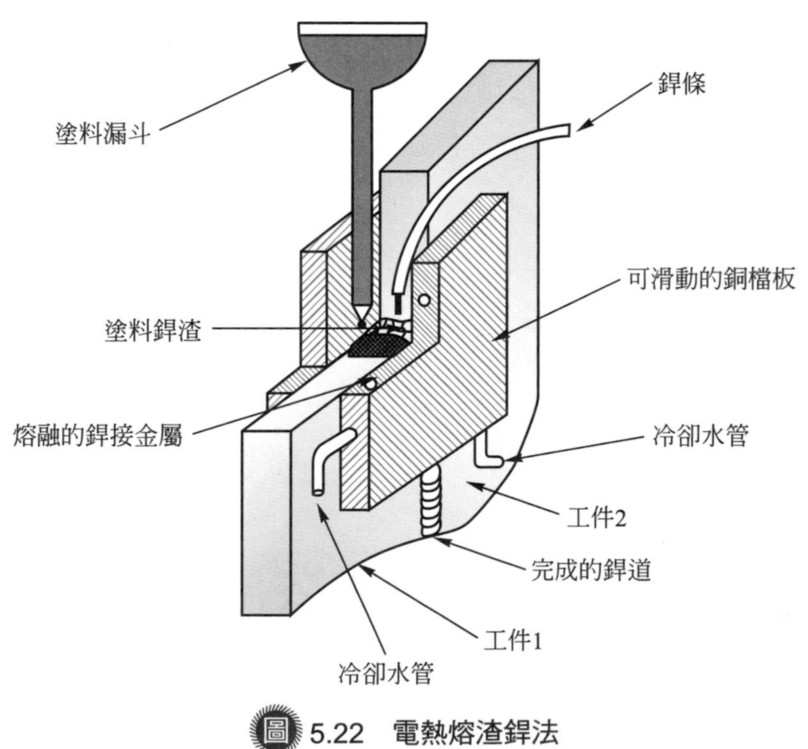

圖 5.22 電熱熔渣銲法

電熱熔渣銲法的優點有：

1. 金屬堆積率高，對厚材料的銲接可一次完成。
2. 屬於自動銲接法，操作容易。
3. 工件接合面的加工處理簡單。
4. 銲接缺陷及變動都較小，銲接品質高。

缺點則有：

1. 只適用於立銲位置。
2. 銲道需一次完成，分段施工會有困難。
3. 銲接鋁合金、不銹鋼等材料時，所得到的銲接品質極差。

5.6.4　鋁熱銲法

鋁熱銲法 (Thermit welding，TW) 是唯一利用放熱化學反應以獲得高溫的銲法。當鋁粉與金屬 (通常是鐵) 氧化物混合後，利用鎂粉或含氧化鋇的粉末點燃加熱到反應溫度時，會產生下列的化學反應：

$$8Al + 3Fe_3O_4 \rightarrow 9Fe + 4Al_2O_3 + 熱$$

由上式得知此反應可產生大量的熱能，扣除消耗損失後，仍可使工件 (鐵材) 達到 2500℃的高溫，而 Al_2O_3 浮渣會浮在鐵液上面，將此鐵液澆到工件欲接合處進行銲接。進行過程為先利用耐火砂包覆蠟模型，然後加熱使蠟熔化得到可夾持工件的鑄模，其中需有通氣孔及冒口的設計，以便使鐵液進入鑄模空穴時，原先存在的氣體能順利排出，以及提供補充鐵液凝固時的收縮量，另外工件接頭處需先預熱，如圖 5.23 所示。此法銲接部位極為牢固，工件的尺寸沒有限制，主要用於鐵軌、大軸、齒輪的齒、大型鍛件或管鑄件等的修補。

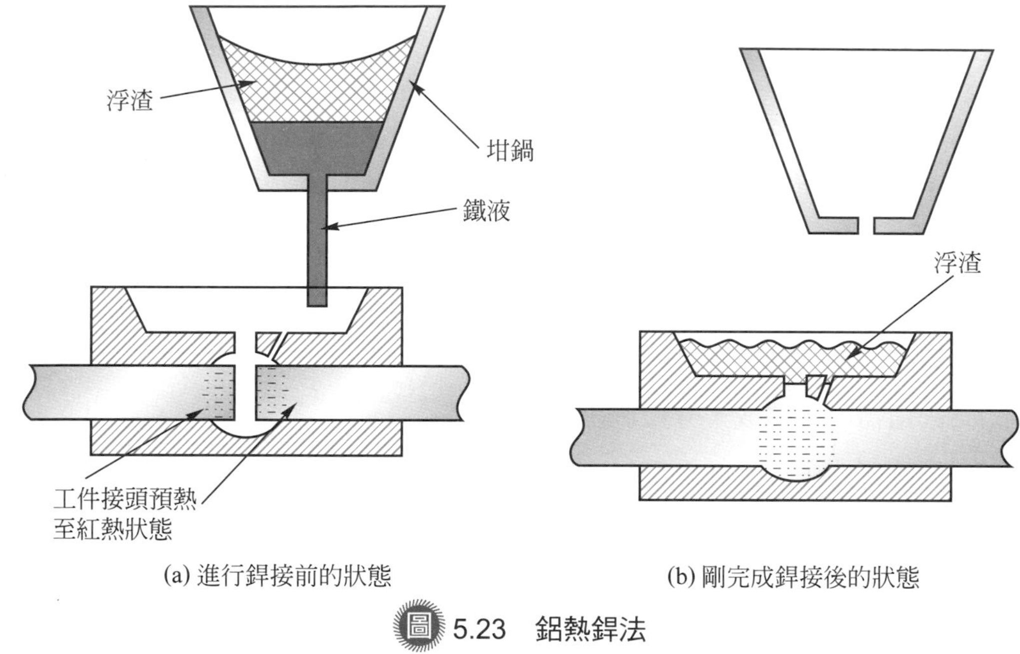

(a) 進行銲接前的狀態 (b) 剛完成銲接後的狀態

圖 5.23 鋁熱銲法

5.7 銲接處理

銲接的方法很多，各有其優缺點及適用範圍，選用的基準在於以工件的銲接品質及操作人員的安全為首要考量。

5.7.1 缺陷與防治

大部分的銲接包含利用熱源對工件加熱，造成工件局部材料經歷先熔化後再凝固的過程，或者使用填料或銲劑，這些都可能造成銲道或工件其他部分的材料受到影響，進而發生銲接缺陷。此外，銲接作業所產生的問題，可能來自材料本身的銲接性、工件接合處的表面狀況、接合的結構設計、熱源的穩定性或操作人員的技術等，這些都是影響銲接品質的重要因素。

常見的銲接缺陷可分為下列三種類型加以說明：

一、冶金方面的缺陷

1. 裂縫 (Crack)：為銲接中最常見且為最嚴重的缺陷。銲接後的銲道中若存在裂縫時，不僅接合強度降低，尤其是在衝擊或振動的外力作用下，可能會因為裂縫的成長，造成工件的破裂，導致嚴重後果。當此類缺陷出現時，需先探討裂縫產生的原因，再尋求解決的方法，例如選擇銲接性較佳的工件材料、更換銲條的種類、調整銲接的條件等。

2. 氣孔 (Cavity)：為原存於熔融金屬中的氣體，在金屬凝固過程中來不及排出所造成的空洞，會影響工件強度及氣密性。利用改善銲條性質，清潔銲接的接合處表面及控制溫度等，使氣體有充分的時間逸出，以避免氣孔的產生。

3. 偏析 (Segregation)：為銲道中合金材料的成分元素分佈不均勻的現象，發生的原因是各成分元素的凝固溫度不同所致，與鑄造時鑄件內產生偏析的原理相同。若能降低銲道的冷卻速率，使合金在凝固後，它所包含的成分元素有充分的時間進行擴散，即可避免偏析產生，但加工效率會變差，甚且可能產生其他不良副作用，形成另外的問題。

4. 夾渣 (Inclusion)：為雜質進入銲道中，會影響銲接強度，增加銲道的脆性及降低抗腐蝕能力等。可從清潔工件接合處表面，使用可產生浮渣的銲接方法及降低銲接速率等加以改善。

二、力學方面的缺陷

1. 殘留應力 (Residual stress)：產生的原因是銲接為局部加熱，故工件整體的溫度分佈不均勻，因此引起熱應力作用所致；或是銲道中熔化金屬凝固收縮時，受他處固態工件材料的牽拉所產生的應力；或是高溫材料冷卻過程中發生相變態，促使體積改變，但又受到他處常溫固體狀態材料的拘束所產生的作用。銲接加工引起的殘留應力很難避免，預防的方法有減少熱量的輸入，防止熱量太集中，採用改良的銲接順序，例如跳銲法、對稱銲法等，或者是使用熱處理來消除殘留應力。

2. 變形 (Distortion)：因銲道及工件受熱部位的冷卻收縮量不同，造成銲接前後工件的尺寸及外形發生變化。可利用夾具固定的方式來克服冷卻不均勻所引起的收縮力，或應用適當的設計來平衡收縮力，以降低可能發生的變形量。

三、其他缺陷

1. 熱影響區 (Heat affected zone，HAZ)：銲接過程中若包含熔化工件接合處的材料，當其冷卻凝固時會形成新的結晶組織。但過程中有一部分的熱能會傳到熔融區週遭的固態工件材料，若因而造成與原先材料微結構不同的組織時，此部位即稱為熱影響區，如圖 5.24 所示。熱影響區內材料的有些性質會與工件材料原有的不同，應用時可能造成困擾。

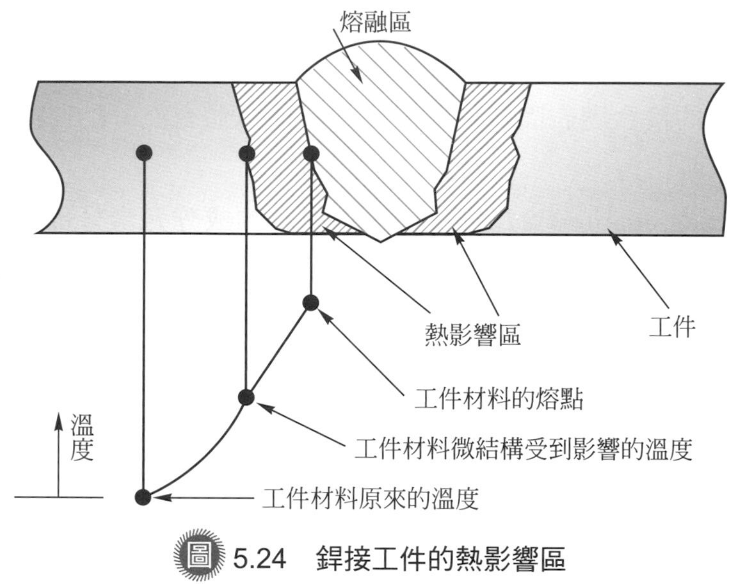

圖 5.24 銲接工件的熱影響區

2. 偏弧 (Arc blow)：使用直流電銲接時，所產生的電弧較不穩定，會有偏向一邊的現象。利用增加接地線以平均磁場，即可減少偏弧的發生。使用交流電銲接則較少發生此現象。

3. 銲蝕 (Under cutting)：指銲道附近過多的材料被熔化，將導致工件厚度減小及強度降低。需改進銲接技術或注意確實清除雜質、銹污等。

4. 滲透不足 (Lack of penetration)：金屬溶液未能有效地滲透到銲道根部，造成銲接部位不完全。防止的方法是改進銲接接頭的準備，調整銲接速率及注意電流或熱量是否適當等。

5.7.2 檢驗與測試

銲接完成後，為確保銲接工件的品質，必須做各種檢驗，以了解是否有缺陷產生，若有則需表示出其大小、多少及分佈等情形。甚至做必要的測試，以確認銲接工件的機械性質等。

一、非破壞性檢驗 (Nondestructive inspection)

利用目視或液體滲透的檢驗法 (PT) 檢查銲接處的銲道表面有否缺陷。利用磁粉檢驗法 (MT)、渦電流檢驗法 (ET)、超音波檢驗法 (UT) 及放射線檢驗法 (RT) 等，檢驗銲道內部有否缺陷產生及其狀況。應用的原理及功能與第三章所述鑄件的檢驗相同 (將詳述於第 13.4.6 節)。

二、破壞性測試 (Destructive testing)

用以測試及分析銲接工件的機械性質、化學成分和結晶組織，大部分為破壞形式的試驗。主要的項目有拉伸試驗、彎曲試驗、硬度試驗、衝擊試驗、化學特性試驗和金相觀察等。

5.7.3　安全與管理

銲接加工的工作環境比較差，常有煙塵、高溫、高電壓、強光、輻射線、毒氣等產生，若是對使用銲接方法的原理及特性不夠了解或操作不當時，即可能發生火災、爆炸、灼傷、中毒、電擊、視力受損等危險，故需特別注意安全管理與預防措施，以免害人損己，造成不幸的後果。

銲接時必須要求操作人員充分了解所使用銲接方法的特性、設備的功能、可能發生的問題及危險的所在、正確的操作程序及檢查維修的技能。最重要的則是操作人員一定要配戴合適的防護裝備，例如護目鏡、面罩、防護衣物及皮或石棉手套等；並採取合宜的防護措施，例如身上不要帶易燃物，位處於通風的環境，避免發生電擊的可能，並與高能量輻射線保持適當的距離等。目前已有很多場合使用機器人 (Robots) 或自動化加工的方式取代人工銲接作業。

5.8　機械式緊固

零件分開製造再藉由接合程序而成為可用產品的原因，有為了容易製造，考慮裝配及運輸的便利性，零件易於更換、保養或修理，原本就設計為有相互運動的接合處，或可節省製造產品的總成本等。當產品在其堪用壽命週期內，有必要將原先需接合在一起才有作用的兩個或多個零件分離時，這些零件彼此間的接合只能採用機械式緊固 (Mechanical fastening) 的接合方法才能達成。因為銲接 (Welding) 和黏著接合 (Adhesive bonding) 是將零件以永久性及固定式的狀態接合在一起而形成產品，此後在產品堪用期間，零件彼此間都不再分離，故不適用於需要拆開再結合之處，或是本來就有相互運動要求之零件間的接合。

機械式緊固的接合方法，通常需在零件上製孔以提供各類型接合配件自其材料中穿插過去所需的空間。製孔的方法很多，例如最常見的是利用鑽頭鑽孔，或利用衝頭沖孔，有關製孔的部分將在第七章和第十一章中補充敘述。至於做為接合用的配件，則要求它可以承受產品使用時所伴隨產生的剪應力及拉伸應力等的作用而不被破壞。機械式緊固的種類及使用的接合配件有：

一、非永久性接合且用於方便拆裝者

以螺紋緊固 (Threaded fastener) 為主，使用最普遍的有螺栓 (Bolt)、螺絲 (Screw) 及螺帽 (Nut)、螺釘 (Screw) 等。

二、永久性或半永久性並以固定或半固定接合且用於不考慮拆裝為目的者

最常見的是鉚釘 (Rivet)，其他如鎖扣 (Staple or Stitch)、摺縫 (Seam)、摺疊 (Crimp)、彈簧 (Spring)、銷 (Pin)、鍵 (Key) 和收縮壓配 (Shrink press fitting) 等。

5.9 黏著接合

黏著接合 (Adhesive bonding) 通常是指利用黏著劑為媒介，使兩固體工件的接觸表面間產生黏著作用而不再分離。常見於塑膠產品及電子零件的黏結，但也可以用在各種不同工程材料所製成結構體的接合，現已廣泛應用於飛機、汽車、造船、建築、包裝、家俱、裝訂及醫學工業等。

黏著接合的應用已有千年以上的歷史，而黏著劑的種類也發展出好幾千種不同的配方可供選用。黏著劑有些是液態，有些是固態，主要的原料種類有：

一、天然原料

包括天然樹膠、天然樹脂、漿糊、麵粉、動物性產品等。常用在低應力工作的場合。

二、無機原料

主要有矽酸鈉、氯酸錳和氯氧化鎂等。價格低，但強度也低，不具彈性。

三、合成有機原料

為聚合物合成的樹脂，可提供高強度結合力，用於金屬、塑膠、木材、玻璃等的接合。

工件間之接合形式的設計和接合表面的準備是確保黏著接合成功的重要因素，尤其是接合面的清潔和表面的粗化及多孔化，可有效增加接合強度。

黏著接合的優點有：

1. 可使負載分佈到較大範圍，降低平均應力值。
2. 可適用於性質差異很大的異種材料間的接合。

3. 適用於銲接或機械式緊固無法接合的薄層、易脆或多孔材料。
4. 任何尺寸及形狀的工件均可接合。
5. 接合設計較簡單，不需製孔等加工，故無應力集中或熱影響區等問題。
6. 可產生平滑且具曲線的接合面，外觀良好。
7. 有些黏著劑本身具有彈性本質，可產生密封效果，亦可吸收振動能，增加產品耐疲勞能力。
8. 具絕緣特性，可預防不同電位差的金屬間發生腐蝕。
9. 成本較其他接合方法為低。

黏著接合的限制或缺點有：

1. 對接合表面清潔的要求非常嚴格。
2. 有時需施加壓力協助接合作用，較為費時。
3. 組合零件的定位要精準，故常需鑽模與夾具的配合。
4. 黏著劑一般不耐高溫，在 240℃ (400 ℉) 以上即可能失去接合強度。
5. 接合後即無法再拆解。
6. 有些黏著劑會產生不佳氣味或引起燃燒、中毒等危險。

一、習題

1. 工件接合程序之銲接的定義為何？
2. 銲接依工件接合原理或使用的能源，各可分為那些種類？
3. 銲接接頭與銲接位置主要可分為那些種類？
4. 敘述銲接之優缺點。
5. 氣體銲接法的基本操作方式有那兩種？
6. 何謂電弧銲接？電極的型式有那兩種？
7. 電弧銲接起弧的方法有那兩種？
8. 何謂遮蔽金屬電弧銲法 (簡稱電焊) ？有何優缺點？
9. 何謂潛弧銲法？
10. 敘述潛弧銲法的優缺點。
11. 何謂電漿電弧銲法？何謂嵌柱式電弧銲法？
12. 敘述電阻點銲的操作程序。

13. 電阻點銲的電極頭有那些形狀？
14. 何謂電阻縫銲法？主要用途為何？
15. 何謂摩擦銲法？
16. 何謂超音波銲法？
17. 擴散銲法依壓力來源的不同可分為那幾類？
18. 軟銲和硬銲依據熔化銲料的熱源不同可分為那些種類？
19. 何謂電子束銲法 (EBW) ？有何優缺點？
20. 何謂雷射束銲法 (LBW) ？有何優缺點？
21. 雷射束銲法優於電子束銲法之處有那些？
22. 說明電熱熔渣銲法的製程和其優缺點。
23. 何謂鋁熱銲法？有何用途？
24. 銲接產品可能出現的缺陷中，有關冶金方面的缺陷及改進方式有那些？
25. 銲接所引起之殘留應力產生的原因為何？有何預防的方法？
26. 敘述銲接所引起的熱影響區為何？可能造成那些問題？
27. 何謂黏著接合？有何優缺點？

二、綜合問題

1. 就妳 (你) 日常生活應用的物品中，各舉出 20 項：(1) 單一零件即具有特定功能的產品；(2) 少於 10 個零件所組裝成具有特定功能的產品；(3) 多於 10 個零件所組裝成具有特定功能的產品。
2. 使用金屬材料生產機械零組件的製程中，比較鑄造與熔融銲接之間的相同處及相異處。
3. 試自行設計表格比較氣體銲接、電弧銲接與電阻銲接等三種金屬接合製程之各種特性。

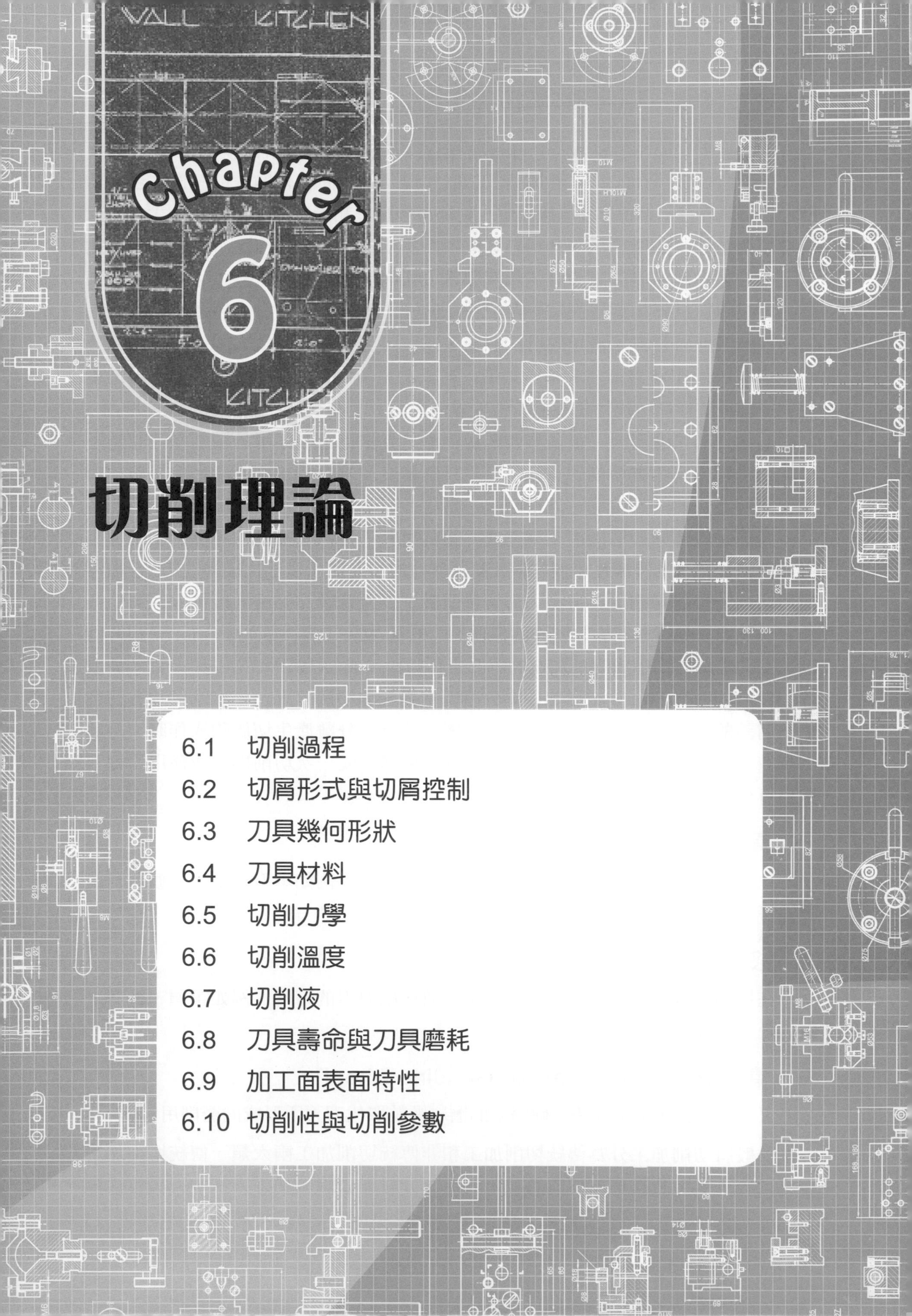

Chapter 6

切削理論

6.1 切削過程
6.2 切屑形式與切屑控制
6.3 刀具幾何形狀
6.4 刀具材料
6.5 切削力學
6.6 切削溫度
6.7 切削液
6.8 刀具壽命與刀具磨耗
6.9 加工面表面特性
6.10 切削性與切削參數

切削加工 (Cutting or Machining) 的定義為使用刀具從工件材料上去除不需要的部分，因此獲得加工後工件所要的形狀、尺寸和表面特性的一種製造方法。切削加工常是產品 (零件) 製造過程中，獲得最後尺寸和形狀的加工方法，尤其是對於精度要求較高的產品，在利用鑄造或塑性加工等方法成形後，常需施以切削加工進行後續處理才能達成設計的相關要求。切削加工是利用材料去除的方式得到產品，故對於材料的應用而言較為浪費。若操作不恰當時，很容易造成產品的幾何特性及表面特性無法滿足設計的要求，以致前功盡棄。近年來由於各種加工技術的進步，例如精密鑄造、精密鍛造、粉末冶金及 3D 列印技術等，可以用來直接製造出最終形狀、尺寸和表面特性要求的產品，因而取代部分切削加工的應用。又因為科技的快速發展，很多非傳統切削加工方法也可被應用於切削以往認為不可能切削或極為困難切削的材料，或是特殊精度及外形要求的產品。但是對於一些要求有特殊的內部輪廓、外型曲線、螺紋或溝槽等工件，和特定表面特性的產品，則仍是大都仰賴切削加工來完成。尤其對於不是大量生產的產品，切削加工更可凸顯其特有的經濟性和便利性，此為其他加工方法所無法比擬的優勢。因此，使用切削刀具的切削加工方法，仍是目前最主要而且廣被採用的機械零件製造方法之一。用來執行材料去除工作的機器，一般稱為工具機 (Machine tool)。根據切削加工的定義可知構成切削加工的三要素為被加工成形的工件 (Workpiece)、硬度比工件高的刀具 (Tool) 和從工件上分離而被捨棄的切屑 (Chip)。本章所敘述切削加工討論的主要對象為金屬材料，執行將工件材料分離產生切屑的操作時，是利用具有一定形狀的刀具來達成。刀具的種類依其完成一次切削操作所使用的刀刃數目可分為：

一、單鋒刀具 (Single-point tool)

在一個刀頭上僅具有一個有效切削刀刃的刀具，例如車刀、鉋刀、搪孔刀及插刀等。

二、多鋒刀具 (Multi-point tool)

在切削刀具本體上具有兩個或多個有效切削刀刃的刀具，例如鑽頭、銑刀、鉸刀及拉刀等。

三、磨輪 (Abrasive wheel or Grinding wheel)

又稱為砂輪，係由許多堅硬鋒銳的磨料顆粒取代刀刃所形成的磨削用刀具。

一般將切削加工分為傳統切削加工和非傳統切削加工兩大類。傳統切削加工是指使用刀具，直接與工件接觸並將其一部分材料去除的加工方法，刀具包括單鋒刀具、多鋒刀具和磨輪。加工時工件和刀具必須分別固定夾持住，並且藉由工具機提供工件與刀具間相對運動的能量，及切削所需的作用力，來達成工件成形的目的。最基本的傳統切削加工方法有車削 (Turning)、銑削 (Milling)、鑽削 (Drilling)、鉋削 (Planning) 和磨削 (Grinding) 等五種。非傳統切削加工則是指利用化學能、電化能、電熱能或其他形式的機械能，將工件材料去除不需要的部分而成形，產生的切屑甚為細小，通常用肉眼是觀測不到。將之歸類為特殊加工並於第十一章中再詳加敘述，在本章中所描述的切削加工是指傳統切削加工。

影響切削加工所得結果為優或劣的因素很多，惟有對其整體性有充分地了解才能規劃出合適的切削加工製程。切削加工技術的發展肇始於工作現場實際操作經驗的累積及歸納整理而得，供做為執行相關加工的依據。但是由於不斷有新開發材料的出現，更高品質要求的產品設計，和功能及控制日益精進之工具機的應用等，促使對切削加工相關理論的探討及分析，成為重要且不可或缺的課題。經由研究這些切削理論所得的結果，可以較為正確的選用適當的加工方法、機具及輔助工具和加工參數等，並因此獲得品質更佳的產品，同時可有效地降低成本，縮短產品開發的前置時程，節省製造所需的人力及時間，和提升生產率等效益。

6.1 切削過程

切削加工是當刀具和工件做相對運動時，刀具的刀刃口 (Cutting edge) 壓迫工件材料，產生剪力作用造成在刀刃口處的工件材料發生破裂而形成切屑。切屑沿著刀具的刀面移動一段距離後才與刀具分離，通常稱這些經歷的步驟為切削過程 (Cutting process)。切削過程中工件材料的變形型態可分為三個區域。

一、主變形區 (Primary deformation zone)

工件材料發生剪切變形的區域稱為主變形區，為刀具的刀刃口與材料接觸處延伸至工件材料待加工表面的區域，如圖 6.1 中所示的 I 區。主變形區為材料因受到塑性流 (Plastic flow) 應力的作用而產生變形之處。影響此區域形成的狀態及考慮因素為材料本身的特性、刀具的幾何形狀、切削力和振動現象等。

二、次變形區 (Secondary deformation zone)

指切屑形成並離開刀刃口後，沿著刀面移動的切屑與刀具接觸區域，如圖 6.1 中所示的II 區。切屑在通過此區域後會與刀具分開。次變形區主要的考量是摩擦問題，其特性會關係到刀具的磨耗。

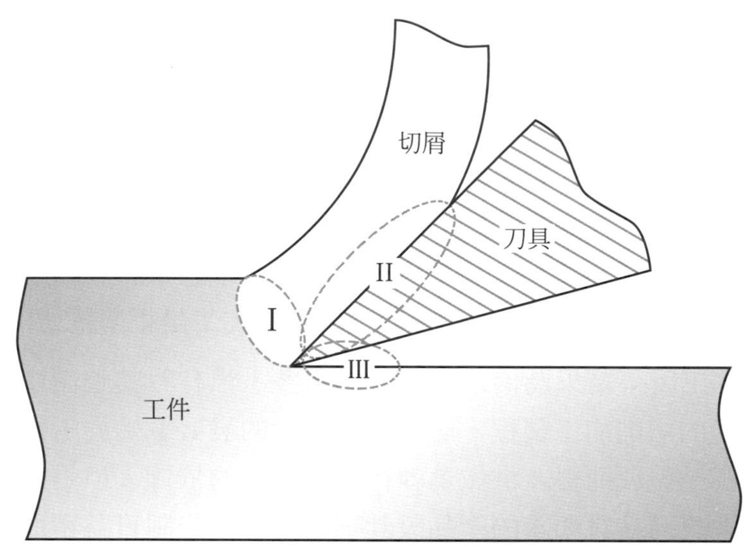

圖 6.1 切削過程中工件材料的變形區

三、第三變形區 (Tertiary deformation zone)

指已完成切削加工的工件表面與刀具刀腹間的接觸區域，如圖 6.1 中所示的Ⅲ區。此區域的摩擦作用會影響到加工後之工件的尺寸精度及表面特性，以及刀具的磨耗等。

被用來探討刀具與工件相對運動的切削模式，常見的有下列兩種：

一、正交切削 (Orthogonal cutting)

指切削進行方向，亦即刀具與工件間的相對運動方向，與刀具的刀刃口垂直，如圖 6.2(a) 所示。正交切削的刀刃口只受到切削方向的水平分力和垂直分力的作用，故又稱為二次元切削。這種切削模式滿足在分析時儘可能減少獨立變數的要求，故常被應用於切削理論的研究上。

二、斜交切削 (Oblique cutting)

指切削進行方向與刀具的刀刃口成一偏斜角度的交角，如圖 6.2(b) 所示。此模式的刀刃口受三個互相垂直分力的作用，故又稱為三次元切削。在實際切削加工中，大都為斜交切削。斜交切削的切屑移動方向是與垂直於刀刃口的直線呈一傾斜角度，稱之為切屑流動角 (Chip-flow angle)，這與正交切削時切屑是由刀刃口垂直方向在刀面上移動的方式不同。

實際進行切削時，刀具與工件間的相對運動是由主運動和進給運動所合成。

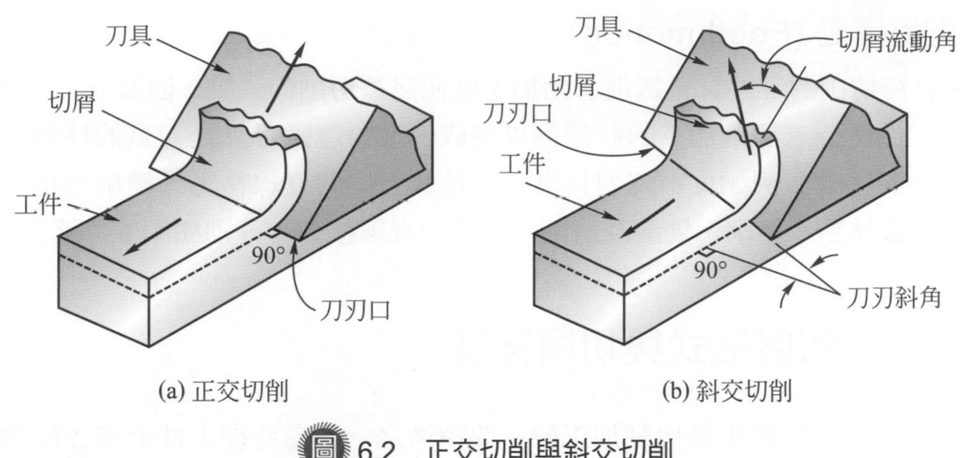

圖 6.2　正交切削與斜交切削

一、主運動 (Primary motion)

指產生切屑必須有的基本運動形式，在切削過程所包含的各種運動中，主運動的速度最快、消耗的功率最大。主運動為工具機主軸所產生的運動，例如車削時工件的旋轉運動，鉋削時牛頭鉋削之刀具或龍門鉋削之工件的直線往復運動，銑削、鑽削及磨削時之銑刀、鑽頭及磨輪等的旋轉運動，分別如圖 6.3 所示。

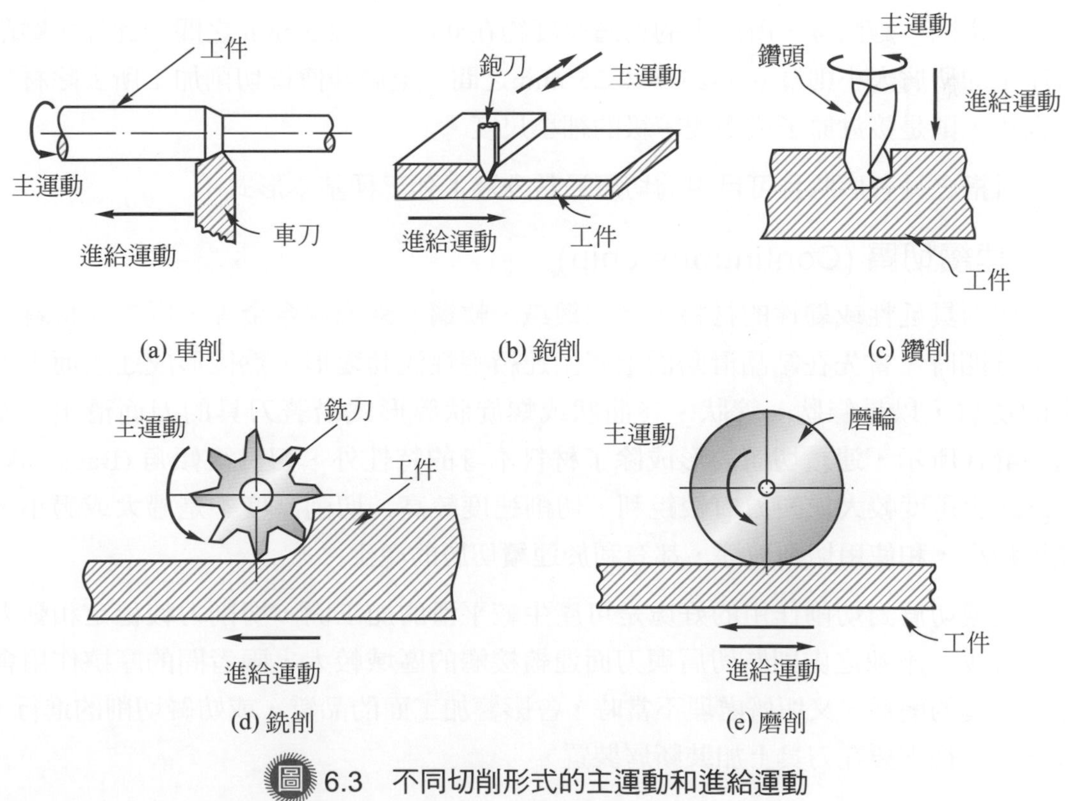

圖 6.3　不同切削形式的主運動和進給運動

二、進給運動 (Feed motion)

指將待切削的工件材料送進切削加工區使之被切削的運動。因為有進給運動，才能使工件所要求切削加工的狀態得以完成。進給運動可以是刀具的移動，也可以是工件的移動，例如車削時刀具沿工件軸線方向的直線移動，鑽削時鑽頭沿其軸向的直線移動，鉋削、銑削及磨削時工件的直線移動，分別如圖 6.3 所示。

6.2 切屑形式與切屑控制

切屑 (Chip) 的產生是切削加工的主要特徵之一。這些從工件上被去除的材料變成為廢料，就材料使用的觀點而言是一種損失。對工件生產的製程言，此稱為減法加工方式。(在本書第十六章中將敘述不同的工件生產製程，稱為加法加工方式，包括奈米科技和 3D 列印技術。) 由於切屑的產生可能使加工面受到傷害的機會增加，刀具的損壞加速，以及發生切屑本身處理的問題等。若只就材料有效利用率的觀點考慮時，切削加工不如鑄造或塑性加工等成形方法。切屑的形成受到工件材料、刀具幾何形狀和切削條件的影響。在傳統切削加工中的刀具為具有一定形狀及刀刃數，用以執行切削加工並產生具有形狀且可目視的切屑，例如車削、銑削、鑽削、鉋削等，所產生的切屑厚度約在 0.025 ～ 2.5 mm 之間。此外，磨削所產生的切屑大小則為 0.0025 ～ 0.25 mm 之間。至於非傳統切削加工所去除材料的大小，則是接近原子或微觀等級的細小尺度。

所指之具有形狀且可目視的切屑通常分為下列三種基本形式：

一、連續切屑 (Continuous chip)

切削具延性或韌性的材料，例如鍛鐵、軟鋼、鋁或銅合金等，原工件材料在被迫分開時，會先在結晶滑動面上產生連續塑性流動變形，然後形成連續而未斷裂的切屑，以長條狀、管狀、卷曲狀或螺旋狀等形式沿著刀具的刀面滑出，如圖 6.4(a) 所示。連續切屑的形成除了材料本身的特性外，刀具後傾角 (Back rake angle) 的角度較大或刀刃口較銳利，切削速度較高，切削深度不是過大或過小，進給較小，和使用切削液等，都有利於連續切屑的產生。

連續切屑對切削作用的好處是可產生較平滑的加工面，切削力較穩定和動力消耗較少。不利之處則為切屑與刀面連續接觸的區域較大，兩者間的摩擦作用會加速刀具的磨耗。又切屑處理不當時，會影響加工面的品質，或妨礙切削的進行。因此，往往需要在刀具上加裝斷屑裝置。

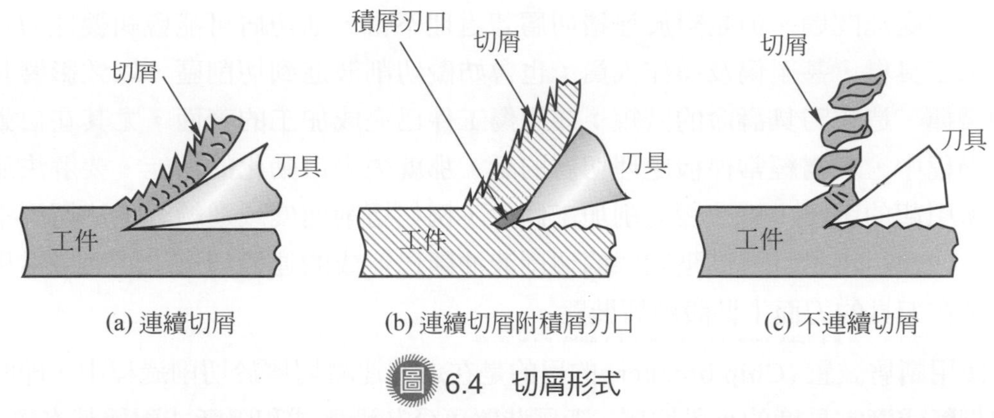

(a) 連續切屑　(b) 連續切屑附積屑刃口　(c) 不連續切屑

圖 6.4　切屑形式

二、連續切屑附積屑刃口 (Continuous chip with built-up edge)

連續切屑在受到高溫高壓的作用時，若切屑底層的一部分材料與刀具材料產生熔著現象而停滯不動且逐漸堆積在刀具刀刃口附近，即形成所謂的積屑刃口 (Built-up edge，BUE)，又稱為積屑瘤，如圖 6.4(b) 所示。積屑刃口先以細微顆粒狀堆積，然後逐漸成長為刀刃狀，當到達一定大小後變為不穩定狀態而崩裂，並被切屑帶走，但也可能有一些會進入工件已完成切削之加工面。依此模式重覆進行，且其週期很短。形成積屑刃口的原因主要是工件材料的特性和切削溫度所引起，可藉由選擇適當的刀具形狀、切削條件或使用切削液等方法消除之。

積屑刃口的缺點是它會造成刀具的幾何形狀及切削機制發生改變，使工件的加工尺寸精度不易控制；形成不穩定的切削，以致引起振動；因其硬度較工件材料高很多，故更易刮傷刀面或刀腹，縮短刀具壽命；同時也可能會造成加工面的粗糙度增加及形成毛刺，影響加工面的品質。好處則有它是包覆在刀刃口外面，具有保護作用和可增加後傾角角度，因而減低切削力，但其貢獻程度有限。一般而言是弊多於利，故在精切削加工時，一定要設法避免積屑刃口的產生。

三、不連續切屑 (Discontinuous chip)

切削脆性材料，例如鑄鐵、鑄鋼等，在主變形區內，材料直接以斷裂的方式形成片狀或針狀的不連續切屑，如圖 6.4(c) 所示。而延性材料在刀具後傾角過小、切削速度太低、切削深度過大或有切削顫動 (Chatter) 時，也可能形成不連續切屑。不連續切屑對刀刃口的磨耗影響甚大，又因刀具承受間歇式變化的切削力，會造成工件加工面的平滑度變差。好處是此種形式的切屑較容易處理。

切屑是切削過程中必然的產物，切屑處理和控制的問題更關係著切削過程的優劣和自動化的成敗。由於不連續切屑是呈片狀或針狀的破裂形式，所以較不需考慮它的處理問題。但是對於連續切屑若處理不當，則切屑可能會糾纏住刀具、工件或工具機，甚至傷及操作人員；也會妨礙切削液進到切削區，以致影響其功能的發揮，造成刀具壽命的減短；或刮傷工件已完成加工的表面。尤其在自動化加工過程中，若需經常停機處理切屑的話，那就失去自動化的功能。要解決連續切屑所引起的困擾，可改變切削加工條件，例如切削速度或進給等，使切屑不致過長；或使用大量且具高壓狀態的切削液沖斷已形成的連續切屑；然而最常用的辦法是在刀具的刀面上裝設斷屑裝置。

使用斷屑裝置 (Chip breaker) 的目的是在迫使連續切屑於切削過程中，即時地被迫折斷成適當長度的小段切屑。斷屑裝置可分為溝槽式和阻斷式兩種基本類型。

一、溝槽式 (Groove type)

在刀具的刀面上，離刀刃口一小段距離處 (約 0.8 mm) 研磨一條平行於刀刃口的溝槽 (深度約 0.25 ～ 0.5 mm)，如圖 6.5(a) 所示。使連續切屑通過時，切屑因捲曲加大而折斷。其缺點為刀具強度及承受凹陷磨耗 (Crater wear) 的能力降低；和工件材料不同或加工條件不同時，適當的溝槽位置將隨之改變，必須重新研磨溝槽或選用具有不同溝槽位置的刀具。

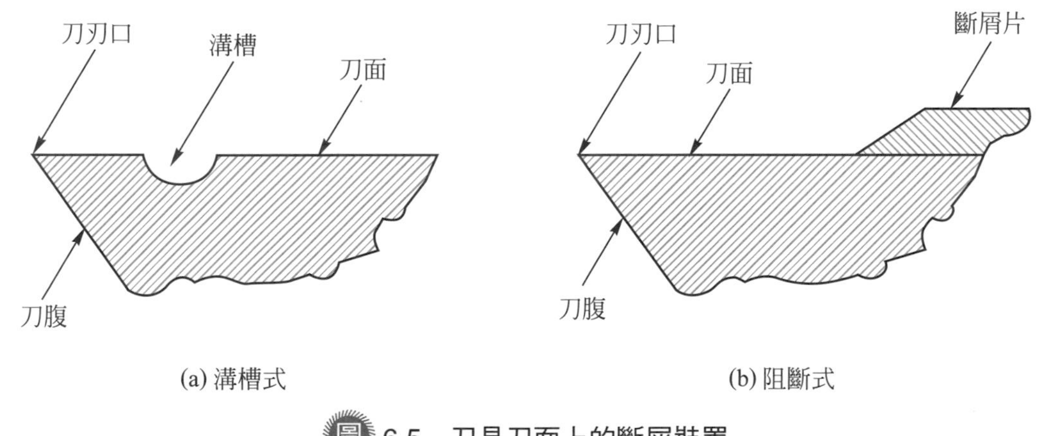

(a) 溝槽式　　(b) 阻斷式

圖 6.5　刀具刀面上的斷屑裝置

二、阻斷式 (Obstruction type)

在刀具的刀面上，銲上或鎖上一個斷屑片，或是直接將刀面研磨成階梯狀，如圖 6.5(b) 所示。當連續切屑碰到這些阻礙物時，因為捲曲作用變大，使切屑的曲率增加，切屑受到的內應力隨之增大，終至斷裂。但是斷屑片等在使用一段時間後，會因上端尖銳處被磨平而失去對切屑阻礙的功能。

6.3 刀具幾何形狀

刀具幾何形狀在切削過程中扮演者很重要的角色。它會影響切削力的大小、能量的消耗、切屑的形式、加工面的粗糙度以及刀具的磨耗等。刀具執行切削作用部位的主要構造大同小異，茲以車床用單鋒刀具的車刀為例，說明刀具各部位名稱和夾角。圖 6.6 顯示車刀是由刀柄 (Shank) 和刀頭所組成。刀柄被固定於車床刀架上。刀頭為切削部位，包括主刀刃口 (Major cutting edge)、次刀刃口 (Minor cutting edge) 和刀鼻 (Nose) 等三個切削刀刃，以及刀面 (Face)、主刀腹 (Major flank) 和次刀腹 (Minor flank) 等三個刀具表面，共同組成六個刀頭元素。藉由三個相互垂直的輔助平面，如圖 6.7 所示的切削平面 (Cutting edge plane)、基面 (Reference plane) 和正交平面 (Orthogonal plane)，配合刀頭的六個元素共同構成各種刀具角度，如圖 6.8 所示的後傾角 (又稱為後斜角，Back rake angle)、側傾角 (又稱為邊斜角，Side rake angle)、端讓角 (End relief angle)、側讓角 (Side relief angle)、端刃角 (End cutting edge angle) 和側刃角 (Side cutting edge angle) 等。上述六個角度依序排列，再加上刀鼻半徑 (Nose radius) 值，被用來做為車刀形狀的表示法，例如車削中碳鋼用的車刀為 8°-12°-8°-10°-45°-30°-1mm。

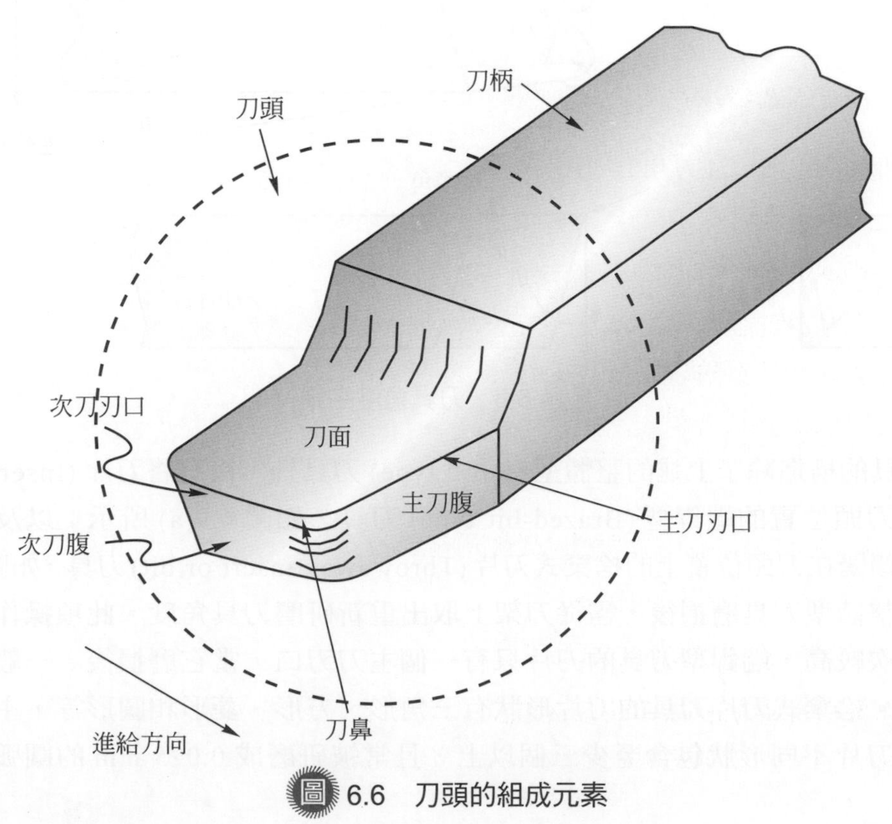

圖 6.6　刀頭的組成元素

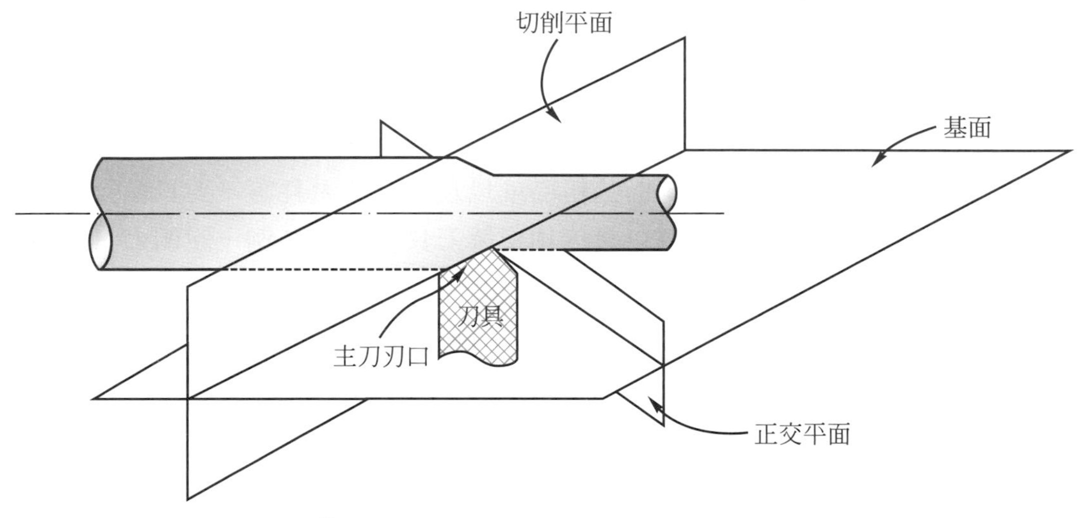

圖 6.7 描述刀具角度的三個輔助平面

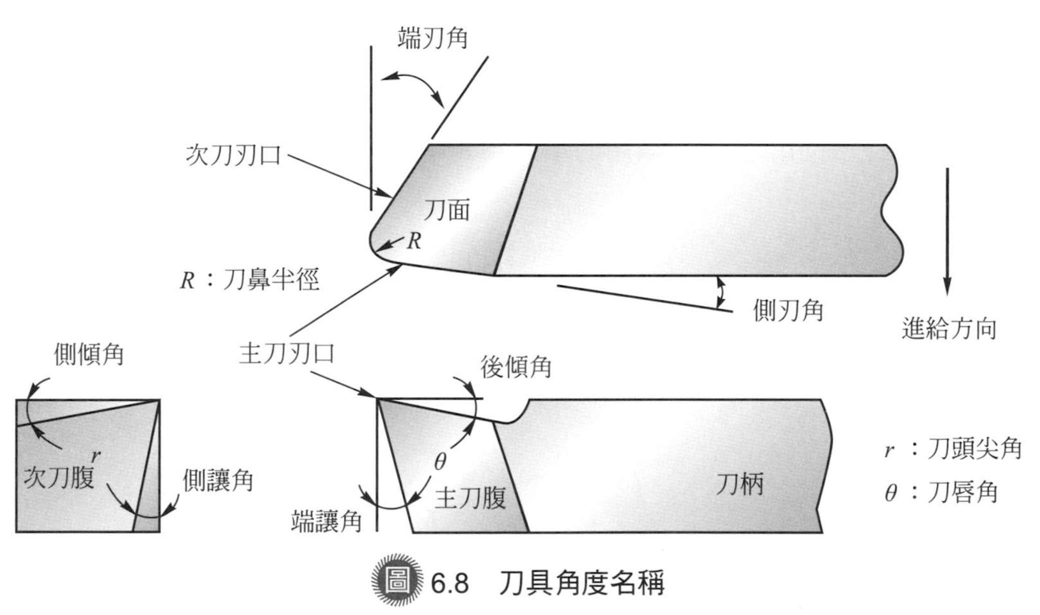

圖 6.8 刀具角度名稱

刀具的構造除了上述的整體型 (Solid type) 刀具外，尚有將刀片 (Insert or bit) 硬銲在刀頭位置的端銲型 (Brazed-bit type) 刀具，如圖 6.9(a) 所示；以及將刀片夾緊或鎖緊在刀頭位置上的捨棄式刀片 (Throwaway insert or bit) 刀具，如圖 6.9(b) 所示。整體型刀具磨損後，需從刀架上取出重新研磨刀具角度，此項操作要求的技術層次較高。端銲型刀具的刀片只有一個主刀刃口，當它磨損後，一般是將刀片拋棄。捨棄式刀片刀具的刀片形狀有三角形、方形、菱形和圓形等，主刀刃口數目依刀片不同形狀包含至少三個以上，且常被研磨成 0.025 mm 的圓弧狀。當主刀刃口磨損後可將刀片鬆開轉換另一個主刀刃口再使用。捨棄式刀片的應用不僅可免除研磨刀具角度的技術問題，也大為提高刀具使用的效率，是促使切削加工自動化成為可行的重要因素之一。

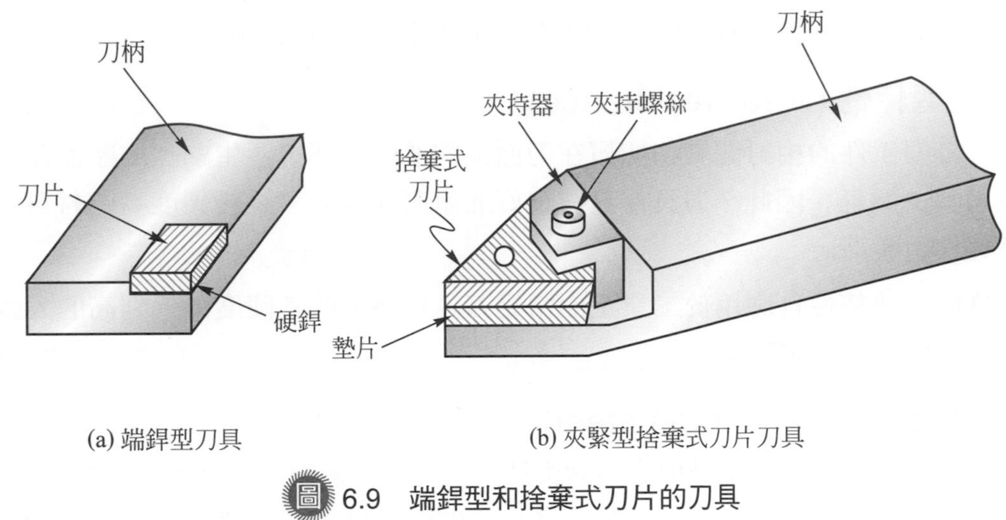

圖 6.9　端銲型和捨棄式刀片的刀具

6.4 刀具材料

在正常的使用狀況下，切削過程中刀具的刀頭部位因不斷地受到大作用力、高溫和劇烈的摩擦作用而磨損，當磨損到了某一程度時刀具即無法再勝任原有的切削功能，稱此段堪用的時間為刀具壽命。刀具的使用壽命關係著生產率及刀具成本。為了得到適當的切削作用，刀具材料必須具備的特性有：

一、常溫硬度 (Cold hardness)

在常溫時刀具材料的硬度需比工件材料的硬度高，才能對工件產生切削作用。一般硬度高的材料耐磨性也高，但韌性則較差，且較不耐衝擊作用。

二、高溫硬度 (Hot hardness)

又稱為紅熱硬度 (Red hardness)。指刀具材料在一般切削過程，因能量轉換所產生熱的作用下成為高溫狀態時，仍保有一定的硬度以維持其切削能力的性質。通常在 550℃左右的切削溫度時，硬度仍可保持在 HRC55 以上，才能滿足切削的基本要求。高溫硬度愈大，愈適用於高速切削或重切削。

三、強度和韌性 (Strength and Toughness)

切削過程中，刀具承受巨大的壓應力和彎曲應力，因此刀具材料對此類應力的作用需具有一定的抵抗強度，以免發生變形或斷裂。衝擊及振動作用也是切削中常發生的現象，故刀具材料也必須具備足夠抵抗衝擊及振動作用的韌性，才不易發生崩裂。韌性較好的刀具可使用較大的切削深度和進給率。

四、耐磨耗性 (Wear resistance)

刀具與工件的相對運動和切屑在刀面上的滑動，都會產生劇烈的摩擦作用，造成刀具的磨耗。因此，刀具需具有良好的耐磨耗能力。一般硬度高的材料，其耐磨耗性也較高。

具備上述特性且應用於工業上的常見刀具材料，依其硬度由低到高的大致順序排列，分別敘述如下：

一、高碳鋼 (High carbon steel)

早期使用的刀具大都是用高碳鋼製造成的，其含碳量約在 0.9 ～ 1.5% 之間，經淬火硬化後，硬度可達 HRC60 ～ 65。高碳鋼刀具在切削時的最大缺點為當切削溫度上升到 250℃左右時，硬度即會下降，在超過 300℃時硬度可能會降低至 HRC40 以下，亦即不具高溫硬度的性質。因此，高碳鋼刀具僅適用於切削硬度不高的工件材料或低速切削，例如切削木材、鋁、黃銅及軟鋼等，或做為鑽頭、鉸刀、螺絲攻及木工刀具等的刀具材料。價格便宜，且容易研磨成為成型刀是其優點。

二、合金工具鋼 (High-carbon alloy steel)

在高碳鋼中添加鉻 (Cr)、鎢 (W)、鉬 (Mo)、釩 (V)、錳 (Mn)、矽 (Si) 等元素，用以改善高碳鋼刀具的缺點，使其硬化能增加，並且具有較高的耐磨耗性和高溫硬度。常應用於鋸條、螺絲攻、鑽頭及銼刀等。

三、高速鋼 (High speed steel，HSS)

為一含鎢、鉻、釩、鈷 (Co) 等元素的高合金鋼。高速鋼具有切削刀具所需的所有性質，即具有高的強度、韌性、耐磨耗性和硬度，在 600℃時仍能保有良好的切削性能，亦即具有高溫硬度。故切削速度可為高碳鋼的 2 ～ 3 倍，此為當初其名稱的由來。1900 年泰勒 (Taylor) 等發明高速鋼，促使切削加工獲得重大的進展，目前它仍被大量使用。主要的種類有鎢系 (T 系) 高速鋼 (例如著名的 18-4-1 型高速鋼，含 18% 鎢、4% 鉻和 1% 釩) 和鉬系 (M 系) 高速鋼 (例如含 6% 鎢、6% 鉬、4% 鉻和 2% 釩)。鎢系高速鋼是製造各類精車刀和形狀複雜的成型車刀的主要材料。鉬系高速鋼主要用於低速切削的刀具，例如鑽頭、鉸刀、螺絲攻等。

四、非鐵鑄合金 (Nonferrous cast alloy)

又稱為鈷鉻鎢合金，由鈷、鉻、鎢等非鐵系金屬及少量碳化物所組成，以鑄造方式直接成形。具有很高的高溫硬度，其切削速度約為高速鋼的 2 倍，通常用於切削抗拉強度較高的材料。此種刀具材料因為硬脆，故較不耐衝擊是其缺點。

五、燒結碳化物 (Cemented carbide or Sintered carbide)

又稱為超硬合金，自 1930 年代開始發展，是利用粉末冶金技術製造而成。將鎢粉末和純碳粉末混合加熱形成碳化鎢 (WC) 粉末，再與少量鈷金屬粉末混合，經高壓成形後再放入電爐中高溫燒結而得。燒結碳化物具有極高的常溫和高溫硬度，且抗壓強度大，耐磨耗性優良，其切削速度約為高速鋼的 3 倍。但它的韌性差，不耐衝擊，故常被製成刀片 (Bit) 應用在捨棄式刀片的刀具上。此類刀片不適用於切削鋼材，改善方法為在其中加入碳化鈦 (TiC) 及碳化鉭 (TaC) 粉末，並提高鈷的含量。

鈷金屬是做為結合劑用，其熔點比較低，在高溫燒結時鈷粉末熔融而與碳化鎢粉末黏結形成一體。鈷的含量對燒結碳化物的性質影響很大，鈷含量愈少，所得刀片愈硬、愈脆；鈷含量愈多則愈軟、韌性愈大。依據國際標準組織 (ISO) 的分類，如表 6.1 所示，燒結碳化物刀片有：

1. K 類：配合紅色刀柄表示。主要成分為碳化鎢 (WC) 和鈷 (Co)，形成單元碳化物 WC-Co 系合金，其密度大，耐磨耗性及耐振性良好。適合切削鑄鐵、非鐵金屬、 硬化鋼和非金屬材料等。號數愈小表示耐磨耗性愈好，切削速度可以較大；號數愈大則韌性愈好，進刀量可以較大。
2. P 類：配合藍色刀柄表示。主要成分為 K 類刀片中再添加碳化鈦 (TiC)，形成二元碳化物 WC-TiC-Co 系合金。對於高溫時鋼材的切屑中分解出碳的擴散作用有很大的阻抗力，可有效防止刀面因受到切屑的熔著作用所引起的凹陷磨耗 (Crater wear)。適合切削鋼、鑄鋼和可形成連續切屑的可鍛鑄鐵等。號數規定同 K 類。
3. M 類：配合黃色刀柄表示。主要成分為 P 類刀片中再添加碳化鉭 (TaC)，形成三元碳化物 WC-TiC-TaC-Co 系合金。除了耐凹陷磨耗外，還具有相當高的強度和韌性。適合切削鋼、合金鋼、不銹鋼、高錳鋼等抗拉強度大，屬於不易切削的材料。號數規定同 K 類。

6.1　燒結碳化物刀片的種類及特性

<table>
<tr><th>材料
記號</th><th>刀柄
顏色</th><th>適用切削範圍</th><th>ISO 分類</th><th>硬度</th><th>切削性能</th><th>切削條件</th></tr>
<tr><td>K</td><td>紅</td><td>鑄鐵、非鐵金屬、硬化鋼、非金屬材料、形成不連續切屑的可鍛鑄鐵</td><td>K01
K10
K20
K30
K40</td><td>大
↑
小</td><td rowspan="3">耐磨耗性增大
↑↓
韌性增大</td><td rowspan="3">切削速度增高
↑↓
進刀量增高</td></tr>
<tr><td>P</td><td>藍</td><td>鋼、鑄鋼、形成連續切屑的可鍛鑄鐵</td><td>P01
P10
P20
P30
P40
P50</td><td>大
↑
小</td></tr>
<tr><td>M</td><td>黃</td><td>鋼、合金鋼、不銹鋼、高錳鋼、球狀石墨鑄鐵</td><td>M10
M20
M30
M40</td><td>大
↑
小</td></tr>
</table>

目前使用時，大都會在碳化物刀片的表面上被覆一層厚度約 0.002 ～ 0.01 mm 或多層的碳化鈦 (TiC)、氮化鈦 (TiN) 或氧化鋁 (Al_2O_3) 等材料的塗層 (Coating)，分別形成銀灰色、金黃色或灰黑色的表面。其功用為可增加刀片的耐磨耗性、耐衝擊性、韌性及對刀片基地材料的保護。

六、陶瓷 (Ceramic)

將極小顆粒且高純度 (99%) 的氧化鋁 (Al_2O_3) 陶瓷材料中，添加氧化鈦 (TiO)、氧化鎂 (MgO) 和氧化鎳 (NiO) 後再混合結合劑，經高壓成形後，於高溫下燒結成刀片。此種刀片一般利用環氧樹脂黏結於刀柄上使用。陶瓷刀具的高溫硬度和抗壓性極高，切削速度為碳化物刀具之 2 ～ 3 倍。但因其脆性太大，故後傾角常被製成負的角度。又因為切削鋼料時易發生剝離，切削鋁或鈦合金時易和切屑熔合而加速磨耗，故陶瓷刀具只適用於切削鑄鐵，或高速切削及輕切削。

七、陶瓷合金 (Cermet)

為陶瓷材料與另外一種以上的金屬材料經粉末冶金加工所形成，可藉由金屬的延展性來改善陶瓷的脆性。例如在氧化鋁中添加鉬、碳化鉬、碳化鎢及結晶氮

化硼等。陶瓷合金刀具的耐磨耗性良好，高溫硬度優良，化學安定性好，但韌性稍差。可用於切削高硬度的鑄鐵和特殊鋼。陶瓷合金刀具的特性有：

1. 切削速度高，約為碳化物刀具的 2 ～ 4 倍。
2. 耐凹陷磨耗及刀腹磨耗。
3. 可切削鑄鐵、鋼及非鐵合金等材料。
4. 可粗切黑皮工件。
5. 可以硬銲。
6. 比使用碳化物刀具所得到的加工面的粗糙度更好。

八、立方氮化硼 (Cubic boron nitride，CBN)

利用高溫及高壓將碳化鎢基材和氮化硼結晶緊密燒結而得，在目前所使用的刀具材料中，其硬度僅次於鑽石。有極佳的高溫硬度，故特別適合用於難切削材料的高速切削，對材料的移除速率可為傳統切削方式的數十倍。但不適合切削軟材料。刀具形狀一般採用負的後傾角及至少 15° 的側刃角。使用時需特別注意刀具的夾持，不可懸空太長。在加工過程中儘可能避免任何顫動的發生。

九、鑽石 (Diamond)

又稱為金鋼石，為目前已知最硬的刀具材料。在碳化鎢基材上燒結一層極細的人造多晶鑽石顆粒所形成。因為高溫時鑽石刀具的碳元素會和鐵產生親和作用而產生擴散現象，故鑽石刀具不能用於切削鐵系金屬。鑽石刀具一般用於鋁合金、銅合金等軟金屬和塑膠、玻璃纖維等材料的高速輕切削，切削速度的範圍為 300 ～ 1500 m/min。另外，也可用於砂輪修整及精磨加工。又因為它的脆性大，切削時的穩定性要求很高。刀具角度則宜採用正的切削角度、小的讓角和大的刀鼻半徑，以利分別得到降低切削力、保持刀具的結合性和增進加工面粗糙度等效果。

車刀的幾何形狀及刀具材料的討論，可適用於單鋒刀具和多鋒刀具。但對於磨輪則完全不能適用。磨輪的外形截面為圓形，其構成要素為磨料顆粒、結合劑和氣孔。磨料顆粒為研磨工件用，硬度非常高，其作用相當於刀具的刀刃。磨料包含天然磨料和人工磨料兩類。結合劑用以結合眾多的磨料顆粒使形成具有一定形狀和尺寸的磨輪。氣孔則為容納剝裂而脫離磨輪的磨料顆粒，和磨削時所產生的細小切屑之用。有關磨輪的組成及特性等，將於第 7.7 節中敘述。

6.5 切削力學

在切削加工過程進行時，工件材料對刀具所施加的作用力會產生一種抵抗被切削破壞的反應，稱之為切削阻力 (Cutting resistance)。刀具必須具有大於或等於此切削阻力的切削力 (Cutting force) 才能達成切削的操作。切削力會促使刀具和工件間產生極大的壓應力，甚至造成刀具的破裂變形。切削力是重要的切削性評估指標之一，因為切削力的大小會影響到能量的消耗量、機器的剛性要求、工件加工面的精度和刀具的磨耗速率等。

由於實際應用上不存在完全尖銳的刀具，即主刃刀口並不是一條直線，而是存在有小弧狀曲面。當進行切削時，在刀腹與工件加工面間會有一小部分摩擦面的存在，因而產生的摩擦力稱為犁入力 (Plowing force)。若切削深度較弧狀曲線的半徑大很多時，犁入力佔切削力的比例變成很小，即可將之忽略。

為方便探討切削時複雜的切屑形成過程，在理論分析時一般皆假設刀具為完全尖銳，即主刀刃口為一直線；主變形區為一層很薄的平面，稱之為剪切面 (Shear plane)；切削形式為正交切削；且產生連續切屑等，因此理想的切屑形成模式可表示如圖 6.10。

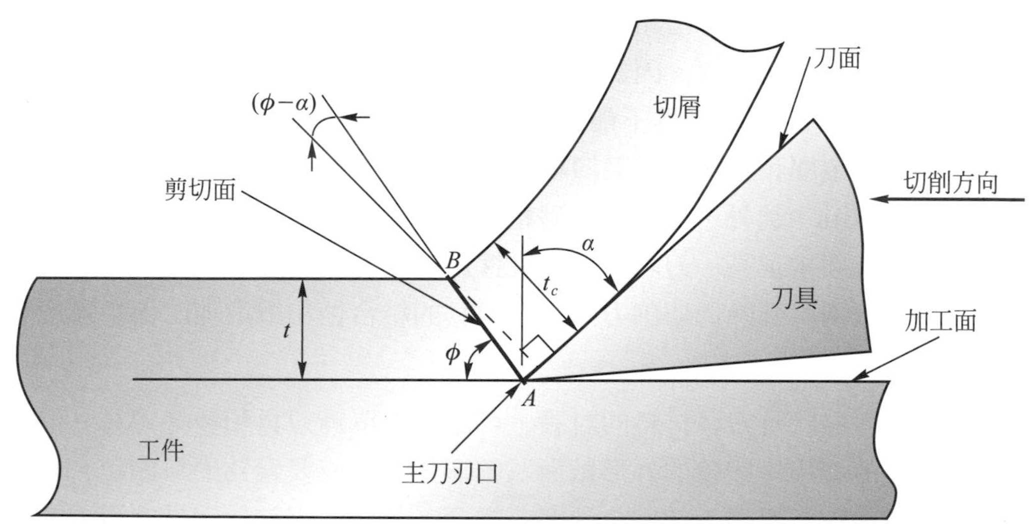

t：未變形前的切屑厚度，即將要被切除材料的切削深度

t_c：切屑厚度

$\overline{AB}$：剪切面，表示理想的主變形區平面

α：後傾角

ϕ：剪切角，即加工面延伸方向與剪切面的夾角

 6.10　理想的切屑形成模式

切屑厚度比 (Chip thickness ratio) 又稱為切削比 (Cutting ratio) 是指未變形前的切屑厚度 (即切削深度，t) 對切屑厚度 (t_c) 的比值，以 r_c 表示。因為切屑厚度都比未變形前的切屑厚度大，故 r_c 值一定小於 1。r_c 值愈大 (即愈接近於 1) 時，切削所得的加工面品質愈佳。r_c 值大小可由下式求得：

$$r_c = \frac{t}{t_c} = \frac{\sin\phi}{\cos(\phi - \alpha)}$$

根據工件材料在通過剪切面之前的質量，與形成切屑之後的質量應保持不變，可求得

$$\tan\phi = \frac{r_c \cos\alpha}{1 - r_c \cdot \sin\alpha}$$

因此，剪切角 (Shear angle，ϕ) 之大小可利用上式求得。ϕ 值愈大，則切屑厚度愈小、排屑速度愈快、切削熱及切削阻力變小，對切削加工的進行愈有利。

若取切屑之自由體圖進行分析時，如圖 6.11 所示，作用於刀面與切屑底部之接觸區域的作用力 (R)，和作用於切屑與工件材料間之剪切面的反作用力 (R')，根據力學的平衡定理，R 必須等於 R'。又 R 可分解成下列三組分力，如圖 6.12 所示。

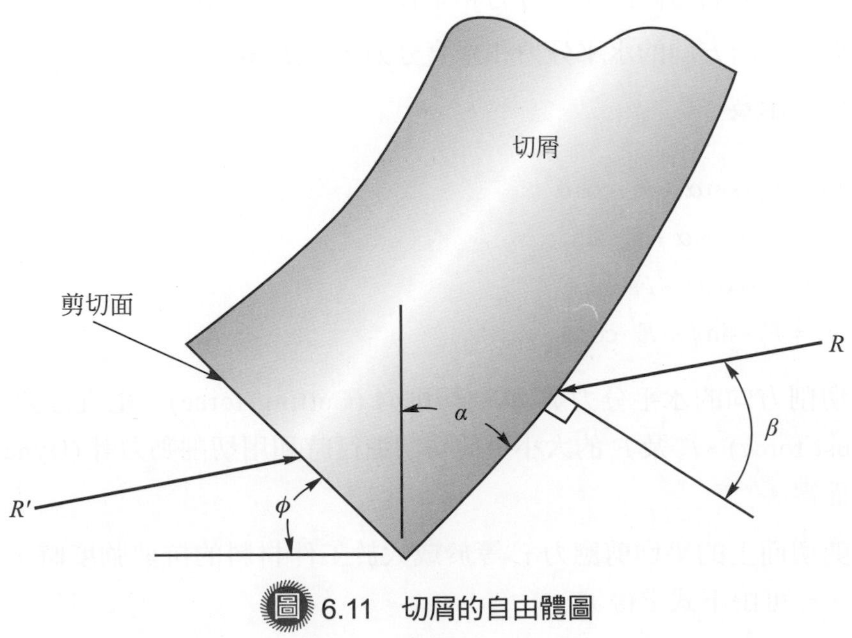

圖 6.11　切屑的自由體圖

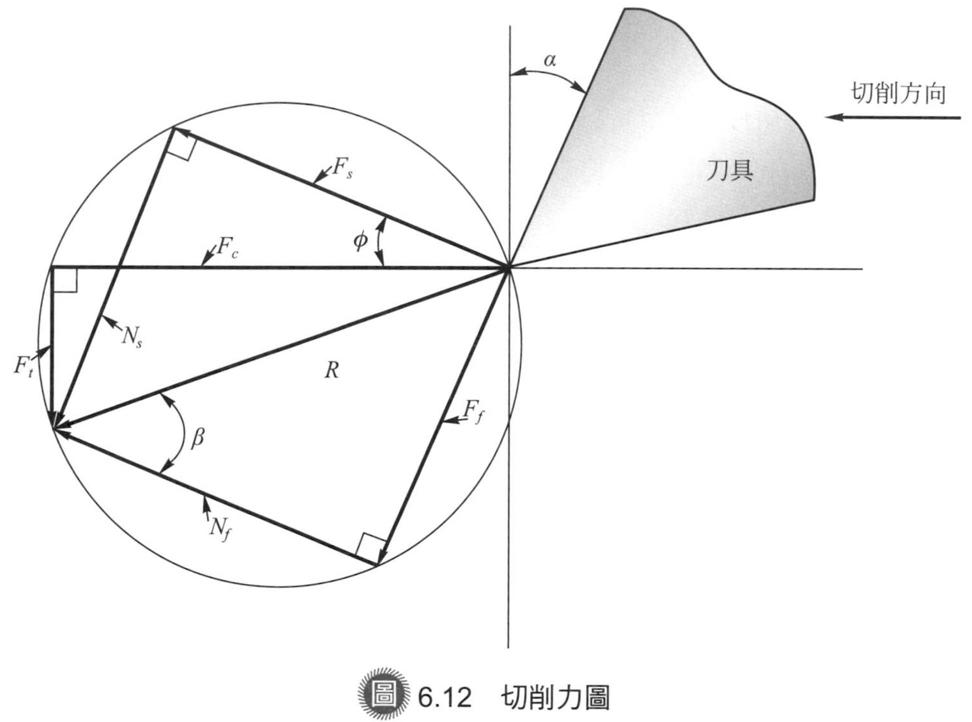

圖 6.12　切削力圖

1. 沿著切削方向的水平分力和垂直分力，即 F_c 和 F_t。
2. 沿著剪切面方向的水平分力和垂直分力，即 F_s 和 N_s。
3. 沿著刀面方向的水平分力和垂直分力，即 F_f 和 N_f。

且其關係可表示為：

$$F_f = F_c \cdot \sin\alpha + F_t \cdot \cos\alpha$$
$$N_f = F_c \cdot \cos\alpha - F_t \cdot \sin\alpha$$
$$F_s = F_c \cdot \cos\alpha - F_t \cdot \sin\phi$$
$$N_s = F_c \cdot \sin\phi + F_t \cdot \cos\phi$$

其中，沿切削方向的水平分力 F_c 稱為切削力 (Cutting force)，垂直分力 F_t 稱為推向力 (Thrust force)。F_c 及 F_t 的大小可於切削進行時利用切削動力計 (Dynamometer) 直接量測而得。

當在剪切面上的平均剪應力 τ_s 等於或大於工件材料的抗剪強度時，切削加工才能進行。τ_s 可由下式求得：

$$\tau_s = \frac{F_s}{A_s}$$

其中，A_s 為剪切面的面積。若未變形前的切屑寬度和形成切屑後的寬度不改變時，並以 b 表示，則

$$A_s = \overline{AB} \cdot b = \frac{b \cdot t}{\sin\phi}$$

得知

$$\tau_s = \frac{F_c \cdot \cos\phi - F_t \cdot \sin\phi}{(\frac{b \cdot t}{\sin\phi})}$$

而剪切面上的平均壓應力

$$\sigma_s = \frac{F_c \cdot \sin\phi + F_t \cdot \cos\phi}{(\frac{b \cdot t}{\sin\phi})}$$

切削時切削速度 (沿切削方向，以 V 表示)、切屑速度 (在刀面上，以 V_C 表示) 和剪切速度 (在剪切面上，以 V_S 表示)，可用圖 6.13 表示。由於 t_c 比 t 大，從質量不滅定律可知 V_C 必定小於 V，又從三角函數關係可求得：

$$\frac{V}{\cos(\phi-\alpha)} = \frac{V_s}{\cos\alpha} = \frac{V_c}{\sin\phi}$$

即

$$V_c = \frac{\sin\phi}{\cos(\phi-\alpha)} \cdot V = r_c \cdot V$$

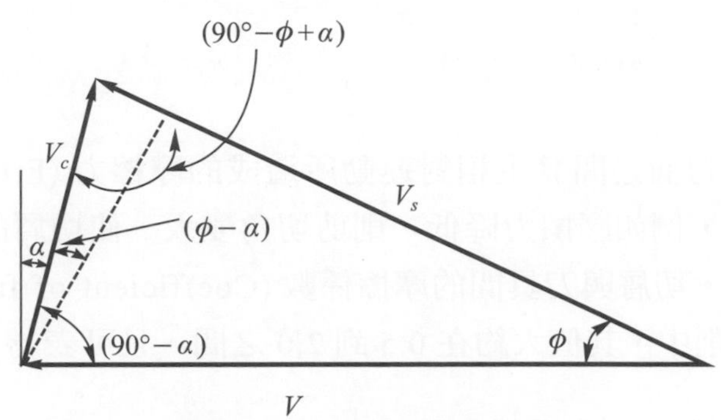

圖 6.13　切削速度關係圖

切削時所需的能量以單位時間內所做的功表示時，稱為切削功率 P，即

$$P = F_c \cdot V$$

金屬移除率 (Metal removal rate，MRR) 以 Q 表示，是用來評估切削加工效率的重要參數，根據圖 6.10 的正交切削模式可得知：

$$Q = b \cdot t \cdot V$$

則 P 對 Q 的比值稱為比能 (Specific energy) 以 u 表示。

$$u = \frac{P}{Q} = \frac{F_c \cdot V}{b \cdot t \cdot V} = \frac{F_c}{b \cdot t}$$

u 的單位是 W × s/mm^3，為材料的性質之一。常見的金屬材料在切削時的近似比能，如表 6.2 所示。

表 6.2　金屬材料在切削加工時的比能近似值

材　料	比能 (W × s/mm^3)
鋼	2.7 ～ 9.3
鑄　鋼	1.6 ～ 5.5
鋁合金	0.4 ～ 1.1
銅合金	1.4 ～ 3.3
鎂合金	0.4 ～ 0.6
鎳合金	4.9 ～ 6.8
鈦合金	3.0 ～ 4.1

切屑與刀具的刀面之間發生相對運動所造成的摩擦力 (Frictional force，F_f) 會影響到切削結果，例如摩擦力降低，則剪切角變大，使切屑的厚度減小，可提高切削加工的效率。切屑與刀具間的摩擦係數 (Coefficient of friction，μ) 若視為常數時，在金屬切削中，其值大約在 0.5 到 2.0 之間，且可表為：

$$\mu = \frac{F_f}{N_f} = \frac{F_c \cdot \sin\alpha + F_t \cdot \cos\alpha}{F_c \cdot \cos\alpha - F_t \cdot \sin\alpha}$$

於圖 6.11 和圖 6.12 中所示的摩擦角 β 則可表為：

$$\beta = \tan^{-1}\mu$$

然而，切屑與刀具刀面間的摩擦狀況，若只以單純的摩擦角 (即將摩擦係數視為常數) 來描述時，發現與實際加工狀況或實驗結果有很大的差異。此乃因為主刀刃口附近存在著高溫和高壓的作用，使切屑與刀面間的外觀接觸面積 (Apparent area of contact，A_a) 與實際接觸面積 (Real area of contact，A_r) 趨近相等，如圖 6.14(c) 所示。此現象與一般兩相對運動面間的接觸面積狀況 (如圖 6.14(a) 所示) 相差甚大。最為大家所接受的切屑與刀面間之摩擦現象為索瑞夫 (Zorev) 所提的模式，如圖 6.15 所示。

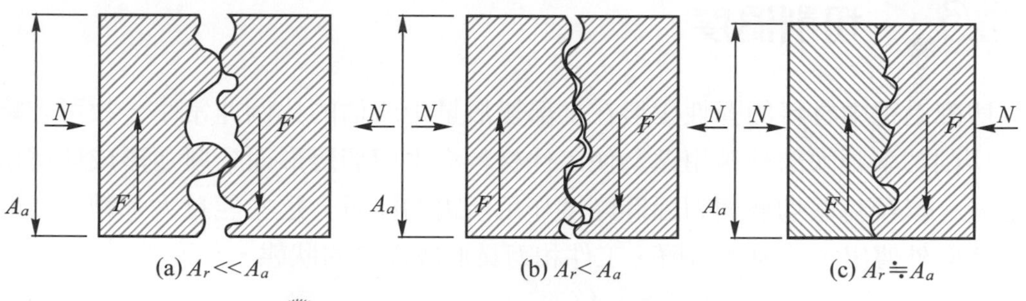

圖 6.14　兩相對運動面間的接觸狀況

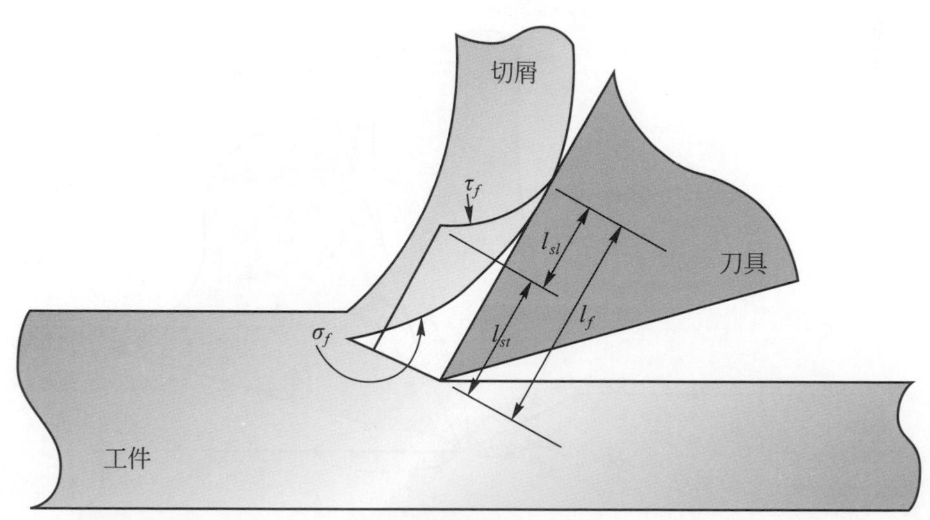

σ_f：正向壓應力
τ_f：剪切應力
l_f：切屑與刀面間的接觸長度
l_{st}：黏著區的長度
l_{sl}：滑動區的長度

圖 6.15　切削時摩擦現象的模式 (Zorev)

通常在實際切削加工中，切屑與刀面間的正向作用力 N_f 和其他加工方法比較時並不是很大，但是由於切屑與刀面間的接觸面積很小。一般切屑與刀面間之接觸長度 l_f 常小於 1.0 mm，導致正向壓應力值 σ_f 很高，進而迫使 $A_r \doteqdot A_a$，故不再適用常見之 $A_r \ll A_a$ 時，用來描述摩擦現象的庫倫乾摩擦定律。切屑與刀面的接觸區域可分為鄰近主刀刃口的黏著區 (Sticking region)，和接近切屑與刀面分離處的滑動區 (Sliding region)。在黏著區內切削加工所產生的剪切應力 τ_f 等於最大值，即剪切強度 (Shear strength)，而摩擦係數已不再是常數，故摩擦角 β 不再具有意義。在滑動區內摩擦係數是一定值，μ 及 β 才可用來表示切屑與刀面間的摩擦現象。

6.6 切削溫度

切削過程中材料的彈性變形在全部變形量中所佔的比例非常小，故可忽略不計。切削功率絕大部分被用做為使工件材料發生剪切變形而分離並形成切屑所需的能量，以及克服切屑與刀面間摩擦作用所需的能量。這些能量大都轉變成熱能的形式向外傳出，並導致切屑、工件和刀具形成高溫的狀態。

切削熱的產生有三個來源，如圖 6.16 所示。

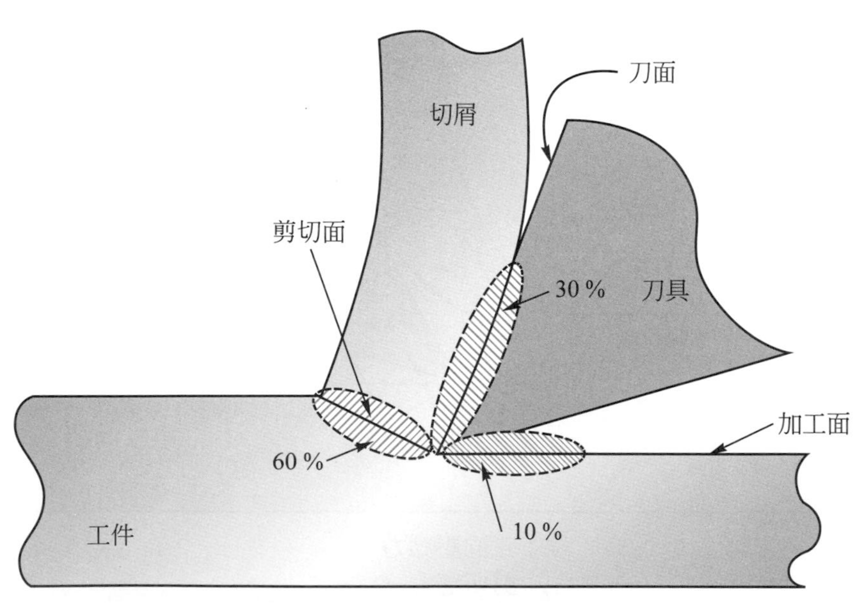

圖 6.16　切削熱來源的分佈

一、主變形區產生的熱能

主變形區為切屑形成之處，在此處工件材料會產生塑性變形並以剪切作用的方式分離，且所耗掉的能量大部分轉變成熱能，約佔總切削熱的 60%。這些熱能一部分被切屑帶走，另一部分則傳導至工件。

二、次變形區產生的熱能

通過主變形區 (即剪切面) 的切屑已因吸收熱能而溫度升高。具高溫的切屑在刀面上滑動到離開切削區時，在兩互相接觸面之間發生相對運動所產生的摩擦熱，約佔總切削熱的 30%。這些熱能一部分隨切屑排出，另一部分則傳導至刀具。同時，刀具的刀面也會接收到高溫切屑傳導過來的熱量。

三、第三變形區產生的熱能

主刀刃口的弧狀曲面及已產生磨耗的刀腹，會與加工面發生摩擦作用，因而產生摩擦熱，約佔總切削熱的 10%。這些熱能一部分傳導到工件，另一部分則傳導到刀具。

切削熱的產生與切削速度和進給有關，通常若要增加金屬移除率，並且要兼顧刀具壽命，則選用較高的進給率而不是選用高速切削，因為較高的切削速度會產生較大量的切削熱。切削產生的熱大部分會被切屑帶走，而切屑不斷地從工件材料中分離出來，在與刀具的刀面接觸一段距離後即脫離切削區而成為廢料，故高溫的切屑不會影響切削性。但是刀具在完成一次加工操作前是一直與不斷更替的切屑及工件加工面接觸，因而不斷地有熱能傳來，以致形成高溫狀態，高溫將促使刀具的硬度降低和磨耗加速，導致縮短刀具使用壽命。相關的切削實驗證實高溫是造成刀具磨損的最主要原因。切削時最高溫發生在主刃刀口後方一小段距離的刀面上，此處也是產生刀具凹陷磨耗最劇烈之處，如圖 6.17 所示。因此為了降低切削溫度、減緩刀具磨損、進而改善加工品質和提高生產率，通常在切削加工進行時會使用各種切削液 (Cutting fluid)。

切削溫度的測量方法有在工件和刀具之間裝設熱電偶 (Thermocouple)、將熱電偶線鑲埋入刀具內、紅外線輻射照射或切削完成後量測刀面硬度及微結構的變化等，用以求出切削溫度分佈或其平均值。然而，這些方法目前都無法精確地描繪出切削進行中，切削區之刀面等處實際的溫度分佈狀況。

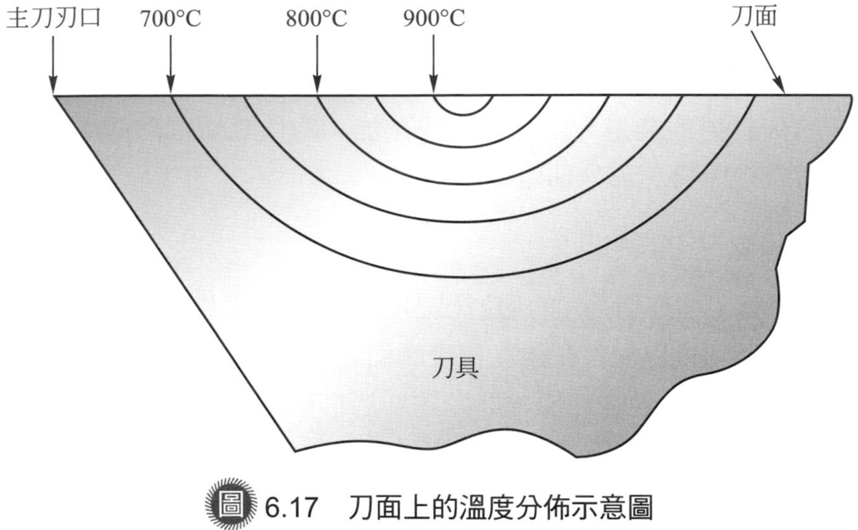

圖 6.17　刀面上的溫度分佈示意圖

6.7 切削液

在金屬切削加工的製程中，大都會使用切削液以改善切削效果，這是因為切削液具有許多優良的功能。其中最主要的有下列三項：

一、冷卻

藉由切削液的沖刷及吸收作用帶走大量的切削熱，可以有效降低刀具的溫度，尤其是在高速切削時所產生的高溫。

二、潤滑

在相對較低速切削時，切削液有機會滲透到切屑與刀面間的介面，以及刀腹與加工面間的介面，因此可提供接觸面間進行相對運動時所需的潤滑作用，減低其摩擦現象並降低切削力及切削功率的消耗，進而可減少摩擦熱的產生。另外，也可改善工件加工面的粗糙度。

三、排除切屑

切削液可將切削過程中產生的切屑及碎片等沖刷帶離切削區，因此可以保護加工面及刀具等免於受到刮傷。

然而，使用切削液也會造成一些問題，例如：

1. 有些切削液受熱揮發成氣態後，可能產生不佳的氣味，造成操作人員感到不舒服。甚且具有毒性，以致有害人體健康。

2. 切削液中的添加劑可能對工件材料或機器設備等造成腐蝕作用，影響加工品質及增加維修成本。
3. 冷卻作用通常無法均勻一致，故可能形成不良的熱應力效應，對於刀具的使用壽命反而是不利的；也會造成工件因受到不均等的熱作用，導致在使用期間產生問題。
4. 切削液與切屑混合，造成切屑處理的困難度增加，更會形成環保的問題。
5. 需裝設一套切削液供應及循環設備，且切削液使用一段時間後會因劣化而需更換，這些都會增加製造成本。

因此，藉由慎選切削條件組合等方法，改採用微量切削液，或捨棄使用切削液的乾切削 (Dry cutting)，已成為切削加工的發展趨勢。

切削液的種類大致可分為兩大類：

一、水溶性切削液

主要的作用為冷卻。包含乳化液和水溶液兩種。乳化液是以礦物油與乳化劑為主體，加入大量的水稀釋而成。水溶液則以水為主，添加如亞硝酸鈉等防銹劑配成的防銹冷卻水。使用時一般是以大量傾倒的方式施加到切削區。

二、非水溶性切削液

主要的作用為潤滑。以礦物油為主，有時也採用植物油或動物油，或者將礦物油與植物油或動物油等混合形成混合油。通常是以噴霧法施加到切削區。

6.8 刀具壽命與刀具磨耗

刀具壽命 (Tool life) 是評估此刀具是否適用於對欲加工對象的工件材料，進行切削加工的重要依據之一。刀具在切削過程中，會因為切屑及工件加工面的摩擦作用而發生磨損，尤其高溫的效應更是加速磨損進行的主因。當刀具磨損到一定程度，以致再也無法達成所要求的切削功能時，即必須重新研磨或捨棄。刀具自全新狀態開始使用到需再研磨或捨棄的全部使用時間稱為刀具壽命。通常在切削速度較低且進給率較小的切削條件下，可得到較長的刀具壽命，因此可減少刀具再研磨及更換的時間和費用。但相對的，在這種切削條件下會使加工時間變長，生產率降低，故整體而言不一定合乎經濟效益。

刀具的磨損包括破損 (Breaking) 和磨耗 (Wear)。刀具破損通常是突然發生，產生的原因可能是選用的刀具幾何形狀不當，切削負荷過大，顫動或振動的衝擊作用，切削溫度超過其高溫硬度的極限，或刀具本身即存在微裂縫的瑕疵等。常見的破損形式為崩裂 (Chipping)，雖然其尺度微小，但刀具會因而失去原有的切削功能，破損是屬於不正常發生的情況。在正常的情況下，刀具會逐漸在刀刃口、刀腹及刀面上發生磨耗。造成刀具磨耗的主要原因有：

一、熔著 (Adhesion)

切削過程中的高壓高溫作用，促使切屑與刀面之間，或工件加工面與刀腹之間的材料彼此產生熔著現象。當切削持續進行會因其間相對運動的緣故，使熔著的部位分開，切屑或工件加工面會將刀具的部分材料帶走而造成刀具磨耗。

二、刮除 (Abrasion)

切屑流經刀面，或工件加工面通過刀腹時，發生接觸並有相對運動和高的壓應力作用，因而產生摩擦刮除的現象；或者當積屑刃口 (BUE) 的硬質材料與刀面及刀腹發生相對運動的接觸時，都會將刀具材料的一部分刮走而造成刀具磨耗。

三、擴散 (Diffusion)

切削產生的高溫若使刀具與切屑，或是刀具與工件之間，產生固態擴散現象，例如當刀具材料中的碳原子移向切屑或工件時，將導致刀具表面軟化，刀具變得更容易因摩擦而產生一部分材料損失的磨耗作用。

較重要的刀具磨耗形式包含如圖 6.18 所示之：

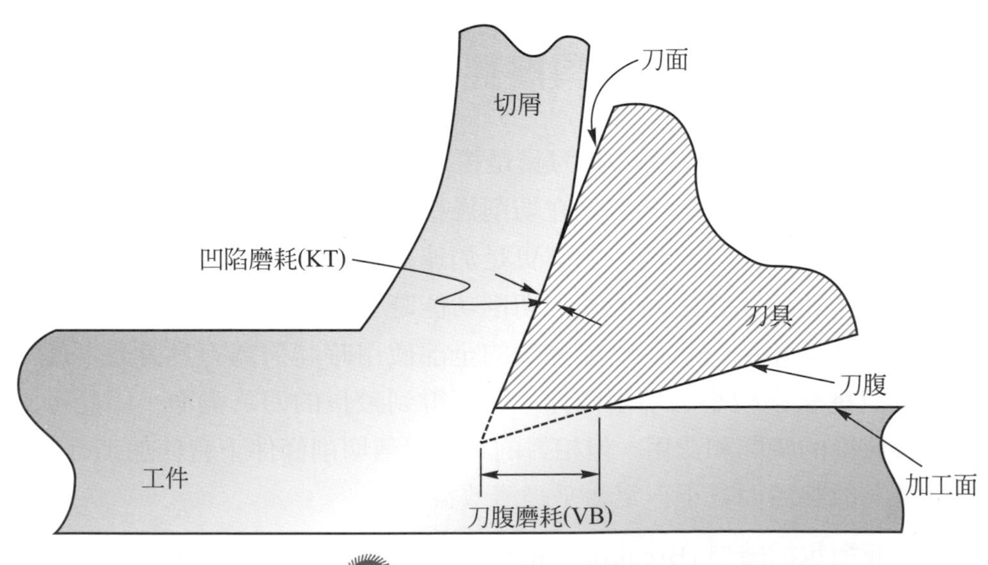

圖 6.18 刀具磨耗形式

一、刀刃口磨耗 (Cutting edge wear)

主刀刃口的尖銳度變鈍，即其弧狀曲面的半徑變大，會造成切削阻力增大，及增加工件加工面的粗糙度。此類型的刀具磨耗往往代表刀具的性能未被充分利用，故此種切削加工方式的效率不佳。

二、刀腹磨耗 (Flank wear)

切削時工件加工面與刀腹接觸摩擦所引起的刮除作用。從主刀刃口量起的磨耗區域之平均長度 (VB) 代表刀具的磨耗程度。

三、凹陷磨耗 (Crater wear)

切屑在刀面上連續通過時，不斷地產生刮除作用帶走一部分的刀具材料；或因為高溫使刀具發生熔著現象；或發生固態擴散作用，都可能造成刀面的磨耗。通常以最大凹陷深度 (KT) 代表磨耗程度，此類型磨耗常發生在切削速度較高時。

刀具的磨耗速率受到許多因素的影響，包括工件材料、刀具材料、刀具幾何形狀、切削液、工具機性能和切削條件等。切削條件是指切削速度、進給和切削深度，三者對刀具的磨耗速率都有重要的影響，其中又以切削速度的影響程度為最大。切削速度增加，可使工件加工時間縮短，且加工面精度較佳，但刀具的磨耗速率卻會增加，亦即刀具壽命會縮短。刀具壽命與切削速度的關係，通常以泰勒 (Taylor) 所提出的公式為依據：

$$VT^n = C$$

其中，　V：切削速度 (m/min)

T：刀具實際使用的切削時間 (min)

n：指數，依刀具材料和工件材料而定

C：常數 (m/min)，指刀具壽命為一分鐘時的切削速度

泰勒所提出的刀具壽命關係式中，n 和 C 值都是由實驗而得，表 6.3 為實際測試得到的值範圍。

表 6.3　刀具材料的值範圍

刀具材料	n 值範圍
高速鋼	0.08 ～ 0.2
非鐵鑄合金	0.1 ～ 0.15
燒結碳化物	0.2 ～ 0.5
陶　瓷	0.5 ～ 0.7

刀具磨耗量大小的測量方法很多，包含利用切削力的變動、功率的改變、振動及音波放射技術或工件加工面精度等求得，但最直接又可靠的方法是使用光學顯微鏡 (例如工具顯微鏡) 對刀具的表面進行觀測。由於刀腹磨耗較凹陷磨耗容易測量，加上刀腹磨耗對工件加工面的表面特性會有直接影響，故常取刀腹磨耗的容許值為有效的刀具壽命評估準則。例如 ISO 定義高速鋼、陶瓷和燒結碳化物刀具的容許平均刀腹磨耗 (VB) 為 0.3 mm，或容許最大刀腹磨耗 (VBmax) 為 0.6 mm。

6.9 加工面表面特性

製造的目的是將工件材料加工成有一定形狀和尺寸的產品，在切削加工過程中工件不需要的部位會被去除，因而產生切屑和新的表面 (稱之為加工面)。加工面的廣義範圍應包括表面層和在它下方一微小厚度的次表面層 (Subsurface)，兩者的特性會影響到加工後工件的品質。加工面的整體特性稱為表面完整性 (Surface integrity)，一般切削加工在次表面層內會因切削過程時高的壓應力和高溫作用，產生塑性變形及殘留應力，這些結果會逐漸轉移到產品其他部位，並造成在使用時可能發生疲勞破壞等不良影響。表面層的特性則以表面精度 (Surface finish) 來描述，包括表面紋路、波浪狀表面、表面刮痕和最常見的表面粗糙度 (Surface roughness)。

表面粗糙度是由理想 (Ideal) 表面粗糙度和自然 (Natural) 表面粗糙度兩種效應所組合而成。

一、理想表面粗糙度

指在完美的加工條件及環境下，由於刀具的刀鼻半徑和進給所造成無法避免的工件加工面高低不平之表面狀態，如圖 6.19 所示為車削工件外徑時的理想表面粗糙度情況。

二、自然表面粗糙

實際切削過程中，可能有積屑刃口的發生、顫動 (Chatter) 或振動的現象、刀具的設定位置不當、刀具的磨損、工具機的機構傳動不規律、工件材料本身的瑕疵、不連續切屑的產生或切削速度太低時所產生的撕裂作用等，都會造成加工面表面層的高低不平狀態，而且此部分佔全部表面粗糙度形成的比例較大。

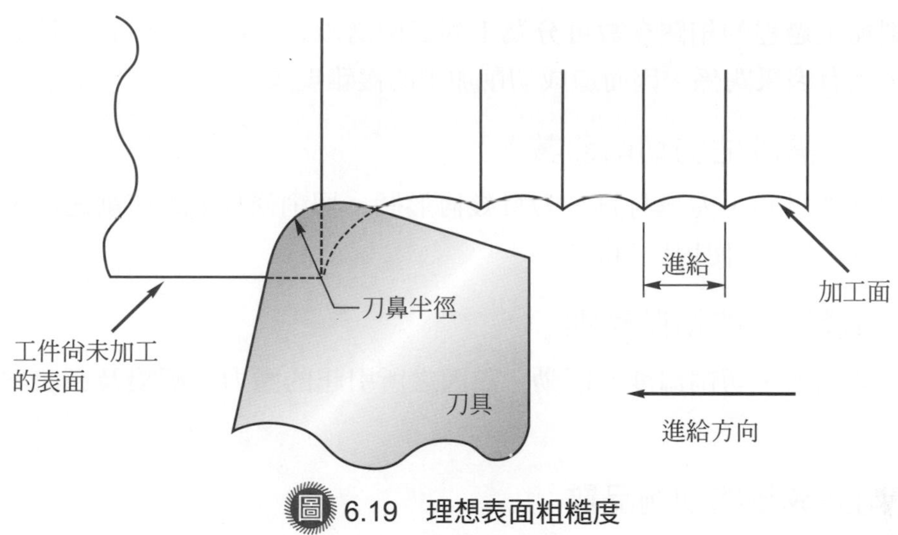

圖 6.19　理想表面粗糙度

表面粗糙度常見的表示法有最大表面粗糙度 (Rmax)、中心線平均粗糙度 (又稱算數平均值粗糙度，Ra)、十點平均粗糙度 (Rz) 和平方根平均粗糙度 (RSM) 等。

6.10 切削性與切削參數

工件材料是否適合採用切削加工的方法來製造成為有一定形狀、尺寸和表面特性的產品，一般是以切削性 (Machinability) 做為評估準則。探討切削性的三個主要項目為：

1. 切削時所需的切削力或切削功率。
2. 刀具壽命或刀具磨耗。
3. 加工面的表面特性，一般以表面粗糙度做為代表。

上述三項有關切削性的因素，與切削後工件的品質或生產成本有關。就經濟性的觀點而言，刀具使用壽命為一重要的考量因素。影響刀具壽命最主要的切削條件為切削速度。因此有所謂的切削性指數 (Machinability index) 的參考值出現。對不同的工件材料，以一定形狀的刀具、固定的進給率和切削深度進行切削，使刀具壽命可維持 60 分鐘的條件下，所得的切削速度取為評估該材料的切削性。做為基準的 AISI 1112 鋼材的切削性定為 100，是指在切削速度為 100 英呎／分鐘 (30 公尺／分鐘) 時，其刀具壽命可滿足上述使用 60 分鐘的要求。其他材料的切削性指數大約值可從相關資料得知，例如 18-8 不銹鋼的 45、鐵鑄的 60、鋁的 150 等。惟切削性指數為一概估的近似值，受到許多不確定因素的影響，故只適宜做為初步分析的參考。

切削加工過程的相關參數可分為下列三個階段分開探討，但它們彼此間會互相影響，互有因果關係，因而造成切削加工的複雜現象。

一、切削前需評估的切削參數

包含工件材料、刀具材料、刀具幾何形狀、切削條件 (即切削速度、切削深度及進給)，和是否使用切削液等。

二、切削進行中的切削反應

包含切削力、切削溫度、振動，和因之所引起的應力、應變及應變率的關係等。

三、切削完成後的切削品質

包含工件形狀及尺寸、刀具壽命或刀具磨耗、切屑形式、金屬移除率，和切削後之加工面表面的粗糙度及其他的表面特性等。

用以解釋上述切削性的影響參數彼此間關係的切削理論已有許多研究者提出，其建構的模式大都是以實驗為基礎的經驗關係式，討論的重要主題有切削力學、切削溫度、刀具壽命和表面特性等。

切削加工的經濟性分析需注意是以成本 (Cost) 為依據，或是以生產率 (Productivity) 為依據，兩者可能會有不同的結論出現。主要是切削理論分析著重的部分可能在整體製造過程分析中所佔的比例並不是最高的，例如一個典型的切削操作，在完成工件全部加工步驟中，花在等待和搬運的時間，將遠多於工件在工具機上從夾持定位到卸下的時間，何況使用刀具對工件真正進行切削作用的時間更是非常的短。因此，若僅強調增加切削速度以降低切削時間來增加生產率，有時並不能得到最大的生產效益 (Profit)。故最佳化 (Optimization) 分析常被應用到如切削加工這類錯綜複雜的工程問題上。

一、習題

1. 切削加工的定義為何？切削加工的三要素是指什麼？
2. 何謂切削加工使用的單鋒刀具與多鋒刀具？其相同與相異處為何？
3. 切削過程中工件材料發生變形型態的三個區域及特性為何？
4. 繪圖說明切削過程之正交切削與斜交切削各為何？
5. 金屬工件切削過程產生之切屑的斷屑裝置有何功用？有那些型式？
6. 繪圖說明金屬工件切削過程使用之單鋒刀具的刀頭部份組成六個元素及各種刀具角度。
7. 金屬工件切削過程使用之刀具型式有那三種？電腦數值控制工具機的應用以何者主？
8. 金屬工件切削過程使用之刀具材料有那些種類？各有何應用特點？
9. 敘述金屬工件切削過程使用之燒結碳化物刀具的種類及特性。
10. 敘述金屬工件切削過程使用之立方氮化硼及鑽石刀具的特性及使用場合。
11. 敘述金屬工件切削過程使用之陶瓷合金刀具的特性有那些？
12. 敘述切削力學之理論分析的假設條件有那些？
13. 何謂切削力學之理論分析的剪切角？它在切削加工中的作用為何？
14. 敘述金屬工件切削過程中切屑與刀具之刀面的摩擦狀況為何？
15. 敘述金屬工件切削過程中產生切削熱的三個來源。
16. 金屬工件切削過程中使用切削液可能造成的問題有那些？
17. 金屬工件切削過程中造成刀具磨耗的主要原因有那些？
18. 敘述金屬工件切削過程中刀具壽命之評估方法。
19. 金屬工件切削加工所得到工件之表面粗糙度的形成有那些重要因素？
20. 探討金屬工件切削過程之切削性的三個主要項目為何？
21. 何謂金屬工件切削過程之切削性指數？有何應用上的價值？

二、綜合問題

1. 設計 2 種模擬金屬工件切削過程之正交切削的實驗裝置。

2. 金屬材料切削加工過程所消耗的能量會轉換成熱量，使得刀具溫度升高，並造成刀具的硬度及磨耗阻抗等之不利影響。探討金屬工件切削進行時，有那些技術可量測刀具之刀面與刀腹表面的溫度分佈。
3. 針對中碳鋼材料進行切削實驗，試選用不同的刀具幾何形狀，並搭配不同的切削條件，促使產生各種切屑形式，並討論其關連性。

Chapter 7 切削加工

7.1 鋸　切
7.2 車　削
7.3 鑽　削
7.4 製孔方法
7.5 銑　削
7.6 鉋　削
7.7 磨　削
7.8 螺紋與齒輪加工

一般所稱的傳統切削加工，是指使用工具機 (Machine tool) 產生機械能，經由刀具對工件材料進行切削作用使之成形的加工方法。刀具的形式包含單鋒刀具、多鋒刀具和磨輪。有時可依工件的幾何外形分為圓形工件的加工和非圓形工件的加工。傳統切削加工常見的有車削 (Turning)、鑽削 (Drilling)、銑削 (Milling)、鉋削 (Planning) 和磨削 (Grinding) 等五種。相關的刀具與工件的運動方式有直線運動和旋轉運動，如圖 7.1 所示。近年來的發展顯示鉋削已被其他加工方法所取代。切削過程中必須視實際狀況，適時地選用最佳的切削參數組合，通常是指最適當的三個切削條件，即切削速度 (Cutting speed)、進給 (Feed) 和切削深度 (Depth of cut)。

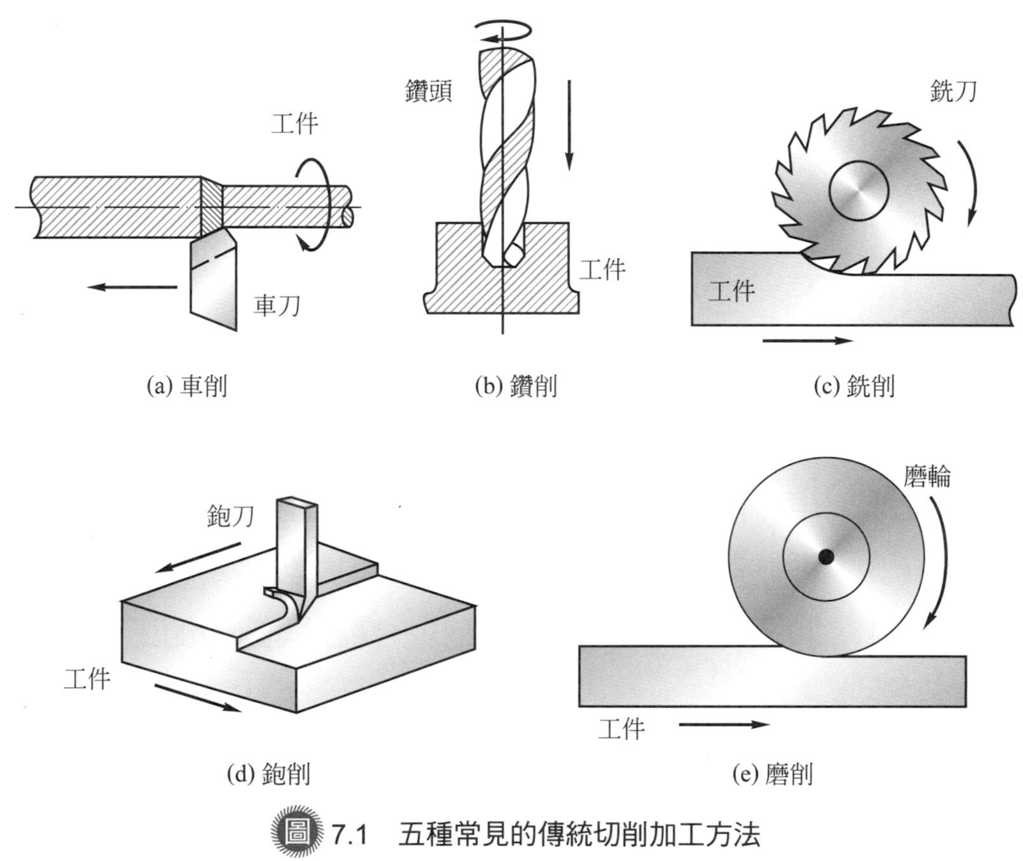

圖 7.1　五種常見的傳統切削加工方法

7.1 鋸　切

鋸切 (Sawing) 通常是大多數金屬零件製造過程中的前置加工道次。取自一次加工所得的線材、棒材、管材、型材、板材等，往往需先將材料切割成所要求的尺寸，以利進行後續的二次加工。尤其在大量生產與切斷非對稱形狀工件的操作上，以使用鋸切的方法最為常見，原因是它具有簡便、快速和具經濟性等優點。利用直條形、圓盤形鋸片或連續式帶狀鋸片上的一連串小切齒形成切削刀具，每一個小切齒都會移除一部分的工件材料，產生與拉削或銑削相類似的不連續切屑。鋸片上之鋸齒為交錯式的排列，用以提供排屑所需的空間。鋸片的厚度一般為較狹窄，才能使鋸切浪費的工件材料較少。

鋸切使用的刀具稱為鋸片 (Saw blade)，在其上的鋸齒有不同的外形和排列方式，鋸片各部位的名稱如圖 7.2 所示。鋸齒的主要外形有直齒形、凹切齒形及跳躍齒形。排列方式則有三種，即 (1) 一齒向左，而下一齒向右的單齒交錯排列，適用於鋸切銅和塑膠；(2) 一齒居中不動，接下來兩齒分別向左右偏擺的三齒交錯排列，適用於鋸切鋼和鑄鐵；和 (3) 連續幾齒向左，然後連續幾齒向右的波浪形排列，適用於鋸切管子和金屬薄板。

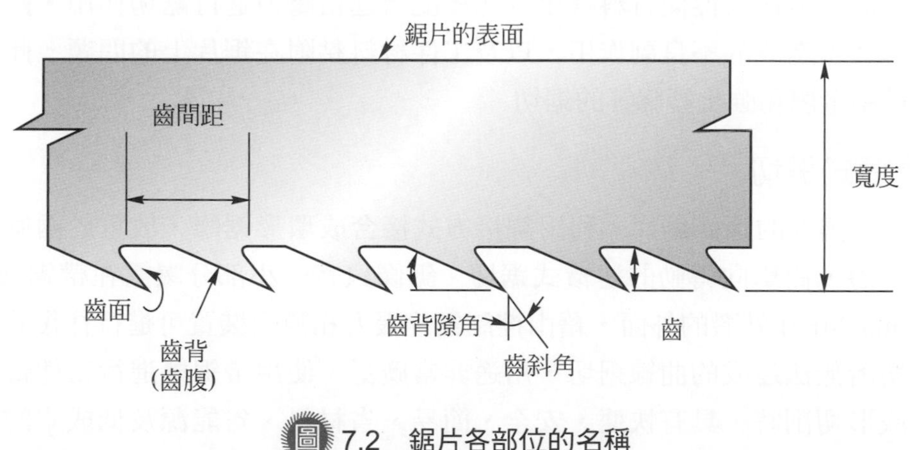

圖 7.2　鋸片各部位的名稱

在木材加工業方面有各類型的木材鋸切加工用鋸子和機器被大量使用。金屬加工業的鉗工方面有手工鋸切使用的手弓鋸，至於利用機器的動力操作對金屬材料進行鋸切作業的主要形式有下列三種：

一、往復式鋸切

將直線形的條狀鋸片裝置到弓鋸機 (Hacksawing machine)(又稱為往復式鋸床) 的鋸架上，利用等速旋轉的曲柄帶動鋸架進行往復式運動。加工過程的一半是切削行程，另一半則為沒有鋸切作用的回程行程，故加工效率較差，適用於產量不是很高的小型工廠。此法的優點為機具投資成本較低、操作簡單、刀具成本低、可以鋸切不同種類的材料、適用於大斷面尺寸和任何長度的工件等。缺點為切削過程是間歇性的作用、鋸片之切削速度不斷的改變、無法做連續式的快速切斷操作等。

二、圓盤鋸切

使用圓周上有鋸齒的圓形鋸片做為鋸切刀具。當工件挾持固定後，鋸片以垂直方式、水平方式或傾斜方式朝工件進刀，執行切斷操作。使用的工具機稱為圓鋸機 (Circular sawing machine)，又稱為冷鋸機 (Cold sawing machine)。此法的優點為可得到高生產率、高精度、不需毛邊去除製程、刀具成本很低、操作簡單、可切任何材料及尺寸的工件。雖然機器成本較高，但上述的加工效益可以很快地抵銷此項成本。

將圓盤鋸片改成使用磨料圓盤做為刀具時，是利用其高速旋轉所產生的摩擦能經轉換成熱能後，促使材料軟化，然後配合進給壓力進行鋸切作用。此時，需注意熱影響區造成的不良副作用，以及工件材料黏附在鋸片上的問題。此法適用於硬的鐵系金屬和強化塑膠等的鋸切。

三、連續式鋸切

將具有撓性的長條鋸片，利用銲接方式接合成環形鋸條，放置於兩個以上的轉輪之外邊，做單向轉動的連續式鋸切。鋸條只有一小部分曝露在帶鋸機 (Band sawing machine) 外殼的外面，藉由控制鋸片張力和導引裝置可進行往復式鋸切及圓盤鋸切所無法達成的曲線鋸切，用途非常廣泛。使用帶鋸機進行工件輪廓及曲面等的成形切削時，具有快速、安全、簡易、省材料、省能源及低成本的優點，使用上的限制很少，適用於不同材料，與各種形狀、大小尺寸工件的鋸切加工。

7.2 車削

車削 (Turning) 是最被廣泛使用的一種切削加工方法，所具有的重要特點之一是可得到加工面表面粗糙度的範圍最廣，例如粗糙度的 Ra 值可從較差的 25 μm 到較佳的 0.05 μm。車削所使用的工具機稱為車床 (Lathe)，在金屬材料製造業中的應用極為重要，被稱為「金工之王」或「工具機之母」。主要的加工方式是將圓形截面工件的一端夾持於車床主軸的夾頭上，另一端則可用或不用尾座的頂針支撐住。工件隨同主軸做旋轉運動，利用固定在刀架上的單鋒刀具做直線移動來執行切削操作。

藉由不同形式刀具的配合，車削可執行的工作包含切削工件的外徑、外形、端面、錐度、階級、凹槽、切斷、鑽孔、搪孔、鉸孔、外螺紋、內螺紋、壓花、繞彈簧及成型面等，圖 7.3 顯示其中的部分工作項目。

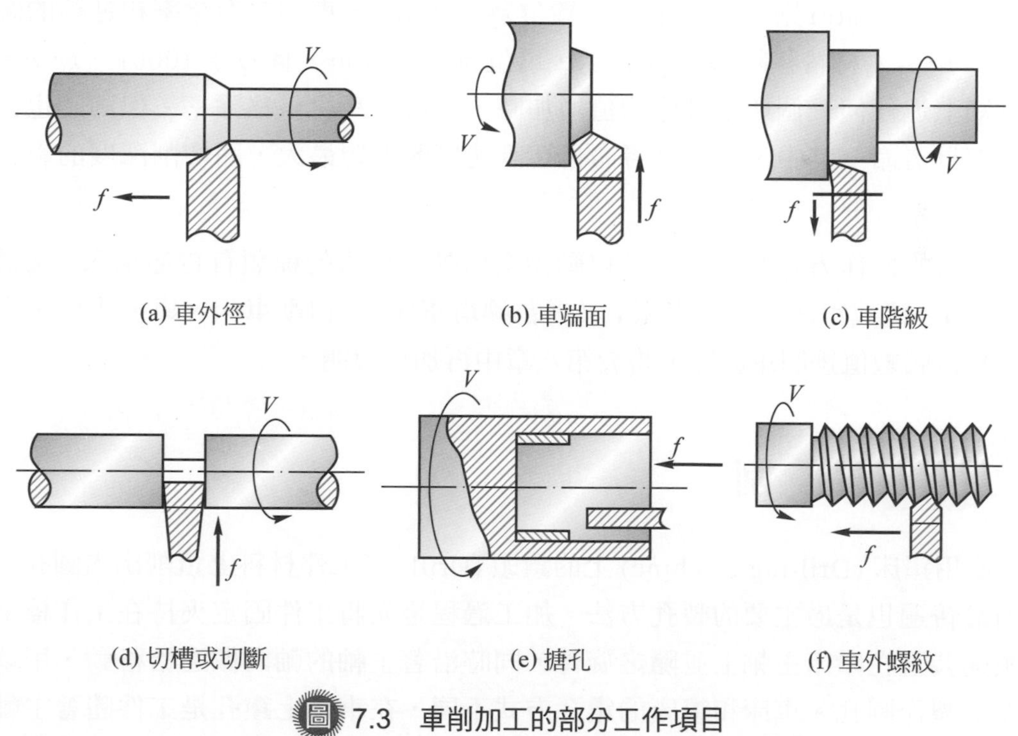

圖 7.3　車削加工的部分工作項目

有關車刀的材料、幾何形狀和刀具形式等已在第六章中詳述過。常見的車刀形狀及種類可依其應用的場合分為左手車刀、右手車刀和圓鼻車刀，或是分為外徑車刀、內孔車刀、切槽車刀、切斷車刀、牙刀、倒角車刀、搪孔車刀、成型車刀和壓花刀等。

車削中最重要的加工參數為切削速度 (Cutting speed，V)、進給 (Feed，f) 和切削深度 (Depth of cut，d) 等三個切削條件，它們共同決定切削時的材料移除率 (Material removal rate，MRR) 和刀具壽命。切削速度通常用線速度來表示，其值為車床主軸的旋轉速度乘上工件的圓周長後，再經單位換算而得，即：

$$V = \frac{\pi DN}{1000}$$

其中， V：切削速度 (m/min)

D：工件外徑 (mm)

N：主軸每分鐘旋轉數 (rpm 或 rev/min)

進給 (f，mm/rev) 是指工件每旋轉一圈，車刀在工件軸向或徑向的移動距離。切削深度 (d，mm) 是指車刀在工件的徑向，即自未被切削面到被切削面間的深入距離。例如在車外徑時，工件每旋轉一圈其直徑會減小兩個切削深度的大小量。進給率 (Feed rate) 則是以 f_m 表示，單位為 mm/min。車削之進給率和進給的關係為 $f_m = f \cdot N$。材料移除率以 Q 表示，單位為 mm^3/min，且 $Q = 1000V \cdot f \cdot d$。由此可知上述任何一個切削條件的值增加時，都可提高材料移除率，但同時也都會減少刀具壽命。其中，對刀具壽命言切削速度的影響最大，而切削深度的影響則為最小。

車床的操作方式有手動、半自動和全自動。車床的種類有普通車床 (又稱機力車床)、檯式車床、六角車床 (又稱為轉塔車床)、自動車床、靠模車床、立式車床和電腦數值控制車床等，將於第八章中再加以說明。

7.3 鑽 削

使用鑽床 (Drilling machine) 上的鑽頭 (Drill) 在工件材料上鑽削出內圓孔，是目前最普遍也是最主要的製孔方法。加工過程是先將工件固定夾持在工作檯上，鑽頭則裝置在鑽床主軸上並隨之旋轉，同時沿著主軸的軸向做進給移動，用以在工件上製作圓孔。車床和鑽床的鑽孔方式不同，在車床上鑽孔是工件隨著主軸旋轉，鑽頭固定在尾座上一起做直線進給移動而得。鑽孔加工可分為一般的鑽孔、深孔鑽削和小孔鑽削等。鑽孔加工是屬於半封閉式的切削過程，施加的切削液不容易到達切削區，而切屑也不容易自切削區排出，故常會發生切屑刮傷已完成加工的內孔壁表面或堵塞住孔，甚且出現鑽頭折斷的現象，鑽削的工作包含鑽孔、搪孔、鉸孔、鑽錐坑、鑽柱坑、切魚眼孔和攻螺紋等，鑽床的種類將於第八章中再加以說明。

鑽頭是切削刀具的一種，由鑽柄 (Drill shank)、鑽身 (Drill body) 和鑽尖 (Drill point) 等所構成，如圖 7.4 所示。鑽柄可為直柄或錐度柄，由鑽頭夾頭或套筒夾持後裝入鑽床主軸內，用以帶動鑽頭。鑽身則是由鑽槽 (Drill flute)、鑽邊 (Drill margin) 和鑽腹 (Drill web) 所組成。鑽槽的功用是用來提供切削區產生的切屑可以排除到外面，及使得切削液可以進入到鑽尖切削區。最常見的形式為兩個螺旋槽的鑽頭，稱之為麻花鑽頭 (Twist drill)。此外尚有單槽、三槽或四槽的鑽頭。鑽尖則包含鑿刃 (Chisel edge) 和鑽唇 (Drill lip)。鑿刃又稱為靜點 (Dead point) 為兩鑽唇交接點，位置需在鑽軸中心上。鑽唇則為鑽頭的刀刃口 (Cutting edge) 有兩片，其夾角以 118° 為標準角度。對於深孔鑽削則需特別注意克服排屑、冷卻及行程導引等問題，因而有直槽式深孔鑽頭，又稱為槍管鑽頭 (Gun drill) 的出現。對於在薄金屬板上鑽孔，則可使用圓鋸式鑽頭或翼形刀具 (Fly cutter)。

透過鑽身不同截面設計的鑽頭也可用來鑽削不同於圓形形狀的內孔。

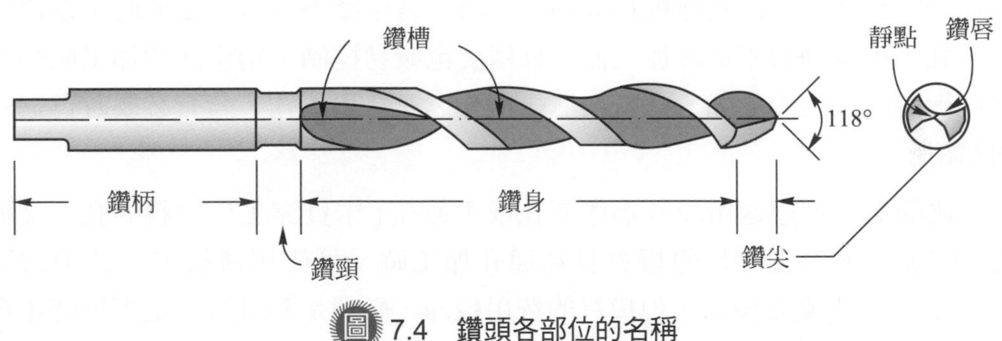

圖 7.4　鑽頭各部位的名稱

鑽削時切削速度 (V，m/min) 的定義和車削相類似，即 $V=\dfrac{\pi DN}{1000}$，其中的 D 為鑽頭直徑 (mm)，N 為主軸每分鐘旋轉數 (rpm 或 rev/min)。常見的雙刃鑽頭的進給 (f，mm/rev) 是指鑽頭每轉一圈，同時向工件內部的移動距離，故鑽頭每刃的進給為 (1/2) f。進給率 f_m (mm/min) 等於 $f \cdot N$。鑽削的材料移除率 Q (mm^3/min) 可表為 $Q=\dfrac{\pi D^2}{4}\cdot f_m$。

7.4 製孔方法

鑽削加工是最常見的製孔方法，但它是屬於粗加工。對於孔內壁表面的平滑度、形狀或尺寸精度要求較高的孔，則需再進行搪孔 (Boring) 及鉸孔 (Reaming) 等後續加工，甚至進一步使用內部研磨 (Internal grinding)、搪磨 (Honing) 或拋光 (Polishing) 等超精密加工方法方能達成。

搪孔是利用單刃或多刃搪孔刀具，將工件中已存在孔的內孔壁材料進一步去除，使孔徑擴大的一種精密加工方法。搪孔刀可裝置在鑽床、車床或銑床上來執行搪孔工作，但對於大型或特殊形狀的工件，則必須在搪床 (Boring machine) 上加工，才可以得到較精確的尺寸，且加工效率也較高。此時，通常工件是固定的，搪孔刀做旋轉運動和進給運動。此外，搪床也可做車平面、車端面、車凹槽、車螺紋等工作。常見的搪床有臥式、立式和工模搪床等，將於第八章中再加以說明。

鉸孔是使用圓柱形或圓錐形的鉸刀，它通常具有兩條或多條的螺旋形或直線形的排屑槽，執行和搪孔相類似的工作。惟加工方式為鉸刀及工件同時做相對旋轉主運動，鉸孔可使用與鑽削相同的工具機。若生產率不是很重要時，選擇使用手工鉸孔，可得到較平滑的加工面，且精度也較易控制。精密孔的加工順序為先以中心衝定位孔的中心點，再依次進行鑽孔、搪孔和鉸孔，若有必要時再進一步使用超精密加工。

上述的加工程序適用於圓形的通孔或不通孔 (未貫穿工件材料的孔，又稱為盲孔) 的加工。若工件是薄板材且為通孔加工時，可使用薄板加工法中的沖孔 (Piercing)，其生產率極高，但模具的費用較高，必須是產量有一定規模時才合乎經濟效益。

拉削 (Broaching) 可用於製作工件各型式的外表面或各種形狀的內孔，使用立式或臥式的拉床 (Broaching machine)，以推或拉的方式移動拉刀或工件，使其產生相對運動達成切削作用，拉床的種類將於第八章中再加以說明。拉刀是指由一系列尺寸漸增的連續切齒所構成的條狀刀具，在完成一次加工操作過程後即可得到所要的工件形狀及尺寸，如圖 7.5 和圖 7.6 所示。拉削加工的優點有生產率高、加工面精度高、刀具壽命較長和適用於自動化生產。缺點有拉削不適合做大量材料的切除；機器的剛性及工件的夾持要能承受拉削的作用力，因而增加設備成本；拉削的孔徑不可小於 10 mm，但也不可大於 80 mm；和拉刀的構造複雜，製作費用高，故不適合於小量生產。

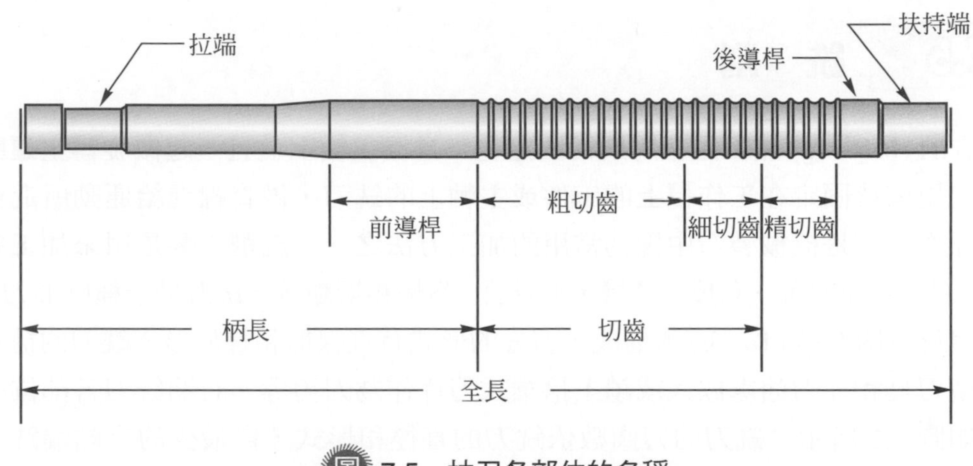

圖 7.5　拉刀各部位的名稱

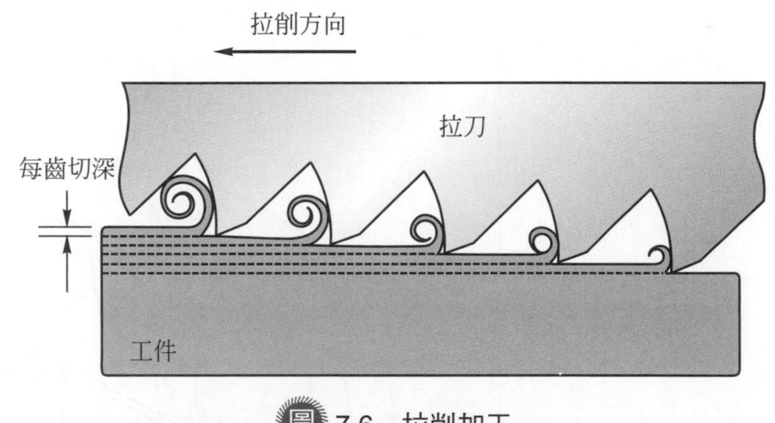

圖 7.6　拉削加工

製孔方法中的車床鑽孔已敘述於前。此外，也可使用銑削加工方法中之端銑刀銑製圓孔，將於第 7.5 節中敘述。插床的插刀切削加工則可用於製造方孔、多邊形孔或不通孔，將於第 7.6 節中敘述。

遇到小孔徑的深孔、夾持困難的工件或難切削材料的孔加工時，可使用非傳統加工方法中的雷射束、電子束、水噴射、磨料噴射、放電、放電線切割、超音波、電漿、化學蝕刻、電化學等進行各類型的製孔操作，將於第十一章中再加以說明。有時也可使用氧乙炔氣或電弧切割方法，甚至以人工剪裁方式對薄板材進行孔的加工。當以鑄造或粉末冶金 (將於第十一章中再加以介紹) 方法製造時，可利用砂心等，在產品中預先留出空孔的位置及大小。

7.5 銑 削

銑削 (Milling) 加工是指將銑刀固定在工具機主軸上並且一起做旋轉主運動，同時利用夾持固定在工作檯上的工件或主軸上的銑刀，做直線進給運動所進行的切削操作，它是機械製造中極為常用的加工方法之一。銑削主要是用來加工各種平面、曲面、垂直面、角度、溝槽、成型面、齒輪和切斷等。銑刀是一種圓形刀具，由刀體及多個刀齒 (Tooth) 所構成，刀齒的形式有直線形和螺旋形。銑刀的構造有整體型刀具和在刀齒處嵌入或鎖上捨棄式刀片作為刀刃等。有關銑刀各部位的名稱，如圖 7.7 所示。銑刀的刀齒數依銑刀的直徑和形式，自最少的二齒端銑刀到超過八十齒的鋸割銑刀而有不同的數目。

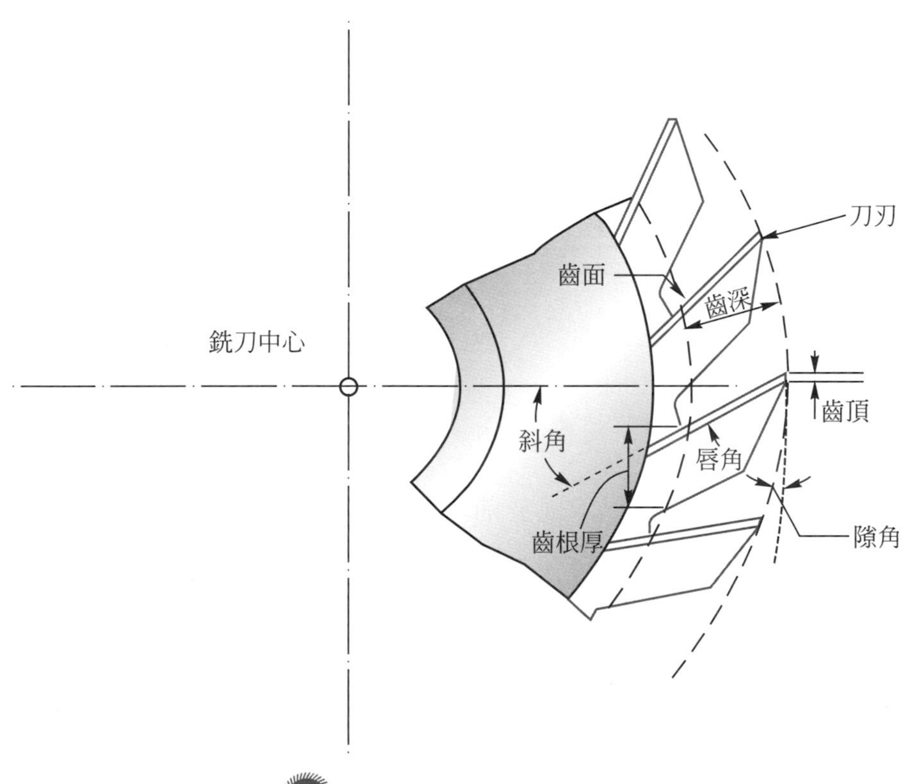

圖 7.7　銑刀各部位的名稱

銑削的基本操作可分為兩大類型，即周邊銑削 (Peripheral milling) 和面銑削 (Face milling)，如圖 7.8 所示。

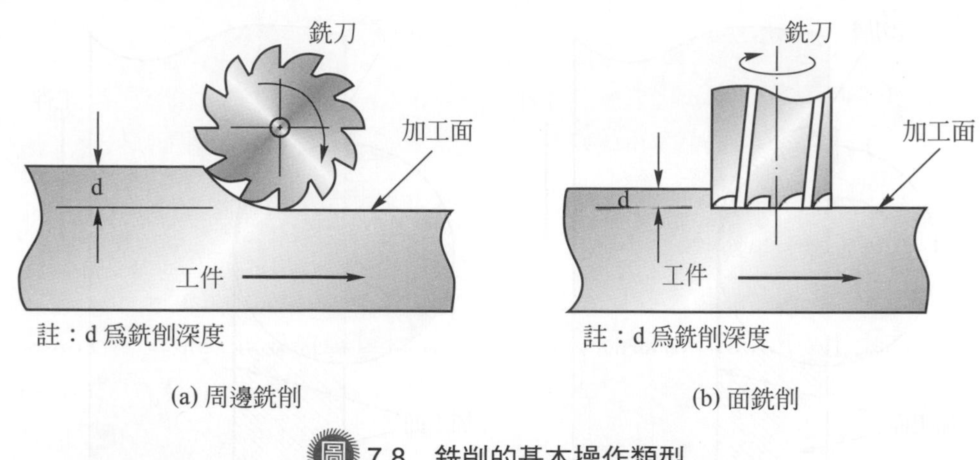

圖 7.8　銑削的基本操作類型

一、周邊銑削

又稱為平板銑削 (Slab milling)，工件的銑削加工面通常與銑刀旋轉軸 (即銑床主軸) 平行，銑削加工面的外形與銑刀的輪廓有直接關係。大都用於主軸為水平放置的臥式銑床。

二、面銑削

工件銑削面大都為平面，且通常與銑刀旋轉軸垂直，加工面形狀與銑刀輪廓無直接關係。面銑削可在立式銑床或臥式銑床上操作。若加工狀況許可下應儘量採用面銑削的方式加工。

根據銑削中銑刀旋轉方向與工件移動方向的關係，可分為逆銑和順銑兩種方法，如圖 7.9 和圖 7.10 所示。

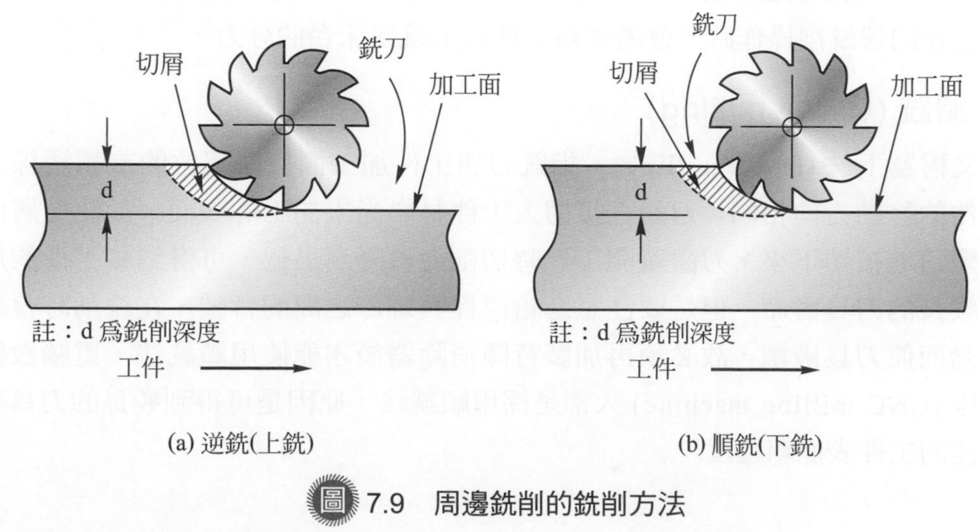

圖 7.9　周邊銑削的銑削方法

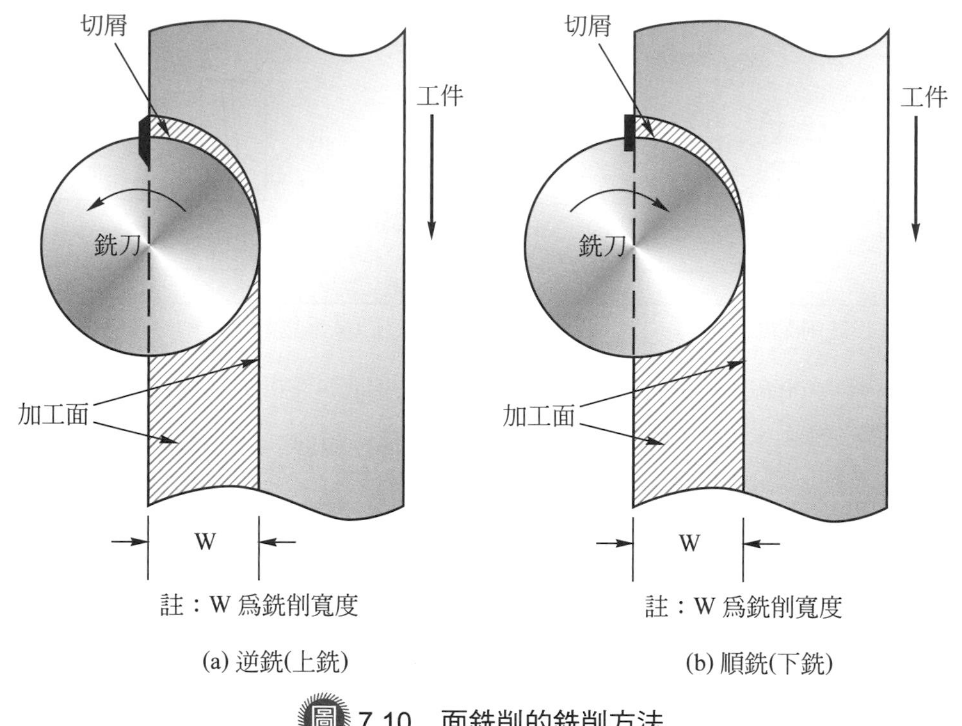

圖 7.10　面銑削的銑削方法

一、逆銑 (Conventional milling)

又稱為上銑 (Up milling)，指銑刀與工件加工面接觸部位的旋轉切線方向和工件的移動方向相反。刀齒先在已加工表面上滑動一段距離後，才與待切除工件的材料接觸，切屑被刀齒由薄而逐漸變厚地切下來。逆銑為長久以來即被普遍使用的傳統銑削方法，主要是可使銑床上進給螺桿與螺母之間的背隙 (Backlash) 消除，因而銑削作用較穩定。缺點則為銑刀刀齒的磨耗較快，並會影響已加工面的粗糙度。且在周邊銑削操作時，會產生將工件往上挑離床台的分力。

二、順銑 (Climb milling)

又稱為下銑 (Down milling)，指銑刀與工件加工面接觸部位的旋轉切線方向和工件的移動方向相同。刀齒直接切入工件材料尚未加工的表面，促使切屑由厚逐漸變薄地被切下來。刀齒離開工件時切削力會降到最低，可得到較平滑的加工面和較長的刀具壽命。但是要注意進給導桿與螺母之間的背隙，在銑削時會造成大振動而使刀具破壞，故必須再加裝背隙消除器後才能使用順銑法。電腦數值控制銑床 (CNC milling machine) 大都是採用順銑法，原因是可得到較長的刀具壽命及較佳的工件表面粗糙度。

銑刀的形式依其使用目的及刀齒的外形和位置等可分為：

一、平銑刀 (Plain milling cutter)

又稱為普通銑刀，為圓柱形或圓盤形具中心孔和鍵槽，使用時裝置於心軸上。刀齒分佈在銑刀圓周面上，可以是直齒或螺旋齒，齒形平行或斜交於銑刀的軸線，刀齒在平銑刀的圓周面上有刀刃，但在兩個端面上並無刀刃。通常用來銑削平面。操作時銑刀旋轉軸平行於工件加工面，如圖 7.11(a) 所示。

(a) 平銑刀銑削平面

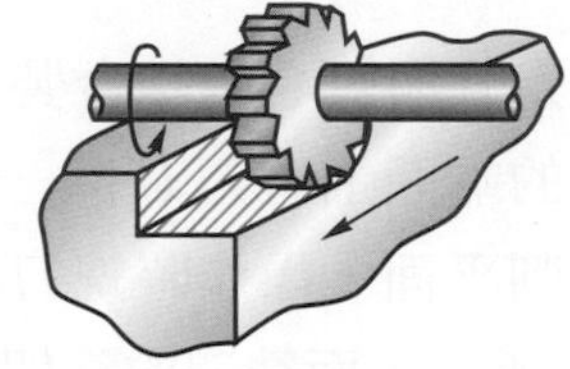

(b) 側銑刀銑削水平面和垂直面

(c) 角銑刀銑削角形槽

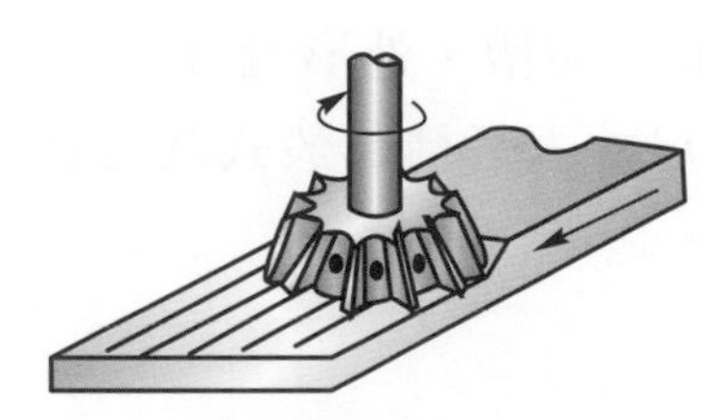

(d) 面銑刀銑削平面

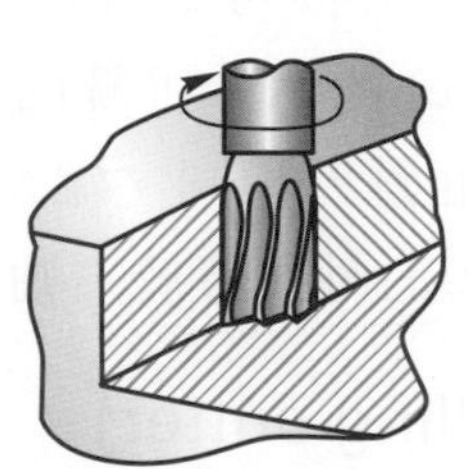

(e) 端銑刀銑削水平面和垂直面

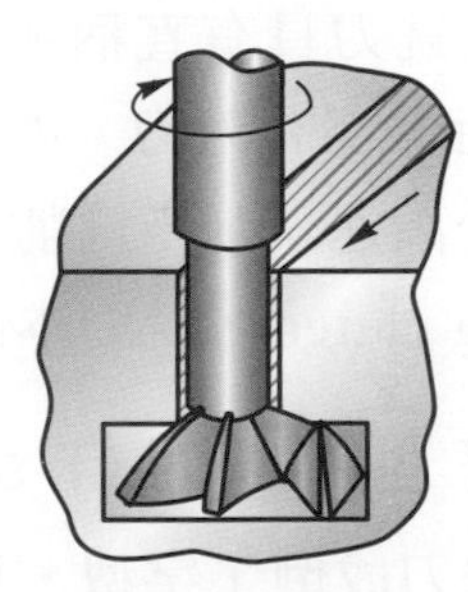

(f) T 型槽銑刀銑削 T 型槽

7.11　銑刀形式及銑削操作

二、成型銑刀 (Form milling cutter)

成型銑刀與平銑刀類似，惟刀齒被製成與零件輪廓相同，可直接銑削出所要的工件外形，例如凹面、凸面、圓角、齒輪或其他特殊形狀等。銑削方式與平銑刀相同。

三、側銑刀 (Side milling cutter)

側銑刀與平銑刀類似，但側銑刀的刀齒不僅在其圓周面上有刀刃，在端面上也有刀刃，可同時銑削工件的水平面和垂直面，如圖 7.11(b) 所示。銑削方式與平銑刀相同。

四、角銑刀 (Angle milling cutter)

角銑刀與平銑刀或側銑刀類似，但外形為錐形，用以銑削鳩尾槽、V 型溝槽或斜面等，如圖 7.11(c) 所示。銑削方式與平銑刀相同。

五、開縫鋸 (Slitting saw cutter)

開縫鋸與平銑刀或側銑刀類似，但刀具厚度較薄，一般小於 5 mm，用以銑削窄、深的槽或鋸割材料。銑削方式與平銑刀相同。

六、面銑刀 (Face milling cutter)

銑刀的刀體是利用螺紋等方式與短心軸結合裝置於主軸上。刀齒分佈在銑刀本體的底部，且刀齒在面銑刀的端面上有刀刃，一般使用捨棄式刀片鎖在刀齒上做為刀刃。面銑刀專門用於銑削平面，操作時銑刀旋轉軸垂直於工件加工面，此點與平銑刀不同，如圖 7.11(d) 所示，面銑刀的銑切量大於平銑刀。

七、端銑刀 (End milling cutter)

端銑刀具有直柄或錐度柄。刀齒可為直線形或螺旋形，在端銑刀的端面及圓周面上都有刀刃，如圖 7.11(e) 所示。可銑削平面、切槽、外形輪廓等，尤其適用於高速銑削。銑削方式與面銑刀相同。端銑刀尺寸大者稱為殼式銑刀 (Shell milling cutter)，銑刀本體利用短心軸裝置於主軸上。

八、T 型槽銑刀 (T-slot milling cutter)

銑刀成倒 T 字型，具有直柄或錐度柄。在銑刀本體之底部的圓周面及端面均有刀齒，如圖 7.11(f) 所示。專門用來銑 T 型槽。銑削方式與面銑刀相同。

銑削加工的切削速度和車削加工時所使用的計算公式類似，即：

$$V = \frac{\pi DN}{1000}$$

其中，V：切削速度 (m/min)

D：銑刀直徑 (mm)

N：主軸每分鐘旋轉數 (rpm 或 rev/min)

銑刀為多鋒刀具，與車刀的單鋒刀具不同，因此進給 (Feed) 和進給率 (Feed rate) 在兩者的應用上也有區別。車削加工一般使用進給 (f)，銑削加工則根據工件材料、銑刀材料、切削深度和加工面表面精度的要求等，先決定出進給率 (f_m) 的大小，並據以推算出主軸每轉一圈，銑刀上每齒的進給 (f_t)，其關係式為：

$$f_m = f_t \cdot n_t \cdot N$$

其中，　f_m：進給率 (mm/min)

f_t：每齒的進給 (mm/ 個 rev)

n_t：銑刀齒數 (個)

當進給率決定後保持不變時，銑刀每齒的進給視銑刀的齒數和主軸每分鐘旋轉數而定。銑削的材料移除率 (Q，mm^3/min) 可表為：

$$Q = W \cdot d \cdot f_m$$

其中，　W：銑削寬度 (mm)

d：銑削深度 (mm)

銑削與車削的特性相近，增加切削速度、每齒進給和切削深度都會增加材料移除率，但刀具壽命也隨之減少。其中，切削深度對刀具壽命的影響最小，故考慮兼顧刀具壽命和材料移除率時，宜儘可能地使用較大的切削深度。

銑床 (Milling machine) 的種類有主軸水平裝置的臥式 (Horizontal) 又稱普通 (Plain)、主軸垂直裝置的立式 (Vertical)、龍門 (Planer)、萬能 (Universal)、工具 (Tool)、靠模 (Profile) 等銑床，和綜合加工機 (Machining center) 等，將於第八章中再加以說明。

7.6 鉋　削

鉋削 (Shaping and Planning) 加工是指刀具與工件之間的主運動為直線往復式的相對運動，工件或刀具在垂直於主運動的方向上做間歇性的進給運動以進行切削加工。鉋削主要是用於加工平面、溝槽或曲面等。鉋削的刀具為單鋒刀具，在進行切削時為直線運動，切削力集中於主刀刃口部位，故需採取較小的端讓角以增加主刀刃口的強度，因此一般車刀的端讓角是 8° 左右，鉋刀則為 4° 左右。鉋削是近似於正交切削的一種，整個切削過程為間斷式，通常在切削行程時刀具對工件實施切削作用，當鉋刀通過略大於工件欲切削長度的行程後，刀具停止並稍微舉高離開加工面，然後快速退回到開始進行切削的位置，稱此為回程。接著工件橫向移動一個進給量，再繼續鉋削作業。因為刀具有正向及反向的直線運動，要使刀具加速或停止需克服其慣性力，且在切削過程中有衝擊現象，故切削速度受到限制。又當鉋刀回程時，並沒有切削功能。雖然使用急回機構 (Quick return mechanism) 來縮短回程時間，但仍然會浪費加工時間。所以鉋削的加工效率較低，加工精度也不高。在大量生產時，常使用銑削、拉削或磨削等取代鉋削。然而，鉋刀的製造及研磨較為簡單、鉋床較便宜、鉋削操作容易等，則是鉋削的優點。又因鉋削的作用方式簡單，在工件加工面的表層上不易引起內應力，此點為鉋削值得受到重視之處。

採用鉋削加工的工具機有牛頭鉋床 (Shaper)、龍門鉋床 (Planer) 和插床 (Slotter) 等三種形式。

一、牛頭鉋床

用於加工中、小型工件，工具機本身體積較小，將工件固定於工作檯上，鉋刀做直線往復運動進行切削。在刀具回程時，工作檯作橫向移動一個進給量，如圖 7.12(a) 所示。牛頭鉋床大多使用曲柄及搖擺臂機構傳動，鉋削過程中切削速度變化而不固定。可用於切削水平面、垂直面、斜面、凹槽及成型仿削等。

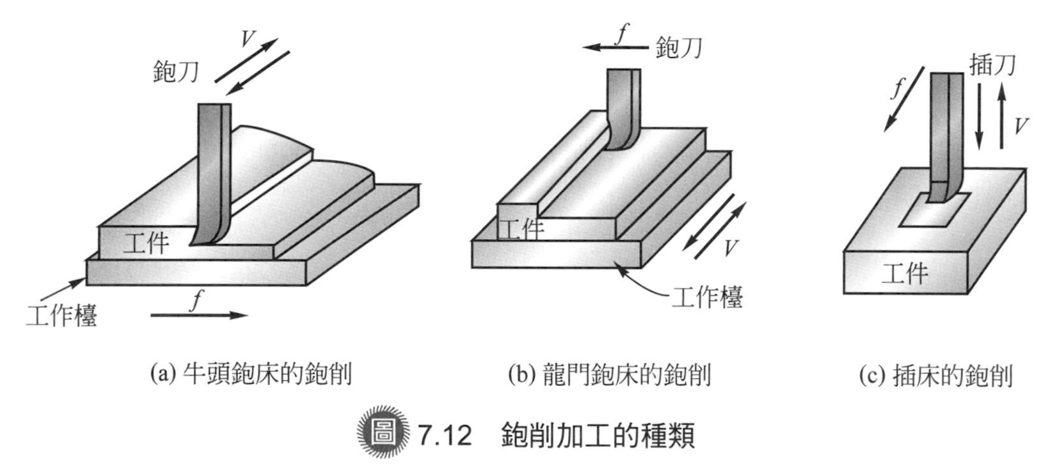

圖 7.12　鉋削加工的種類

二、龍門鉋床

用於加工大型工件，工具機本身體積較大。工件固定於工作檯上，工作檯做直線往復運動，而鉋刀在切削行程時保持固定不動，在工作檯回程時刀具才做橫向移動一個進給量，如圖 7.12(b) 所示。龍門鉋床大多使用齒輪或液壓傳動。鉋削操作過程中切削速度近乎等速度，工作檯加速及減速的距離很短，故浪費的加工時間較少。龍門鉋床和牛頭鉋床的工作方式相似，但龍門鉋床的加工精度及生產率都比牛頭鉋床高。

三、插　床

又稱為立式牛頭鉋床，和一般臥式牛頭鉋床的差別在於插床的切削運動方向是垂直工件表面的上下直線往復運動，如圖 7.12(c) 所示。插床主要用於工件內表面的加工，例如方孔、孔內的鍵槽、內多邊形孔等，尤其適合於不通孔。但在回程時插刀會與工件已完成加工的加工面發生摩擦，使刀刃易受到磨損，或使加工面精度變差，且其生產率不高，故在大量生產具通孔的工件時已被拉削取代。

7.7 磨　削

磨削 (Grinding) 在金屬切削加工中佔有很重要的地位，尤其對工件的尺寸精確度及加工面表面精度要求很高的精密加工，或較硬材料的加工等領域中，它更是一種不可或缺的加工方法。磨削加工和其他傳統切削加工比較時的最大不同處，在於它是以磨料顆粒取代有一定形狀刀具的刀刃對工件實施切削作用，並且產生近乎粉末狀的切屑。磨削使用的主要刀具叫磨輪，通常又稱為砂輪。它是由許多堅硬鋒銳的磨料顆粒結合而形成，可切削硬度很高的工件材料。磨料顆粒每次只能從工件表面上切除極薄的一層材料，因此其加工效率不高。但磨削速度為普通刀具切削速度的 10 倍以上，故可得到良好的加工面精度。磨削產生的加工溫度很高，需使用大量的切削液來冷卻磨輪，同時也可將切屑及崩裂的磨料顆粒沖離磨輪。磨削應用的範圍很廣，各種幾何形狀的表面都可加工，例如平面、內外圓柱面、內外圓錐面、螺紋和各種成型面等。

磨輪是磨削的主要刀具，它的切削面上不規則排列著磨料顆粒，其稜角相當於一個刀刃，因此磨輪好像是具有無數個刀刃的銑刀。磨損的磨料會不斷崩裂而產生新刃直到失去作用而脫落，再露出其他的磨料，此現象稱為「自生作用」。組成磨輪的要素為 (1) 磨料 (Abrasive)：用於對工件產生磨削加工的刀刃；(2) 結合劑 (Bond)：使磨料顆粒結合成形，並使磨輪能在一定速度下旋轉而不分裂；和 (3) 氣孔 (Pore)：磨輪內的空隙，在磨削加工時，可容納加工區之粉末狀的切屑及崩裂的磨料顆粒碎片，避免它們刮傷工件的加工面，並在離開加工區時藉由切削液沖離，以維持磨削效果。磨輪的構造如圖 7.13 所示。磨輪的特性由其磨料、粒度、等級、結構、結合劑和結合方式、形狀和尺寸等因素所共同決定。

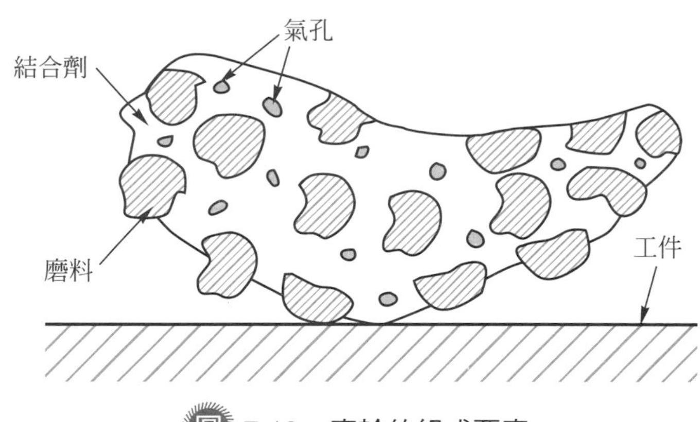

圖 7.13 磨輪的組成要素

一、磨料 (Abrasive)

磨料有天然的和人造的兩大類。通常使用的有具高硬度的氧化鋁 (Al_2O_3)、碳化矽 (SiC)、立方氮化硼 (CBN) 和人造鑽石等磨料。磨削時需配合不同工件材料的性質，選用合適的磨料種類製成的磨輪。

二、粒度 (Grain size)

磨料顆粒 (簡稱磨粒) 的大小以粒度表示，粒度號數愈大表磨粒愈細。粗加工及較軟材料加工，宜使用號數較小的粗磨粒磨輪。

三、等級 (Grade)

又稱為磨輪硬度或結合度。用以表示磨輪磨削時，磨輪保持住磨粒的能力。磨粒不易脫落者，稱為硬度高，適合於磨削軟材料。磨輪的硬度與磨粒本身的硬度完全無關，它主要是與結合劑的分佈有關。

四、結構 (Structure)

又稱為組織，用以表示磨粒結合的鬆緊程度，分為緊密、中等、疏鬆三類。磨輪結構是指磨粒、結合劑和氣孔三者所佔體積的比例。結構緊密表單位體積內磨粒含量多、磨粒間容屑空間小、排屑較難、磨輪容易堵塞住，但磨輪的外形較能保持不變，可提高加工精度和降低加工面的粗糙度。

五、結合劑和結合方式 (Bond and bonding type)

使用結合劑將磨粒結合使磨輪具有一定形狀、尺寸和硬度。結合劑配合結合方式產生磨輪的方法有黏土 (Vitrified，V) 燒結、樹脂 (Resinoid，B) 黏結、橡膠 (Rubber，R) 黏結、氧氯化鎂 (Oxychloride，Ma) 黏結、蟲漆 (Shellac，E) 黏結、水玻璃 (Sillicate，S) 燒結和金屬 (Metal，M) 黏結等。

六、形狀和尺寸 (Shape and dimension)

磨輪的形狀和尺寸是依照磨床種類、加工方法和工件的品質要求而決定。磨輪的形狀包含很多各種不同的標準形狀和標準面。磨輪的尺寸規格則以外徑、厚度和內徑來表示。

因此，要選用合適的磨輪必須依序指明磨料種類、磨料粒度、磨輪等級、磨輪結構和結合劑種類等，例如 C-36-M-7-V 是指碳化矽磨料、顆粒大小為 36 號、磨輪等級為 M、結構中等 (7)、以黏土為磨粒結合劑燒結而成的磨輪。

磨輪的磨削方式關係著磨床和磨輪種類的選用，磨床的種類將於第八章再加以說明。磨削方式可分為：

一、平面磨削 (Surface grinding)

利用平面磨床對工件的表面進行平面磨削。磨輪的旋轉軸可以是水平式 (以磨輪的圓周面磨削) 或垂直式 (以磨輪的端面磨削)，分別如圖 7.14(a) 和 (b) 所示。工件 (金屬材料) 可利用磁石卡盤吸住，工作檯的運動有迴轉式和往復式兩種。

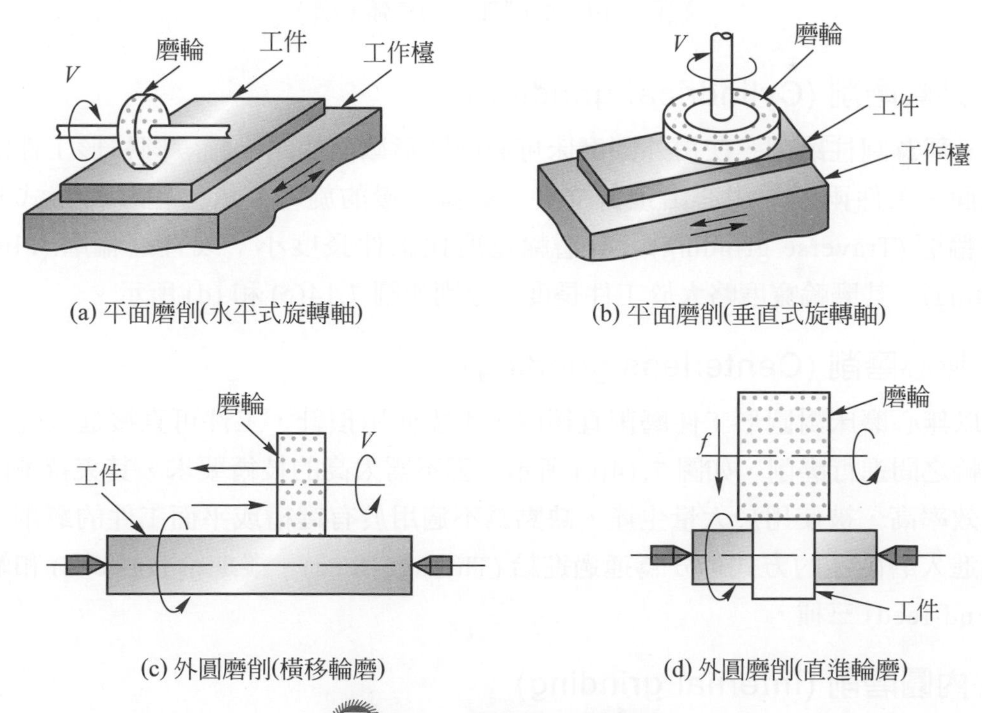

圖 7.14 磨削加工的種類

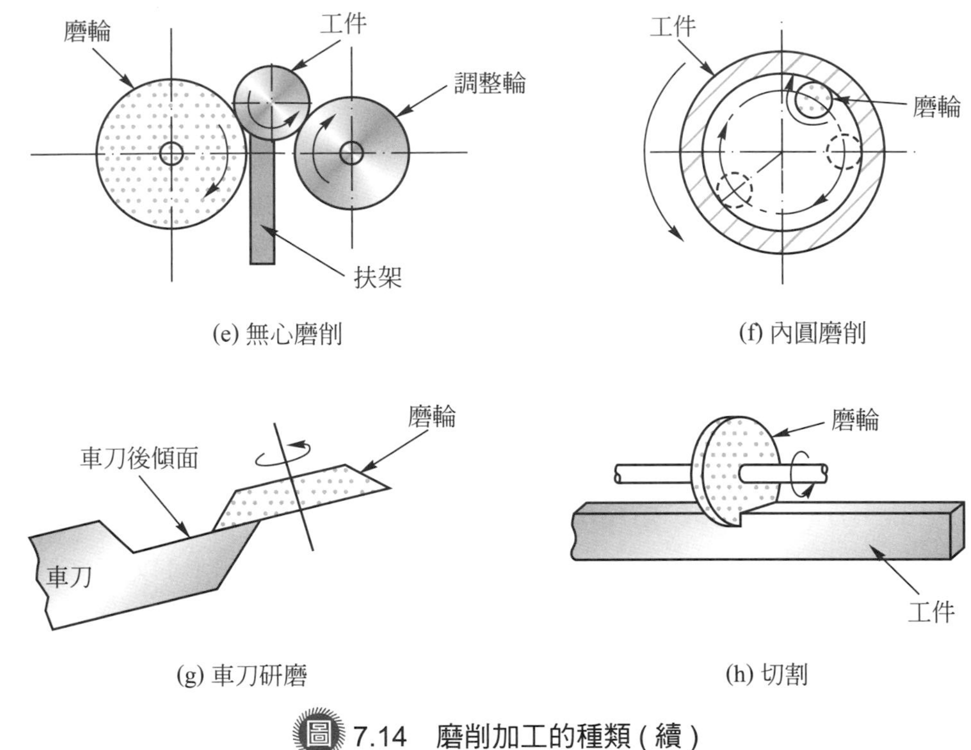

圖 7.14　磨削加工的種類 (續)

二、外圓磨削 (Cylindrical grinding)

又稱為圓柱磨削，使用外圓磨床可磨削圓形截面的銷、軸等圓柱形工件的外圓周面，工件兩頭的中心由頂針支持，並做緩慢的旋轉。依磨輪移動方式分為橫移輪磨 (Traverse grinding)，其磨輪寬度比工件長度小；或直進輪磨 (Plunge grinding)，其磨輪寬度略大於工件長度，分別如圖 7.14(c) 和 (d) 所示。

三、無心磨削 (Centerless grinding)

以無心磨床對圓形工件磨削直徑時，不需使用頂針，工件可直接進入磨輪和調整輪之間進行磨削，如圖 7.14(e) 所示。因不需太高的技術要求，其夾持穩固且加工效率高，被使用於大量生產。缺點為不適用於有鍵槽或平面工件的磨削。依工件進入磨削區的方式可分為通過進給 (Through-feed)、縱進給 (In-feed) 和端進給 (End-feed) 三種。

四、內圓磨削 (Internal grinding)

使用內圓磨床可對工件的內圓孔或內斜孔進行磨削。工件用夾頭夾持，可以是緩慢旋轉或不轉，且同時做前後移動或不動。磨輪則是高速旋轉，其心軸可以不移動或前後移動或做行星運動 (Planetary motion)，如圖 7.14(f) 所示。

五、工具磨削 (Tool grinding)

以不同形式的工具磨床，配合不同形狀的磨輪，對磨損的切削刀具，例如車刀、銑刀或鑽頭等加以研磨，使其刀刃口恢復原有的銳利狀態，如圖 7.14(g) 所示。

六、切割 (Cut-off)

以厚度很薄的磨輪對工件切割，其加工速度比用金屬鋸片鋸切更快，且可得到平滑整齊的切口，如圖 7.14(h) 所示。

磨削加工和銑削加工相類似，磨削速度和銑削速度的定義相近。磨削的進給率也是用 f_m 表示，單位為 mm/min，磨削深度 d (mm) 比其他傳統切削加工的值小很多 (約為十分之一)。磨削的材料移除率 Q (mm^3/min) 可表為

$$Q = d \cdot W \cdot f_m$$

其中，　W：磨削寬度 (mm)

由於磨削是屬於精加工，目的在得到高精度的工件加工面，較不著重於材料移除率的要求。

磨削後會在加工面上留下痕跡，若要達成超精密加工的要求時，可利用磨石、細磨粒、磨料帶或彈性輪等進行表面光製處理，加工方法有搪磨 (Honing)、研磨 (Lapping)、拋光 (Polishing)、擦光 (Buffing)、超精磨 (Super finishing) 等。另外，滾筒磨光 (Barrel finishing or Tumbling) 則是利用磨粒對工件的毛邊、氧化物、凸起、不規則處等加以磨光，可得到平滑均勻的表面，其用途很廣。

7.8 螺紋與齒輪加工

螺紋 (Screw thread) 是指在圓柱或圓錐體的外表面上 (指外螺紋) 或是孔的內壁上 (指內螺紋)，產生均勻凸起的螺旋形斷面。螺紋主要是用在扣件 (Fastener) 上，也可扮演傳遞動力或運動的功能，或做為測量儀器，或如管件的止洩、鎖緊、連結等用途。螺紋的形式已被標準化，標示系統有統一制 (UN) 和公制 (ISO) 兩種類型。螺紋規格的標示在統一制中依序為公稱尺寸 (Nominal size) 其單位為英吋、每英吋所含的螺紋數、螺紋序級符號及螺紋配合等級，例如 $\frac{1}{2}$ – 20UNF-2A。在公制中為公制螺紋 (M)、公稱尺寸 (mm)、螺紋齒距 (Pitch) 及公差等級，例如 M6×0.75-5g6g。螺紋的齒形除了一般常見的 V 型螺紋外，尚有方螺紋 (Square thread) 可承受較大的壓力，適合於傳遞動力用，其齒形無法用螺絲攻或螺絲模切削而得。鋸齒螺紋 (Buttress thread) 其齒的一面呈 45°，另一面為方螺紋，用於單方向的動力傳遞。愛克姆螺紋 (Acme thread) 在傳遞動力的效率上和方螺紋相近，但可以用螺絲攻或螺絲模等工具加工製造而得，和它相近的有螺桿螺紋 (Worm thread)。

螺紋的製造方法有使用：(1) 螺絲攻 (Tap) 加工內螺紋，(2) 螺絲模 (Die) 加工外螺紋，(3) 車床切削內螺紋或外螺紋，(4) 銑床銑削內螺紋或外螺紋，(5) 滾軋法製作外螺紋，(6) 壓鑄法 (Die casting) 鑄出內螺紋或外螺紋，和 (7) 輪磨磨削內螺紋或外螺紋等。

鉗工工作法中通常用螺絲攻做為刀具，以手工方式在工件內孔中攻製內螺紋。螺絲攻的材料主要有高碳鋼及高速鋼，其形式為具有二個或多個直槽或螺絲槽。當加工貫穿通孔時只需使用頭攻即可，若為非貫穿的盲孔 (Blind hole) 時，則需再使用二攻和三攻。螺絲攻可裝置在特定夾持器後固定於鑽床、車床或自動攻螺絲機上用以製造內螺紋。螺絲模則是用做為切削外螺紋的刀具，其作用原理及方式和螺絲攻類似。在工件生產製程中，若是用可潰式螺絲攻 (Collapsible tap) 或自開式螺絲模 (Self-opening die)，則可免除刀具退刀的步驟，即直接取出完成螺紋加工的工件，因此節省操作時間。自開式螺絲模是使用分開的鈑刀 (Chaser) 安裝於適當的裝置器上，經由精密的調整可切出精確的外螺紋。

利用機力車床的單鋒刀具 (牙刀) 幾乎可以製造所有形狀的螺紋，但其要求的操作技術層次較高且加工速度較慢，只適合於少量生產或特殊形狀螺紋的製造。在大量生產時必須用其他的加工機具，例如螺紋滾軋機、自動螺紋加工機或電腦數值控制車床 (CNC) 等。

銑床可用於製造尺寸較大的精密螺紋，利用外形和欲切製螺紋相同的圓板形銑刀，可銑切內螺紋或外螺紋。行星式銑床可用於大量生產長度較短的內或外螺紋。螺紋滾軋加工是指利用旋轉的圓滾模或往復運動的平板模對圓桿形工件，施加適當的壓力進行冷作塑性加工而得到螺紋，此過程稱為搓牙。此法適用於具良好滾軋性的材料，對於直徑較大的工件，大多採用滾軋的方法製造螺紋。螺紋滾軋加工的優點有可節省材料、保持高精度、得到較佳的表面粗糙度、又可提升工件材料的強度、具高生產率和可生產各種形式的螺紋。但其限制為只能製造外螺紋、工件本身的尺寸精度要求較高、工件材料硬度不可超過 HRC37 和少量生產時不合乎經濟效益等。壓鑄法 (Die casting) 亦可用於製造有螺紋形狀的工件，但其尺寸精度和生產率不如其他的加工方法。

輪磨可直接磨削出內螺紋或外螺紋，亦可用於精加工要求高精度及平滑表面的螺紋。

齒輪 (Gear) 是應用非常廣泛的重要機械元件 (Mechanical component)，通常是藉由與軸 (Shaft) 連結後一起轉動，用以達成可產生相對運動的機械元件間傳遞動力或運動的功能。齒輪的傳動是利用兩齒輪的齒和齒之間的共軛嚙合而達成，且彼此間並無滑動產生。齒輪的齒形有漸開線 (Involute) 外形和擺線 (Cycloid) 外形兩大類。齒輪的種類依其用途有正齒輪 (Spur gear)、內齒輪 (Internal gear)、螺旋齒輪 (Helical gear)、人字齒輪 (Herring bone gear)、斜齒輪 (Bevel gear)、戟齒輪 (Hypoid gear)、齒條與小齒輪 (Rack and pinion) 和蝸桿與蝸輪 (Worm and worm wheel) 等。

齒輪的製造方法有很多，包括各種鑄造法 (尤其是壓鑄法及包模鑄造法)、鍛造、滾軋、擠製、抽拉、粉末冶金和沖壓等。至於非金屬材料則可用射出成形法和鑄造法製造齒輪。然而，大多數金屬材料的齒輪是利用切削加工的方法製造出來，如此方可符合齒輪傳動時尺寸和表面精度的要求。利用切削加工製造齒輪的方法有成型切削 (Form cutting) 法和齒輪創製 (Gear generating) 法兩種。

成型切削法是指切削刀具本身的形狀即是齒輪上應被切除部位材料的形狀。使用銑床加工齒輪時，是將成型銑刀裝在主軸上，工件裝在分度頭上，一次加工一個齒輪之兩齒間的空隙，惟此法不適用於製造斜齒輪。拉削法用於製造高精度要求的齒輪且生產率高，但拉刀價格昂貴，在產量達到一定規模時，才合乎成本，此法常用於製造內齒輪。當齒輪的尺寸較大時，可使用單鋒刀具配合具有齒輪輪廓形狀的樣板 (Template) 導引下製造齒輪。

齒輪創製法所使用的刀具形狀並不等於齒間隙的形狀。它是利用相同徑節 (Diametral pitch) 的兩漸開線齒輪，不論其齒數多少皆可互相嚙合的原理，將一個齒輪製作成切削刀具 (或鉋刀)，然後執行類似牛頭鉋床的往復運動，逐漸將嚙合的工件材料切成共軛齒輪。刀具可為齒輪式鉋刀或齒條式鉋刀，用以製造各種形式的齒輪。若將齒條式鉋刀做成圓柱形，並在其圓周面上切出齒輪，在其軸向切出溝槽，即形成滾齒刀 (Hob)，亦可視為有槽的蝸桿或蝸輪。滾齒法 (Hobbing) 即是利用滾齒刀的旋轉運動創製齒輪的加工方法，適用於中、高產量的齒輪生產。

為求齒輪在高速運轉時，不致產生噪音及振動，並為了增加其耐磨耗性，往往需對齒輪進行精加工以得到精確的齒形和表面狀態，方可達成上述功能的要求。齒輪在熱處理之前可用刮鉋 (Shaving) 加工，即利用刮刀移除少量的材料而得到精確的齒形；或經擦亮 (Burnishing) 作用，即使用已淬火硬化的齒輪嚙合要加工的齒輪的冷作加工方式滾軋出精確的齒形。經過熱處理的齒輪，則需使用磨輪進行磨削 (Grinding)、搪磨 (Honing) 或研磨 (Lapping) 等精密加工。齒輪磨削的方法有成型法和創製法，其原理及加工過程與刀具切削類似。齒輪搪磨則是使用佈滿細磨料顆粒的膠合齒輪為刀具，可改善齒輪表面的精度。齒輪研磨則為使用黃銅或鑄鐵做成的共軛齒輪和工件齒輪相嚙合，同時先將細磨料置於兩者之齒間一起轉動，可得到品質非常好的齒輪。

一、習題

1. 金屬工件切削加工時，依工件的幾何外形可分為那兩大類別？
2. 金屬工件切削加工時，傳統切削加工常見的種類及運動方式為何？
3. 金屬工件鋸切加工之鋸齒的主要外形、排列方式及適用的材料為何？
4. 利用動力操作對金屬工件鋸切加工的主要型式有那三種？
5. 金屬工件切削加工時，車削加工可執行的工作項目有那些？
6. 金屬工件車削加工之車刀，依其應用的場合有那些不同的形狀及種類？
7. 金屬工件鑽削加工的工作內容有那些？
8. 敘述金屬工件鑽削加工之切削速度和進給的意義。
9. 金屬工件鑽削精密孔的加工順序為何？
10. 敘述金屬工件之拉削加工的特性。
11. 金屬工件銑削加工的基本操作種類為何？
12. 金屬工件銑削加工之銑刀的型式，依其使用目的及刀齒的外形和位置等可分為那些類型？
13. 敘述金屬工件鉋削加工的操作方式及其優缺點。
14. 敘述金屬工件之磨削加工的特性及使用場合。
15. 金屬工件磨削加工使用之砂輪的構造為何？決定其特性的因素有那些？
16. 金屬工件利用砂輪進行磨削後會在工件加工面上留下痕跡，若要達成超精密加工的要求時，可使用那些方法？
17. 機械零組件之齒輪的製造方法有那些？
18. 當齒輪的應用是在高速運轉需求時，製造過程中需進行那些精加工才能得到精確的齒形和表面狀態。

19. 利用鉋削、銑削或磨削對金屬工件的表面進行加工時，比較三者間適用的場合及特性。

二、綜合問題

1. 舉出金屬工件 5 種不同的加工成形製程 (需包括車削加工) 中，通常以車削加工所能得的表面粗糙度 (Ra) 範圍最為廣泛，解釋其原因。
2. 找出拉削加工可以製造的 5 種金屬工件，說明他們為何使用拉削加工比其他切削加工更具有競爭性的理由。
3. 利用高硬度的細小磨料顆粒做為工件材料移除之加工方法有：磨削 (Grinding)、研磨 (Lapping)、拋光 (Polishing)、超音波加工 (Ultrasonic Machining) 及磨料噴射加工 (Abrasive Jet Machining) 等，說明其加工機制及應用。

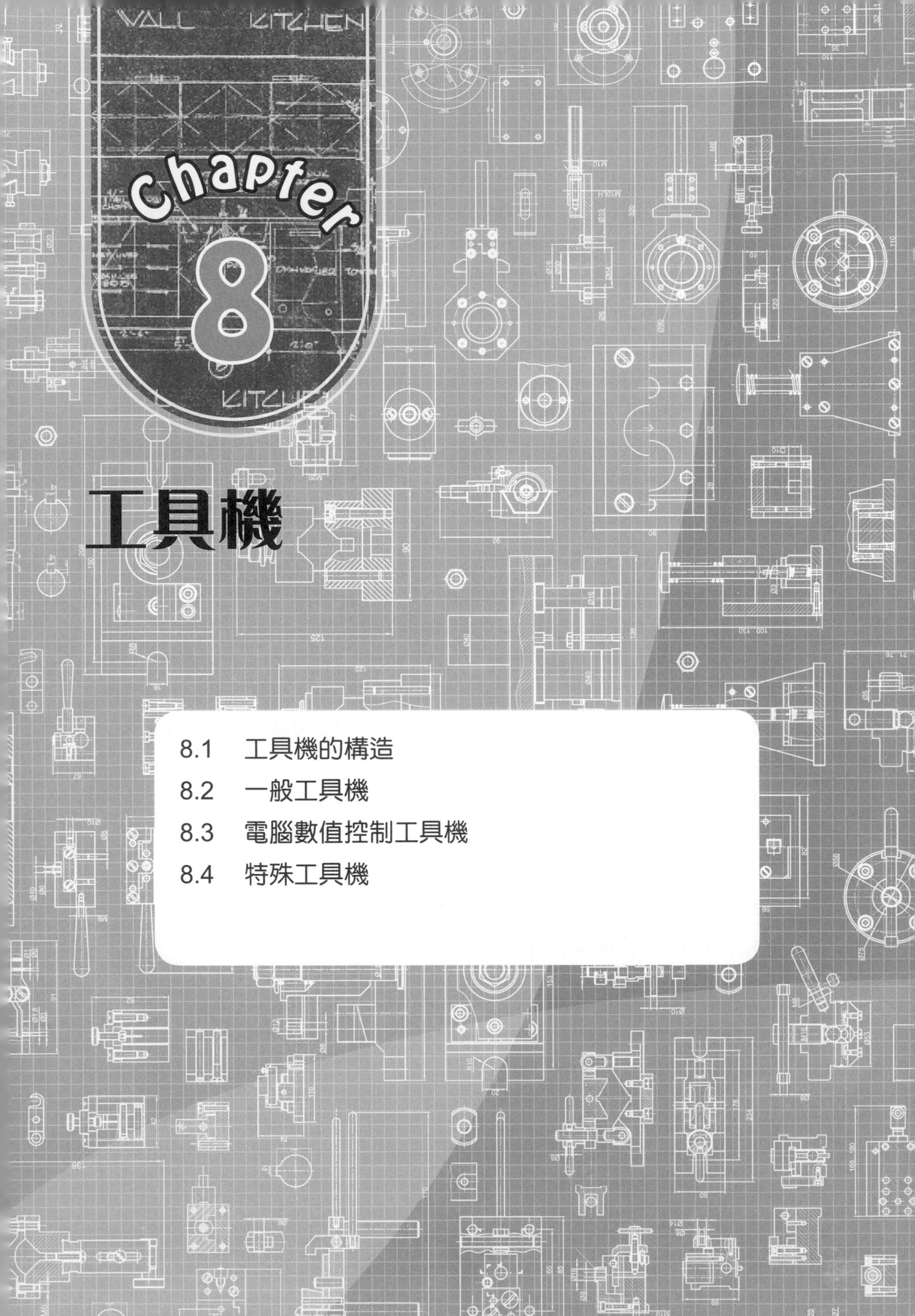

Chapter 8

工具機

8.1 工具機的構造

8.2 一般工具機

8.3 電腦數值控制工具機

8.4 特殊工具機

工具機 (Machine tool) 在製造系統中扮演著基礎而重要的角色，根據國際標準組織 (ISO) 所敘述的定義為「無論是製造出胚料或產品，有無切屑產生，將固體材料藉由一動力源的驅動，以物理的、化學的或其他的方法進行成形加工的機械」。其中，固體材料可以是各種金屬、木材、橡膠、玻璃、複合材料或石材等。成形加工機械的種類繁多，例如自動點銲機、火焰切割機、放電加工機、雷射加工機、壓鑄機、射出成形機、鉚接機、裝配機械、木工機械、鍛造機、滾軋機、沖床、車床、鑽床、銑床、鉋床、磨床、電腦數值控制綜合加工機等。然而，一般所稱的工具機，指的是狹義的定義，即加工對象的工件材料是以金屬材料為主，經由切削 (Cutting) 或輪磨 (Grinding) 等作用去除工件多餘部位的材料，因而製造出產品所要求的形狀、尺寸和表面特性的非手提式機械，亦即所謂切削作用的工具機，又稱為工作母機。

工具機可依據其特定目的或構造等，加以分類如下列所述：

一、依加工運動的方式

工具機的動力源 (例如馬達) 產生動力，使工件和刀具間產生相對運動，用以進行材料移除作用，稱此為成形運動。其中，需包括切削運動 (又稱為主運動) 和進給運動。切削運動用於產生切屑，其速度較快，有直線形式和旋轉形式兩種。進給運動用於將切削刀具推向工件材料尚未加工的部位，或將尚未加工的工件材料推向刀具，其速度較慢，一般以直線運動為主，但也可以是以曲線方式進行進給運動。

切削運動為直線形式的工具機有鉋床、插床和拉床等。切削運動為旋轉形式的工具機又可進一步分為：

1. 工件旋轉者：例如車床、搪床等。
2. 刀具旋轉者：例如鑽床、銑床等。
3. 工件和刀具同時旋轉者：例如外圓磨床等。

二、依適用範圍的程度

1. 泛用工具機 (General purpose machine tool)：又稱為泛用機，對於工件材料的種類和產品的形狀、大小及品質要求等，並沒有特別限制，且具有較大範圍的切削速度和進給，用於實施多目的加工的工具機，包含一般工具機和電腦數值控制工具機，例如普通車床、檯式鑽床、立式鑽床、牛頭鉋床、平面磨床、電腦數值控制車床、電腦數值控制磨床和電腦數值控制綜合加工機等。

2. 專用工具機 (Special purpose machine tools)：又稱為專用機，以某一種或少數幾種特定產品為加工對象的工具機。其切削速度和進給並不需要有太多的變化，並配合使用特殊設計的模具或夾具，可發揮很高的加工效率，適合於該特定產品的大量生產，例如單軸自動車床和多軸自動車床等。

三、依操作控制的方式

分為一般工具機和數值控制工具機，後者由於目前已大都採用電腦執行數值控制的功能，故直接用電腦數值控制工具機取代之。兩者主要的差別為電腦數值控制工具機是預先將加工過程中，相關的刀具或工件運動路徑和加工參數等資訊編製成程式後，存放於如磁片或電腦的記憶體中。在加工時，控制器接受程式訊號後，執行運算及處理工作，並將其結果送到伺服機構，進而驅動刀具進行加工操作。

工具機應用的趨勢是對於大量生產的單一形式產品以採用專用工具機為宜，例如自動車床。對於中量或小量生產的多樣化產品，則考慮使用電腦數值控制工具機。對於較少量產品或新開發的原型 (Prototype) 製品，則以一般工具機較為適合。產品數量與產品變化性和適用工具機的關係，如圖 8.1 所示。

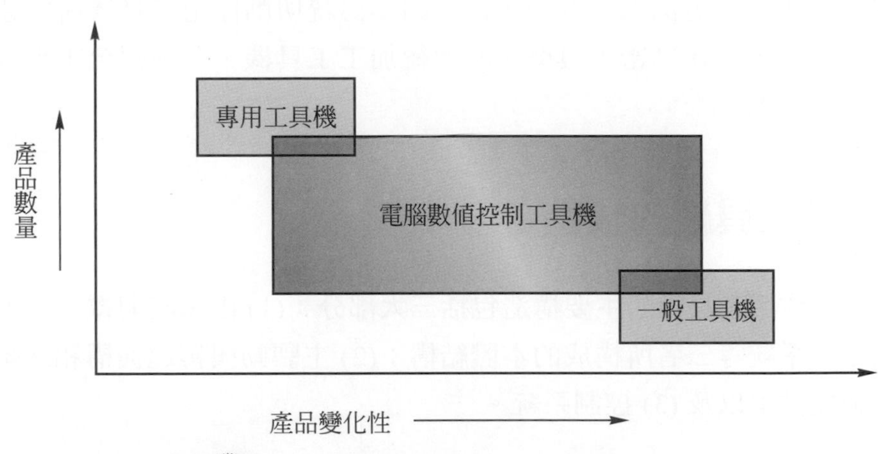

圖 8.1　產品特性與適用工具機的關係

工具機的發展主要受到下列因素的影響。

一、動力源和傳動機構的改進

驅動工具機元件運動的動力源從最早的人力，經第一次工業革命的蒸汽動力，發展到目前普遍使用的電動馬達。傳動機構方面則由皮帶塔輪至齒輪的有段變速，至伺服馬達或液壓驅動的無段變速。兩者的演進促使工具機在結構上的要求也隨之提高，方可達到穩定的高速或高效率的切削功能。

二、刀具材料切削性能的提升

新的刀具材料不斷地被開發出來，其切削性能大幅提高，因而促使工具機的主軸轉速及傳動機構也必須跟著升級才能互相配合，達成得到最佳切削效果的目的。

三、產品精度要求的提高

隨著科技文明的發展及人類生活品質的提升，對於機械製造所得產品的幾何精度和表面精度的要求較諸以往已大幅提高。因此，對工具機構成元件和整體結構的靜態及動態性能等的改良需求，是影響工具機發展的重要因素之一。

四、經濟性生產規模的要求

由於國際化市場的趨勢已形成，使已發展成熟產品的競爭日益激烈。為減低生產成本及時間，並提高生產能量及精度，促使工具機的發展趨向自動化、系統化、複合化及智能化。

五、新興工程技術的崛起

半導體、光電、通訊、生物科技、微機電系統、奈米科技等產業的發展，其產品的尺度及表面狀態的精度要求，已遠超出傳統切削作用工具機所能達成的範圍。故有各種類型的超精密工具機、非傳統加工工具機、多軸複合工具機及智能化工具機等的出現。

8.1 工具機的構造

一般切削作用工具機的主要構造包括三大部分：(1) 由床座與機架、導軌系統和主軸與軸承系統等三者所構成的本體結構；(2) 主驅動與轉速機構和進給定位等構成的傳動機構；以及 (3) 控制系統。

8.1.1 本體結構

床座與機架用於提供一穩固的基礎，做為承受工具機其他機構，或刀具切削時所產生的各種靜態及動態負荷。故對其特性的要求為需具有良好的剛性、熱穩定性、耐磨耗性和制振性等。同時要求製造容易、價格便宜、易於維護及能長期保持應有的精度。所使用的材料及加工方法以鑄鐵鑄造和鋼板銲接為主，值得注意的是許多超精密工具機使用樹脂混凝土做為床座與機架的材料。

導軌系統又稱為滑道與滑面系統，用於引導工作檯或刀座做直線或旋轉運動，同時需承受工作檯及工件的靜態負荷與切削時產生的動態負荷。對其特性要求除了與床座相同外，尚需具備高精度、低摩擦係數和具有間隙調整的功能。傳統工具機常用的導軌系統為金屬材料製成的滑動式導軌，例如常見的灰鑄鐵經鑄造而得。滾動式導軌在高速傳動時有較高的效率，並可增進定位及進給的精度。靜壓式導軌用於大型工具機或超精密工具機。若在金屬材料製成的滑動式導軌外面被覆一層非金屬材料，則可大幅改善其特性要求，又最合乎經濟性，目前已普遍應用於各類型工具機。

主軸與軸承系統的功用是做為刀具或工件在切削時的支撐，使切削運動能保持一定的準確度。對其特性要求為剛性要大、精度要高、可達到特定轉速的要求、熱變形要小及需合乎經濟考量等。主軸與軸承本身及兩者間配合的精度是決定工具機性能的關鍵因素，尤其在製造產業朝向精密製造及高速化加工的趨勢發展時，它們所扮演的角色更是佔有舉足輕重的地位。

8.1.2　傳動機構

工具機之所以能有效且具經濟性地發揮其功能，是在於它具備有適當的主軸轉速及進給傳動機構，用以產生所需的切削速度和進給。由於在切削加工中，切削速度和進給是最具關鍵性的加工參數，選用時需考慮工件材料、刀具材料、刀具幾何形狀、加工方式、是否使用切削液和工具機性能等。一但選定後應用於切削操作，其結果將影響到加工完成後的工件品質、刀具壽命、製造成本、生產率，甚至安全問題等。

切削速度和主軸旋轉速度的關係已於第七章中敘述過。加工時為因應不同的切削狀況，會有不同的切削速度要求，因此需在主軸旋轉速度的使用範圍內加以調整並設定成適當的分段。主軸轉速分段的方式可分為有段變速和無段變速兩種類型。

有段變速是將馬達供應的轉速先利用變速機構改變後，用來帶動主軸轉動。為保持最佳切削速度，但是又受限於轉速的分段數目不可能太多，通常有算術級數 (等差級數) 分段和幾何級數 (等比級數) 分段兩種，但以後者的效果較佳。故工具機若採用有段變速機構時，其轉速改變原則皆以幾何級數分段為基準。有段變速機構的種類有皮帶塔輪組、變換式齒輪、拉鍵式齒輪、移動惰輪式齒輪、離合器式齒輪和叢集式齒輪等變速機構。

無段變速機構則可提供連續式的轉速改變，且在變速過程中不會產生跳動衝擊的現象。其基本形式有皮帶式、鏈輪式和金屬摩擦式。

目前工具機絕大多數是使用馬達 (又稱為電動機) 做為動力源來驅動各種傳動機構。為簡化傳動機構的構造，馬達已改為使用直流式或三相交流式，以及可做無段變速的調節，其中並以三相交流感應馬達的應用最為廣泛。然而，在電腦數值控制工具機中，普遍採用伺服馬達，原因是其速度控制性最佳，且變速範圍可達到 1：2000。

液壓傳動機構亦可用於驅動工具機的主軸旋轉和進給運動。此種機構可產生低噪音的無段變速，但傳動用液壓油在加工一段時間後溫度會上升，可能造成工作精度降低的問題。

進給定位傳動機構常用者有螺桿驅動、齒輪與齒條驅動和蝸桿與齒條驅動等三種方式。其中以螺桿的應用最為廣泛，它可將旋轉運動改變成為直線運動，且適用於慢進給及高傳動精度的要求。螺桿的種類有早期採用的滑動螺桿，具高定位精度及良好傳動效率且適用於高速運動的滾珠導螺桿，和使用於大型工具機的靜壓導螺桿。

在長行程的進給時，使用長螺桿可能會有挫屈 (Buckling) 現象發生，故可改用齒輪與齒條驅動。蝸桿與齒條結合液壓靜壓裝置可產生甚大的驅動力，用於大型工具機的進給驅動。

8.1.3 控制系統

工具機的控制是指對工件與刀具在加工時相對位置的控制、切削運動和進給運動的方式及其速度的控制、刀具轉換的控制和有關輔助加工的控制 (例如切削液開關及裝卸料的控制) 等。目前除了少數以人工手動方式控制的一般工具機外，大部分的工具機已改採用自動控制，包含利用機械式的凸輪 (Cam) 控制、齒輪及拉桿控制、液壓控制等，以及最為普遍的電動控制。電動控制中用以產生自動控制指令的方式有：

一、順序程式控制 (Sequence program control，SPC)

利用工作檯移動時，當裝置於其旁的擋板碰觸到極限開關 (Limit switch) 後，傳出訊號至程式控制裝置，再配合預先設定好的程式，發出控制指令，依序進行加工。最常使用的順序程式控制裝置是利用微處理機 (Microprocessor) 的可程式邏輯控制器 (Programmable logic controller，PLC)。

二、仿削控制 (Tracer control，TC)

利用追蹤器 (Tracer) 不斷與產品相同形狀的模型表面接觸並輸出訊號，以仿削控制器來驅動馬達進行複製方式的加工。

三、數值控制 (Numerical control，NC)

將各種加工控制指令預先編製成程式，記錄於適當的記憶體中，經數值控制器讀取後，進行自動控制加工。數值控制為目前絕大多數自動化工具機所採用的控制方式。

控制系統是將各控制單元連結成一整體架構，用以提供所期望的系統響應。自動控制系統的種類包括：

一、開迴路控制系統 (Open-loop control system)

當伺服馬達或其他驅動裝置，例如凸輪、連桿、液壓缸等，驅動工作檯或刀具到定位後，並沒有回饋裝置產生訊號，亦即無法確認此位置是否為所預定的目標位置，如圖 8.2(a) 所示。因此，若有誤差也沒有辦法立即得知可以及早修正，故系統控制精度較差，目前已很少有數值控制工具機採用此種控制系統。

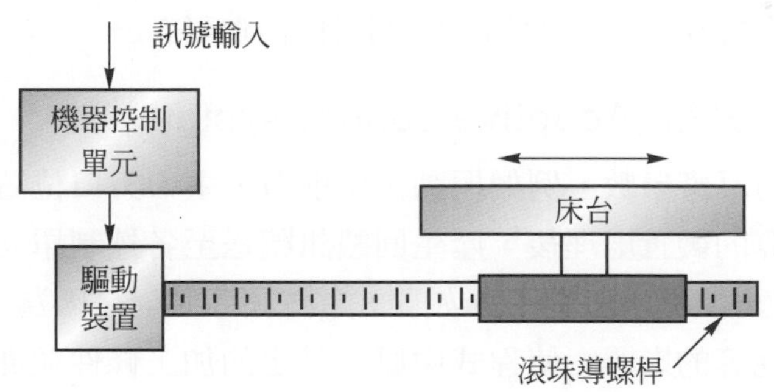

(a) 開迴路控制系統

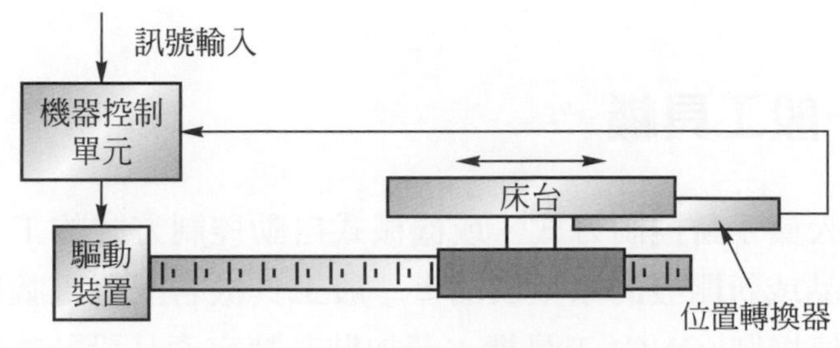

(b) 閉迴路控制系統

 8.2　自動控制系統的種類

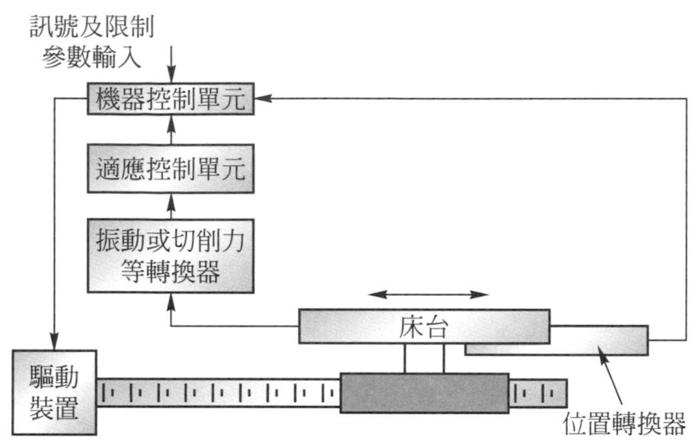

(c) 適應性控制系統

 8.2　自動控制系統的種類 (續)

二、閉迴路控制系統 (Closed-loop control system)

在開迴路控制系統中加裝回饋裝置，經由監視器的檢測，若實際值與設定值發生誤差時，即將誤差值送回機器控制單元，再由控制單元發出修正訊號給驅動裝置進行修正，如此反覆進行直到誤差值為零，如圖 8.2(b) 所示。因此其控制精度較好，大部分的數值控制工具機是採用此種控制系統。

三、適應性控制系統 (Adaptive control system)

加工進行中的反應參數，例如振動、切削力、主刀刃口位置等的測量值，經裝設有最佳化演算的裝置處理後，產生回饋訊號送至各控制單元對原設定的加工條件進行調整再送出驅動修正指令，如圖 8.2(c) 所示。這是因為加工中材質變動、熱變形或刀具磨耗等的影響，使程式中原先設定的加工條件並非最佳值，故利用此種即時修正的控制方式來獲取最佳的加工品質。惟目前使用的數值控制工具機尚未採用適應性控制系統。

8.2 一般工具機

指依靠操作人員手動控制方式，或機械式自動控制方式的工具機，主要用於製造較少量的產品或新開發的原型製品。一般工具機若配置電腦數值控制系統，即可成為電腦數值控制 (CNC) 工具機；若加裝為特定產品設計的附屬裝置，即可成為專用工具機；若改裝一部分的機構使具更高性能時，即可成為高速工具機或超精密工具機等。

有關一般工具機可執行的工作內容、運動型態、使用的刀具形式和配合的加工條件等，已分別敘述於第七章中。本節針對其主要的構造、附屬裝置和種類加以介紹。

8.2.1 車　床

車床主要是利用單鋒刀具對圓形截面工件進行切削操作的工具機，為使用歷史最久且最普遍的切削加工機器。車床的規格通常是指它所能切削工件的最大旋轉直徑 (又稱為旋徑)、頭座與尾座頂心之間的最大距離和床座長度等。車床的主要構造是由頭座 (Head stock)、刀具溜座 (Carriage)、尾座 (Tail stock)、床座 (Bed) 和進給及切螺紋機構 (Feeding and thread-cutting mechanism) 等五大部分所組成。

頭座位於操作者面向車床的左側，內部裝配有主軸與軸承系統及傳動機構，主軸為一中空圓桿，並可藉由裝置筒夾或夾頭等來帶動工件做旋轉運動。刀具溜座包含鞍架、護床、橫滑台、複合刀具滑台和刀架等，用以夾持並導引刀具在床座的導軌上做往復運動。尾座安裝於操作者面向車床的右側，可以沿著床座上的導軌移動，其功用為裝置頂心支持工件的右端，或在尾座筒夾內裝上鑽頭或鉸刀等進行直線往復運動做鑽孔或鉸孔的加工。床座是用來支撐頭座、刀具溜座和尾座等機構及其他附屬裝置，而導軌則位於床座上。進給及切螺紋機構位於頭座的下方，用以提供縱向進給、橫向進給和螺紋切削進給等三種進給運動。

車床主要的附屬裝置有三爪夾頭 (Chuck)、四爪夾頭、組合夾頭、電磁夾頭和液動夾頭等用以夾持一般工件。筒夾 (又稱為套筒，Collet) 用於夾持短小的圓柱形工件。面板 (又稱為花盤，Face plate) 用於夾持大型工件或不規則形狀的工件。頂心 (又稱為頂針或頂尖，Center) 有固定式及活動式，可裝在尾座或與雞心夾頭 (又稱為牽轉具，Lathe dog) 配合裝在頭座，用於支持工件的旋轉中心。扶架 (Rest) 用於支持細長的工件，避免工件產生撓曲現象，有底部固定在床座上的穩定扶架 (又稱為中心架)，和裝設在刀具溜座上並隨之移動的從動扶架。

車床依其適用的加工場合及控制方式等被設計成不同的類型，一般分為：

一、普通車床

又稱為機力車床 (Engine lathe)，即一般機械工廠中最常見的車床。

二、檯式車床 (Bench lathe)

又稱為鐘錶車床 (Watch lathe)，用於切削小型、精密的工件。尺寸和馬力都比普通車床小。

三、六角車床

又稱為轉塔車床 (Turret lathe)，係將普通車床的尾座改成六角形刀架 (亦可改為多角形或圓形刀架)，刀具依加工次序固定於刀架上，可減少刀具裝卸的時間，應用於加工大量生產的工件。

四、自動車床 (Automatic lathe)

此種車床是利用凸輪控制的原理，可自動送料、裝卸工件、轉換刀具、進刀或退刀運動及進刀量的調整轉換、工件的轉速及轉向的變換以至停機，都不需要人工直接操作。依其夾持工件的主軸數可分為單軸自動車床和多軸自動車床，皆使用於更為大量生產的場合。

五、靠模車床 (Copying lathe)

當普通車床利用其加裝的靠模裝置對樣板、模型或實物的輪廓直接接觸後，產生訊號用以控制刀架帶動刀具移動，因此可以切削出與仿製品相同輪廓的工件。靠模裝置有機械式、液壓式和電動式。

六、立式車床 (Vertical lathe)

主軸呈垂直方式裝置的車床。工件夾持於可水平旋轉的工作檯上，固定刀具的鞍架裝置於橫樑上，可沿其導軌左右移動。橫樑則架設在機柱上，且可沿其導軌上下移動。立式車床適用於對長度短而直徑大的重型工件，進行平面切削、內外圓周切削或搪孔等。

8.2.2 鑽　床

鑽床是利用鑽頭在工件上進行圓孔加工的工具機，為一種執行單一目標的簡單機器。機械製造程序中，製孔作業的數量極為龐大。整體而言，其他加工方法都不如鑽床對鑽孔加工的優勢，故鑽床和普通車床同為機械工廠中最為普遍的工具機。鑽床甚且成為家庭用品等級的機器，常被用在維修方面的工作。

鑽床的主要構造包括床座 (底座)、直立的機柱、主軸、轉速機構、進給機構和工作檯等。鑽床的規格是以可鑽削的最大孔徑、旋徑、床座大小、主軸下端到床座面的距離等加以描述。鑽床主要的附屬裝置有鑽頭夾頭 (Drill chuck) 用於夾持直柄鑽頭，鑽頭套筒 (Drill sleeve) 用於夾持錐度柄鑽頭，和虎鉗 (Vise) 用於夾持工件。

鑽床依其構造和加工目的可分為：

一、檯式鑽床 (Bench drilling machine)

又稱為靈敏鑽床 (Sensitive drilling machine)，是指裝在工作桌上使用的小型鑽床。構造簡單、主軸轉速高，通常以手動方式控制鑽頭的軸向進給運動。

二、立式鑽床 (Upright drilling machine)

與檯式鑽床類似，但比較大型且加工尺寸範圍較廣，鑽頭進給方式可為手動或自動方式。

三、旋臂鑽床 (Radial drilling machine)

指裝設有可繞直立機柱旋轉的旋轉臂，並在其上安裝可水平移動主軸的鑽床。因此鑽頭可很快地調整到任意位置，工件則固定於床座或工作檯上，適用於大型且不易移動的工件鑽孔。旋臂鑽床也可用於鑽斜孔。

四、成排鑽床 (Gang drilling machine)

將多部立式鑽床排成一列同時裝置在一工作桌上，各鑽床主軸夾持著不同的鑽頭或刀具，分別執行不同的加工內容。夾持工件的夾具可在工作桌上滑動，並依事先設定的順序進行連續加工。成排鑽床通常用於大量生產。

五、多軸鑽床 (Multiple spindle drilling machine)

利用一部鑽床的主軸經萬向接頭或齒輪機構來帶動多個分軸，且在其上各裝有鑽頭，可同時鑽出許多孔。利用工作檯的升高做進給運動取代重量較大的鑽床頭部的移動。工件夾持常使用有引導鑽頭精確定位的高硬度套筒的鑽孔工模 (Jig) 以提高各孔間位置的精度。適用於需大量製孔的工件。

六、六角鑽床 (Turret drilling machine)

又稱為轉塔鑽床，將主軸改成多角形轉塔，同時安裝不同的鑽頭或刀具，依序進行不同作用的加工，可節省許多工件裝卸及定位的工作和時間。

七、深孔鑽床 (Deep hole drilling machine)

用於鑽削深度 (H) 對孔徑 (D) 比超過一特定值 ($H / D \geq 10$) 的孔，需使用特殊的深孔鑽頭。可分為鑽頭不轉而工件旋轉的臥式深孔鑽床，和鑽頭旋轉而工件不轉的立式深孔鑽床。

8.2.3 銑　床

銑床是使用多鋒的圓形狀銑刀對任何截面形狀的工件進行平面、曲面、輪廓、溝槽等不同切削形式加工的工具機。由於銑床的用途非常廣泛且加工精度良好，故成為機械工廠中不可或缺且為最常使用的機器之一。

銑床依其床座的構造可分為柱膝型 (Column and knee type) 和床型 (Bed type) 兩種。柱膝型是指主軸裝置於機柱上，工作檯可做前後、左右或上下等三個方向的移動，包括臥式銑床 (Horizontal milling machine)、立式銑床 (Vertical milling machine) 和萬能銑床 (Universal milling machine)。床型是指工作檯直接裝置在床座上，機柱或主軸頭做進給運動，包括床型銑床 (Bed type milling machine) 和龍門銑床 (Planer type milling machine)。此外，尚有為特定加工目的而設計的特殊銑床，例如靠模銑床 (Profile milling machine)、螺紋銑床 (Thread milling machine)、工具銑床 (Tool milling machine) 等。

一、臥式銑床

指主軸呈水平裝置的柱膝型銑床，又稱為普通銑床、平面銑床或平銑床，是最常見的銑床。主要構造有床座、機柱、膝座、鞍座、主軸、懸臂、工作檯、傳動機構等。工作檯表面有 T 型槽，可用於固定工件，並帶動工件做上下、左右和前後的進給運動。懸臂上有銑刀心軸支持架，銑刀則先裝在心軸上，再置入中空的主軸內。銑削形式為採用如第 7.5 節所述的周邊銑削，當大切削或高速切削選用順銑法 (向下銑) 時，需加裝背隙消除裝置。逆銑則無此項問題，為長久以來所使用的銑削方式。

二、立式銑床

指主軸呈垂直裝置的柱膝型銑床，可銑切的工作內容很廣泛，屬於一種多用途的機器。使用面銑刀、端銑刀和 T 型槽銑刀，進行各種平面、輪廓、曲面和各型鍵槽、溝槽等的銑切工作，並已完全取代牛頭鉋床，同時可做鑽孔、搪孔和鉸孔等工作，是製造模具的重要工具機。立式銑床的構造和臥式銑床大部分相同。

三、萬能銑床

屬於臥式銑床的一種，特點為工作檯可做旋轉和分度，或使用萬能銑刀心軸可調整成水平、垂直或傾斜的方向。適合於模具或複雜形狀工件的加工。缺點為機構複雜，導致機器本身的堅固性受到影響。

四、床型銑床

又稱為生產型銑床 (Production type milling machine)，其構造簡單用於小型工件的大量生產，可分為臥式和立式兩種。

五、龍門銑床

指工作檯直接安裝在床座上，做水平單軸向的移動。在雙柱式機柱上裝設臥式主軸頭，在橫樑上裝設立式主軸頭，用於大型及大重量工件的大量材料銑削工作。

六、靠模銑床

利用與靠模裝置及樣板模型接觸後，可複製出輪廓形狀相同的產品。適合於形狀較複雜工件的大量生產。應用上以立式銑床配合使用端銑刀者居多。

七、螺紋銑床

專門用於大量製造螺紋的銑床，比使用車床車削螺紋的加工效率更高。有兩種形式，一種為使用圓板形銑刀對旋轉的工件做軸向進給，可銑削長螺紋工件。另一種為行星式銑床 (Planetary milling machine) 是用於工件固定，螺紋滾刀一方面繞旋轉軸自轉，一方面繞工件的軸線做緩慢公轉，可銑製短的內螺紋或外螺紋工件。

八、工具銑床

用於銑製刀具或工具的銑床。床座可傾斜或旋轉，主軸頭也可旋轉，並設置有各種特殊附件。

銑床主要的附屬裝置有長心軸，用於穿入有中心孔的銑刀，例如平銑刀、成型銑刀和側銑刀，並裝置於主軸與心軸支持架之間。短心軸的一端與殼式端銑刀結合，另一端為錐度柄，可直接裝入主軸內。分度頭 (Index head) 為萬能銑床必備的附件，用於將一圓柱形工件分成若干個等分或給定某個角度值，例如銑齒輪或銑栓槽軸時。虎鉗則為夾持並固定工件的常用附屬裝置。

8.2.4　搪　床

搪床是使用單鋒或多鋒的搪孔刀，對工件上已存在的孔進行孔徑擴孔或內孔壁表面的精加工。搪床也可配合其他刀具做車削、銑削、鑽孔或攻螺紋等工作。常用的搪床種類有：臥式搪床 (Horizontal boring machine)，其主軸呈水平方向，現已逐漸發展成搪銑床，可取代部分銑床的工作，為最普遍使用的搪床；立式搪

床 (Vertical boring machine) 的主軸為垂直方向，類似立式車床，用於搪直徑或高度較大的重型工件；和工模搪床 (Jig boring machine) 為專門用於鑽削或搪削模具或工具上的孔。

8.2.5 拉 床

拉床是使用不同形狀的拉刀在工件已有的孔內壁表面或工件本身的外表面上，拉削出所需形狀的工具機，常見的加工種類有鍵槽、多角形孔、圓孔和內齒輪等。拉刀的構造複雜且價格昂貴，故使用拉床拉削工件的場合為大量生產之精密零件的製造。

拉床依施力方式分為拉式 (Pull type) 和推式 (Push type) 兩種。拉式拉床以臥式較常見，利用螺桿、齒條或液壓等拉動機構，在拉刀或工件的軸向施以拉力以執行拉削加工。推式拉床是使用壓機施力於上述的拉動機構 (此時成為推動機構)，通常用於拉削短小的工件，且以立式為主。拉床也可依工件是內孔或外表面加工而分為內拉床 (Internal broaching machine) 和外拉床 (External broaching machine，又稱為表面拉床 Surface broaching machine) 兩種。外拉床可取代銑床用於製造特殊形狀工件的專用機。

8.2.6 磨 床

磨床是使用高速旋轉的磨輪對工件做精密加工的工具機。磨輪的形式和銑刀類似，但其切削作用是由許多小磨料顆粒所形成的類似切削刀具所完成，這些磨料顆粒並無一定的形狀。磨床在機械製造中佔有很重要的份量及地位，因為磨削加工可得到高尺寸精度及良好表面粗糙度的加工面，且適合於高硬度材料的加工。

磨床的選用和被磨削工件的形狀有關，其種類及構造分別敘述如下：

一、平面磨床 (Surface grinder)

用於在工件外表面上磨削平面的工具機。主要構造有磨輪頭、床座、機柱、工作檯、傳動機構等。工作檯備有電磁夾具，分為長形往復式和圓形迴轉式兩種。操作形式有四種，即

1. 磨輪心軸為水平方向，工作檯做往復式直線運動，利用磨輪的外圓周面進行磨削。因為磨輪與工件是線接觸，故磨削量較小，適合於高精度加工。
2. 磨輪心軸為水平方向，工作檯做旋轉運動，輪磨情形和 1. 相同。因工作檯只做單方向旋轉，故加工效率較高，適用於小型的工件。

3. 磨輪心軸為垂直方向，工作檯做往復式直線運動，利用磨輪的端面進行磨削。因為磨輪與工件是面接觸，故磨削量較大，適合於粗磨削和大面積磨削。
4. 磨輪心軸為垂直方向，工作檯做旋轉運動，輪磨情形和 3. 相同，但加工效率較高。

二、外圓磨床 (Cylindrical grinder)

又稱為普通磨床 (Plain grinder)，用於在圓柱形工件外圓周表面上磨削的磨床，可磨削圓柱形、圓錐或其他簡單形狀的工件。主要構造有磨輪頭內含磨輪心軸及驅動機構、工件心軸及其他驅動裝置、尾座及扶架、液壓驅動的傳動機構和床座。

三、內圓磨床 (Internal grinder)

用於直孔、斜度孔或成型孔的內壁上光製磨削的磨床。操作方式與車床搪孔相類似，差別在於以磨輪取代搪孔刀。內圓磨床的基本構造和外圓磨床相似。

四、無心磨床 (Centerless grinder)

無心磨床是利用一個較大的磨輪，一個較小的調整磨輪和工件支托板，對圓形截面的工件進行磨削加工。大磨輪為真正進行磨削作用，小磨輪是由橡膠黏合的磨料輪，用於進給作用。工件則不用頂針頂住，故不需鑽中心孔，並利用支托板支撐以避免撓曲現象發生。因其操作簡單，適合於大量生產。缺點為中空件的同心度無法確保，且無法對有鍵槽或平面的工件加工。

五、工具磨床 (Tool grinder)

指專用於輪磨刀具及工具的磨床。可分為專用工具磨床，用於輪磨某種形式刀具者，例如車刀磨床、銑刀磨床、鑽頭磨床等；以及萬能工具磨床，可應用於輪磨各類型刀具。

萬能工具磨床構造的特點有磨輪頭可旋轉並固定於任何位置，工作檯可在水平面上左右移動及轉動，並加裝有各種附屬裝置，用以執行各種刀具及工具的磨削工作。

六、特殊磨床 (Special grinder)

為因應特殊工作需求而設計的磨床，種類很多，其中較常見的有凸輪磨床 (Cam grinder)、齒輪磨床 (Gear grinder)、螺紋磨床 (Thread grinder)、靠模磨床 (Copying grinder) 及工模磨床 (Jig grinder) 等。

8.3 電腦數值控制工具機

數值控制 (Numerical Control，NC) 是利用電子計算機的原理，將數字及符號等資料轉換成一系列可判讀的訊號，用以控制機器依事先設定的各種加工方式及條件，使達成各種自動化控制的目的。自從 1952 年美國麻省理工學院 (MIT) 發表第一部三軸 NC 銑床以後，對傳統的製造方法產生了鉅大的改變。近年來電腦的功能愈來愈完備，價格也愈來愈低，在使用率大為普及的的情況，以電腦結合數值控制原理所形成的電腦數值控制 (Computer numerical control，CNC) 已廣泛地應用於各類型工具機，成為各種產業邁向自動化、精密化及省力化發展趨勢的必備機具。

電腦數值控制工具機 (CNC 工具機) 適用於製造小量到中量、複雜形狀、加工精度及品質要求較高、經常改變零件的細部尺寸或形狀，及售價較貴的產品。主要是 CNC 工具機具有下列的優點：

1. 可提高產品設計與加工的彈性。對於外形複雜，精度要求高的工件，可利用程式輕易地達成設計及加工過程的工作安排。若工件變更設計尺寸或形狀時，只需修改局部程式即可進行加工製造，不需再投入額外的前置作業時間及成本。
2. 可免除人為加工誤差，不會因為操作人員的因素而影響產品品質，因此也可降低檢驗及品管的成本。
3. 減少工模、夾具等加工前置作業的準備時間及費用，使產品可儘早投入市場，得以促進設計開發到生產的時效性。
4. 一部 CNC 工具機可進行多種加工，不僅可取代多部傳統工具機，因而節省不少空間位置，並且可大量減少工件的運送及裝卸時間，使工件真正被加工時間的比例提高，大幅提升生產率。
5. 可使製造成本降低。藉由精確的工時估算，可減少待機時間，提高機器的使用率；也可減少材料及產品的庫存壓力；又由於切削條件均維持在較佳狀態，故刀具的使用壽命可延長。
6. 現場操作人員的技術要求較低、工作負荷較輕且安全性也較高；甚且可採用機械手臂 (Robot) 取代直接操作人員的工作。所需的相關加工技術，可由程式設計人員預先設定好，且可利用設計與製造整合的軟體支援，達成自動化加工的目標。

CNC 工具機的缺點有：

1. 機具設備相對比一般機器貴，初期投資成本較高。
2. 維護保養的要求較高，且故障的機會較多，增加這方面的成本需求。
3. 需有程式設計人員的訓練與培養。
4. 對形狀簡單的少量生產而言，並不一定符合經濟效益。

8.3.1 數值控制

數值控制的意義為利用數值資料來控制機器的運轉。這些數值資料為機器欲達成的動作，經特殊語言改寫成程式 (Program)，並經由早期使用的紙帶打孔機、卡片打孔機、磁帶機、磁碟機等，到目前廣被使用的個人電腦、中央控制電腦等，經 RS-232C 傳輸線、RJ45 網路線、USB 或工業用 CF 卡等傳輸方式，或直接在工具機的控制器面盤上輸入程式並存入數值控制工具機控制器的控制單元記憶體內，再經轉換成訊號指令輸出，用來驅動工具機進行工作。

因此，程式是由控制工具機執行各種動作的一系列指令所組成，程式指令也就是操作者和數控工具機之間溝通的橋樑。程式的編製首先必須要能指揮工具機可以正確地完成工程圖的要求，並且能兼顧加工效率、刀具壽命、機器性能及其使用壽命等因素。程式設計製作的基本流程如圖 8.3 所示。

程式編輯的方式可經由人工計算及規劃來進行程式設計，或利用自動程式設計 (APT) 語言得到標準碼程式，或藉由電腦輔助設計與製造系統 (CAD/CAM) 的工程應用軟體完成。程式編輯的目標在控制刀具與工件的相對運動，使得到所要的工件形狀、尺寸及表面特性。因此，需先設定刀具與工件在加工中的相對運動路徑，此動作是由座標系統的座標值來導引。數控工具機在應用上通常採用的座標系統有卡式 (Cartesian) 座標系統和極 (Polar) 座標系統。兩者可以很容易地利用數學關係式相互轉換。座標值的表示法又可分成絕對座標 (Absolute positioning) 和增量座標 (Incremental positioning) 兩種。

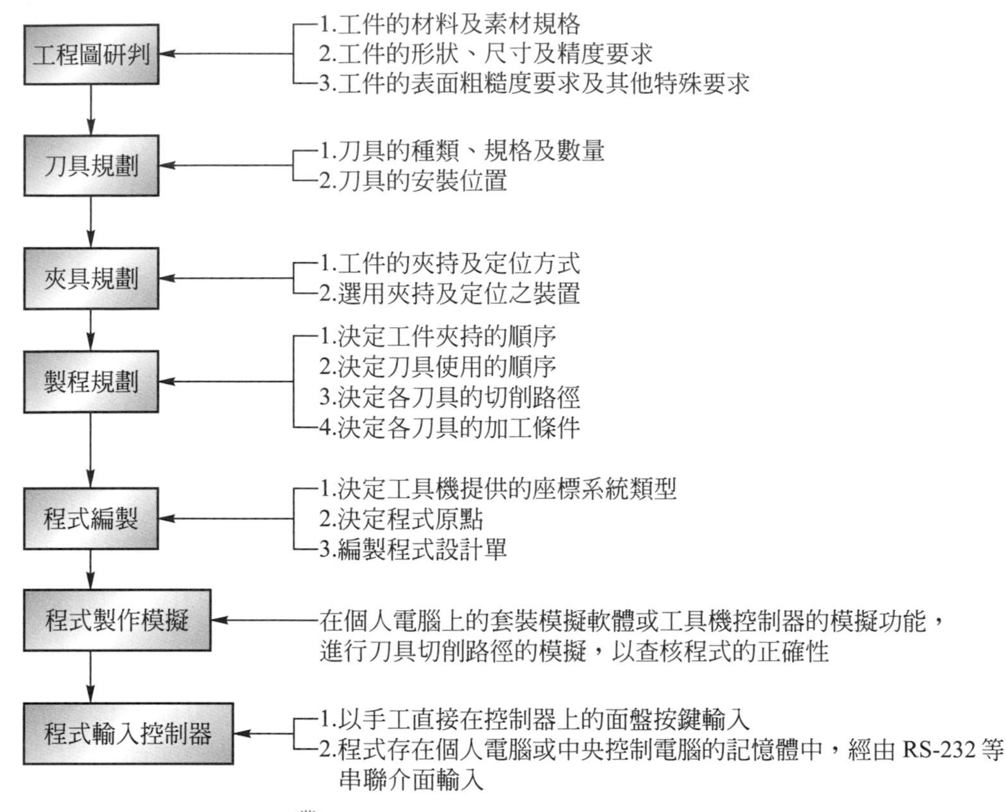

圖 8.3 程式設計與製作的基本流程

由於數控工具機要求的加工範圍和加工精度各有不同，故加工路徑的控制系統也會隨之選用不同者，其基本的形式有三種，如圖 8.4 所示。

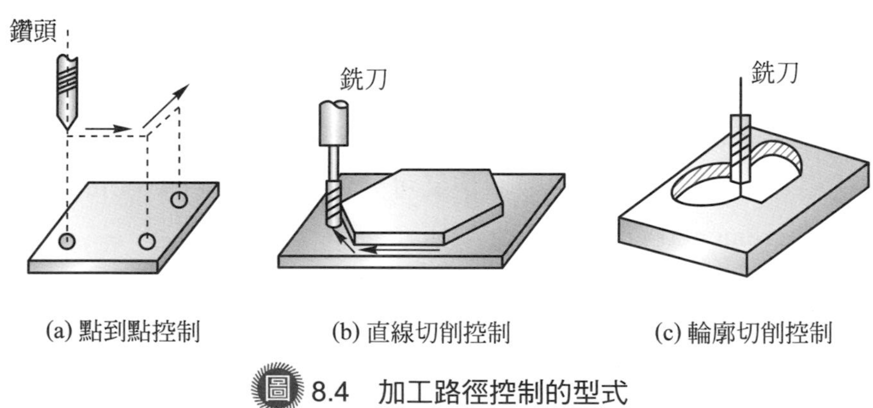

圖 8.4 加工路徑控制的型式

一、點到點定位控制 (Point-to-point position control)

僅對刀具的定位精度控制，不管其位移過程的路徑及精度，且在定位過程中不做切削作用，僅在定位完成後才進行切削加工，例如 CNC 鑽床、CNC 沖床等。

二、直線切削控制 (Straight path cutting control)

刀具可由一軸或兩軸同時控制，在移動過程中，以設定的進給進行直線切削加工，例如 CNC 二軸銑床。

三、輪廓切削控制 (Contouring cutting control)

又稱為連續性控制，可同時控制兩軸或數軸的移動，用以執行直線、圓弧及曲線的切削，例如目前所使用的大多數 CNC 工具機。

數值控制使用的程式語言有 APT (Automatic Programmed Tool) 和 GM 碼兩種。APT 是由美國麻省理工學院 (MIT) 所發展出來，專為 NC 工具機設計的高階語言，程式內容包含圖形定義和刀具運動定義兩個主要部分，語法較 GM 碼複雜。各國也有其自己發展出的不同 APT 語言系統，例如日本的 FAPT、德國的 EXAPT 等，但基本上仍是以 APT 為範本。APT 常用於銑床、磨床和放電線切割機。GM 碼則是以 G 代碼 (準備功能) 和 M 代碼 (輔助功能) 為主體的程式語言，整體架構比較簡單，程式內容大部分為刀具的目標點座標值。不同廠牌的控制器對 GM 碼規定的意義和功能會有些差異，目前我國最常使用的是日本 FANUC (富士通) 及 Mitsubishi (三菱)，或德國 Siemens (西門子) 及 Heidenhain (海德漢) 出產的控制器。

8.3.2　構造和種類

電腦數值控制工具機的基本構造包含四大部分：

一、控制系統

控制系統的功能為對數值控制程式解讀分析，做為加工路徑計算及誤差的修正，並輸出指令到驅動系統。其構成包括硬體設備、軟體作業系統和週邊輔助設備。

1. 硬體設備有中央處理單元 (CPU)、記憶體 (ROM、RAM)、輸出入介面卡 (I/O interface card) 等。
2. 軟體作業系統包含按鍵及螢幕顯示、程式檔案編修管理、切削路徑控制、補償、可程式控制、機械常數記憶及診斷等軟體。
3. 週邊輔助設備包含個人電腦、讀帶機、磁碟機、RS232 等傳輸裝置。

二、驅動系統

驅動系統中的馬達驅動器接受到自數值控制系統傳來的指令訊號後，驅動交流伺服馬達 (AC serve motor)，再經進給傳動元件，即軸連接器和滾珠導螺桿等，控制刀具和工作檯等進行精確的移動及定位。

三、量測系統

為能精確控制刀具及工作檯的移動及定位，在閉迴路控制系統中裝有量測回饋裝置來修正誤差及做刀具補償之用。將位置檢測資料轉換成電氣訊號的元件稱為轉換器 (Transducer)，常見的有解析器 (Resolver)、旋轉式光學編碼器 (Rotory optical encoder) 和線性光學編碼器 (Linear optical encoder) 等。

四、本體結構

主要包含主軸頭、床座、機柱、工作檯、傳動機構、刀具夾持刀塔及自動換刀裝置 (Automatic tool changer，ATC) 等。

電腦數值控制工具機已被廣泛地應用於各種製造業上，依其應用領域可分為五大類型：

一、傳統切削加工

指以切除金屬材料為主的有屑加工 (減法加工)。包括加工圓形截面工件為主的 CNC 車床、CNC 搪床和 CNC 旋削中心機 (CNC turning machine)，和加工塊狀工件為主的CNC銑床、CNC鑽床、CNC龍門鉋床和CNC綜合加工機(Machining center，MC) 等。

二、精密研磨加工

各類型 CNC 磨床和 CNC 電化學磨床。

三、非傳統切削加工

在非傳統切削加工時 (將於第 11.1 節中敘述) 所使用的 CNC 電子束加工機、CNC 雷射束加工機、CNC 電化學加工機、CNC 放電加工機、CNC 放電線切割機等。

四、非切削加工

指加工過程不產生切屑或只有少量切屑的工具機，例如 CNC 剪床、CNC 沖床、CNC 鋸割中心機、CNC 鉚接機等。

五、特殊用途

用於非直接加工用途者，例如 CNC 繪圖機、CNC 三次元量測儀等。

由於科技的日益進步，CNC 工具機的發展也隨著不斷地改進創新，其未來的發展趨勢將朝向單機多功能化 (複合化、智能化)、高精密度、高速化、低價格、小型化、開放式控制系統、可與 CAD/CAM 連線、使用一部中央電腦同時控制好多部工具機 (DNC)、結合其他自動化設施形成彈性製造系統 (FMS)，並進一步架構成電腦整合製造系統 (CIMS)。有關電腦在製造上的應用，將於第十五章中再加以介紹。

8.4 特殊工具機

除上述的一般工具機和電腦數值控制工具機以外，近年來國際上主要的工具機展顯示工具機的發展趨勢為高速化、多軸複合化、生產自動化、輕量化及智能化等。並已產出各種型式的特殊工具機，包括專用工具機、高速工具機、超精密工具機、多軸複合工具機和智能化工具機等。至於非傳統加工用的工具機，將在第十一章中再敘述。

8.4.1 專用工具機

專用工具機主要用於大量生產。在一部工具機上的刀具可同時對一個或多個工件進行加工，目的在提高生產率、節省人力、及降低操作人員的技術要求等。常見的專用工具機有：

一、靠模車床 (Tracer lathe or Copying lathe)

在普通車床上裝設靠模裝置，加工時刀架依樣板 (Template)、模型或實物的輪廓運動，可以車削出相同輪廓的工件。靠模車床的優點有可在短時間內完成複雜形狀工件的加工；又因為僅使用一把刀具，故調整或更換刀具所需的時間較短，且可達成較好的加工精度；和自動進行加工循環，故對操作人員的技術要求較低，且可同時看管多部機器。缺點為樣板或模型的製作時間較長；刀具需較尖銳，故強度可能不足；且加工時會有瞬間進刀量變化，引起振動現象；和產生切屑纏繞的問題。

二、自動車床 (Automatic lathe)

為一自動化程度甚高，用於大量生產的工具機。從工件材料的夾持、鬆脫、送料，車刀的變換、進刀、退刀、切削量控制，工件的轉速高低、轉向變換以至完成加工的工件卸下等，都不需要經過人工可以直接執行。操作人員只需做加工前的刀具夾持、校正及調整。對於複雜工件的加工也可於短時間內達成大量生產的目標，且可大量節省人力。但缺點為製造的前置準備時間很長，不適用於中、小量生產，且機具成本較高。自動車床有單軸與多軸之分：

1. 單軸自動車床 (Single spindle automatic lathe)：自動車床的主軸只有一個，工件夾持在主軸上，可由數個刀具架同時移動進行切削加工。運動機構的控制有凸輪式及液壓式兩種。凸輪式的加工精度較高，但不同工件需更換不同的凸輪，較不方便且增加成本。液壓式則故障率較小，前置準備時間較短，但加工時液壓油溫度的變化會影響到加工精度。
2. 多軸自動車床 (Multiple spindle automatic lathe)：自動車床的主軸有兩個或兩個以上，同時各自夾持著工件，且各主軸獨立旋轉，各主軸前的刀具只對該站主軸內的工件重覆做相同動作的切削加工。每一工件可經主軸座逐次變換位置，依序由各站的刀具對其加工，在經過所有主軸座的一個迴轉後，即可完成全部的切削加工作業，如圖 8.5 所示為六軸自動車床的主軸座。多軸自動車床的生產效率極高，但機器體積較大、價格較高、機器及刀具準備的前置時間很長，只適用於單一產品的極大量生產。

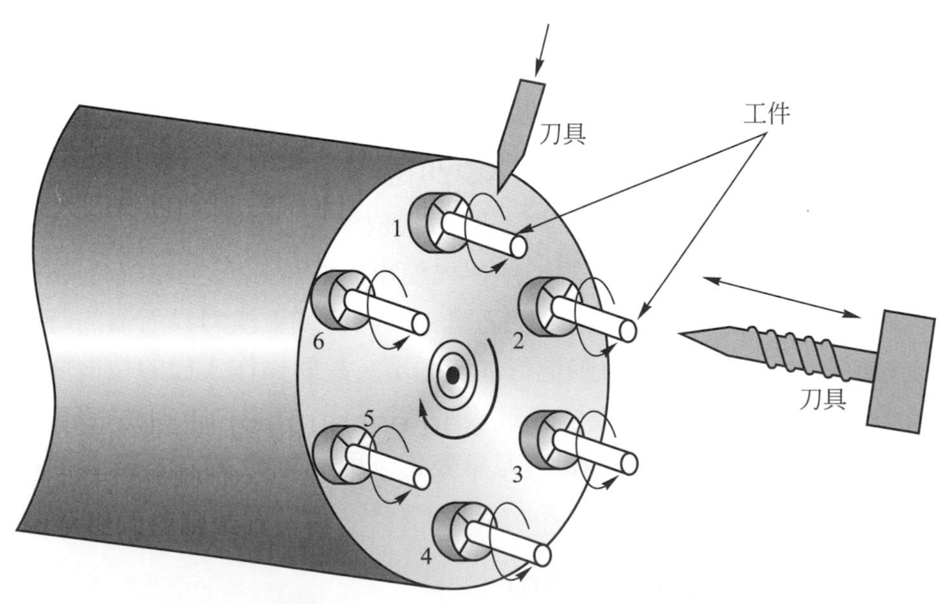

圖 8.5 六軸自動車床的主軸座

三、車螺紋專用機

許多機械零件具有螺紋，例如用量極多的螺絲。因此有各種形式的自動螺絲車床 (Automatic screw lathe) 做為大量生產螺絲和螺栓的專用工具機。

四、滾齒機 (Gear hobbing machine)

齒輪為一種非常重要的機械傳動元件，利用切削加工製造齒輪的方法有成型切削法和齒輪創製法，在第 7.8 節中已敘述過。滾齒機為使用滾齒刀 (Hob) 以創製法切削齒輪的專用工具機，可切削正齒輪、螺旋齒輪、蝸齒輪等。

8.4.2　高速工具機

高速切削 (High speed machining，HSM) 已成為提高生產率及達成精密製造的關鍵技術之一。雖然 1930 年代德國沙羅門博士 (Dr. Carl J. Salomon) 即提出高速切削的研究成果，但直到 1977 年工具機高速主軸實用化，並在高性能刀具材料的配合下，才使得高速切削工具機被應用於當今的機械製造業界。高速切削的定義有下列幾種：

1. 主軸轉速在 10000 rpm 以上者。
2. 依不同工件材料的切削線速度衡量，例如鋼材在 400 m/min 以上、鋁材在 1000 m/min 以上者。
3. 以軸承直徑 (D，mm) 和主軸轉速 (N) 的乘積衡量，當 DN 值在 120 萬 (mm・rpm) 以上者。
4. 以刀把機構衡量，例如 10000 rpm/#50 taper、20000 rpm/#40 taper、25000 rpm/#30 taper 者。
5. 以主軸馬力和轉速衡量，例如 10000 rpm/50 hp、15000 rpm/40 hp、30000 rpm/30 hp、40000 rpm/15 hp、60000 rpm/10 hp 者。

高速切削可用於車削、銑削、鑽削、磨削和其他切削加工方法，其中以高速銑削的應用較多，原因是銑床以主軸夾持並帶動銑刀旋轉，可利用銑刀握把的設計克服高速旋轉時平衡及離心力的問題。

高速切削的加工特性為高主軸轉速配合淺切削深度及高進給速度，可同時得到高加工效率和高加工精度，此為傳統切削加工所無法兼顧的良好效果。高速切削的主要優點還有可得到接近拋光效果的表面粗糙度，減少許多後續加工所需的時間及成本；刀具磨耗因每迴轉切除量的降低而減緩，故可延長刀具壽命；切削力會變小，故可加工薄壁、細長比較高或剛性差的工件；大部分的切削熱被切屑帶走，故工件近乎在絕熱狀態下被加工，適用於加工不允許有熱變形發生的工件；並且可以直接切削高硬度的材料。缺點則有需先進行較昂貴的機器、刀把、刀具等的投資，且維護費用也較高；以及安全防護設施要求非常嚴格，否則可能造成嚴重的不幸後果。高速切削目前主要應用於航太工業、汽機車工業、模具工業和 3C 產業。3C 是指電腦 (Computer)、通訊 (Communication) 和消費性電子產品 (Consumer electronic product) 等。

高速切削工具機必須具備的基本構造有：

一、高速主軸

一般要求高速主軸的 *DN* 值需在 120 萬 (mm・rpm) 以上。對高速 CNC 綜合加工機言，幾乎都採用內藏式馬達的主軸，主軸轉速可從 10000 ～ 100000 rpm。對車床而言，因主軸是夾持工件在高速旋轉時的平衡較為困難，因此主軸轉速在 6000 rpm 以上者即可視為高速車床，已有轉速 7500 rpm 以上的機種上市。

二、高速進給驅動機構

當主軸轉速提高時，進給速度 (即進給率) 必須配合隨著提高，方能使刀具的進給保持固定。因此，為滿足高速化的要求，進給驅動機構包含的運動元件以輕量化為目標，例如改變機構配置，以縮小運動元件；或利用有限元素分析，儘量減輕其重量，同時能滿足高剛性的要求；或使用合適的新材料來達成減重的目的。工具機採用的進給方式包括使用線性馬達或滾珠導螺桿。

三、高速電腦數值控制系統

在高速切削時，對電腦數值控制系統中的處理、運算和傳輸加工資料的速度要求也隨之大為提高，否則可能產生加工所需資料的傳送跟不上實際加工進行的速度，造成刀具停頓而導致精度偏差的發生。因此高速切削工具機的電腦數值控制系統，需具備合適的加工程式預解功能和前饋控制 (Feedforward control) 功能。

四、高壓及大流量冷卻系統

高速切削加工常伴隨著產生大量的熱能，雖然切屑會帶走大部分的熱，但是為能迅速地將這些熱帶離切削加工區，以防止刀具或主軸等受到熱影響而發生不良的作用，一般採用可產生具有高壓 (約 6 ～ 7 MPa) 及大流量 (約 60 公升／分鐘) 切削液的冷卻系統。此外，尚可藉著特殊設計，由主軸提供高壓冷卻液經具有內部中空孔的刀柄或刀具，直接對切削加工區進行沖刷作用，除了可達成冷卻目的外，也可協助將切屑沖斷或排出切削加工區。

配合高速工具機使用的刀具材料，需具備可以滿足高材料移除率的要求，即要能在高溫的狀態下仍保有高強度、高硬度、耐磨耗性，甚且高破裂韌性及抵抗熱衝擊等性質。目前適合的刀具材料有被覆鍍層的碳化物、陶瓷、陶瓷合金、立方氮化硼 (CBN) 和多晶鑽石 (PCB) 等。

高速銑削工具機主軸上的刀具握把，需考量當它夾持刀具後裝入主軸內，在進行加工時的動平衡問題。傳統的錐度刀具握把在高速運轉時，由於離心力的作用，會使主軸錐孔發生徑向膨脹，以致刀具握把與主軸孔壁間的接觸面積減少形成鬆動狀態，因而造成工件加工面發生顫動，致使其表面粗糙度變差，或是主軸的錐孔壁和刀具握把錐柄產生磨耗變形，甚至導致刀具脫落的結果。為克服上述問題，德國發展出 HSK 主軸刀具系統 (一般稱為兩面拘束刀把)，可使刀具握把與主軸錐孔的接觸具有良好的重現性和定位精度，成為高速切削所應用的主要刀具握把形式。

8.4.3　超精密工具機

超精密加工同樣是尖端科技發展中的關鍵性技術，被應用在製造精度要求較高的電子、資訊、光電、通訊、航太、能源、醫療和生物科技等高科技產品的元件上。但其定義並非固定不變，常隨著不同年代之加工技術的演進，或加工對象的尺寸大小、形狀、表面狀態、材質、用途等的不同，而有不同的標準。

超精密加工可分為鏡面加工和精細加工兩大類。目前鏡面加工的要求是指工件加工面的表面最高粗糙度 (R_{max}) 不大於 0.001 μm，幾何形狀的準確性為 0.01 μm，代表性的產品有金屬反射鏡、多面鏡、光碟片、雷射印表機滾筒等。精細加工的要求是指最小位置的準確性為 1 μm，尺寸微細度為 0.01 μm，代表性的產品有超大型積體電路元件。由於上述有些要求已超出使用刀具的傳統切削加工能力的極限，故需借助於非傳統加工法 (將於第十一章中再敘述) 或新興工程技術 (將於第十六章中再敘述)，在本節中只針對應用於超精密加工的切削型工具機加以介紹。

超精密工具機本身的精度是能否達成超精密加工的主要因素，且需注意其可能產生各類型誤差的來源，例如主軸旋轉精度、導軌幾何精度、定位精度、熱變形、機體剛性等。由於工具機的精度會受到環境因素，例如溫度、濕度、灰塵、振動等的影響，故無塵室 (Clean room) 及機器床台的防振基礎等也成為必備的設施。此外，刀具也是能否達成超精密加工的一項重要因素，目前是以天然的單晶鑽石刀具或人工燒結的多晶鑽石刀具，對鋁合金、銅合金或塑膠材料等進行切削加工，或以鑽石磨輪片對矽晶圓或陶瓷材料等進行研磨加工。

自 1960 年第一部超精密車床被研製成功以後，由於它是鏡面加工的主要工具，各工業先進國家相繼投入這方面的開發。所發展的重要特點為使用天然單晶鑽石刀具，機器本體結構採用花崗岩或鑄鐵、導軌系統以油靜壓或空氣靜壓為主、使用氣壓式高精度主軸及靜壓式浮動聯軸器和精密控制的雷射量測系統等。以現有技術而言，鑽石車削無法滿足對光學玻璃、工程陶瓷、碳化鎢、矽晶圓等硬脆材料的加工需求，因而有超精密研磨機的出現。半導體產業中大型矽晶圓片平坦化的要求則是依賴化學機械拋光 (Chemical mechanical polishing，CMP) 的設備來達成。

至於精細加工則屬於傳統加工方法的延伸，但許多加工狀態是傳統加工方法所無法達到的，需借助非傳統加工方法，例如放電加工、電子束加工、化學蝕刻等來完成。傳統加工的工具機對微細工件的尺寸有一定的最小極限值，目前在這方面使用的工具機有高速小孔鑽床、特別精細車床、CNC 精細鑽銑複合機等。

8.4.4 多軸複合工具機

電腦數值控制 (CNC) 工具機已成為製造業的主要生產設備，並從原先功用各有所司的 CNC 車床或 CNC 銑床發展成為複合化、多軸化的多功能工具機，證實可以有效地降低生產成本，主要是因為它們具有以下的優點：(1) 減少裝卸工件的次數，同時減少夾治具的需求，可提高夾持工件的定位精度；(2) 可加工複雜工件，並提高工件的加工精度；(3) 可縮短工件的加工製程及運送和等待的時間，因此提高生產效率；(4) 減少機台佔地面積，節省空間。

多軸複合工具機種類有：(1) 以車削為主要加工程序，以銑削為輔助的 CNC 車銑複合工具機；(2) 以銑削為主要加工程序，以車削為輔助的 CNC 銑車複合工具機，都已廣泛地用於航太、汽機車、自行車、醫療、電子及各類金屬零件加工等產業；和 (3) 具有三個直線軸與二個旋轉軸且可以同動的 CNC 五軸綜合加工機，其主要優點有：(A) 允許夾持短刀具加工陡峭側壁或凸島，能降低斷刀的風險，可用於加工深穴模具，及大量減少加工時間；(B) 可加工倒勾區域，減少成型刀的使用，並減少如放電加工或拋光等後製程；(C) 刀具長度縮短，可提高其剛性，能避免靜點摩擦作用，故可延長刀具壽命，且可提高加工表面精度及品質；(D) 工件夾持定位一次即可不需再多次翻面，減少工件重覆裝卸時間與夾治具設計製造的前置時間，不僅有顯著的時間效益，並可降低工件的變形量，提高其加工幾何精度。CNC 五軸綜合加工機的型式分為：兩旋轉軸在工作台上，兩旋轉軸在刀具主軸上，兩旋轉軸分別在工作台及刀具主軸上等三類。已應用於航太鋁合金材料的移除、薄件或外型複雜工件的加工；汽車多曲面工件之精密模具的模具鋼重切削；或高速三維輪廓銑削等。

複合化工具機的另種類型有：結合傳統切削加工與非傳統切削加工在一起者，用於工件之特殊材料的加工、特殊加工的需求、特定功能的要求，減少刀具的磨耗，及提高加工效率等。例如本書第 11.1.2 節所述之電化學加工與機械研磨 (ECG) 工具機，第 11.1.4 節所述之雷射加工與銑削結合成的複合加工機，以及第 16.1.2 節所述用於大尺寸晶圓片平坦化製程中不可或缺的化學機械拋光機 (CMP)。

又如第 16.4.2 節所述結合加法與減法複合加工在一起者，先利用 3D 列印之指向性能量沉積技術 (DED) 的加法加工法，將粉末固化成型；然後進行 CNC 切削的減法加工法，進行工件精度的維持。這些製程可在同一機台上完成。

8.4.5　智能化工具機

智能化工具機 (Intelligent Machine Tool) 則是應用訊號感測、資料處理、智慧決策與作動控制等技術與系統，發展出具智慧自動化技術的工具機，包含有獨立思考和判斷能力之功能模組，兼顧精度、效率、保護與節能等四大智能化功能，通常結合機械手臂 (Robot) 與機上量測設備，以提高其稼動率，是虛實整合系統 (Cyber-Physical System，CPS) 的最佳應用。

基於製造服務化的發展趨勢，可透過網際網路進行機具之遠端監控與偵測，執行操作排程，及預防設備故障；或故障時，在事先即已備妥需求零件，可節省修復時間。

一、習題

1. 根據國際標準組織所敘述工具機的定義為何？
2. 工具機依據其特定目的或構造等可分為那些種類？
3. 工具機的發展受到那些重要因素的影響？
4. 切削用工具機主軸轉速的分段方式有那些？
5. 切削用工具機常用的進給傳動機構有那些？
6. 切削用工具機的控制方式有那些？
7. 切削用工具機普遍採用的電動控制中，用以產生自動控制指令的方式有那些？

8. 切削用工具機之自動控制系統的種類有那些？
9. 車床是由那些主要的構造所組成？
10. 車床用以夾持工件的附屬裝置有那些？
11. 車床依其適用的加工場合及控制方式等，可分為那些種類？
12. 敘述 床的功能及規格。
13. 鑽床依其構造及加工目的可分為那些種類？
14. 銑床依其床座的構造可分為那些種類？
15. 比較臥式銑床與立式銑床的差異。
16. 銑床的主要附屬裝置有那些？
17. 搪床的功能有那些？
18. 比較銑床和搪床之異同。
19. 拉床依施力方式可分為那兩種？有何區別？
20. 磨床的選用和被磨削工件之形狀有關，其種類及構造有那些？
21. 敘述無心磨床的特性。
22. 數控工具機對加工路徑的控制型式有那三種？
23. 數值控制所使用的程式語言有那些？
24. 電腦數值控制工具機的基本構造包含那四大部份？
25. 常見的專用工具機有那些？
26. 金屬工件切削過程之高速切削的定義有那些？
27. 金屬工件高速切削的優點及限制為何？
28. 何謂工件之鏡面加工和精細加工？兩者有何差異？
29. 切削加工之工具機發展成複合化及多軸化的優點有那些？
30. 切削加工之 CNC 五軸綜合加工機主要的優點有那些？
31. 複合化工具機在製造應用的發展類型有那些？
32. 智能化工具機的特點為何？

二、綜合問題

1. 就我國”電腦數值控制車床工”或”電腦數值控制銑床工”乙級技術士證之術科考題，任選一題進行實作練習。

2. 製造應用上發展出 3 種類型的複合化工具機，試舉出近 5 年來台灣有那些工具機公司生產上述相關之工具機，並列出其機台型錄。
3. 探討智能化工具機必需具備的軟、硬體設施與系統，並舉例說明如何應用。

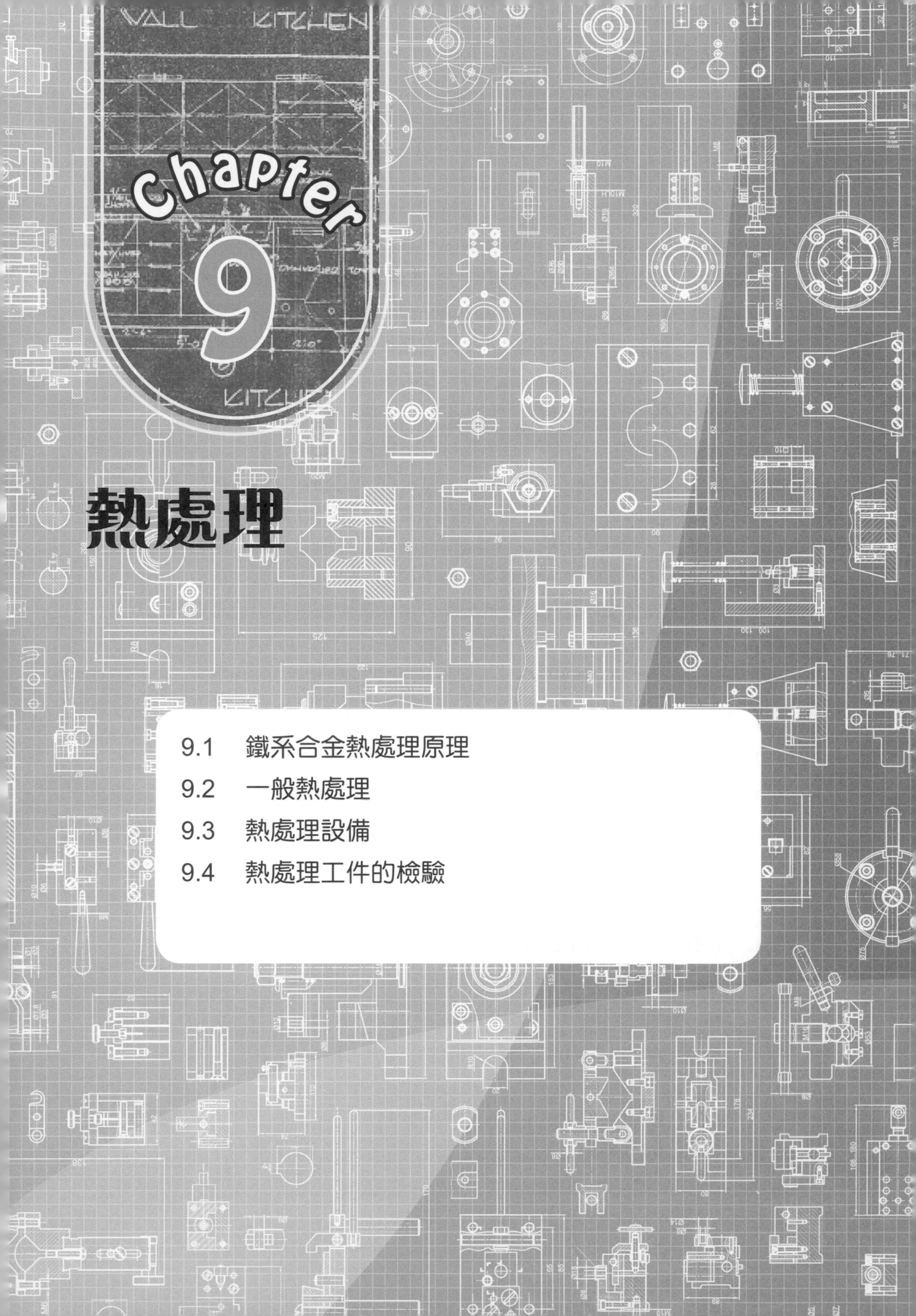

Chapter 9

熱處理

9.1 鐵系合金熱處理原理

9.2 一般熱處理

9.3 熱處理設備

9.4 熱處理工件的檢驗

熱處理 (Heat treatment) 主要是用於改變金屬材料的組織，因而獲得所預期改善的機械性質或物理性質。處理的過程中，材料保持固態，藉由控制加熱和冷卻相互配合的操作來達成目的。工程上應用的材料很少是純金屬，故通常金屬材料是指合金材料而言。金屬材料的特性視其化學成分和結晶組織而定，對相同成分的金屬材料，可利用塑性加工或熱處理方法改變其組織，並因而得到不同的特性。在機械製造產業中，可以說重要的零件幾乎都要經過熱處理的步驟，才能使金屬材料發揮其最佳特性與功能。熱處理早已是機械加工的一項重要製程，配合其他的機械加工方法，得以生產更精良、可靠及耐用的產品。此外，非金屬材料的玻璃也可利用熱處理方法來改變其特性，將於第 12.1.2 節中再敘述。

熱處理的進行需包含加熱、冷卻及材料組織發生變化等過程。所謂材料組織是指其晶粒的大小、形狀和方向，以及晶粒內部的結晶構造。要明瞭組織的變化，需先了解該材料的合金平衡狀態圖。此外，熱處理條件 (即溫度與時間) 對材料的影響也要知道，例如材料可以經熱處理而硬化的必備條件是因為其組織會在某特定的溫度下發生同素變態，例如鋼及鐵；或是因為有固溶限，促使其中的某些元素在相對較低溫度及時間經過的情況下，可以藉由擴散析出而造成硬化現象，例如鋁銅合金。

通常熱處理進行的步驟依序為：

1. 將工件加熱至適當的溫度。
2. 保持一段適當的時間。
3. 施以適當的冷卻速率。
4. 藉由產生變態或擴散析出，或是改變組織等作用，而改善材料的某些性質或加工性等。

欲獲得最佳的熱處理效果必須考慮：

1. 待處理工件材料的化學成分和使用場合。
2. 該工件材料的溫度、時間與組織變化關係之曲線圖。
3. 冷卻方式的選擇，和材料因而產生的反應。
4. 材料希望得到改善的是那些機械性質或加工性。
5. 工件幾何形狀、厚薄及大小尺寸等因素的影響。

熱處理的主要目的包括：

1. 增加材料的強度、硬度、耐磨耗性及抗疲勞等性質。
2. 強化材料的韌性，以提高其耐衝擊性。
3. 使材料變軟，以增加其加工性。
4. 降低材料低溫脆化的轉換溫度，以擴展該材料可使用溫度的範圍。
5. 消除材料加工後產生的硬化作用或內部殘留應力，以利後續加工的進行。
6. 使材料的成分元素分佈均勻化，因此得到均質化 (Homogeneous) 的組織。
7. 防止時效作用的變形發生。

熱處理的方法有很多種，大致可分為以下兩大類：

一、一般熱處理

指將整個工件一起施以加熱、冷卻等處理，使金屬材料得到整體性的改善。使用的方法包括退火、正常化、淬火及回火、固溶化和析出硬化處理等。

二、表面硬化熱處理

目的在提高工件表面的硬度及耐磨耗性為主的熱處理。使用的方法包括化學作用的表面滲透法，例如滲碳、氮化、滲碳氮化及滲硫等；和物理作用的表面淬硬法，例如火焰淬火、高週波淬火及電解淬火等。此部分將於第十章中再加以敘述。

9.1 鐵系合金熱處理原理

金屬及其合金從熔化狀態的高溫下降到凝固溫度時，組成的原子會從不規則聚集以及可任意變形的液體狀態，變為有規則性固定排列的固體狀態，此過程即稱為變態 (Transformation)，這種形成規則性排列的作用稱為結晶。集合許多個相同結晶構造的原子所形成的微細顆粒稱為晶粒 (Crystal grain)。且絕大部分的金屬及其合金是由許多個晶粒所構成的多晶體，其晶粒大小約為 0.01 ～ 0.1 mm。晶粒與晶粒間的交界面稱為晶界 (Grain boundary)。晶粒內部的原子排列方式和晶粒本身的大小、形狀和方向等的組合情況，即稱為組織 (Structure)。金屬的種類 (或合金的成分) 和組織決定金屬材料的各種性質，例如晶粒的大小會影響同一成分之金屬材料強度的高低。通常利用光學顯微鏡來觀察金屬及其合金的顯微組織，如圖 9.1 所示。

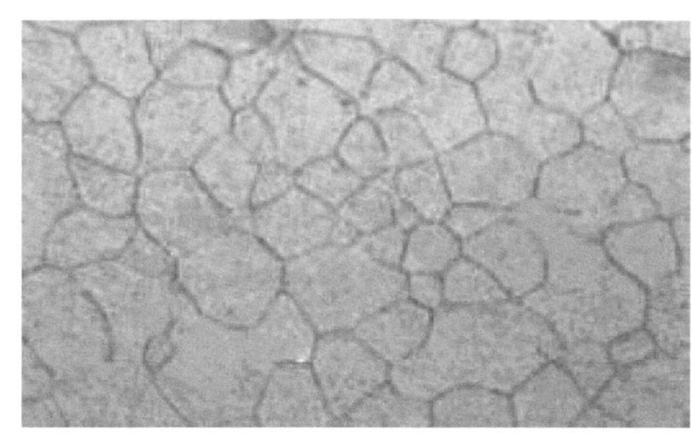

圖 9.1　金屬結晶的顯微組織 (放大 500 倍)

液態純鐵在一大氣壓下，溫度降至 1538℃時即開始出現固態，其結晶構造為體心立方 (BCC) 的結晶稱為 δ 鐵。當溫度繼續下降到 1400℃左右時，長度會發生異常的收縮，其原因是結晶構造變成面心立方 (FCC) 的結晶稱為 γ 鐵，這種變化稱為 A_4 變態。當溫度繼續下降至 910℃ (理想狀態下) 左右，長度卻又突然膨脹，結晶構造則變回體心立方的結晶稱為 α 鐵，此時稱為 A_3 變態。此後溫度下降和長度的減少量成正比的關係即不再變化，如圖 9.2 所示。

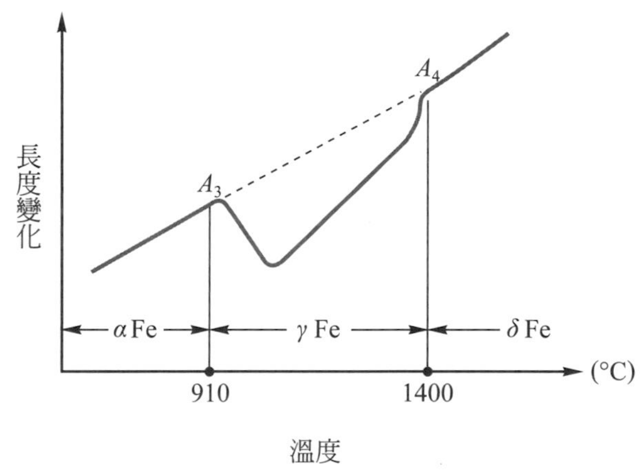

圖 9.2　純鐵的溫度與長度變化關係

純鐵在 1400℃左右發生的 A_4 變態和 910℃左右發生的 A_3 變態又稱為同素變態 (Allotropic transformation)。而鋼 (即鐵碳合金) 之所以成為工業上重要材料的主要原因之一，就是所含的鐵金屬有 A_3 變態的緣故。表 9.1 為鐵和鋼的各種變態。其中，A_0 變態及 A_2 變態是指當溫度高於表 9.1 中所示相對應的溫度以上，該材料會由強磁性變為無磁性。A_1 變態為鋼特有的變態 (共析變態，727℃)，純鐵則沒有此種變態。

表 9.1　鐵和鋼的變態

變　態	溫度 (℃)	變　態　內　容
A_0	210	鋼內雪明碳鐵的磁性變態 (居禮點)
A_1	727	鋼的共析變態 (沃斯田鐵 ↔ 波來鐵)
A_2	768	鐵的磁性變態 (α 鐵→無磁性的 α 鐵)
A_3	910	鐵的同素變態 (α 鐵 ↔ γ 鐵)
A_4	1400	鐵的同素變態 (γ 鐵 ↔ δ 鐵)

當原子半徑較小的碳原子侵入純鐵的結晶構造中，並且形成均勻的混合物時，即為所謂的鐵碳合金 (碳鋼)，稱此為插入型固溶體 (Interstitial solid solution)，如圖 9.3(a) 所示。當二元合金中，兩種金屬原子的半徑相差不多，且價電子等條件亦接近時，若其中一種金屬元素的原子把另一種金屬元素晶格中的部分原子驅逐並取代其位置，即形成置換型固溶體 (Substitutional solid solution)，例如銅和鎳組成的合金，如圖 9.3(b) 所示。若元素間的化學親合力很強，易產生金屬或離子鍵的結合而得到組成原子數有一定比例的化合物，其性質與組成的成分元素將完全不同，例如 Fe_3C(雪明碳鐵)、$CuAl_2$ 等。

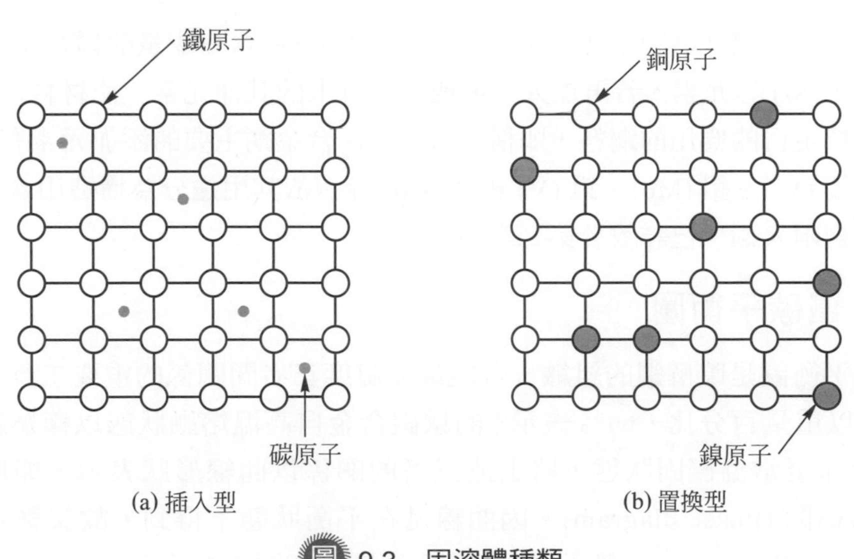

圖 9.3　固溶體種類

鐵碳合金中，通常將含碳量的重量百分比(wt%)約在0.02wt%以下者視為“純鐵”，含碳量約在0.02～2.0wt%之間者稱為碳鋼，含碳量約在2.0～6.67wt%之間者稱為鑄鐵。碳鋼中，含碳量為0.8wt%者稱為共析鋼(Eutectoid steel)，含碳量在0.8wt%以下者稱為亞共析鋼(Hypoeutectoid steel)，含碳量在0.8wt%以上者稱為過共析鋼(Hypereutectoid steel)，如圖9.4所示。又含碳量為6.67wt%者會形成Fe_3C化合物稱為雪明碳鐵(Cementite)為一很硬的材料。當純鐵在鐵構造時溶入極少量碳原子所形成的固溶體稱為肥粒鐵(Ferrite)。在γ鐵構造時溶入的碳原子在2.11wt%以下所形成的固溶體稱為沃斯田鐵(Austenite)。

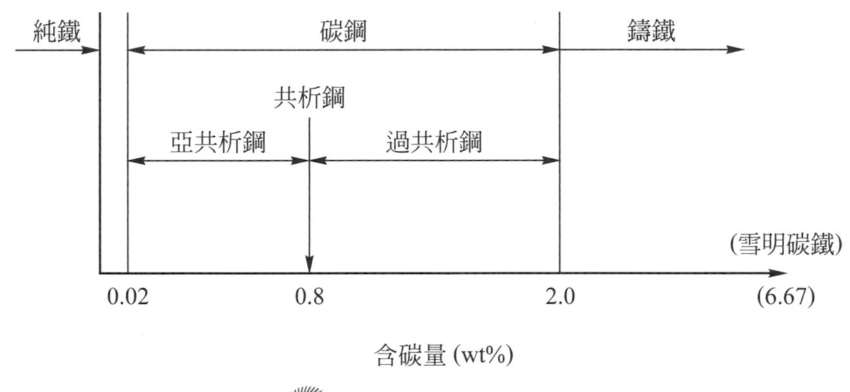

圖 9.4　鐵碳合金種類

碳鋼中除了鐵(Fe)和碳(C)兩種主要元素之外，尚含有少量的錳(Mn)、硫(S)、磷(P)和矽(Si)等元素。若再加入一種或一種以上的其他元素，使材料性質改善，成為適合特定目的應用的鋼料，即稱為合金鋼。合金鋼主要的添加元素有鉻(Cr)、鎳(Ni)、鎢(W)、鉬(Mo)、釩(V)和鈷(Co)等。依其用途分為構造用合金鋼和特殊用合金鋼兩大類，已詳敘於第二章中。

9.1.1　鐵碳平衡圖

鐵碳平衡圖是瞭解鋼的組織、含碳量和溫度三者間關係的重要工具。當不同含碳量(以重量百分比，wt%表示)的鐵碳合金自高溫熔融狀態以極為緩慢的冷卻速率冷卻至常溫凝固狀態，將上述三者的關係以曲線形狀表示，即形成狀態圖或稱為相圖(Phase diagram)。因曲線是在平衡狀態下得到，故又稱為平衡圖(Equilibrium diagram)。一般所稱的鐵碳平衡圖，如圖9.5所示。

若以鋼的熱處理立場言，所需要的鐵碳平衡狀態，包括溫度約在1200℃以下，含碳量在2.11wt%以下的範圍即足夠，如圖9.6所示。

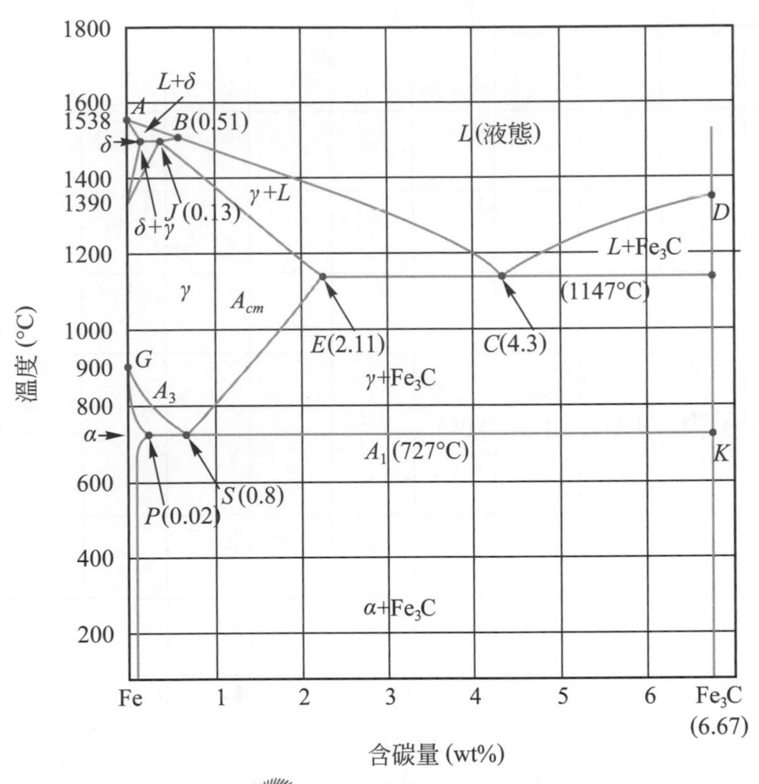

圖 9.5　鐵碳平衡圖

其中，　*A* 點：純鐵的熔點，溫度 1538℃。

AB 線：δ 固溶體的液相線，即初晶線。

BC 線：γ 固溶體的液相線，即初晶線。

C 點：共晶點，含碳量 4.3wt%，溫度 1147℃。

CD 線：Fe_3C 的液相線，即初晶線。

JE 線：γ 固溶體的固相線。

E 點：在 γ 固溶體中碳的最大溶解度，含碳量 2.11wt%，溫度 1147℃。

G 點：純鐵的 A_3 變態點，溫度 910℃。

GS 線：α 固溶體初析線，A_3 變態線。

GP 線：從 γ 固溶體析出 α 固溶體的完成溫度。

S 點：共析點，含碳量 0.8wt%，溫度 727℃。

P 點：在 α 固溶體中碳的最大溶解度，含碳量 0.02wt%，溫度 727℃。

ES 線：Fe_3C 初析線，A_{cm} 線。

PSK 線：共析線，A_1 變態線，溫度 727℃。*K* 點的含碳量為 6.67wt%。

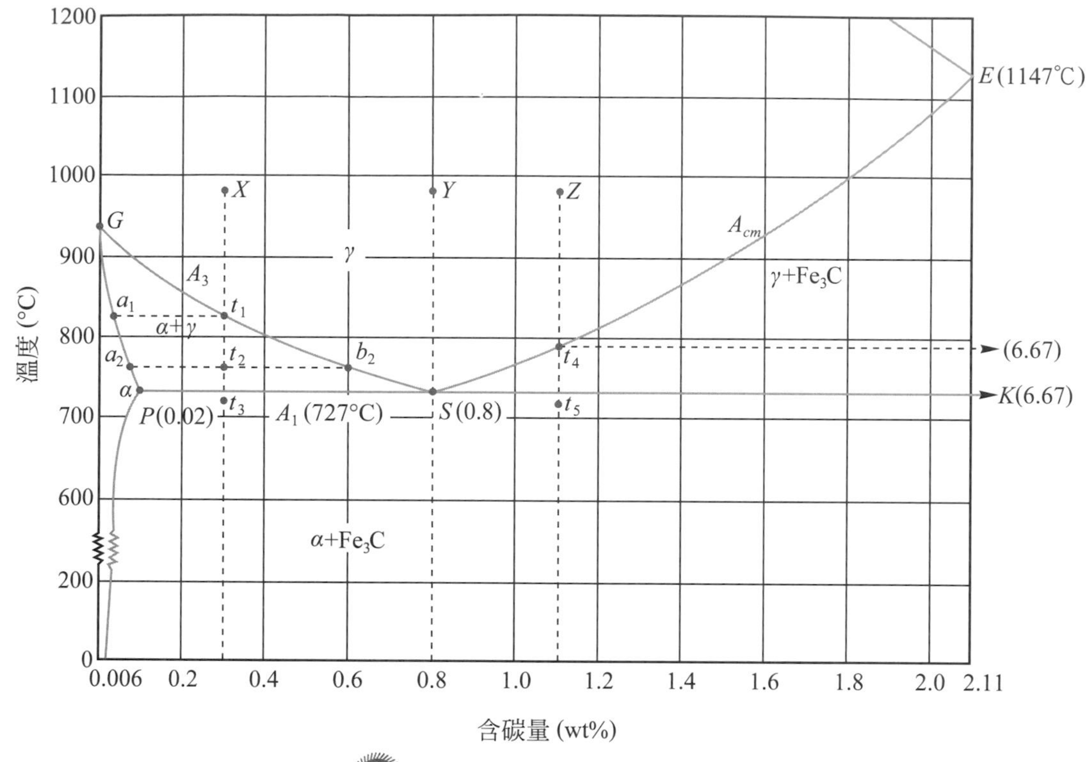

圖 9.6 鐵碳平衡圖 (部分圖)

根據圖 9.6 當含碳量 0.8wt% 的共析鋼在高溫沃斯田鐵狀態 (γ 鐵) 的 Y 點，以極為緩慢的冷卻速率冷卻，一直到溫度降至 A_1 變態線 (727℃) 時，沃斯田鐵 (γ 鐵) 會同時析出肥粒鐵 (α 鐵) 和雪明碳鐵 (Fe_3C)，此種變化稱為共析變態或 A_1 變態。此時，肥粒鐵和雪明碳鐵形成的層狀混合組織稱為波來鐵 (Pearlite)，如圖 9.7(a) 所示，當變態完成後，溫度繼續下降，波來鐵組織都不再發生變化。

X 點 (約含 0.3wt% 的碳) 是屬於亞共析鋼的成分，同樣以很慢的冷卻速率降溫，當降到 t_1 溫度時與 A_3 線 (即 GS 線) 相交，即開始析出成分為 a_1 的肥粒鐵，稱之為初析肥粒鐵 (Proeutectoid ferrite)。溫度自 t_1 下降至 t_2 時，初析肥粒鐵的成分會沿 GP 線變化至 a_2 點，而沃斯田鐵內的碳重量百分比濃度也會隨著 A_3 線 (即 GS 線) 增加至 b_2 點。當溫度繼續下降，沃斯田鐵成分沿著 A_3 線變化一直到成為 S 點的共析鋼成分 (含碳量 0.8wt%)，此時的溫度應為共析溫度 (727℃)，而初析肥粒鐵則成為 P 點的成分。當溫度下降到 727℃的共析溫度時，成分狀態為 S 點的沃斯田鐵會同時析出肥粒鐵及雪明碳鐵的層狀波來鐵組織。但同時成分狀態為位於 P 點的初析肥粒鐵卻不再變化，且會分佈於剛形成波來鐵的晶界處，如圖 9.7(b) 所示。此後溫度再下降 (例如 t_3 溫度)，所有的組織也都不再變化。

Z 點 (約含 1.1wt% 的碳) 是屬於過共析鋼的成分，當溫度降到 t_4 時，與 A_{cm} 線 (即 ES 線) 相交，即開始析出雪明碳鐵，稱之為初析雪明碳鐵 (Proeutectoid cementite)。溫度繼續下降則沃斯田鐵會繼續析出雪明碳鐵，其碳重量百分比濃度會隨著減少，並沿著線 A_{cm} 變化直到 S 點。溫度從 t_4 降到 t_5 (相當於 t_3 溫度)，以後的變化和 X 成分的變化類似，完成變態之初析雪明碳鐵，同樣是分佈於波來鐵的晶界處並不再變化，如圖 9.7(c) 所示。

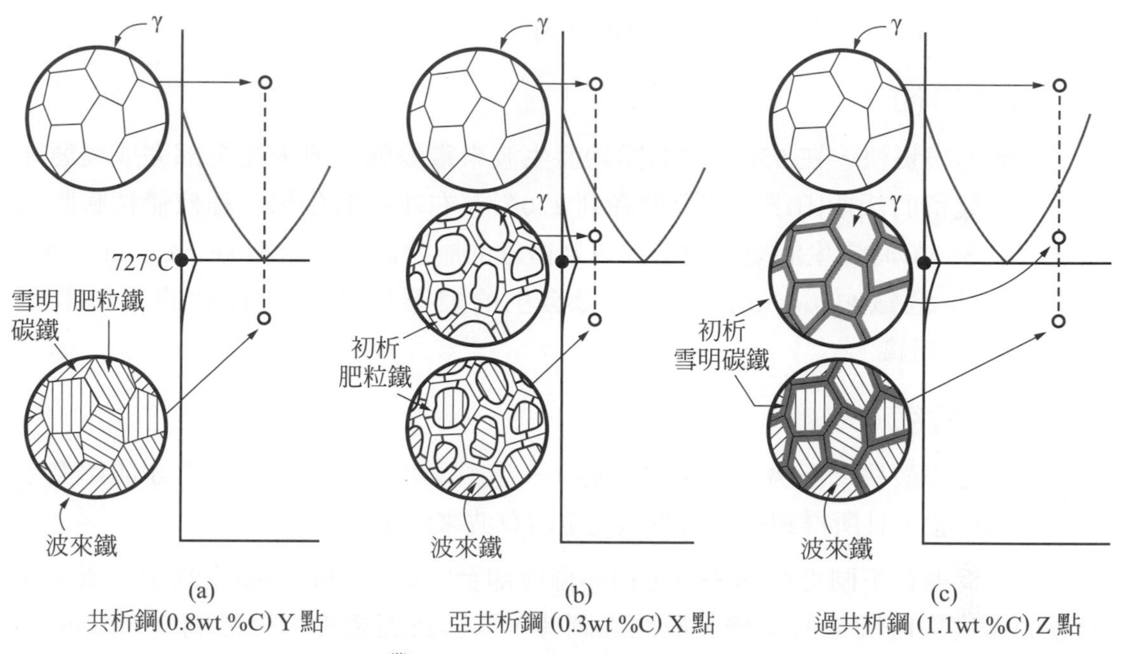

圖 9.7 碳鋼組織變化示意圖

以上所敘述的碳鋼冷卻平衡組織，是在溫度下降速率非常緩慢的狀況下進行，亦即要完成變態需要花費極長的時間。然而實際上，熱處理作業不可能用這種近乎無限長的時間來換取溫度的下降，故需進一步考慮冷卻速率對材料組織發生變態的影響。

9.1.2 鐵碳冷卻變態圖

熱處理過程中，冷卻速率對鋼材的組織變化有非常大的影響。因為在 A_1 變態發生時，鋼材的碳原子是藉由擴散作用的移動，一部分材料接收到足夠的碳原子形成波來鐵組織中的雪明碳鐵 (Fe_3C)，其他大量失去碳原子者則形成肥粒鐵組織，其過程需要相當長的時間才能完成變態。若冷卻速率稍快，則波來鐵變態的程度即受到影響，產生的組織也隨之不同。例如將共析成分的碳鋼 (含 0.8wt% 的碳) 於溫度高於 727℃以上的沃斯田鐵狀態，使其溫度連續冷卻直到室溫。依不同的冷卻方式 (相對應地會產生不同的冷卻速率) 所得到的不同組織，如下列所述：

一、爐中冷卻

冷卻速率最慢，碳原子有足夠的的時間移動而得以完全變態，形成粗大的層狀波來鐵組織 (Coarse pearlite)。

二、空氣中冷卻

冷卻速率比爐中冷卻稍快，形成的波來鐵呈微細層狀組織，稱為中等波來鐵 (Medium pearlite)，又稱為糙斑鐵 (Sorbite)。

三、油中冷卻

冷卻速率更快，在 550℃左右開始發生波來鐵變態，但未能全部完成變態即被中斷，殘留的沃斯田鐵直到溫度降到 220℃左右才再發生另一種使體積膨脹的變態。在 550℃時發生的變態會形成更為微細的層狀波來鐵組織 (Fine pearlite)，又稱為吐粒散鐵 (Troosite)。在 220℃發生的變態則會得到針狀的麻田散鐵 (Martensite) 組織。

四、水中冷卻

冷卻速率最快，不發生波來鐵變態，一直到溫度降至 220℃左右才開始發生麻田散鐵變態，且所得到的材料組織完全沒有波來鐵組織。

當共析鋼在不同冷卻速率下，自高溫冷卻至常溫，把開始發生到中止或完成變態的溫度與時間之關係繪製成曲線圖時，即稱為連續冷卻變態圖 (Continuous cooling transformation diagram，CCT 圖)，如圖 9.8 所示。其中，M_S 表開始產生麻田散鐵的溫度，M_{90} 表示有 90% 的沃斯田鐵變態成為麻田散鐵的溫度 (約 120℃)。在下臨界冷卻速率 V_{CL} (35℃ /sec) 右邊的冷卻曲線，其冷卻速率比使用 V_{CL} 的冷卻曲線慢時，沃斯田鐵會全部變成波來鐵而不產生麻田散鐵，例如 V_1 和 V_2 分別代表爐中冷卻和空氣中冷卻的冷卻速率曲線，其中 a_1、a_2 及 b_1、b_2 分別表示波來鐵變態開始及變態完成的溫度與時間的交點。若冷卻曲線在上臨界冷卻速率 V_{CU} (140℃ /sec) 的左邊，即冷卻速率比 V_{CU} 的冷卻曲線快時，就不會產生波來鐵變態而只會產生麻田散鐵變態，例如 V_4 代表水中冷卻的冷卻速率曲線。介於 V_{CL} 和 V_{CU} 的間的冷卻速率則會產生波來鐵和麻田散鐵變態，例如 V_3 代表油中冷卻的冷卻速率曲線，其中 a_3 表示波來鐵變態開始的溫度與時間的交點，而 b_3 則表示波來鐵變態至此中止，未產生變態的沃斯田鐵直到溫度降至 M_S 線時，才開始變態為麻田散鐵組織，當溫度降至 M_{90} 時則仍有 10% 的殘留沃斯田鐵尚未變態。共析鋼以外的材料並不適用於如圖 9.8 所表示的變態狀況，需另外查詢該材料所對應的 CCT 圖。

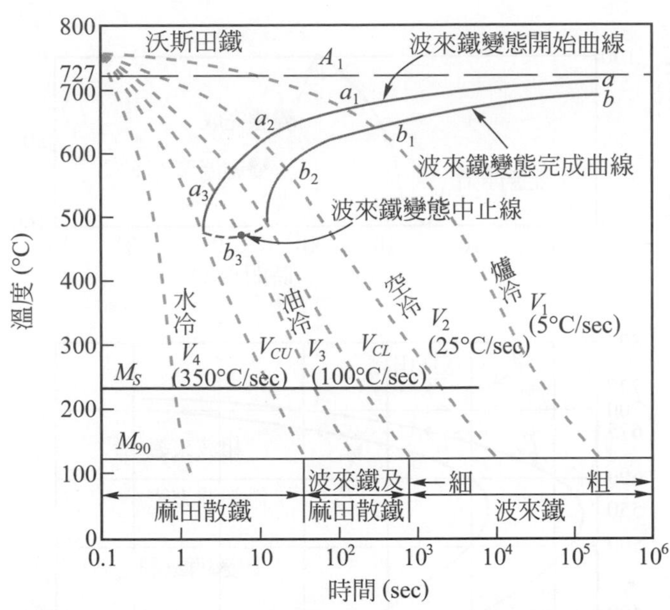

圖 9.8　共析鋼 (含碳量 0.8wt%) 的連續冷卻變態圖

若將高溫的沃斯田鐵狀態共析鋼急速放入溫度在 A_1 線與 M_S 線之間的恆溫槽中，鋼材很快的變為和槽內恆溫液的溫度相同，然後開始發生變態，並於經過一段時間後變態結束，此種變態過程稱為恆溫變態。將使用各種不同溫度的恆溫液所得的恆溫變態開始和結束時間用曲線表示，即可得到如圖 9.9 所示的恆溫變態圖 (Isothermal transformation diagram，或稱為 Time-temperature-transformation diagram，TTT 圖)。圖 9.9 的上半部顯示在 675℃的恆溫狀態時，共析鋼自沃斯田鐵變成波來鐵的時間與變態完成百分比的關係。

圖 9.9 中的曲線顯示在 550℃左右時，最快發生波來鐵變態，同時也是最快完成變態，此部位稱為 TTT 圖的鼻部 (Nose)。在鼻部以上的溫度發生的恆溫變態會隨著時間的增長全部變成波來鐵組織。恆溫液的溫度愈低，則產生波來鐵的層狀組織愈微細。在鼻部以下溫度發生的恆溫變態，則形成變韌鐵 (Bainite) 組織，又依發生的溫度高低分為微細羽毛狀組織的上變韌鐵 (Upper bainite) 和針狀組織的下變韌鐵 (Lower bainite)。若把共析鋼自高溫急冷到線以下的溫度時，會立刻發生變態而形成麻田散鐵組織。其變態量與溫度有關，若溫度保持不變，變態量不會隨著時間的增長而增加，這點和波來鐵或變韌鐵的變態過程並不相同。共析鋼的麻田散鐵變態完成溫度約為零下 46℃ (−46℃)。

亞共析鋼或過共析鋼的 CCT 圖和 TTT 圖與共析鋼的圖比較時，其不同之處在於亞共析鋼有初析肥粒鐵，而過共析鋼有初析雪明碳鐵的曲線出現，且全部曲線整體隨含碳量的不同會有下移或上移的變動，其他部分則大致相同。

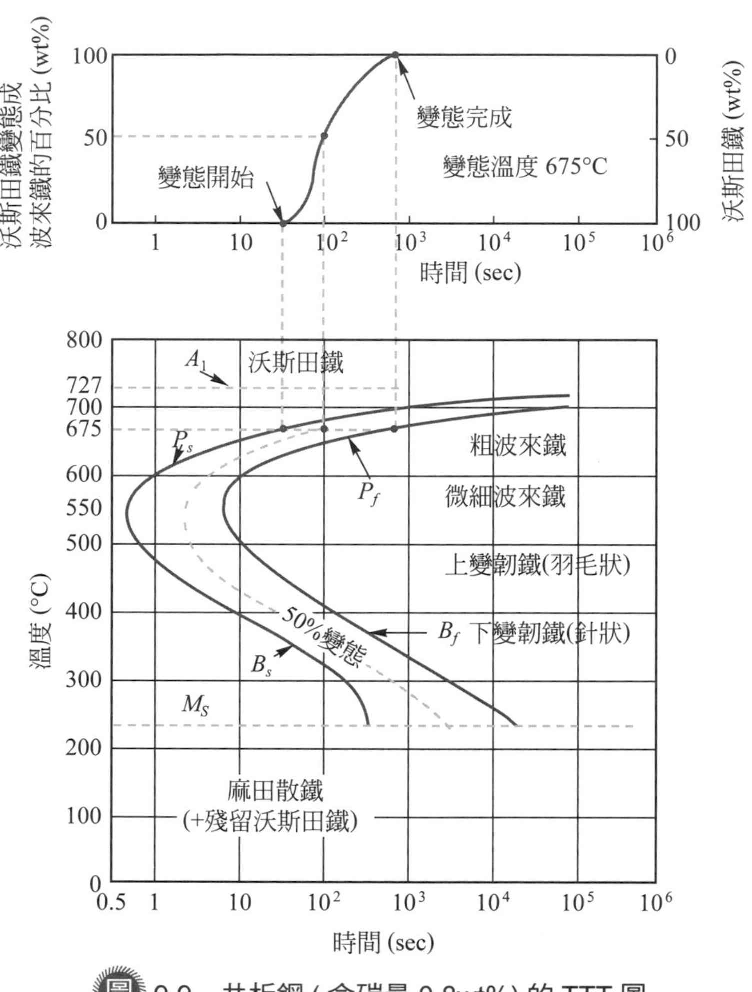

圖 9.9　共析鋼 (含碳量 0.8wt%) 的 TTT 圖

9.1.3　硬化能

硬化能 (Hardenability) 是鋼經淬火熱處理 (將於第 9.2.3 節中介紹) 所得到硬化能力的指標，通常以淬火時工件硬化的深度做為準則，而與所得到的硬度值的大小無關。鋼材的含碳量、工件的形狀、尺寸及表面狀態和冷卻介質 (淬火液) 的冷卻能力等，都會影響其硬化能。

為比較各種鋼的硬化能，通常採用喬米尼 (Jominy) 硬化能試驗。首先將鋼材製做成直徑 25 mm (1 英吋)，高 100 mm (4 英吋) 的標準試件，然後加熱到沃斯田鐵化的溫度，保持約 30 分鐘後，立即以水從 12.7 mm(0.5 英吋) 口徑的孔中噴到試件的下表面，直到整個試件完全冷卻。然後在試件的兩端各磨去 0.38 mm(0.015 英吋) 的深度，接著自淬火端 (即噴水端) 起沿試件軸向每隔 1.6 mm(1/16 英吋) 測量一次洛氏硬度 (Rockwell hardness) 值。硬化能好的鋼在離淬火端較遠的部位也會硬化，而得到高硬度的組織，如圖 9.10 顯示曲線 (1) 的硬度降低情形較緩慢，表示該材料的硬化能較佳。例如以可得到 HRC50 的硬度值做比較時，曲線 (1) 所示之鋼的硬化深度為 40 mm，曲線 (2) 所示之鋼的硬化深度為 10 mm，兩者的硬化深度比為 4：1。

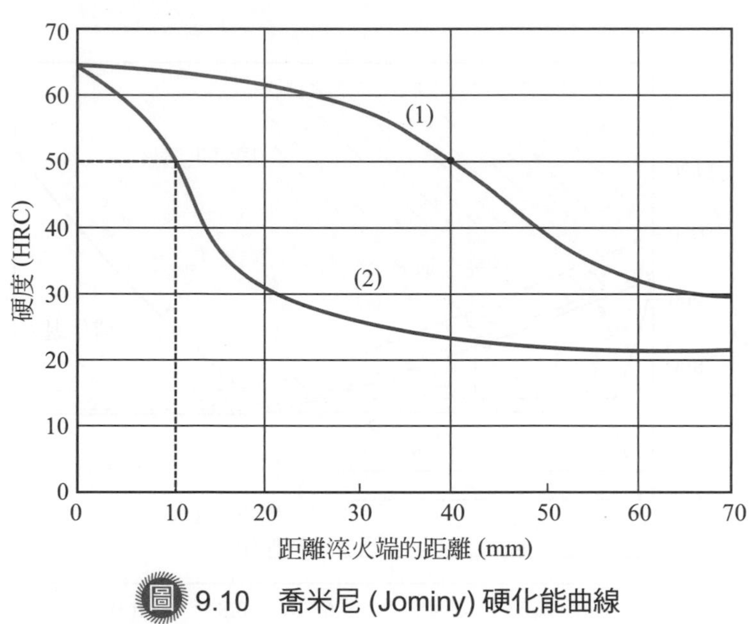

圖 9.10　喬米尼 (Jominy) 硬化能曲線

9.2 一般熱處理

熱處理的製程很多，使用的目的也不一樣。主要的分類有一般熱處理和表面硬化熱處理 (將於第十章中再敘述)。一般熱處理包括退火、正常化、淬火、回火和用於非鐵系合金為主的固溶化與時效硬化處理等，如圖 9.11 所示。

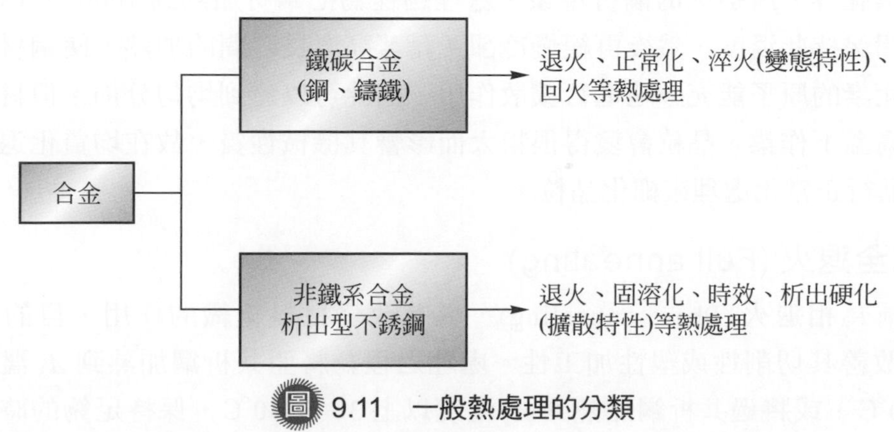

圖 9.11　一般熱處理的分類

9.2.1 退　火

退火 (Annealing) 是把鋼材加熱到適當的溫度，並保持適當的時間後，再實施緩慢冷卻的處理過程。依不同的目的而有不同的加熱溫度和不同的操作方法。圖 9.12 表示鋼材七種退火處理過程的加熱溫度範圍。

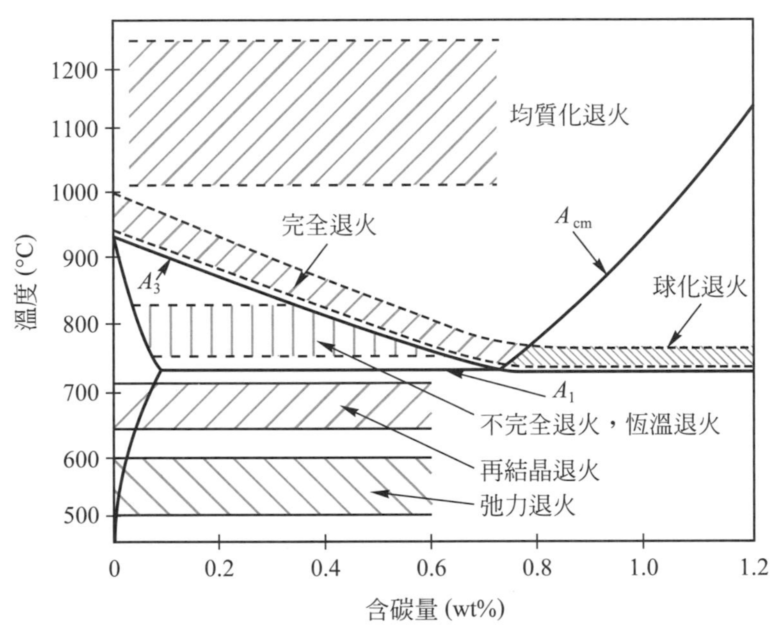

圖 9.12　退火的種類和加熱溫度範圍

一、均質化退火 (Homogenizing annealing)

又稱為擴散退火 (Diffusion annealing)，具有改變材料組織的作用，目的在消除鑄造或銲接加工時，因成分元素自液態凝固時先後順序的不同；或熱作加工中鍛造及滾軋等，所造成的偏析現象。處理過程為把鋼材加熱到 1000 ～ 1300℃，並長時間保持此溫度，然後再緩慢冷卻。藉著高溫長時間的加熱，使鋼材所含化學成分元素的原子能充分地進行擴散作用，因此可以達到均勻分佈。但材料因長時間在高溫下作業，晶粒會變得很粗大而影響其機械性質，故在均質化退火後，常需再進行正常化處理來細化晶粒。

二、完全退火 (Full annealing)

又稱為相退火 (Phase annealing)，具有改變材料組織的作用，目的在軟化鋼材以改善其切削性或塑性加工性。處理過程為將亞共析鋼加熱到 A_3 溫度以上 30 ～ 50℃，或將過共析鋼加熱到 A_1 溫度以上 30 ～ 50℃，保持足夠的時間，使分別成為沃斯田鐵組織，或沃斯田鐵與雪明碳鐵組織。再放入爐中或埋在砂中緩慢冷卻，最後屬亞共析鋼組織者會變成肥粒鐵與粗波來鐵，而過共析鋼組織者會變成網狀雪明碳鐵與粗波來鐵。惟此法主要適用於含碳量約 0.6wt% 以下 (即亞共析鋼組織) 的構造用鋼。含碳量在 0.6wt% 以上者宜使用球化退火處理。

三、不完全退火 (Partial annealing)

其原理、處理過程和目的與完全退火大致相同，也是應用於亞共析鋼組織為主。唯一的不同是加熱溫度只到 A_1 線以上但未到達 A_3 線，故在加熱保溫及冷卻過程中，只有波來鐵在加熱後發生沃斯田鐵化，並且於冷卻後又再變成波來鐵，而亞共析鋼組織中的肥粒鐵並不發生轉變。此法比完全退火處理所需的加熱溫度為低，故熱能消耗較少，並可減少鋼的脫碳或氧化程度，故應用比完全退火更廣。

四、恆溫退火 (Isothermal annealing)

又稱為循環退火 (Cycle annealing)，目的在大量縮短完成波來鐵變態所需的時間，又可使波來鐵組織的層間距離較為均勻，有利於切削性。處理過程為將鋼料加熱至 A_1 線以上的適當溫度，使波來鐵組織變成均勻的沃斯田鐵組織，然後急冷於 TTT 圖的鼻部溫度 (550℃) 略上方的恆溫槽中，等波來鐵變態完成後，再取出快冷到室溫，如圖 9.13 所示。

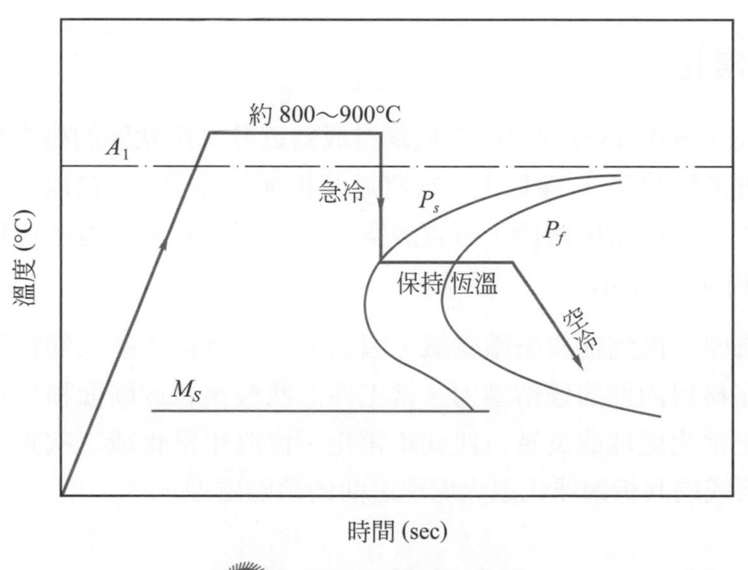

圖 9.13　恆溫退火處理

五、球化退火 (Spheroidizing annealing)

目的在改變過共析鋼的組織，經球化退火後鋼材的切削性、塑性加工性、機械性質和淬火韌性都會提高。處理過程為把過共析鋼加熱到 A_1 溫度以上，保溫一段時間後緩慢冷卻，使其中雪明碳鐵原先的板狀或網狀，變為球狀組織。一般而言，處理後的球狀雪明碳鐵大小在 0.5 ～ 1.5 μm 的範圍為宜。

六、再結晶退火 (Recrystallization annealing)

又稱為製程退火 (Process annealing)，目的在消除材料因冷作加工等，造成的晶粒變形或晶格缺陷以及差排堆疊糾結所引起的硬化現象。處理過程為將工件加熱到 A_1 線下方的材料再結晶溫度之範圍，冷卻方式則為慢冷，整個過程中並無變態發生。目的是使變形的晶粒重新排列。當新的結晶核產生後，經成長階段而得到類似原有形狀的晶粒，同時可大量消除差排，因而使鋼材恢復原有的機械性質及加工性。此法常與其他加工製程配合使用。

七、弛力退火 (Stress relief annealing)

又稱為低溫退火，主要用於消除因鑄造、鍛造、滾軋、銲接、沖壓或切削等加工所造成的材料內部殘留應力。處理過程為將鋼材加熱到 A_1 線以下的溫度，一般約為 500 ～ 600℃，保持一段時間後慢冷。

9.2.2 正常化

正常化 (Normalizing) 的目的在使鋼材成為近於平衡狀態的標準組織。處理過程為將亞共析鋼加熱至 A_3 線以上，或將過共析鋼加熱至 A_{cm} 線以上的適當溫度，使完全變為均勻的沃斯田鐵後，再置於空氣中冷卻，其冷卻速率比退火時稍快，如圖 9.14 和圖 9.15 所示。

正常化處理可得到細波來鐵組織，因此可改善材料強度及韌性等機械性質，並可消除存在材料內部的殘留應力。當工件形狀較複雜或斷面積變化較大時，可將上述普通正常化處理改良為二段式正常化、恆溫正常化或二次正常化。正常化也可做為淬火或過共析鋼球化退火處理之前的預備處理。

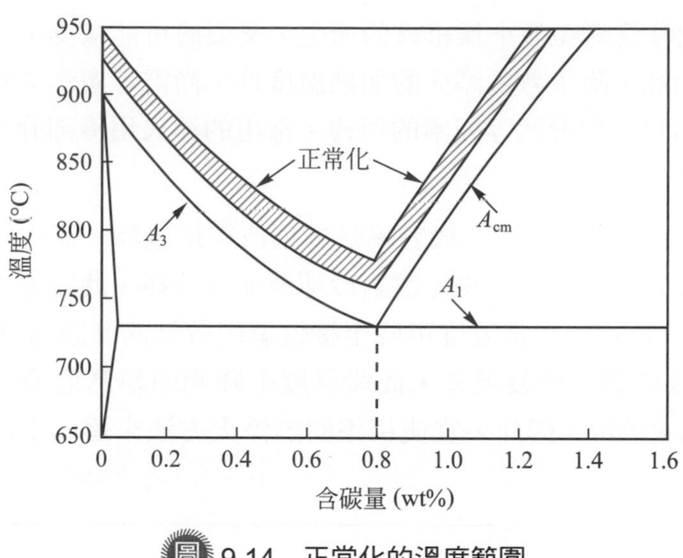

圖 9.14　正常化的溫度範圍

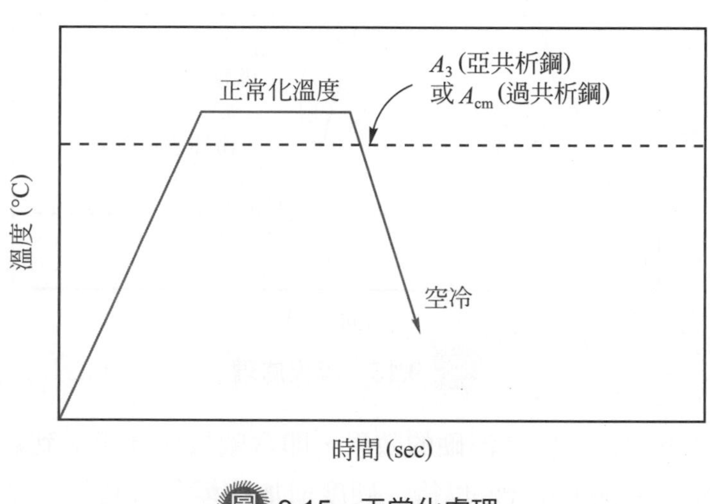

圖 9.15　正常化處理

9.2.3　淬　火

淬火 (Quenching) 的目的在提高鋼材的硬度和強度，但同時也會降低韌性。處理過程是把亞共析鋼加熱到 A_3 線以上 30 ～ 50℃，或把過共析鋼加熱到 A_1 線以上 30 ～ 50℃的範圍，保持適當的時間使其中的波來鐵及初析肥粒鐵組織完全沃斯田鐵化後 (過共析鋼則仍保留雪明碳鐵組織)，再急速冷卻，使沃斯田鐵形成麻田散鐵組織。麻田散鐵是體心正方結構 (BCT)，從沃斯田鐵的面心立方結構 (FCC) 瞬間變態而得，體積會增加約 4%，具有硬且脆的特性，並不實用，故必須與後續的回火處理相配合，才能得到所要的機械性質。

淬火過程需注意避免波來鐵組織的產生，又要儘可能減少工件的變形及防止裂痕的出現。因此，除了考量淬火的加熱溫度外，尚需考慮淬火用冷卻介質、淬火方法和工件的尺寸與形狀等因素的影響。常用的淬火用冷卻介質有水、油、鹽水及苛性鈉溶液。

由於鋼在 500 ～ 600℃左右最容易形成細波來鐵組織，淬火時應儘速避開此溫度範圍，故此時冷卻速率要快，需對冷卻液加以攪拌，此段溫度下降範圍稱為臨界區域 (Critical zone)。當溫度再降至接近麻田散鐵的變態溫度 (M_S) 時，冷卻速率需減緩，以免發生淬裂現象，此段溫度下降範圍稱為危險區域 (Dangerous zone)，如圖 9.16 所示。因此，宜使用不同的淬火方法來達成不同工件的淬火品質要求。

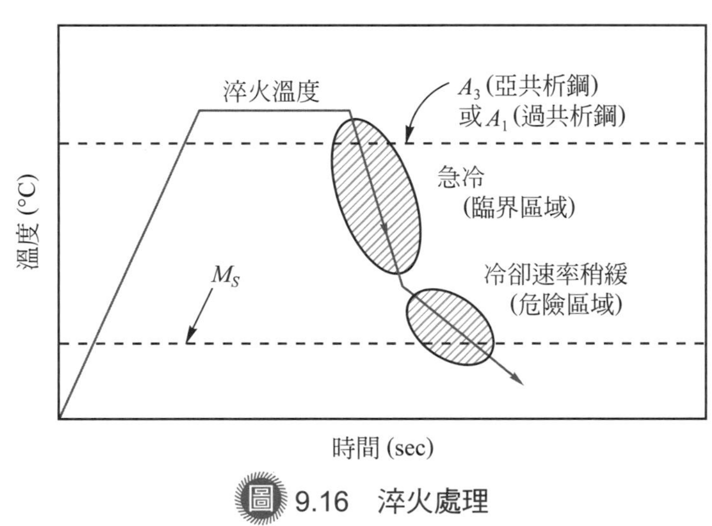

圖 9.16 淬火處理

鋼材的成分不同會影響其淬硬的效果，即含碳量愈高所得到麻田散鐵的硬度也愈高，但含碳量超過 0.6wt% 以後，硬度增加的變化會趨緩。當鋼材工件的尺寸太大或截面過厚，在淬火時因表面的冷卻速率較快，產生麻田散鐵組織，但是中心部位的冷卻速率則較慢，易形成硬度不高的吐粒散鐵組織，稱此現象為質量效果 (Mass effect)。可利用添加各種特殊合金元素形成合金鋼來降低質量效果，使鋼材中心也可以充分硬化。

由於麻田散鐵變態只與溫度有關，淬火至常溫時仍有未變態的殘留沃斯田鐵 (Retained austenite)，此為一不安定的組織。若繼續冷卻到使麻田散鐵變態完成的溫度時，則殘留的沃斯田鐵會全部變為麻田散鐵。這種將鋼材冷卻到 0℃以下的溫度以減少或完全消除殘留沃斯田鐵的處理，稱為深冷處理 (Subzero cooling)。深冷處理的方法有乾冰法、液態氮法和機械冷凍法等。

9.2.4 回　火

回火 (Tempering) 主要是用於除去淬火鋼材的內部應力，並稍微降低硬度以增加韌性，達成調整組織及改善機械性質的處理。處理過程是將淬火後的鋼材加熱到 A_1 溫度以下的適當溫度，保持適當的時間後，在空氣中徐冷。回火是利用碳元素的擴散作用，自麻田散鐵組織中析出碳化物而形成細波來鐵組織，又加熱溫度和加熱時間都會影響回火的效果。回火的溫度在 500 ～ 650℃時稱為高溫回火，可得到高強度、高硬度且塑性、韌性等機械性質都很優良的鋼材。一般將淬火和高溫回火結合的熱處理稱為調質處理，如圖 9.17 所示。調質處理得到的細波來鐵組織中所包含的雪明碳鐵呈顆粒狀，而正常化處理得到的細波來鐵組織中所包含的雪明碳鐵是呈片狀。前者的強度較高，且塑性、韌性也都比後者好，故重要的機械結構零件大都是採用調質處理。回火溫度在 150 ～ 200℃時稱為低溫回火，目的在降低麻田散鐵的脆性和消除內部應力。在實際作業上，回火時間以 1 ～ 2 小時為標準。

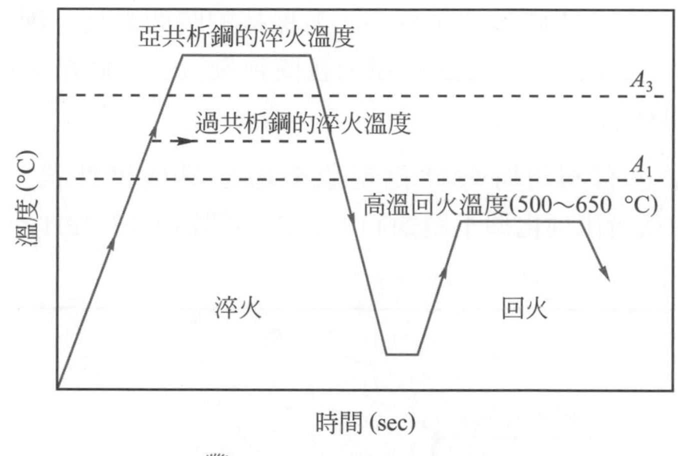

圖 9.17　鋼的調質處理

需特別注意的是碳鋼的回火溫度在 250 ～ 400℃左右，會發生溫度升高，但衝擊值反而下降的現象，稱為低溫回火脆性 (Temper brittleness)。而含有 Mn、Cr、Ni 等元素的構造用鋼在 500 ～ 550℃回火時，會有高溫回火脆性的現象發生。

9.2.5 非鐵系合金的熱處理

非鐵系合金，例如鋁合金、銅合金、鎳合金、鎂合金、鈦合金等，也可進行再結晶退火處理來改善其加工性，或是使用弛力退火、均質化退火等處理，其功能和鋼材的處理結果一樣。然而，非鐵系合金的金屬沒有同素變態的特性，無法像鋼一樣可以利用溫度的變化來改變組織以增進其強度和硬度等機械性質。故在硬化處理方面則需利用過飽和固溶體的時效析出現象來改變其組織和特性。例如鋁銅合金在 548℃時，鋁可以固溶 5.65wt% 的銅，但在室溫時鋁只能固溶 0.1wt% 以下的銅，其餘的銅則和鋁化合形成較粗大的 $CuAl_2$ (θ 相) 聚集於晶界處。因此，若把含銅量 5wt% 的鋁銅合金加熱到 550℃左右，保持適當時間，則銅原子會全部均勻的溶入鋁原子的晶格中，形成 α 固溶體，此步驟稱為固溶化處理或溶解處理 (Solution treatment)。然後將之置入水中急冷，使銅原子來不及析出成安定狀態的 $CuAl_2$ (θ 相)，因而得到銅在鋁中的過飽和 α 固溶體，稱此過程為淬火。過飽和 α 固溶體在室溫下為不安定的組織，若讓它長時間放置在室溫，則會逐漸析出微細的 $CuAl_2$ 和 α 固溶體的安定組織，稱此為自然時效 (Natural aging)。若對它加熱使溫度高於室溫以加速安定組織的產生，則稱此為人工時效 (Artificial aging)。整個處理過程如圖 9.18 所示。時效 (Aging) 的結果會促使合金內部組織發生變化，而引起硬度及強度增加，稱此為析出硬化 (Precipitation hardening) 或時效硬化 (Age hardening)。在人工時效的過程中，若保持的時間過長，則可能會使微細的析出物 ($CuAl_2$) 結合及成長，變成較粗大且使數量減少，此結果會降低其硬度和強度，稱之為過時效 (Overaging)。

高合金鋼中也有利用時效硬化現象來增進其機械性質，例如麻時效鋼 (Maraging steel) 或析出硬化型不銹鋼 (17-4PH 不銹鋼、17-7PH 不銹鋼) 等。

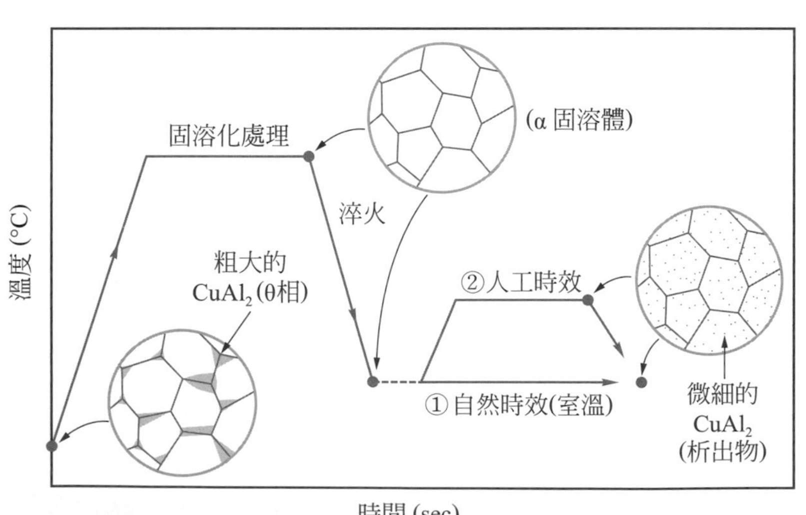

圖 9.18 鋁銅合金 (含銅量 5wt%) 的硬化處理

9.2.6　熱機處理

又稱為加工熱處理 (Thermo-mechanical treatment) 是指結合塑性加工和熱處理的製程，不僅可使工件成形，同時也可以改善鋼材的機械性質。熱機處理考量的變數除上述各種熱處理所包含的溫度和時間以外，還加入作用力 (Force) 形成三次元熱處理，利用的原理是鋼材在發生變態時，易發生超塑性特性或加工硬化特性，可以使加工更易進行或在不降低其延性及韌性的情況下，大幅提高其強度。施加塑性加工的時機可以在工件材料的組織變態發生之前、變態進行當中或變態完成之後，其分類如表 9.2 所示。

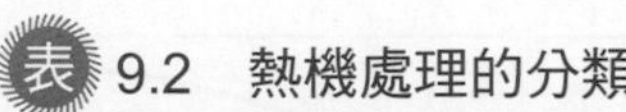
9.2　熱機處理的分類

<table>
<tr><th>加工期間</th><th colspan="2">加工方法</th><th>名　稱</th><th>應用例</th></tr>
<tr><td rowspan="4">1. 變態發生之前加工</td><td rowspan="2">(1) 在安定沃斯田鐵區域加工後，進行</td><td>(a) 麻田散鐵變態</td><td>鍛造淬火
(Direct quenching)</td><td>機械構造用鋼</td></tr>
<tr><td>(b) 波來鐵或變韌鐵變態</td><td>控制滾軋
(Controlled rolling)</td><td>高強度鋼</td></tr>
<tr><td rowspan="2">(2) 在準安定沃斯田鐵區域加工後，進行</td><td>(a) 麻田散鐵變態</td><td>沃斯成形
(Ausforming)</td><td>超高強度鋼</td></tr>
<tr><td>(b) 波來鐵或變韌鐵變態</td><td>沃斯滾軋回火
(Ausroll tempering)</td><td>鋼琴線</td></tr>
<tr><td rowspan="2">2. 變態進行當中加工</td><td colspan="2">(1) 麻田散鐵變態途中的加工</td><td>深冷成形
(Subzero-forming)</td><td>不銹鋼</td></tr>
<tr><td colspan="2">(2) 波來鐵或變韌鐵變態途中的加工</td><td>恆溫成形
(Isoforming)</td><td>軸承鋼</td></tr>
<tr><td rowspan="4">3. 變態完成之後加工</td><td colspan="2">(1) 麻田散鐵的加工</td><td>麻成形
(Marforming)</td><td>彈簧鋼</td></tr>
<tr><td colspan="2">(2) 回火麻田散鐵的加工</td><td>應變回火
(Strain tempering)</td><td>麻時效鋼</td></tr>
<tr><td colspan="2" rowspan="2">(3) 波來鐵或變韌鐵的加工</td><td>溫間加工
(Warm working)</td><td>沃斯田鐵系耐熱鋼</td></tr>
<tr><td>韌化和冷拉
(Patenting and drawing)</td><td>鋼琴線</td></tr>
</table>

一、變態發生之前加工

將鋼材加熱至沃斯田鐵化後，接著實施鍛造或滾軋加工，此時工件溫度保持在 A_1 線之上。加工完成後馬上進行淬火使材料發生麻田散鐵變態，最後再施以回火處理。高溫鍛造後馬上淬火可使鋼的硬化能大為增加，又可節省加熱的能源成本。如圖 9.19 中加工冷卻路徑 (1) 的鍛造淬火，可得到硬度高且耐衝擊值大的產品。

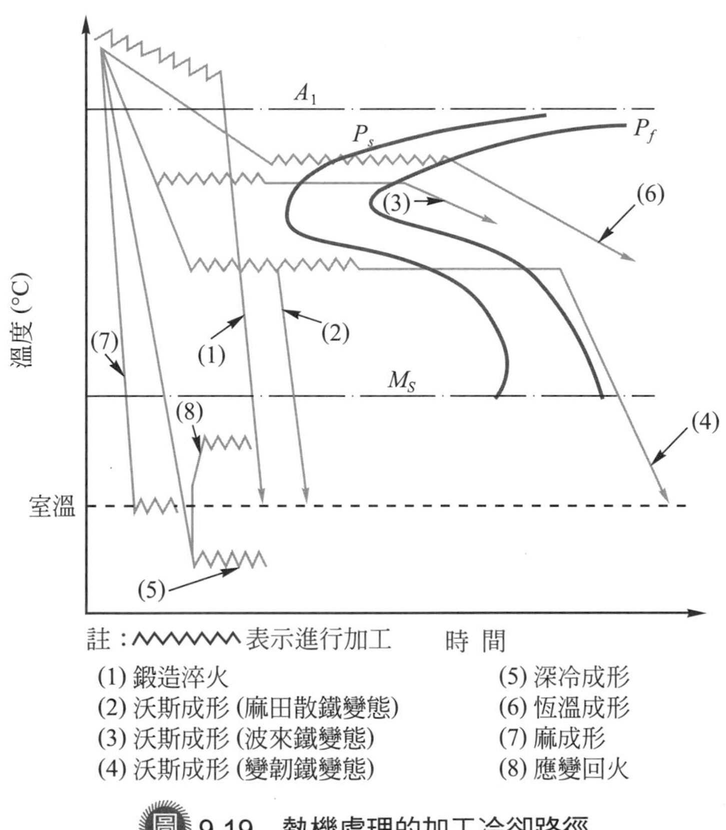

圖 9.19 熱機處理的加工冷卻路徑

沃斯成形是指將沃斯田鐵化後的鋼材急冷到 TTT 曲線鼻部附近的準安定沃斯田鐵區域進行加工後，再依圖 9.19 中的加工冷卻路徑 (2) 進行麻田散鐵變態，然後再實施回火，如此可使材料顯著強化，而韌性降低較小及回火軟化抵抗較大等特性。若依冷卻路徑 (3) 則形成波來鐵變態，可得到比起先變態後再實施如拉線加工的鋼琴線或鋼索等有較高的強度。若依冷卻路徑 (4) 則產生變韌鐵變態，具有良好的強度和伸長率，但是衝擊值略差。

二、變態進行當中加工

當沃斯田鐵在發生麻田散鐵變態的同時進行加工，會有顯著強化的效果。不銹鋼的 M_S 點在室溫以下，若利用此法處理，則稱為深冷成形，如圖 9.19 中的加工冷卻路徑 (5) 所示。

圖 9.19 中的加工冷卻路徑 (6) 稱為恆溫成形，是指工件材料在保持一定的溫度下，從沃斯田鐵變態成波來鐵的同時進行加工，可改善工件材料的衝擊值和脆性轉換溫度。

三、變態完成之後加工

一般鐵系之麻田散鐵的特性是非常硬且脆，但含碳量低時，則有相當的韌性可以實施塑性加工。對麻田散鐵加工可得到硬度很高，在加工後於 200℃左右回火可使材料更加強化，圖 9.19 中的加工冷卻路徑 (7) 即為此類型的製程稱之為麻成形。當淬火產生麻田散鐵後，在實施回火時進行加工，可使強度顯著增加而伸長率降低不多，稱為應變回火，如圖 9.19 中的加工冷卻路徑 (8) 所示。

9.3 熱處理設備

實施熱處理的過程依序為先使用適當的加熱爐，將材料加熱到事先設定的溫度，並保持一段時間後，再採用適當的冷卻裝置，依不同目的所要求的冷卻速率使材料冷卻到常溫或更低溫。因此可知，加熱爐和冷卻裝置是熱處理製程中最主要的設備。溫度的量測和控制裝置，則是協助熱處理得以依設定的加熱及冷卻方式順利進行的最重要附屬裝置。其他還包括各種清洗、矯正、動力供應、搬運和檢驗量測等附屬裝置或設備。

9.3.1　加熱爐

加熱爐的種類可依其熱源、用途、作業及輸送方式、加熱介質等的不同加以分類。最常見的是按照作業及輸送方式分為分批式爐 (Batch furnace) 和連續式爐 (Continuous furnace) 兩大類。

一、分批式爐

把要處理的一批工件置入爐中，當熱處理程序實施完成後，此批工件即自爐中取出，再進行另一批工件的處理。優點為熱處理條件的設定易於調整、爐內溫度分佈均勻、設備費用較低和發生故障時損失程度較輕等。缺點為工作效率及能源使用效率較差。適用於少量多樣化產品的熱處理。其形式有箱型、圓筒型、坑型、鐘型、壺型、昇降型、台車型和多功能型。

二、連續式爐

把要處理的工件從爐的一端連續送入，利用適當的輸送裝置使之通過爐內的清洗、加熱和冷卻等區域，完成處理的工件從爐的另一端取出。優點為作業效率高、熱效率好和產品品質的管理佳。缺點則為欲改變處理條件時較浪費能源，和發生故障時損失較大等。適用於大量生產。輸送裝置的形式有推進式、輸送帶式和懸繩式。

加熱爐用的熱源有電能和產生化學能的燃料。燃料包含氣體燃料的天然氣及液化煤氣，和液體燃料的重油及輕油。故可將上述的加熱爐分成電氣加熱和燃燒加熱兩大類。電氣加熱方式可利用電阻、感應、電弧、電子束或雷射束等，特點為容易得到高溫及易於控制溫度和爐內氣氛，但設備較貴且能源成本較高。燃燒加熱則較為便宜且能源成本比電熱低。

依加熱爐的用途又可分成退火爐、淬火爐、回火爐、正常化爐、滲碳（氮化）爐、氮化爐、鍛造加熱爐、硬銲爐、燒結爐、鹽浴爐、真空爐等。若依爐內加熱介質的不同分類，則有控制氣氛爐、流動床爐、真空爐、鹽浴爐、鉛浴爐、油浴爐等。

9.3.2 冷卻裝置

因應各種不同的熱處理目的，以及被處理工件的材質、尺寸、形狀等的差異，所採用的冷卻裝置也隨著不同。然而，任何冷卻裝置使用時必須具備的共同條件有：

1. 使用適當的冷卻劑。
2. 被處理工件所含熱量要能與冷卻劑所吸收熱量達成平衡，即冷卻劑不會發生過熱。
3. 有足夠的加熱及冷卻設備，使冷卻劑保持所要求的溫度。
4. 要適當地攪拌冷卻劑。
5. 要有良好的安全措施。

冷卻裝置若依冷卻劑種類的不同可分為：

一、氣體冷卻裝置

主要用於構造用合金鋼的正常化、滲碳工件的空冷和自硬性合金鋼的淬火等。

二、水冷裝置

水是熱處理應用中冷卻速率最快的冷卻劑，但水溫升高後對冷卻能力的影響很大，為了避免淬火時，在高溫工件周圍的水溫快速上升所產生的絕熱問題，故需藉助攪拌裝置來加速水的流動。

三、油冷裝置

為淬火時最常採用的冷卻方式。依油溫的高低分為冷油淬火槽 (50 ～ 80℃) 和熱油淬火槽 (120 ～ 150℃) 兩種。

四、鹽浴冷卻裝置

利用加熱方式將鹽類物質熔化，用做為冷卻或恆溫液體的裝置。這類型爐子設備較便宜，適合小量生產。應用在淬火、恆溫回火、滲碳、滲氮等處理。鹽類物質包含亞硝酸鈉、硝酸鉀、氯化鈉、氯化鋇、碳酸鈉等。

五、深冷處理裝置

為使在室溫時仍含有殘留沃斯田鐵的鋼材可以全部完成麻田散鐵變態，需將淬火處理的工件再冷卻到 –60 ～ –150℃的溫度。使用的冷媒有液態氮或有機溶劑與乾冰的混合液，也可使用冷凍機製造低溫液體或低溫空氣。

冷卻裝置若依機構不同分類時，有螺旋攪拌裝置、噴霧冷卻裝置、強制環流裝置和加壓淬火裝置等。

9.3.3　溫度量測裝置和控制裝置

熱處理最重要的影響參數是溫度和時間，尤其是如何準確地控制溫度的變化是決定熱處理成敗的關鍵。金屬材料的熱處理溫度範圍約在 1300℃以下，使用的溫度量測裝置可分為接觸式的熱電溫度計 (使用熱電偶，Thermocouple)、液體溫度計、電阻式溫度計、示溫塗料等，和非接觸式的光高溫計、放射溫度計等。

熱處理的品質有賴於正確的溫度控制，一般採用的方式有兩種：

一、定值控制

目標溫度為一定的自動控制方式。例如將鋼材加熱至淬火前的溫度設定為 850℃，則溫度自動控制裝置會藉由控制加熱的開或關 (ON-OFF) 動作等，使爐溫保持在目標值 850℃左右的限定偏差範圍內。

二、程式控制

目標溫度隨著時間變化的追值控制方式。將熱處理過程的溫度與時間之關係使用程式控制，可達成提高生產、集中管理和無人化作業的好處，如圖 9.20 所示。

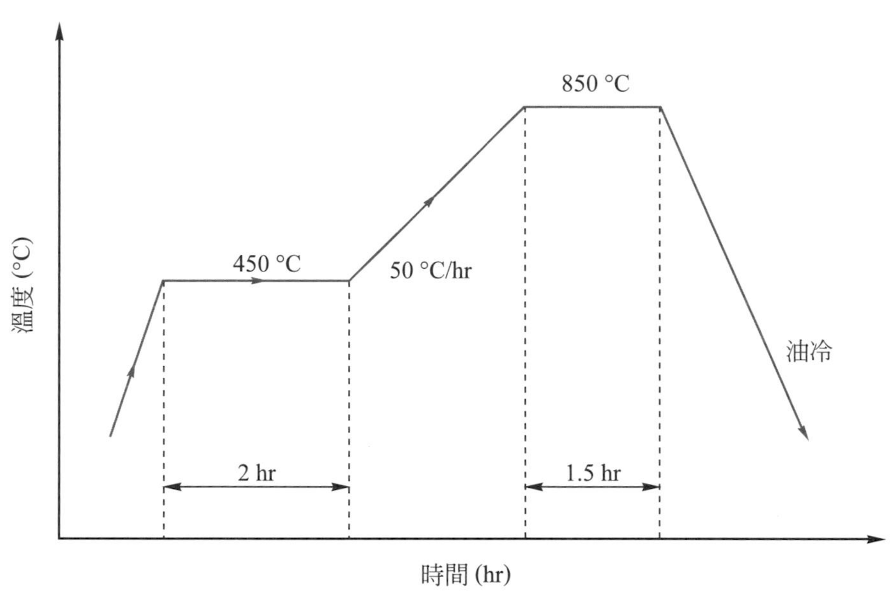

圖 9.20　淬火熱處理作業程序的例子

9.4 熱處理工件的檢驗

熱處理的目的在改善材料的機械性質等。然而，經過熱處理後的工件材料是否已達到所預期的效果，則需藉助機械性質試驗來驗證。熱處理的過程是藉由加熱與冷卻的配合，有高溫的作用、有急冷的操作，因此工件外部可能有氧化、脫碳、變形、淬裂等缺陷，工件內部也會有組織變化、內應力或殘留應力產生、瑕疵或微裂縫出現等現象，故需要進行各種組織的巨觀或顯微檢查，及非破壞性檢驗等以確保熱處理的品質。此外，尚有火花試驗用於判別材料的特性，利用磨輪磨削鋼料所產生火花的亮度、形狀及長短判別鋼材的種類；也可用於推定脫碳、滲碳、氮化的程度，或是否做過淬火處理的判別等。由於必須有經驗的作業人員才能判斷，且其精確度低又無法量化，故已極少被採用。

9.4.1　機械性質試驗

工件經熱處理後用於檢測材料機械性質的試驗中，最常用的有拉伸試驗、硬度試驗和衝擊試驗。

一、拉伸試驗

用於測定工件材料經熱處理後因而改變的強度和延性，此兩項性質的改善是熱處理操作的主要目的。使用萬能試驗機 (Universal testing machine) 對依相關試驗規範所規定形狀及尺寸製作的標準試件，進行拉伸作用直到斷裂，可以得到該材料的降伏強度、抗拉強度、伸長率及面積縮減率等數值。

二、硬度試驗

指對工件材料表面施加壓力欲使它變形時，材料會產生抵抗，根據抵抗的大小可得知材料的硬度值。常採用的有勃氏 (Brinell)、洛氏 (Rockwell)、維氏 (Vickers) 和蕭氏 (Shores) 等硬度試驗法。選用何種方法則是根據工件材質或試件厚度等條件做適當的擇定。由於硬度試驗方法較簡單，並可在工件表面上直接進行局部破壞性的試驗，然後根據硬度值大略可推測其他的機械性質，所以硬度試驗可說是最常被採用的一種機械性質試驗。通常可將熱處理後工件的硬度值大小視為熱處理成敗的重要指標之一。

三、衝擊試驗

用於測定材料的韌性。使用沙丕 (Charpy) 或艾左 (Izod) 衝擊試驗機對有凹槽的試件進行衝擊作用，並將它打斷。從試件破壞時所吸收能量的值可用來表示材料的韌性大小。此法亦可用於求得在低溫時材料脆性轉換溫度的資料。

9.4.2　材料組織檢查

金屬材料組織的檢查可分為以肉眼或低倍數放大鏡觀察的巨觀組織 (Macro-structure) 和以光學顯微鏡或電子顯微鏡觀察的微觀組織 (Micro-structure) 兩種。

一、巨觀組織檢查

包括檢查工件是否有翹曲或畸變等變形，以及對其外表或截面直接觀察是否有脫碳、氧化、孔隙、裂縫、過熱組織等缺陷，及淬火硬化層深度、晶粒的粗細判別等。也可利用腐蝕方法檢測材料組織內部的各種缺陷。

二、微觀組織檢查

利用觀察材料的顯微組織來推測其機械性質或熱處理的過程及效果。光學顯微鏡是最普遍使用的工具。試件需先經過切割取樣、鑲埋樹脂、多道次的研磨、腐蝕等步驟，才可以在顯微鏡下觀察到其組織，例如晶粒的大小、殘留沃斯田鐵的比例等。

9.4.3　非破壞檢驗

非破壞檢驗用於檢測熱處理工件之表面或內部的微細裂痕、殘留應力、成分偏析或夾雜物等缺陷，目的為防止工件在使用時發生疲勞破壞或其他的失效狀況導致其原設定的使用壽命縮短。主要的非破壞檢驗方法有螢光檢驗、磁粉檢驗、超音波檢驗、渦電流檢驗和放射線檢驗等，此與鑄件或銲件的檢驗方式相同。

其他與熱處理相關的事項有：在熱處理作業前需去除工件表面油污、銹皮、氧化膜等的前處理；在熱處理完成後需實施氧化膜或淬火油的去除及防銹等的後處理；和工業安全衛生及環保對策，例如水污染、大氣污染、毒氣、火災、噪音等的防治，並需注意作業人員的健康及安全的防護。

一、習題

1. 工件熱處理時欲獲得最佳的效果必須考慮那些事項？
2. 工件熱處理的主要目的有那些？
3. 金屬工件熱處理的方法很多，大致可分為那兩大類？
4. 繪圖說明純鐵的溫度與長度變化關係。
5. 解釋名詞：共析鋼、亞共析鋼、過共析鋼、雪明碳鐵、肥粒鐵、沃斯田鐵。
6. 繪出鐵碳平衡圖並標示及說明用以顯示重要溫度之點、線及組織。
7. 解釋名詞：波來鐵、初析肥粒鐵、初析雪明碳鐵、變韌鐵、麻田散鐵、殘留沃斯田鐵。
8. 金屬合金材料之一般熱處理包含那些種類？
9. 說明鋼材均質化退火的目的、處理過程及相關的後續處理。
10. 說明鋼材完全退火的目的及處理過程。
11. 說明亞共析鋼之不完全退火和完全退火的相同與相異處。
12. 說明鋼材恆溫退火的目的及處理過程。
13. 說明過共析鋼球化退火的目的及處理過程。

14. 說明過鋼材再結晶退火的目的及處理過程。
15. 說明過鋼材弛力退火的目的及處理過程。
16. 繪圖說明何謂鋼材的正常化處理？
17. 鋼材回火的目的為何？處理過程及需注意的事項為何？
18. 何謂鋼材的調質處理？其操作方法和所得到的組織為何？
19. 何謂熱機處理？
20. 說明熱機處理中沃斯成形的不同冷卻路徑所得到鋼材的組織及特性。
21. 熱處理設備之加熱爐最常見的分類方式有那些？其優缺點各為何？
22. 熱處理設備之冷卻裝置必須具備的共同條件有那些？
23. 熱處理所使用的溫度控制方式有那兩種？
24. 熱處理常用之材料機械性質的試驗有那些？

二、綜合問題

1. 於設計時基於功能之考量，一金屬工件需具有尖角及盲孔，但這些形狀在熱處理期間很容易產生應力集中及裂痕等問題。建議有何方法可以製造這些需經熱處理的工件？
2. 參觀一間專業熱處理代工的工廠，針對其環境、設備布置、動線、處理產品類型及未來性等，詳盡地提出心得感想。
3. 從熱處理相關技術資料選擇一種金屬工件，討論其使用的熱處理方法及設備、需達成的材料性質及檢驗方式，並說明如何估價。

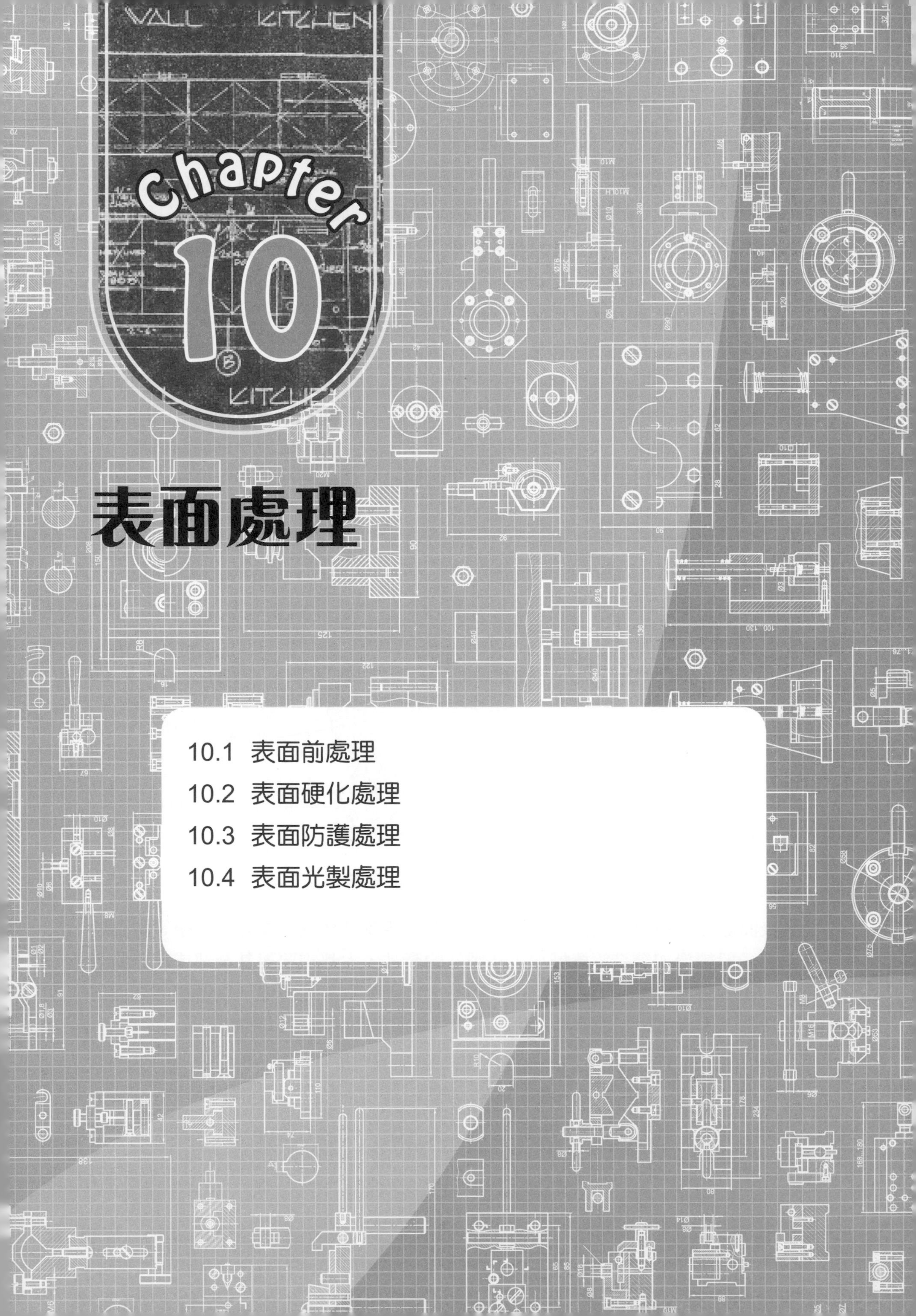

表面處理

10.1 表面前處理
10.2 表面硬化處理
10.3 表面防護處理
10.4 表面光製處理

工件表面 (Surface) 是工件內部材料與周圍環境的交界區域，通常表面的定義是指包含自最外層的物質分子到深幾個 μm (10^{-6} m) 至幾十個 μm 厚度的材料，並且由數種不同形式的薄層所組成，如圖 10.1 所示。表面直接承受外界的各種作用，因此受到的影響和產生的反應，都與內部材料有很大的差異，例如對光和熱的反射及吸收，受外力作用所產生的摩擦及破壞現象等。

隨著科技的進展，材料應用的範圍日趨廣泛且複雜，對材料性質的要求也較以往嚴苛許多，尤其是用在高溫、潮濕、強酸、接觸面為高速相對運動或處於輻射的惡劣環境下，工件表面材料的抵抗能力成為產品功能 (Function) 表現和使用壽命長短的關鍵因素之一。因此，對工件表面除了美觀的要求之外，尚有耐磨耗、防銹、防腐蝕、耐高溫或絕緣性等不同的要求，甚且表面處理早已成為機械、車輛、航太、電子、民生用品、建築等產業相關產品製造過程中不可或缺的一個重要環節。

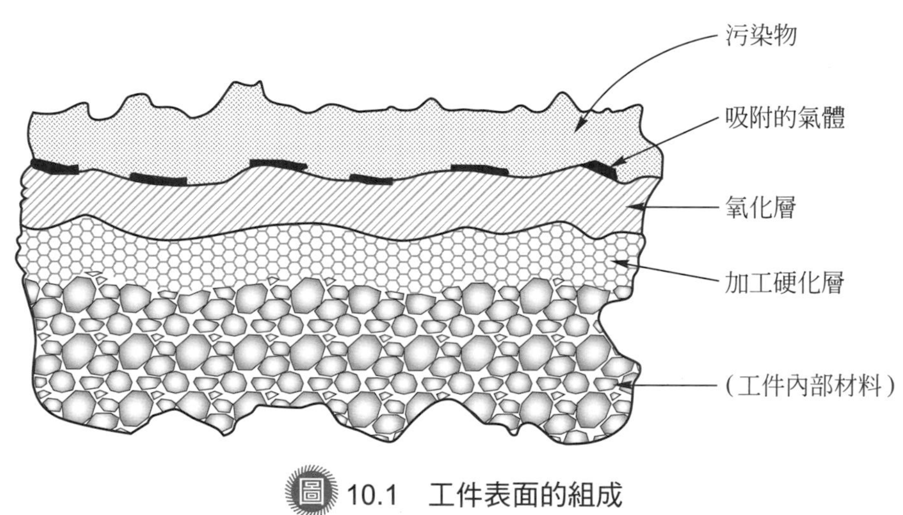

圖 10.1　工件表面的組成

表面處理是指用於改善工件表面材料的狀態及其機械、物理或化學等性質的方法。一般經過如鑄造等機械加工法製造的產品，大都需要對其全部或部分的表面再進一步實施清潔、硬化、研磨、拋光、塗漆或電鍍等處理，以增進其表面的各種特性、平滑度和美觀等。表面處理的目的及應用實例可歸納如下：

1. 增加表面的硬度、耐磨耗、抗疲勞等機械性質，應用於模具、活塞、汽缸、工具機、滑軌、軸、齒輪等。
2. 增加表面對氧化及腐蝕的抵抗能力，應用於化工機械、醫療器具、汽車板金等。

3. 增加表面的耐熱、熱傳導、熱反射等特性，應用於散熱板、航太發動機零件等。
4. 改善表面粗糙度及減少摩擦作用，應用於機械零組件的滑動面、軸與軸承、刀具、工具等。
5. 改變表面的導電性質，應用於電子零件、記憶體、半導體元件等。
6. 改變表面對光的反射、選擇性吸收、耐候等特性，應用於反射鏡、汽機車零件等。
7. 增進表面的乾淨、光澤、顏色、美觀等，應用於各類型民生用品、運動器材、裝飾品等。

10.1 表面前處理

表面前處理的目的是為增進產品外表的乾淨及美觀，或為後續加工步驟做必要的準備，包含表面清潔和表面機械處理。表面清潔是指利用各種溶劑或超音波等方式，將工件表面附著的油污、碎屑、各種雜物及氧化或腐蝕的生成物等，加以去除並得到工件材料的真正表面層。表面機械處理則有噴砂、研磨或電解拋光等方法，這些方法除了可達到清潔效果外，尚可更進一步使工件表面平滑，增加其光澤或附著能力。

10.1.1 表面清潔

經過一般加工後，工件的表面常附著有污物，例如油、脂、蠟、碳粒、其他金屬顆粒、粉塵或砂粒等。此外，在工件表面上的氧化層等生成物，則又是另一種形式的異物。以上兩者在後續加工中，尤其是在進行下一步驟的表面處理之前，都必須加以清除乾淨。表面清潔 (Surface cleaning) 的方法有：

一、清潔劑清潔法 (Detergent cleaning)

使用含有界面活化劑 (又稱綜合清潔劑) 或鹼性清潔劑的溶液，加溫後將工件浸沒 (Immersion) 其中，或對工件噴灑 (Spray)，用以產生洗淨清潔效果。接著可用有機溶劑，例如汽油、三氯乙烯等進一步去除殘留的污物。對於緊附在表面的污物，則可使用乳液清潔劑加以清除。水或水蒸氣的洗濯，也是常見的表面清潔方法。

二、電解清潔法 (Electrolytic cleaning)

工件浸沒於電解水溶液中，通以電流，藉由溶液中水分子被電解所產生氫氣或氧氣的上升攪拌作用，可洗淨污物。通常用於需要特別清潔的表面，例如電鍍、油漆等的前置處理。

三、超音波清潔法 (Ultrasonic cleaning)

利用超音波的振動能量特性，迫使液體劇烈的摩擦工件表面，可完全清潔複雜形狀的表面或細小工件的各部分，甚至包括凹部或裂縫內部深處的污物都可被去除。

四、酸性清潔法 (Acid cleaning)

使用有機酸、礦物酸等酸性清潔劑，進行酸洗或蝕刻工件表面的氧化層 (生銹層)、腐蝕生成物，或高溫加工時所產生的氧化物硬化層等。

10.1.2　表面機械處理

藉由機械力或電力的作用，不僅可以清除工件表面上的污物、銹蝕層、氧化層、毛邊等，而且還可增進表面平滑度及附著能力，以利電鍍或其他後續的表面處理。

一、噴砂 (Sand blast)

利用噴砂機將矽、氧化鋁、金屬顆粒或玻璃球等磨料顆粒，經噴嘴以高速撞向工件表面，利用磨料顆粒撞擊的力量去除污物，或鏟平工件表面的粗糙凸起部位。

二、研磨及拋光 (Lapping and Polishing)

研磨是利用研磨布輪固定在研磨機上，並與研磨機一起做高速旋轉。在研磨布輪上塗以研磨劑或使用不同號數的砂紙，所包含的磨料顆粒的細度視需要而定，當與工件表面接觸時產生摩擦作用，可達成清潔磨平的作用，如圖 10.2 所示。拋光則是在研磨之後進行，將工件表面加工成更為平滑光亮，使用的介質為拋光劑，由更細顆粒的磨料和潤滑劑所組成。

三、電解拋光 (Electrolytic polishing)

電解拋光是利用電化學原理，其作用過程和電鍍剛好相反。裝設方式為在酸性電解液中，將準備被拋光的工件當做陽極，使用鉛、石墨或不銹鋼等做為陰極。電解拋光係緩慢的自工件表面上粗糙凸起部位的多餘材料加以去除而得到一致性的表面狀態，使表面變得極為平滑而更有光澤。電解拋光尚有下列的優點：可用於表面有凹凸部位而機械研磨難以完成者，可使表面不會積存雜物，加工時不會有應力產生且不受溫度的影響，使表面形成鈍態故抗銹蝕能力變佳，和適用於不銹鋼等金屬的加工處理。

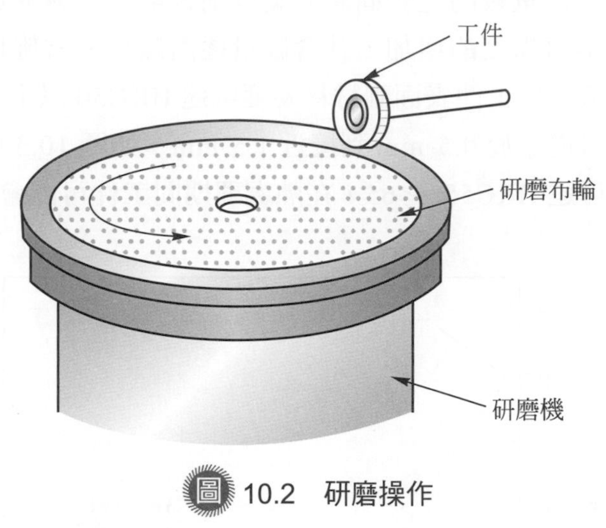

圖 10.2　研磨操作

10.2 表面硬化處理

對鋼材工件表面硬化處理之目的在增進工件表面層的硬度、耐磨耗性及抗疲勞等機械性質，但是並不影響內部材料 (又稱為心部) 的特性，並不改變工件的尺寸及外形。使用的方法包括改變表面層化學成分的表面滲透法，改變表面層組織而不改變其化學成分的表面淬硬法，和使表面層產生壓縮殘留應力的珠擊法等。

10.2.1　表面滲透法

表面滲透法是指經過適當的處理程序，把某些元素滲透並擴散到工件的表面層，因而改變其化學成分。有些程序 (例如滲碳法) 視需要再配合適當的處理步驟 (例如淬火)，使表面層硬化的方法。這是一種屬於化學方法的表面硬化處理。被用做為滲透的元素有碳 (C)、氮 (N)、硫 (S)、硼 (B) 及其他金屬等，故此方法即依據所滲透的元素加以分類。利用表面滲透法處理的鋼材工件，可以改善工件表面層材料的硬度及耐磨耗性，而心部材料則仍保有原來的韌性，用以抵抗衝擊力的作用，使工件在使用時能兼顧韌性及耐磨耗的要求。

一、滲碳法 (Carburizing)

在相對比較高溫的環境下，將碳元素從原先含碳量較低的鋼材工件表面滲入，經過一段時間後，自表面到其下某一預定深度之材料的含碳量會有不同程度的增加。然後再將整個工件進行淬火處理，則含碳量較低的心部仍維持低硬度並保有原來的韌性，但是含碳量較高之表面層的硬度則會增加。愈靠近表面的滲透層形成愈高的含碳量，隨著深度的增加，其含碳量逐漸減少。當施以淬火後，即顯現出不同的硬度分佈值。自工件表面到材料硬度可達 HRC50 以上之處的距離稱為有效滲透深度，其值可從小於 0.5 mm 到接近 1.5 mm，如圖 10.3 所示。一般具有高含碳量的表面硬度可達 HRC55 ～ 65，在熱處理期間工件可能會發生變形現象。

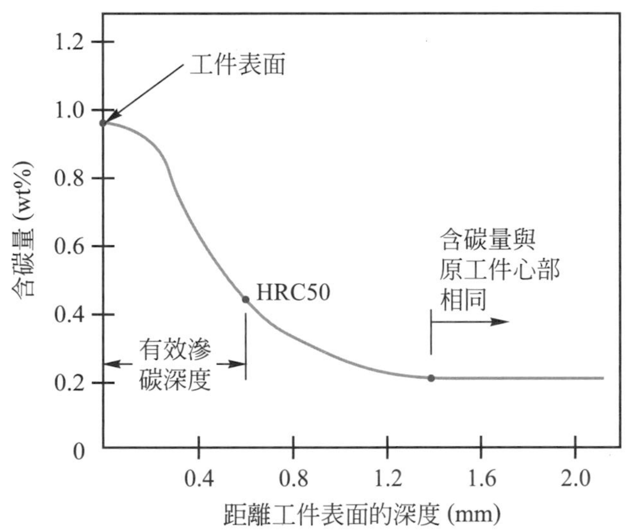

圖 10.3　低碳鋼滲碳後的含碳量分佈

滲碳法的種類有：

1. **固體滲碳** (Pack carburizing)：以滲碳劑 (木炭為主) 將工件包圍住，密封於容器內，加熱到 580 ～ 950℃，並保持一段適當的時間後，即可將容器取出爐外，待冷卻後再取出工件。
2. **液體滲碳** (Liquid carburizing)：將工件浸入以氰化鈉 (NaCN) 為主的熔融鹽浴中。當溫度在 700℃以下時，會產生氮化反應，將敘述於下。當溫度在 700 ～ 900℃時，將發生滲碳及氮化反應。當溫度在 900℃以上時，則只會產生滲碳反應。

3. 氣體滲碳 (Gas carburizing)：將 CH_4、C_3H_8、C_4H_{10} 等氣體以適當的比例和空氣混合後，通過 1000 ～ 1100℃的鎳 (Ni) 觸媒，會產生吸熱型控制爐氣，再經添加 CH_4 等的增碳作用，即可進行滲碳反應。
4. 真空滲碳 (Vacuum carburizing)：利用真空熱處理爐，在減壓狀態下使用上述的氣體滲碳方式實施滲碳。因其滲碳效果良好，工件仍可保持輝面，且操作簡單、省時、省能源、低污染，目前已成為許多重要零件實施滲碳時所採用的方法。

二、氮化法 (Nitriding)

用於特殊鋼的表面硬化，和滲碳不同之處為氮元素進入工件表面層後不必再經過淬火處理即可得到硬化的效果，且實施的溫度較滲碳法為低。在不含水的氨氣 (NH_3) 中放入含有鋁 (Al) 或鉻 (Cr) 的合金鋼工件，加熱溫度為 500 ～ 550℃，保持長時間，使合金鋼表面形成硬度很高又具耐腐蝕性的氮化層，處理完成後不需再做其他熱處理，故變形很小。特別是經氮化處理後，在工件表面會形成很大的壓縮殘留應力，可增進其耐疲勞性。

氮化的方式有：

1. 使用氨氣 (NH_3) 的氣體氮化。
2. 使用熔融氰化物 (例如 NaCN、KCN、NaCNO、KCNO 等) 的鹽浴氮化。當使用氰化鈉 (NaCN) 時，一般將溫度控制在 700℃以下，此時以產生氮化反應為主。
3. 使用氨氣 (NH_3) 和還原性氣體 (含 CO) 的混合氣體進行氣體軟氮化。
4. 在低真空時，利用輝光放電 (Glow discharge) 產生氮離子，進行離子氮化。

三、滲碳氮化法 (Carbonitriding)

指同時對工件表面層滲入碳和氮的方法，實施溫度在 A_1 線 (727℃) 以上，滲碳氮化的方式有：

1. 氣體滲碳氮化：使用氣體滲碳爐，並在原來的爐氣中添加氨氣 (NH_3) 進行作業。滲碳氮化層的組成，隨工件母材、爐氣成分、處理的溫度和時間而有所不同。例如處理溫度愈高則愈接近單純的滲碳處理，即氮化的作用愈小。反之，若溫度愈低則愈接近純氮化處理。

2. 液體滲碳氮化：在前面敘述的液體滲碳處理中，若處理溫度較高則形成以滲碳為主的反應；若處理溫度在 700 ～ 900℃之間，則自 NaCN 分解出來的碳和氮會同時滲透進入工件表面，就成為滲碳氮化處理。

四、滲硫法 (Sulfurizing)

將硫 (S) 滲透擴散到工件表面層，使生成硫化物時，可降低表面層的摩擦係數，可用來改善耐磨耗性。滲硫處理是在其他加工及調質處理後才實施。通常是利用液體鹽浴法。

五、滲硼法 (Boriding)

將硼 (B) 滲透擴散到工件表面層，使生成硼化物時，可得到良好的耐磨耗性、耐蝕性、耐熱性等。其特點為硼化物本身的硬度很高，不需再實施淬火處理，故不必考慮工件變形或破裂的問題。滲硼的方式有利用固體的硼粉末、液體的熔融硼砂、電解的熔融液，和氣體的 B_2H_6、BCl_3 與氫氣等。

六、金屬滲透法 (Metallic cementation)

將金屬元素滲透擴散到工件表面層，使生成硬質合金層，可以提高耐磨耗性、耐蝕性、耐熱性等。依所要求特性的不同而有不同的滲透元素，例如鋁、鉻等。常用的方法是將含有該金屬粉末的滲透劑和待處理的工件一起放入容器中，加熱至適當溫度，並保持一段時間以利進行滲透作用。此法又稱為擴散被覆法 (Diffusion coating)。

10.2.2 表面淬硬法

表面淬硬法是指經由適當的加熱過程，使鋼材工件表面層的溫度升高，以至變態成沃斯田鐵組織後，立刻進行急速冷卻的淬火處理，因而得到麻田散鐵組織的硬化表面層。工件的內部材料仍維持原來的組織，故其機械性質並不會受到影響。這是一種屬於物理方法的表面硬化處理。表面淬硬法和表面滲透法所要求得到的工件表面特性是相同的。有關淬火的原理及程序已詳述於第九章中。表面淬硬法中用來產生熱量，促使工件表面層溫度升高的方法有火焰 (Flame) 加熱、高週波 (High frequency resistance) 加熱 (如圖 10.4 所示)、電漿 (Plasma) 加熱、電解 (Electrolysis) 加熱、雷射束 (Laser beam) 加熱和電子束 (Electron beam) 加熱等。

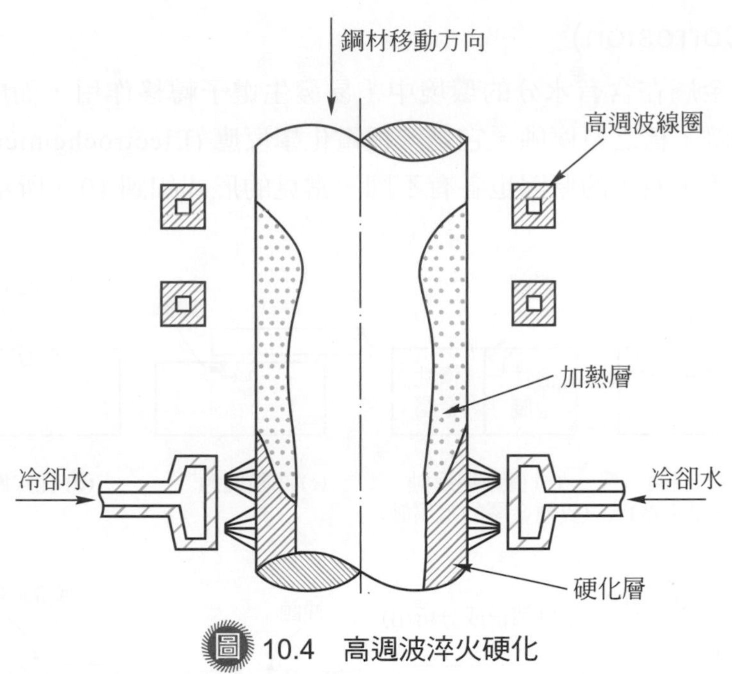

圖 10.4　高週波淬火硬化

10.2.3　珠擊法

珠擊法 (Shot peening) 是指利用高壓空氣或離心力方式，帶動細小的鑄鋼粒或玻璃珠等硬質顆粒，以高速且反覆地撞擊工件表面，使形成不均勻的塑性變形，因而產生壓縮殘留應力 (Compressive residual stress)。壓縮殘留應力可增進工件的耐疲勞性，且工件表面的強度和硬度也會增加。

10.3　表面防護處理

工件表面因與外界環境直接接觸，故比較容易受到環境中對其不利的因素影響而產生損壞。常見的表面損壞形式有：

一、生銹 (Rusting)

鐵系 (Ferrous) 金屬材料才會發生。指空氣中的氧和鐵元素形成多孔而疏鬆的氧化物，即俗稱的鐵銹。鐵銹極易與母材分離而剝落以至無法保護工件內部的材料，致使材料不斷地被氧化 (生銹) 而損失。然而，非鐵系金屬與氧形成的氧化物則為緻密且與母材緊密黏結，具有保護工件內部材料的特性，例如鋁、鈦、鎂、銅等的氧化物。

二、腐蝕 (Corrosion)

大部分的金屬在含有水分的環境中，易發生電子轉移作用，而成為陽離子狀態並與母材分離，稱之為腐蝕。它是一種電化學反應 (Electrochemical reaction)。腐蝕的形式很多，產生的原因也各有不同，常見的形式如圖 10.5 所示。

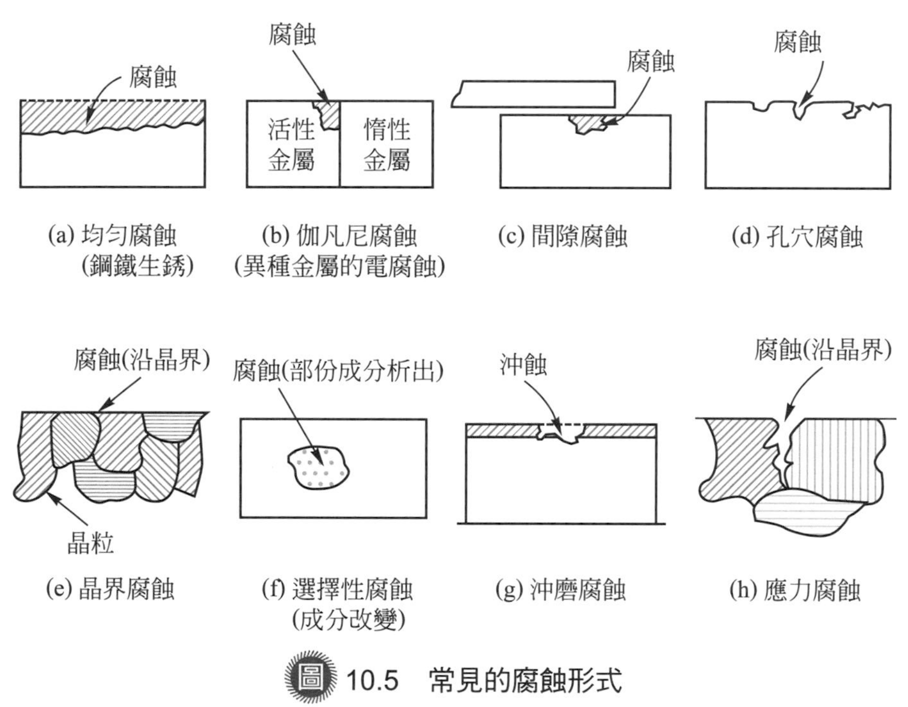

圖 10.5 常見的腐蝕形式

三、刮痕或碰傷

表面被其他物體碰撞、刮除或摩擦等，以致工件表面有部分的材料脫落，造成表面有凹痕、不平滑或不美觀等情況。

因此為加強工件表面的防銹、防腐蝕及抵抗外界侵襲破壞等的能力，最直接的方法就是把工件表面和外界環境隔絕開來。表面防護處理即是使用電鍍、沉積、蒸鍍、噴覆、塗層、硬物覆面、油漆等製程，使鍍層材料在工件表面上產生一層被覆層來保護工件母材，同時又可增進美觀。鍍層材料的防腐蝕特性有兩類，一類是本身比工件母材更耐蝕，可以發揮隔離保護的作用。另一類是比工件母材更易蝕，可以充當犧牲陽極的作用，此類鍍層愈厚時保護效果愈好。

10.3.1 電　鍍

電鍍 (Electroplating) 是指將被鍍工件浸入電鍍槽中並置於陰極位置，做為鍍層用的金屬則置於陽極。當通以直流電後，陽極金屬因其電子的脫離而變成為陽離子溶入電鍍液中，在電鍍液中的金屬陽離子，則會移動到位於陰極的工件表面上析出並沉積形成一層金屬薄膜將工件表面覆蓋住，如圖 10.6 所示。

位於陰極的工件其電鍍層厚度會受到電流密度、電鍍液是否攪拌、電鍍液溫度、電鍍液添加劑、工件材料特性和表面狀況等因素的影響。電鍍是電化學反應的一種，大部分的金屬都可以被用來電鍍到其他工件上。其中，使用最多的依序是鋅 (Zn)、鎳 (Ni)、錫 (Sn)、鎘 (Cd)、銅 (Cu)、鉻 (Cr)、金 (Au)、銀 (Ag)、鉛 (Pb) 等。電鍍層可形成良好的保護效果，達成防滲、防蝕、耐磨耗和增進美觀等功能。

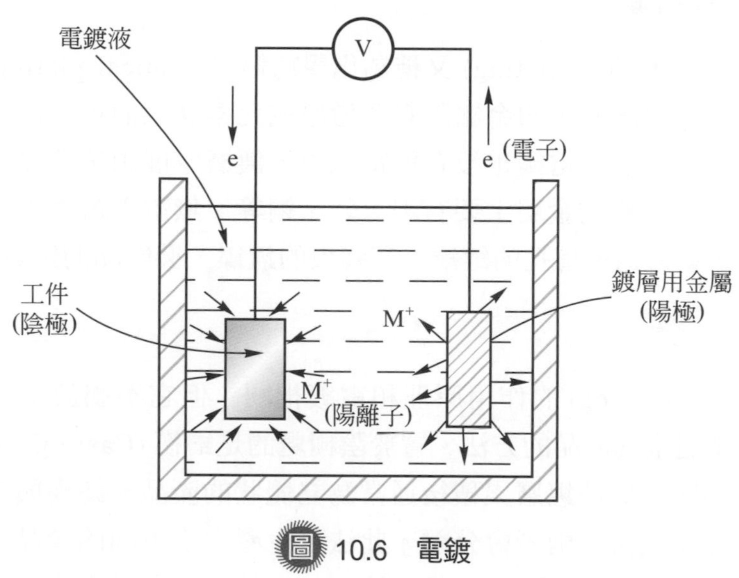

圖 10.6　電鍍

10.3.2 熱　浸

熱浸 (Hot dipping) 是金屬工件在經過良好的前處理後，浸入低熔點的金屬液槽中，例如鋅、錫、鉛、鋁等，因而形成鍍層的方法。應用最多的是鋼鐵熱浸鍍鋅。因為鋅的耐蝕性比鋼鐵差，所以鋅是扮演犧牲陽極的角色，可使鋼鐵母材得到良好的保護。鍍層厚度由熱浸的時間所控制。

利用上述兩種方法所形成的鍍層，提供的工件表面保護作用分為兩種模式，一種是鍍層材料比被鍍工件材料的活性大，故即使失去局部鍍層，其餘的鍍層仍會因伽凡尼 (Galvanic) 腐蝕作用而犧牲本身，繼續扮演著保護的角色，例如鍍鋅鋼板；另一種是鍍層材料此被鍍工件材料的活性小，當鍍層一旦剝落時，則可能在工件材料暴露處發生腐蝕，例如鍍錫鐵皮。分別如圖 10.7(a) 和 (b) 所示。

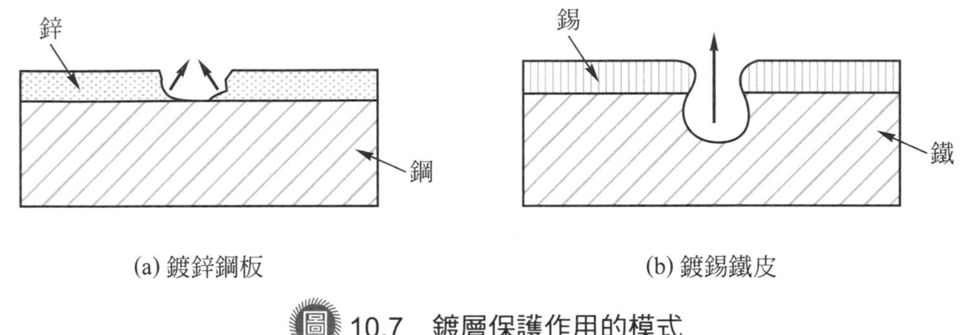

(a) 鍍鋅鋼板　　(b) 鍍錫鐵皮

圖 10.7　鍍層保護作用的模式

10.3.3　無電電鍍

無電電鍍 (Electroless plating) 又稱為化學電鍍 (Chemical plating)，是利用鍍液的自催化作用，使鍍液中的金屬陽離子還原成元素狀態而析出沉積物在工件的表面上，因此並沒有使用電極也沒有通電現象。鍍層厚度由工件浸入的時間長短所控制。被用做為鍍層的金屬主要有鎳、鈷、銅等。無電電鍍大都用於非導體工件材料，例如印刷電路板盲孔的鍍銅、塑膠板的鍍鎳、裝飾品的鍍金等。

10.3.4　電　鑄

電鑄 (Electroforming) 的作用原理和電鍍相同，但它不屬於工件表面處理製程，而是一種製造金屬產品的方法。置於陰極處的是鑄模 (Casting mold)，金屬沉積析出在其上面所形成的鍍層累積後通常為立體狀的產品。鑄模與產品並不會緊密結合，在製程完成後，兩者會分離。此法可生產大小不同的產品，尤其是適合於少量或複雜的工件。將於第 11.4 節和第 16.2.2 節中再加以介紹。

10.3.5　物理氣相沉積

物理氣相沉積 (Physical vapor deposition，PVD) 是利用物理程序在工件表面上鍍薄膜，包括蒸鍍 (Evaporation) 及濺鍍 (Sputtering)。蒸鍍是指在真空中，把金屬加熱成蒸氣，當它遇到溫度較低的被鍍工件時，蒸氣即沉積於工件表面上形成薄膜。此法常應用在電子元件，例如太陽能電池、磁頭等的表面處理。蒸鍍材料有金、銀、鋁等，但不包括高溫時易分解的高分子化合物。加熱方法有電阻加熱、電弧加熱、雷射束加熱、電子束加熱等。

濺鍍是利用高速的惰性氣體 (通常為氬氣) 離子撞擊置於真空室中的鍍層材料 (靶材)，造成它的原子濺射出來並被覆到被鍍工件的表面上。此法需先將通入的氣體離子化成為電漿 (Plasma) 後，通過電場的加速才能達成高速的作用。

10.3.6　化學氣相沉積

化學氣相沉積 (Chemical vapor deposition，CVD) 不僅可將金屬鍍在工件表面上，也適用於鍍含有碳、氮、硼、矽和氧等陶瓷材料的鍍層，是一種利用高溫產生化學反應的製程。典型的應用例為在切削刀具上鍍氮化鈦 (TiN) 的鍍層。首先在惰性氣體及一大氣壓下，將刀具加熱到 950 ～ 1050℃，然後通入四氯化鈦 ($TiCl_4$)、氫氣 (H_2) 和氮氣 (N_2)，經化學反應後，即可在刀具表面上形成氮化鈦鍍層及氯化氫。同理，可用於產生碳化鈦 (TiC) 和氧化鋁 (Al_2O_3) 鍍層。

化學氣相沉積所產生的鍍層通常較物理氣相沉積所得到的為厚。此外，化學氣相沉積也可用於鍍鑽石薄膜。化學氣相沉積的主要缺點是必須在高溫下才能發生化學反應，故可能造成被鍍工件的組織改變或外形產生畸變。

物理氣相沉積和化學氣相沉積為目前半導體產業中不可或缺的重要製程之一，應用於晶圓表面鍍層材料的沉積。

10.3.7　噴　覆

噴覆 (Spraying) 是利用可產生火焰、電弧或電漿的噴嘴，將金屬合金、碳化物、氧化物或陶瓷材料熔融成小液滴或顆粒狀，再以高速撞擊方式噴覆於工件表面上。使用的噴覆材料形式可以是棒狀、線材或粉末狀。噴漆則是另一種應用方式。

10.3.8　塗　層

塗層 (Coating) 包含陶瓷塗層和金屬氧化物的化成塗層。陶瓷塗層是指將非金屬化合物，例如玻璃、碳化鎢等粉末，先塗覆在工件表面上，然後加熱使之燒結而產生黏附，所得的塗層有良好的抗蝕能力。

化成塗層 (Chemical conversion coating) 是指在金屬表面施以化學或電化學作用，使生成化合物表面層，所得表面層含有被處理工件的金屬成分。常見的化成塗層處理有：

1. 磷酸鹽處理，所得的磷酸鹽塗層並無防蝕功能，主要是用來增加油漆的附著性。

2. 鉻酸處理，多用於鋅、鎘等工件材料，所得氧化鉻塗層可防蝕，又可增強油漆的附著性。

3. 鋁的陽極處理，將於第 10.3.10 節中敘述。

此外，包層 (Cladding) 處理是先把金屬粉末製成護面金屬 (Clad metal)，然後與工件接觸，利用物理作用的加熱及加壓或爆炸法等方式，使兩者黏附接著，在其接觸面間有原子擴散現象發生。類似的方法有硬物覆面 (Hard facing) 處理，它是利用銲接技術將塗層材料覆蓋在工件表面上，形成耐磨耗的硬化層、硬化邊或硬化點狀層。另外，也可將各種材質的保護薄膜，利用黏著劑接合的方式披覆在工件表面上。因應美觀及質感的需求，3D 列印技術也已應用於製作各種紋路的工件表面。

10.3.9 油　漆

油漆 (Paint) 又稱為有機塗層，可用來隔絕工件表面與腐蝕環境接觸，除了達成防蝕效果外，另一項很重要的功能就是增加美觀。油漆的組成包括主要成分的顏料 (Pigment)、樹脂 (Resin) 和溶劑 (Solvent)，及少量的添加劑 (Additive)。

顏料為細小的固態分子，並不溶於含樹脂的液體中，通常為無機的金屬鹽或氧化物，其特性是具有顏色、遮蔽性及防腐蝕性。樹脂則用來結合顏料的分子並黏附於工件表面上，樹脂的種類很多，各有其特定的功能，分別適合於耐候、耐酸、耐鹼或耐水等不同的用途。溶劑是使油漆有足夠的流動狀態以方便施工，並使油漆均勻被覆於工件表面。並且不論是有機溶劑或水性溶劑，都會自油漆中揮發離去。添加劑的量雖少，卻可提供許多重要的性質，主要有乾燥、安定、濕性、防腐蝕等。

至於車輛板金製程中的烤漆，則是在板金上噴上多層油漆後，經高溫烘烤定型而成。此法也可被應用於各種工件材料以及各類型產品。

10.3.10 陽極處理

陽極處理 (Anodizing) 是專為鋁材所發展出來的表面氧化處理。鋁在空氣中氧化，形成的飽和氧化層緻密且性質優良，並與母材緊密結合，可防止空氣對其內部的鋁材繼續侵蝕，若嫌其保護的能力尚不夠時，可利用陽極處理得到較厚的鋁氧化層。其程序為將鋁材工件浸入電解液中當做陽極，電解液含有硫酸或鉻酸，當通電後鋁會氧化形成氧化鋁塗層於工件表面上，並改變顏色。經陽極處理後，可使工件增加耐蝕性、表面層更硬、更耐磨耗。鎂和鈦也可以應用陽極處理。

10.3.11　鋼鐵發藍

將鋼鐵工件浸入含有硝酸鈉和氰化鈉的混合液中，經加熱發生化學反應，可使工件表面生成一層黑色或深藍色的氧化物薄膜，稱為鋼鐵發藍 (Blueing)。其氧化膜厚度很薄，防蝕能力並不強，但其色澤美麗且具潤滑性，已被廣泛應用於機械製造工業。尤其是國防工業的武器零件，以此法處理所得的防護層不會反光，因此可防止被發現，並且不會影響使用人員的瞄準。

10.3.12　染　色

染色 (Coloring) 一般是指金屬表面層經特殊處理後，產生與原先金屬不同的顏色。處理的方式有使金屬表面產生氧化物或硫化物等具有特別顏色的化合物；或是在金屬表面生成一層會干涉光波的薄膜。當一般光線照射時，某些特定波長的光會互相抵消，最後反射光會使金屬表面具有某種顏色，顏色種類受薄膜厚度的影響。處理的方法有化學染色、電化學染色和熱染色等。

10.4　表面光製處理

工件經加工後得到如設計圖所要求的形狀和尺寸，同時也會因為不同的製造方法而在工件表面上造成不同的特徵，稱之為表面紋理 (Surface texture)，包括缺陷 (Flaw)、刀痕方向 (Lay)、粗糙度 (Roughness) 和波浪狀 (Waviness) 等。其中，粗糙度對工件的應用會產生廣泛而鉅大的影響。因此，在設計時對工件表面粗糙度的要求，以及選用的製造方法，需依實際狀況而有許多不同的考量，包括：

1. 要求精密配合的工件，例如密封元件、墊圈、軸承等，即需要非常平滑的表面。
2. 工件使用時，粗糙度對摩擦、磨損及潤滑的不良影響。
3. 表面粗糙度大時，可能會造成凹痕敏感性變大，進而對疲勞作用產生不利的影響，造成工件使用壽命減短。
4. 粗糙度大的表面會使熱阻及電阻變高，也會使腐蝕性媒介物滲入的可能性變大。
5. 表面粗糙度大時，可能影響表面處理的鍍層、塗層等的黏附效果。
6. 粗糙度的大小會影響工件表面對光的反射特性。
7. 表面粗糙度愈小，其外觀愈佳。
8. 表面粗糙度要求愈小，則所需的成本愈高。

因此工件表面會依不同的特性要求，進一步採用不同的表面光製處理以減低其粗糙度。常用的方法有研磨 (Lapping)、拋光 (Polishing)、擦光 (Burrel)、超精磨 (Super finishing)、滾筒磨光 (Barrel finishing) 等。

重要的應用例子，如光學元件表面的鏡面加工，是將其表面的最大粗糙度值加工至小於 0.001 μm 的超精密加工。又如大尺寸晶圓的平坦化則是利用化學機械拋光 (Chemical Mechanical Polishing，CMP) 的技術才得以成功。

一、習題

1. 說明工件表面前處理之目的，所包含的處理方法有那些？
2. 何謂鋼材工件表面硬化處理之表面滲透法？常見的處理方法有那些？
3. 何謂鋼材工件表面硬化處理之滲碳法？常見的種類有那些？
4. 何謂鋼材工件表面硬化處理之氮化法？常見的種類有那些？
5. 鋼材工件表面硬化處理之滲碳氮化法的種類有那些？
6. 何謂鋼材工件表面硬化處理之淬硬法？
7. 何謂鋼材工件表面硬化處理之珠擊法？
8. 金屬工件表面常見的損壞型式有那些？
9. 如何在金屬工件的表面執行電鍍之操作？有何功效？
10. 如何在金屬工件的表面執行熱浸之操作？應用最多的例子為何？
11. 敘述無電電鍍的作用原理和應用。
12. 何謂工件表面的塗層處理？
13. 油漆的功能為何？其組成成分有那些？
14. 說明鋁合金材料之陽極處理的操作過程、目的及可適用此製程的金屬材料。
15. 何謂金屬表面層染色？

二、綜合問題

1. 探討工件表面防護處理之各種披覆技術的特徵與應用例。
2. 敘述模具在金屬工件加工過程之摩擦與磨耗的機制，並舉例說明模具表面硬化處理的製程。
3. 說明化學機械拋光 (Chemical Mechanical Polishing，CMP) 在半導體晶圓製程之重要性。

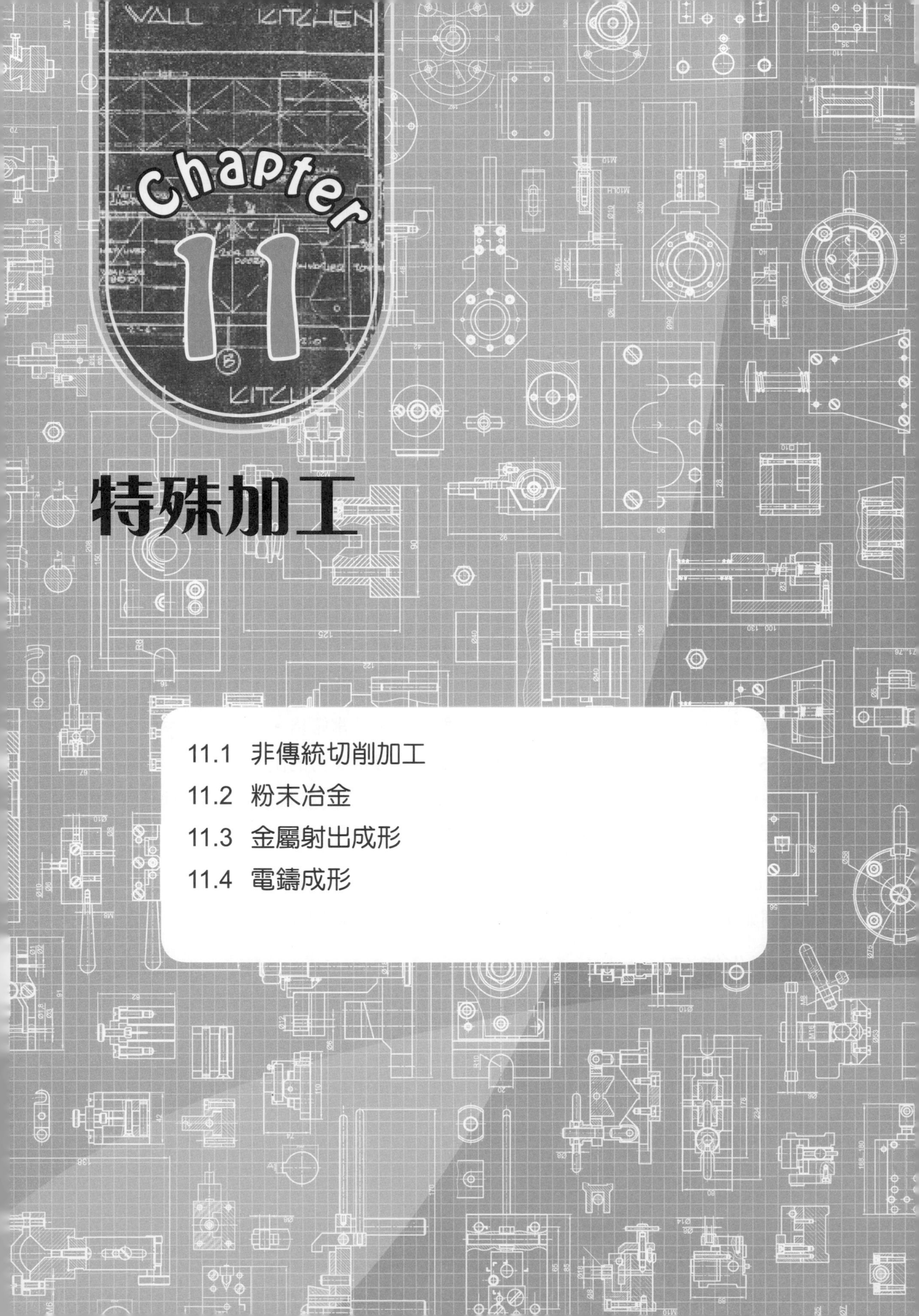

Chapter 11

特殊加工

11.1 非傳統切削加工

11.2 粉末冶金

11.3 金屬射出成形

11.4 電鑄成形

由於科技文明的發展突飛猛進，對相關產品的要求早已超出一般傳統製造程序所能勝任的極限，例如高精密度、微細尺寸、複雜外形、大應變量、高強度及高硬度材料、極薄或極長工件、產品性質有特別限制等。因此有特殊加工方法的發展及應用，其目的是為了製造上述許多特殊要求，若使用傳統成形加工方法很難達成，或不符合經濟效益，或甚至無法加工的機械零件。尤其是在非金屬材料被使用逐漸普及的今日，以傳統金屬材料為主要探討對象的加工方法，已不能滿足現代機械製造的發展趨勢。可確信的是本章所敘述的特殊加工方法，在機械製造產業中將扮演著日益重要的角色。

11.1 非傳統切削加工

非傳統切削加工 (Nontraditional or Nonconventional machining process) 的特點是加工過程中，產生的切屑為原子到次微米尺度的大小，故與一般傳統切削加工比較時，其材料移除率很低。非傳統切削加工適用的場合為：

1. 工件材料的硬度和強度非常高。
2. 工件外形太細長，無法承受切削力或磨削力；或是工件夾持發生困難。
3. 工件形狀太複雜，以致很難或無法利用傳統的成形加工方法製造。
4. 工件加工面的表面平滑度或尺寸精度要求非常嚴格。
5. 工件在加工過程不能發生溫度升高或有殘留應力的出現。

非傳統切削加工的另一項特點是移除材料所使用的能量形式，和傳統切削加工所使用的機械能有所不同，其主要的形式有下列四種：

一、化學能 (Chemical energy)

例如化學銑削、化學切胚料、化學雕刻、光化學銑削等。

二、電化能 (Electrochemical energy)

例如電化學加工、電化學研磨等。

三、電熱能 (Electrothermal energy)

例如電子束加工、雷射束加工、放電加工、放電線切割等。

四、機械能 (Mechanical energy)

例如超音波加工、磨料噴射加工、水噴射加工等。

11.1.1 化學加工

化學加工 (Chemical machining，CM) 是利用化學溶液的腐蝕作用，將工件材料不要的部位去除，因而改變其形狀和尺寸的加工方法。化學加工也被用在加工電子資訊業的印刷電路板 (PCB) 和製造微奈米機電系統 (NEMS/MEMS) 的零組件。

化學加工主要的應用有化學銑削 (Chemical milling，CHM)，如圖 11.1 所示，其執行步驟為：

一、清潔 (Cleaning)

將工件表面上的油脂等雜質清除，以確保後續步驟的順利進行。

二、遮蔽及畫線 (Masking and scribing)

在工件的表面上用耐腐蝕性遮蔽物塗覆，並依工件的設計圖樣精確地刻畫出不需腐蝕區域的外形，並把該區域以外的遮蔽物塗層去除，曝露出待腐蝕的工件表面。

三、腐蝕 (Etching)

將上述已完成準備的工件浸入腐蝕溶液中進行化學腐蝕作用，藉由控制工作時間的長短，在沒有遮蔽物塗層處腐蝕出預定的深度。

四、清洗 (Washing)

當腐蝕作用完成後，將工件取出，然後把沾附在工件上的化學溶液物質清洗乾淨，並去除覆蓋的遮蔽物。

化學銑削的優點有不受工件材料硬度及強度的限制，可以加工薄、大、易變形的工件，可同時加工多個工件，產品表面平滑度良好，設備簡單且操作容易，和加工費用低等。缺點有不適合加工窄深的槽或孔，腐蝕液對人體有害，和加工速度緩慢等。

化學銑削主要應用於航太工業中鋁合金工件的減重加工，也適用於加工任何可被適當化學溶液腐蝕的金屬材料。類似的加工法有化學切胚料 (Chemical blanking) 加工，用於薄金屬片的貫穿腐蝕加工，可以得到所要的工件外形，此法亦可用在硬化或脆性材料的加工。化學雕刻 (Chemical engraving) 用於製造名牌，雕刻的字體或圖案可為凹陷或凸起。光化學銑削 (Photochemical milling，PCM) 可用於加工金屬或非金屬工件材料，其原理與步驟和化學銑削相近，主要的不同處在此法是以正或負光阻劑做為遮蔽物，並利用照相感光方式在工件表面上製作要被浸蝕去除的圖形及線條，例如電子業的印刷電路板即是利用此法來加工。將於第 16.1.2 節再加以介紹。

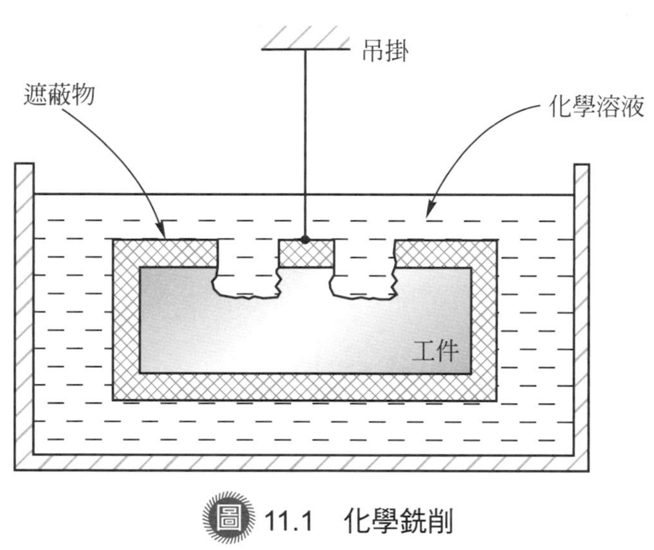

圖 11.1　化學銑削

11.1.2　電化學加工

電化學加工 (Electrochemical machining，ECM) 是利用金屬在電解作用中產生陽極溶解的電化學反應原理，使金屬材料不要的部位被去除而成形的加工方法。常用的電解液有氯化鈉 (NaCl)、硝酸鈉 ($NaNO_3$)、氯酸鈉 ($NaClO_3$) 等，其中以氯化鈉電解液最為普遍。操作時是將工件置於陽極，將已成形的工具當做陰極，兩極之間保有很小間隙。當電源接通後，電流經電解液流通其間。在陽極的工件發生分解反應失去電子，形成陽離子離開工件母材並被電解液帶走，致使工件材料減少，隨著工具的持續進給，工件表面的材料不斷地被電解，直到完成所要的形狀和尺寸，如圖 11.2 所示。電化學加工可用來加工複雜外形的表面或各種形狀的孔及深孔。電化學加工為電鍍的相反操作。

電化學加工的優點有：

1. 應用的工件材料範圍廣，只要是可以導電的材料都可以被加工，不受其硬度及強度大小的影響。
2. 工具陰極不與工件直接接觸，故損耗少且可用容易加工成形的較軟材料製成，例如銅合金。
3. 工件加工面的表面粗糙度良好，不會產生毛邊，也沒有殘留應力產生。

4. 可一次加工完成複雜的形狀，生產率高，加工速度比放電加工(敘述於第 11.1.5 節)快許多倍。

電化學加工的缺點有：

1. 電解液具有腐蝕性。
2. 電解液流動不易均勻，致使加工面的精度難以嚴格控制。
3. 只適用於具導電性的工件材料。

電化學研磨 (Electrochemical grinding，ECG) 是結合電化學加工和機械研磨作用對金屬工件進行加工的複合化加工方法(敘述於第 8.4.4 節)。陰極工具使用導電磨輪並附有突出於外的磨粒。磨粒本身並不導電，可用於隔離工件和導電磨輪，並且可刮除工作表面上因電化學作用所形成的薄膜，以利電解作用的持續進行。利用此法加工硬且韌的材料時，可得到高加工效率，且磨輪的磨耗率較低。電化學研磨已被應用於航太、汽車、紡織及醫療等產業，例如醫療用針及薄管的研磨等。電化學搪磨 (Electrochemical horning，ECH) 和電化學研磨類似，主要應用於圓孔內表面的精加工，其加工效率比傳統的搪磨高出五倍以上。

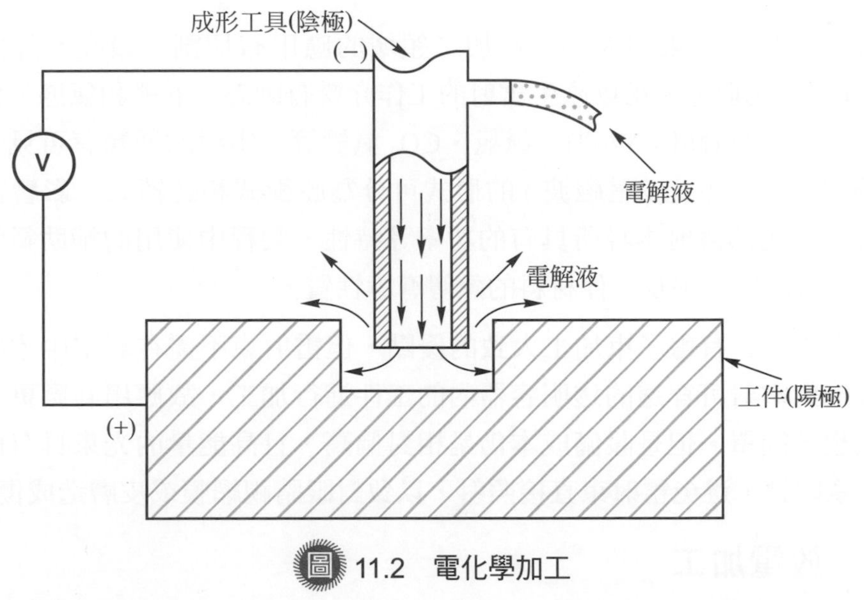

圖 11.2　電化學加工

11.1.3　電子束加工

電子束加工 (Electron beam machining，EBM) 是將工件放置於真空室中，然後產生自電子槍之電子束，經電磁場加速後，以非常高的速度撞擊工件表面，並在極短的時間內此動能將轉變成為熱能，使工件受撞擊部位的材料熔化或氣化，因而產生去除材料的作用。在被移除處附近的工件材料因受高溫作用而產生熱影響區，其物理性質和金相組織隨之發生變化。電子束加工的作用原理和電子束銲法類似 (參見第五章的圖 5.20)。

電子束直徑可小到 0.05 mm，適合於加工微小的深孔及窄縫，尤其對薄工件的加工效果更是良好。可用於半導體產業中光罩的製作，也可對任何材料加工，但鑽石是唯一的例外。其他優點為由於熱影響區很小，故不太會對工件造成熱應力或殘留應力等不良的副作用，也沒有工具損耗的問題，易於實現自動化生產。缺點則為設備昂貴，加工時會產生有害的 X 射線，且工件大小受到真空室空間容量的限制。

11.1.4 雷射束加工

雷射束加工 (Laser beam machining，LBM) 是先以閃光燈等幫泵能源對雷射工作介質作用並激發出雷射束。雷射具有高能量且為高平行度的單色光(電磁波)，當其聚集於一個極小的光點時，可瞬間轉變成為大量的熱能並產生高溫作用，促使材料急速熔化或氣化。雷射束加工的作用原理和雷射束銲法相近 (參見第五章的圖 5.21)。

雷射可調整其光束的大小，在加工領域的應用有切割、鑽孔、銲接、標誌 (Marking) 和熱處理等。用以產生雷射的工作介質有固態、液態和氣態，例如紅寶石、釹釔鋁石榴石 (Nd：YAG)、氬氣、CO_2 氣體等。雷射的種類有可見光、紅外線和紫外線等，產生光 (電磁波) 的形式可分為脈衝式和連續式。影響雷射束加工效果的因素包括雷射本身所具有的功率等特性，製程中使用的輔助氣體，和工件表面對雷射的反射率及工件材料的熱傳導等性質。

雷射束加工具有電子束加工大致的優點，但雷射束不需在真空中才能進行加工，甚且能對雷射可穿透的透明容器內的工件進行加工，故應用範圍更廣，且操作及控制也較簡單。但是設備成本仍是相對偏高，且高能量的光束具有危險性，需特別注意防護，避免雷射束直接照射，以致對眼睛視網膜或皮膚造成傷害。

11.1.5 放電加工

放電加工 (Electrical discharge machining，EDM) 是利用存在於電極工具和工件小間隙的介電液 (Dielectric fluid) 在高壓電作用下，瞬間形成放電通路，產生火花放電而得到密度極高的電子流，並在流通處產生大量熱能，且於短時間內集中作用於工件欲加工的小區域範圍內，使其快速成為高溫狀態，導致金屬材料熔化或氣化。接著兩極間的電壓驟降，火花消失，用來產生放電作用之小間隙內的介電液恢復絕緣性。然後電容重新充電，準備下一次的火花放電，如此反覆進行，形成週期性的脈衝式放電作用，放電加工裝置的示意圖如圖 11.3 所示。介電液為絕緣體，常見的有煤油、礦油和以碳氫化合物為主的放電加工專用油，對其功能的要求為使用時需兼具冷卻和可移除被加工材料所分離出來的微小顆粒。

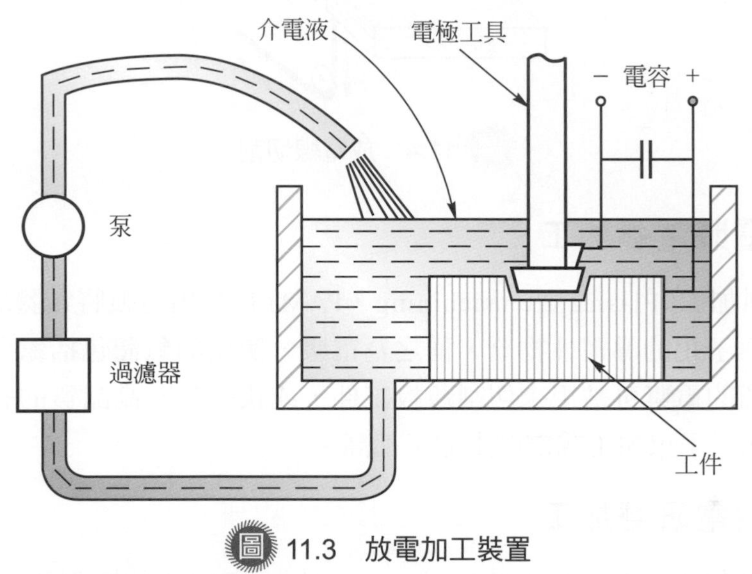

圖 11.3　放電加工裝置

放電加工的優點為可加工任何可導電的工件材料，尤其適用於難切削材。各種複雜形狀、細小孔、深孔、薄片工件和易碎材料等，都可用此法加工製造。加工過程中不會產生切削力所引起的殘留應力或變形，電極工具可採用較軟且易於加工的良導電性材料製成，例如銅、石墨、黃銅、鋼、鋅合金、鋁合金等。放電加工的缺點是加工速度慢，工件材料必須具有導電性，工件精度會因電極工具的消耗而產生誤差，和加工面會產生硬化層等。放電加工應用最多的是模具業。

11.1.6　放電線切割

放電線切割 (Electrical discharge wire cutting，EDWC) 的基本原理與放電加工相似，利用一根直徑很細的線作為電極，經放電作用產生火花將工件材料局部熔化，並進行類似鋸切操作的加工，如圖 11.4 所示。介電液一般是使用去離子水。電極線材料有銅、黃銅、鎢或鉬等。利用電極線由上往下垂直運動的方式進行切割，且電極線用過以後即丟棄。放電線切割可配合電腦數值控制 (CNC) 製作外形輪廓準確的產品，應用最多的也是模具業。此外，亦可也可應用於電子工業中複雜形狀零件的製造。

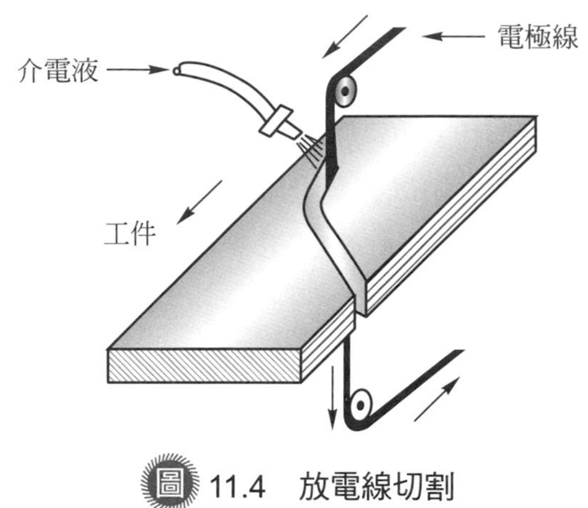

圖 11.4　放電線切割

11.1.7　電漿電弧加工

電漿電弧加工 (Plasma arc machining，PAM) 是利用電弧將氣體加熱至高溫，使變成部分離子化的導電性物質，稱之為電漿，使用的氣體包括氮、氬、氫和空氣等。具高溫的電漿可被用來切割薄板工件，或快速生產高品質的孔，對工件材料的移除率比電子束加工或雷射束加工都高。

11.1.8　放電研磨加工

放電研磨加工 (Electrical discharge grinding，EDG) 的原理和放電加工相類似，唯一的不同處是放電研磨加工係採用石墨或黃銅製成不含磨料顆粒的磨輪做為電極工具。利用轉動的磨輪和工件間的反覆放電作用移除工件材料，並藉由磨輪的旋轉將產生的切屑帶離加工區。可應用於研磨硬、脆或薄的工件，例如碳化物刀具。

當放電研磨加工 (EDG) 和電化學研磨 (ECG) 結合即形成電化學放電研磨加工 (Electrochemical discharge grinding，ECDG)，是指由石墨磨輪所產生的放電火花破壞介於工件與磨輪之間的工件表面氧化層薄膜，然後利用電化學作用使設定的工件材料被移除，並藉由電解液的流動帶走切屑。此法主要用於研磨模具或脆性工件，例如薄壁圓筒、蜂巢狀結構件等。其加工速度比放電研磨加工快，但能量消耗也較大。

11.1.9　超音波加工

超音波加工 (Ultrasonic machining，USM) 是利用浸沒在磨料漿中的工具作高頻率 (20000 ～ 30000 Hz) 小振幅的往復振動，迫使磨料顆粒不斷地高速撞擊工件表面因而產生切削作用，如圖 11.5 所示。工具製作成的形狀和工件所要得到的形狀相反，用以加工各種孔、溝槽或不規則形狀的工件。工具材料有軟鋼及黃銅，磨料則有碳化硼 (B_4C)、碳化矽 (SiC) 及氧化鋁 (Al_2O_3) 等。超音波加工主要應用於不導電的硬、脆材料，例如寶石、玻璃、陶瓷、碳化物等，也可用於加工難切削的高硬度和高強度材料，例如工具鋼、不銹鋼等。超音波加工的特點是工件受力小、沒有熱應力、機構簡單且操作方便，但加工效率較低。

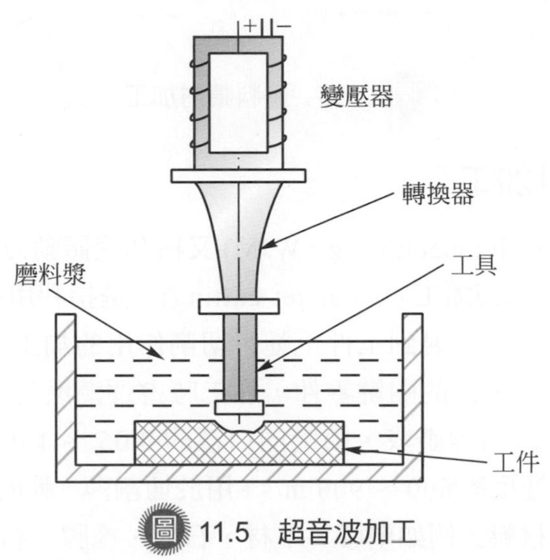

圖 11.5　超音波加工

超音波輔助加工 (Ultrasonic assisted machining，UAM) 是將超音波振動功能藉由刀把直接應用於傳統的切削刀具上，用來提升其切削能力。旋轉超音波切削 (Rotary ultrasonic machining，RUM) 則是利用高速旋轉且同時以高頻率上下振動的刀具，直接對工件接觸以進行切削加工。刀具材料為鑽石，主要用於硬、脆材料的精密加工。

11.1.10　磨料噴射加工

磨料噴射加工 (Abrasive jet machining，AJM) 是以高速氣流中所攜帶的細小磨料顆粒，撞擊工件表面產生移除材料的作用，如圖 11.6 所示。常用的磨料為氧化鋁，也可使用碳化矽。其顆粒大小比珠擊法所使用者更細小。使用的氣體有空氣或二氧化碳，噴嘴為碳化鎢或合成藍寶石製成。磨料噴射加工用於清理工件表面的氧化層或防護薄膜、去毛邊、模具的表面處理、製造毛玻璃、薄且硬脆金屬材料的鑽孔及切削等。其缺點為加工速率較慢，且不適用於軟材料的加工。

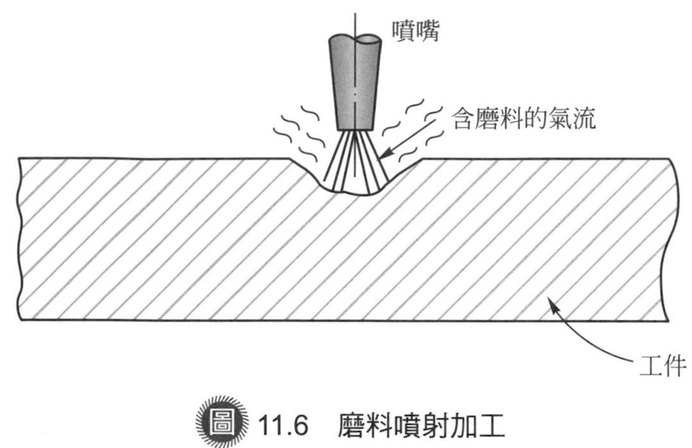

圖 11.6　磨料噴射加工

11.1.11　水噴射加工

水噴射加工 (Water jet machining，WJM) 又稱為流體動力加工 (Hydrodynamic machining，HDM) 或水刀加工 (Water jet cutting)，是指利用增壓至高壓狀態的細水束，經噴嘴以極高的速度射到工件上進行切削作用的加工方法。噴射的水束俗稱水刀。噴嘴是此加工方法的關鍵零件，加工時會逐漸磨耗，通常用硬質合金、藍寶石、紅寶石或金剛石等製成，噴嘴的口徑約 0.05 ～ 1.0 mm，噴射出來的水壓在 400 MPa 以上，速度約 600 ～ 900 m/s。用於切割薄、軟的金屬材料，例如銅、鋁、鉛等；或非金屬材料，例如塑膠、木材、石棉、橡膠、石膏、紙、皮革、磚、石材、複合材料等。水噴射加工的優點是可從工件的任何位置開始加工，沒有熱影響的問題，工件毛邊極少，切口平整光滑，切屑同時可被高速的水帶走，且用水當工作介質，其價格便宜又不污染環境及工件，故亦可切割食品。缺點為需要高壓設備，故設備成本較高，並且不適用於加工如玻璃等脆性材料。

磨料水噴射加工 (Abrasive water jet machining，AWJM) 是在噴射水束中添加磨料顆粒，例如碳化矽、氧化鋁等。此法比水噴射加工的材料移除率高很多，但噴嘴的磨耗速率會較快。可用於切割不同厚度的金屬、非金屬或複合材料等，尤其適用於在加工過程中不希望有熱產生時的製程。

11.2 粉末冶金

粉末冶金 (Powder metallurgy，PM) 應用的歷史悠久，在 1831 年即已發展出製造白金用品的製程。近代粉末冶金技術則有長足的進步，尤其對於高溫材料的應用更是成功。從最初用來製作白熱燈泡的鎢絲、自潤軸承、碳化物刀具，到目前被廣泛地用來製造包括高強度、高硬度且具複雜形狀的零件，汽車及航空結構用零組件，多孔性元件，電機接觸元件等許多用途的產品。主要是因為粉末冶金具有許多其他加工方法所無法達成的優點及特性，故在製造某些要求特殊性質且需大量生產的產品時，相當具有競爭力。

粉末冶金的優點有：

1. 屬於無屑加工的一種製程，產品成形時沒有材料的損失，故可節省材料成本。
2. 可生產複雜形狀、公差小及表面精度優良的產品，並可免除或減少後續切削加工的要求。
3. 可製造結構特別的零件，例如具有自潤作用的多孔性軸承，做為分隔或調節流體用的多孔性過濾器等。
4. 可用於高熔點材料的成形加工，例如燈泡內的鎢絲、碳化物刀具等。
5. 可將兩種不能互溶或熔點差異過大的金屬或非金屬結合在一起製成產品，例如馬達用電刷的銅和石墨、軸承用的銅和鉛、耐磨材料的鎳和氧化鋁等。

粉末冶金的缺點有：

1. 粉末原料較昂貴，又容易因貯存問題發生材質劣化。
2. 成形模具設備成本較高，故較適用於製造少樣多量的產品。
3. 受限於粉末顆粒的流動性比不上液態，因此產品的大小及形狀有其限制。
4. 燒結所得產品的密實度不如鑄造或鍛造所得者，故其機械強度和韌性較差。
5. 燒結過程中，對於低熔點粉末，例如錫、鉛、鋅、鎘等，有還原反應方面的困難。另外，對於鋁、鎂、鋯、鈦等粉末，使用時可能會發生起火或爆炸的危險。

粉末冶金是以金屬或非金屬為原料先製成粉末，混合後經壓製成形和高溫燒結的製程，再經完工處理而得到產品的一種加工方法，其主要製程如圖 11.7 所示。

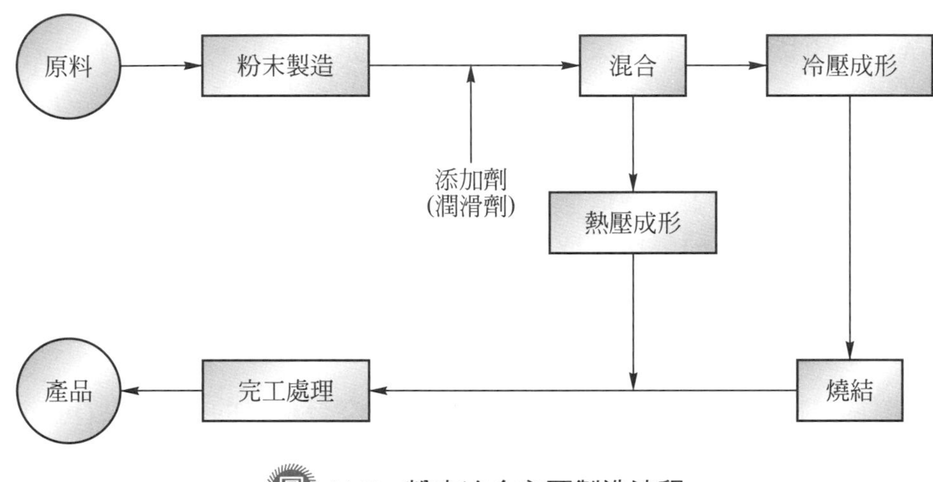

圖 11.7　粉末冶金主要製造流程

11.2.1　粉末製造

粉末製造 (Powder production) 的方法很多，不僅與原料的種類有關，並且會影響到粉末的特性及其用途。粉末冶金使用的原料包括純金屬、合金及金屬與非金屬混合物，其中常見的元素有鐵、銅、鋁、鈦、鎳、銀、鎢等。粉末製造的方法包含：

一、噴霧法 (Atomization method)

將熔融金屬液，利用噴霧媒打散成小液滴，或利用離心力甩散成小液滴，再經冷卻凝固後成為金屬粉末。形成的粉末顆粒為球狀或不規則狀，粒度大小在 20 ～ 1000 μm 之間。噴霧媒包括高壓水、高壓空氣、氮氣和氬氣等。因製程簡單，容易調整控制粉末的粒度及形狀，且費用較低，故已成為重要的金屬粉末製造方法，可製造各種純金屬及合金粉末，目前用於大量生產鐵、銅、鋁、合金鋼、高溫合金、高速鋼、不銹鋼和鈦合金等的粉末。

二、還原法 (Reduction method)

利用還原劑在適當的溫度條件下，將金屬氧化物還原成金屬粉末。此法常用於大量生產鐵粉末，其純度甚高，結構呈海綿狀，粒度小於 500 μm。還原法也可用於製造銅、鉬、鎢、鈷、鎳、鈦等金屬粉末，或用於製造難熔金屬的矽化物或氮化物粉末。

三、電解法 (Electrolytic method)

又稱為電解沉積法，係利用電鍍原理，使陽極的金屬不斷地分解成陽離子溶入電解液中，然後在陰極上析出沉積成結構鬆散或樹枝狀的金屬粉末。其中，水溶液電解法用於製造銅、鎳、銀、鐵等粉末，熔融鹽電解法用於製造鉭、鈦、鋯、鈦等粉末。

四、碳醯法 (Carbonyl method)

將含有鐵或鎳的原料，在高壓和一定的溫度條件下和一氧化碳 (CO) 進行反應，生成液態的鐵或鎳的碳醯基，即 $Fe(CO)_5$ 或 $Ni(CO)_4$，然後置於分解槽中加熱，並將壓力降低至一大氣壓，此時發生熱分解成為鐵粉或鎳粉。此法主要是製造粒度小於 20 μm 的粉末，可應用於金屬射出成型 (MIM) 的製程 (敘述於第 11.3 節)。此外，此法也可用於製造銅、鈷、鉻、白金等粉末。

五、機械法 (Mechanical method)

利用機械產生的作用力直接將材料分解粉碎成粉末的方法，產生力量的機制包括衝擊、研磨、剪力和壓縮等。此法通常用於脆性材料的粉末製造。主要的製造方法有：

1. 切削法 (Machining) 是指將材料切削成粉末狀碎屑，所得顆粒較粗且形狀不規格，加工效率低，用於少量或實驗性需求的粉末製造。目前主要用於製造高碳鋼、鎂或鈹等的粉末。搗碎法則是利用馬達帶動搗錘以旋轉方式撞擊材料使成為粉末的方法，其特性與切削法類似。
2. 球磨法 (Ball milling) 是利用裝有鋼製或陶瓷製硬球的球磨罐 (Jar) 的轉動，在適當的轉速下，硬球被帶到最高處才落下，並將置於其中的脆性材料撞擊成粉末。此法有噪音發生和硬球污染的問題，所得到的粉末存在有加工硬化現象且呈不規則形狀。
3. 冷流衝擊法 (Cold stream impact process) 是利用高壓高速的氣流帶著金屬或合金粉末，通過噴嘴噴射入鼓風室的固定靶上，由於強烈的撞擊作用使粉末細化。同時，當氣流進入鼓風室時快速膨脹，致使溫度下降造成材料變脆，有助於粉末顆粒的破碎。此法應用於如碳化鎢、鉬合金、工具鋼等質硬且耐磨耗的材料，可快速製造粒度在 10 μm 以下的粉末。

粉末製造的方法不同，得到的粉末特性隨之有所差異，並且會進一步影響到後續的成形加工和最終產品的品質。粉末的特性包括：

一、形狀 (Shape)

粉末的顆粒形狀會直接影響到粉末的流動性、壓縮性等。顆粒形狀有圓球狀、海綿狀、樹枝狀、多邊形狀、片狀、針狀、不規則狀等，可使用光學顯微鏡或掃描式電子顯微鏡 (SEM) 觀察得知。

二、粒度 (Particle size)

粒度是指粉末顆粒的大小，約為 0.1 ～ 1000 μm。利用篩子或顯微鏡等方法測定其尺寸，並加以分級，決定出顆粒尺寸的分佈。此一特性會影響到流動性、壓縮性、外觀密度、產品的多孔性和機械性質。

三、密度 (Density)

包括自然填塞的外觀密度 (Apparent density)、振動踏實後的敲密度 (Tap density) 和加壓後的比密度 (Relative density)。對密度的控制會影響到壓製成形過程，也會對燒結過程，和產品強度及性質有相當程度的影響。

四、流動性 (Flowability)

指粉末流過一特定孔徑之難易程度的性質。流動性的優劣決定於粉末的種類、顆粒形狀及大小的分佈、顆粒間的摩擦力、運動形態、磁性等。

五、壓縮性 (Compressibility)

指粉末在一定壓力下，壓縮前後體積之比，其大小與粉末種類、顆粒形狀及大小的分佈有關，用此顯示未燒結前工件毛胚的強度。

六、化學性質 (Chemical property)

指粉末的化學成分和允許存在的氧化物及雜質之量，對加工過程和產品品質的影響甚鉅。

11.2.2 混合與成形

粉末冶金製程的第二個步驟為混合 (Blending)，其目的有三：(1) 將形狀和尺寸大小不同的各種原料粉末依比例加入摻和，使得到均勻的分佈狀態；(2) 藉由添加不同金屬及其他材料的粉末，使產品獲得特殊的物理或機械性質；和 (3) 添加潤滑劑以降低粉末顆粒間的摩擦，增進粉末在模具內的流動性。潤滑劑包括硬脂酸鋅、硬脂酸鉀及粉狀石墨等。

混合過程需特別注意控制操作的環境及條件，避免發生劣化或污染，以致影響產品的品質。劣化是指過度混合，造成顆粒的形狀改變或產生加工硬化，導致後續的加壓成形更為困難。污染則以金屬粉末的氧化作用為代表，改善的方式是在惰性氣體的環境中進行混合。由於粉末原料的表面積對體積比，較塊材大很多，具有可能發生塵爆的安全顧慮，尤其是鋁、鐵、鈦、鋯、釷等的粉末，在混合時必須小心處理。混合後的粉末經由各種成形方法製成所要零件的形狀及尺寸。成形方法中除了極少數，例如滑鑄法 (Slip casting) 是利用石膏模的多孔性吸收粉末溶漿中的水分，因而使粉末結合成形等用途不大的方法以外，大部分是利用加壓成形的方法得到毛壓胚 (Green compact)。毛壓胚具有適當的密度及強度，利於搬運而不致損壞，且其粉末顆粒間形成黏著現象，利於燒結。

傳統的壓製法 (Pressing) 是將混合好的粉末置於模具中，利用壓床施加壓力使之成形。離心成形法 (Centrifugal compacting) 是利用離心機的高速旋轉，使模穴中的粉末顆粒產生向外周粉末顆粒撞擊的壓力，其原理和離心鑄造法相同，特別適合碳化鎢等重金屬的成形。此外，用於金屬塊材成形的擠製法 (Extrusion) 和滾軋法 (Rolling)，也同樣適用於粉末的成形製程，且各有其特定的用途。高能率成形 (High energy rate forming) 係利用炸藥或電磁作用，在極短的時間內產生鉅大的能量來加壓粉末使之成形的方法，用於鉬、鎢、鉬、石墨和精密陶瓷等難壓製成形的粉末，可得到高密度的毛壓胚。

為改善傳統的壓製法對毛壓胚施加壓力不均勻的缺點，發展出可產生各方向壓力都相等的流體壓力對粉末加壓成形的均壓法 (Isostatic pressing)。其優點為可免除粉末顆粒與模壁間的摩擦作用，不論零件的外形為何皆可得到均一的密度及晶粒結構，可製造較高之長度對直徑比的零件，均一強度及韌性等機械性質，和良好表面特性的產品。又依操作溫度的不同可分為：

一、冷均壓法 (Cold isostatic pressing，CIP)

將粉末置於由合成橡膠、可塑性塑膠或其他彈性體製成的容器內，以水或油等流體施加靜壓，使用的壓力約 400 ～ 1000 MPa。

二、熱均壓法 (Hot isostatic pressing，HIP)

將粉末置於由高熔點金屬板製成的容器內，利用惰性氣體施以加壓及加熱的作用，使用的壓力約 100 ～ 300 MPa，加熱溫度約 480 ～ 2000℃。此法可直接壓製密度較高的產品，且不需再經燒結過程。但其製程費用較高，主要用於製造航太產業的耐熱超高合金零件，有時也用於製造以碳化物或工具鋼等為材料的刀具或零件。

粉末毛胚鍛造 (Powder preform forging) 是將粉末先以冷壓等方法製成毛壓胚，再施以燒結或不經燒結，然後加熱鍛造成形。此法用於製造高強度及尺寸精確的零件，產生的廢料很少，且較省力又無環保問題，可應用的材料範圍很廣。

11.2.3 燒結與完工處理

燒結 (Sintering) 是指將毛壓胚或粉末加熱到溫度略低於主要成分原料的熔點，使粉末顆粒間產生融黏作用以增強結合能力，並增加產品的密度。其原理為藉由熱能促使原子進行擴散及晶粒成長等作用，造成粉末顆粒間的空孔 (Pore) 大量消失，殘留者也不再相連接。燒結的機制極為複雜，視製程參數和粉末顆粒的成分而定，可分為兩大類，包含因相鄰接觸的粉末顆粒間擴散作用而產生鍵結的固態燒結，如圖 11.8(a) 所示；和因較低熔點粉末熔化後形成的表面張力作用而包圍未熔化顆粒的液相燒結，如圖 11.8(b) 所示。

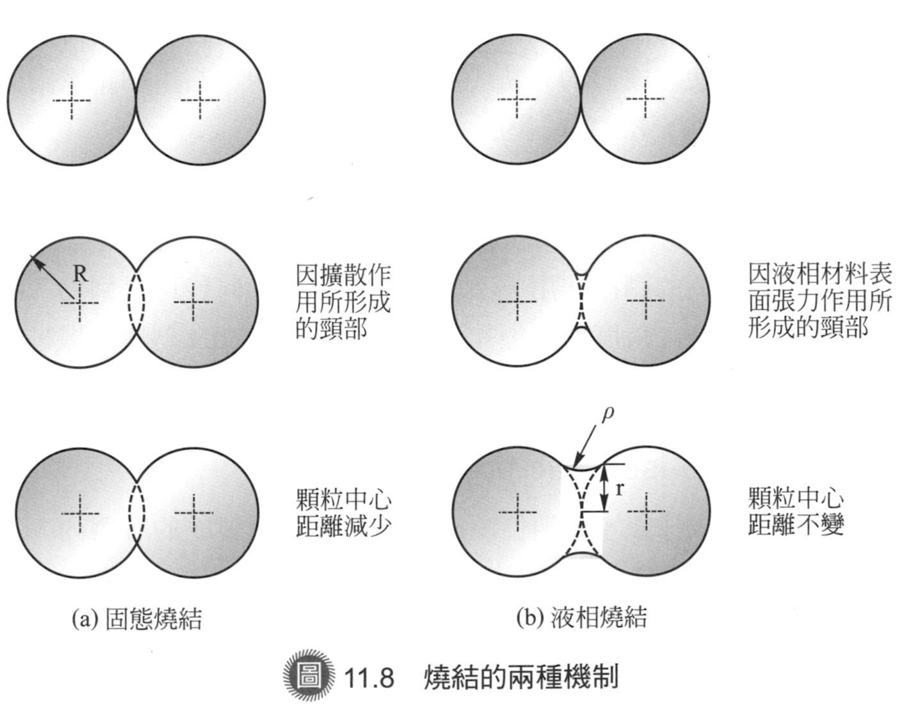

圖 11.8　燒結的兩種機制

影響燒結的製程參數有溫度、時間和燒結爐氣氛。燒結溫度通常為主要成分金屬或合金熔點的 70 ～ 90% 以內；燒結時間從鐵及銅合金的 10 分鐘到鉬及鎢的 8 小時；燒結爐內的氣氛包含氫氣、氮氣、惰性氣體、裂解氨、天然氣和真空等，目的在防止粉末氧化以得到最佳的產品品質。較常用者如表 11.1 所示。

表 11.1　不同粉末材料的燒結溫度、時間和氣氛

粉末材料	燒結溫度 (℃)	燒結時間 (分)	燒結氣氛
銅、黃銅、青銅	760 ～ 900	10 ～ 45	氫氣、裂解氨、氮氣
鐵、石墨、鎳	1000 ～ 1150	8 ～ 45	氫氣、裂解氨、氮氣
不銹鋼	1100 ～ 1290	30 ～ 60	氫氣、裂解氨、真空
碳化鎢	1420 ～ 1780	20 ～ 30	氫氣、真空
鎢	2350	約 480	氫氣、裂解氨、真空
鉬	2400	約 480	氫、氨、真空

經燒結成形的產品通常需再進行完工處理 (Finish operation)，其中有許多是只需適當的清潔處理即可直接使用。有些則需進行尺寸矯正 (Sizing) 以修正因燒結引起的形狀或尺寸的改變，用以增進產品的精度；或施以壓印 (Coining) 來增進其密度和表面的硬度及平滑度。多孔性產品需經浸滲 (Impregnation) 過程，使油、蠟或樹脂滲入產品之粉末顆粒間的空孔，以增加其潤滑性及耐磨耗性。熔滲 (Infiltrant) 則是利用低熔點的金屬或合金熔融後，經滲入過程填滿產品中的空孔，目的在增進其機械性質。燒結產品可利用珠擊或滾動等機械加工，或以蒸鍍、電鍍或油漆等方式，在其表面上形成鍍層，可增進美觀及提升耐蝕能力。此外，粉末冶金產品若有必要時，可以進行如車螺紋、切溝槽、鑽孔等切削加工，以及熱處理或接合加工等。

11.3 金屬射出成形

金屬射出成形 (Metal injection molding，MIM) 適用於傳統加工不易達成的小型、複雜形狀的三次元精密金屬零件的大量製造。其製程如圖 11.9 所示。

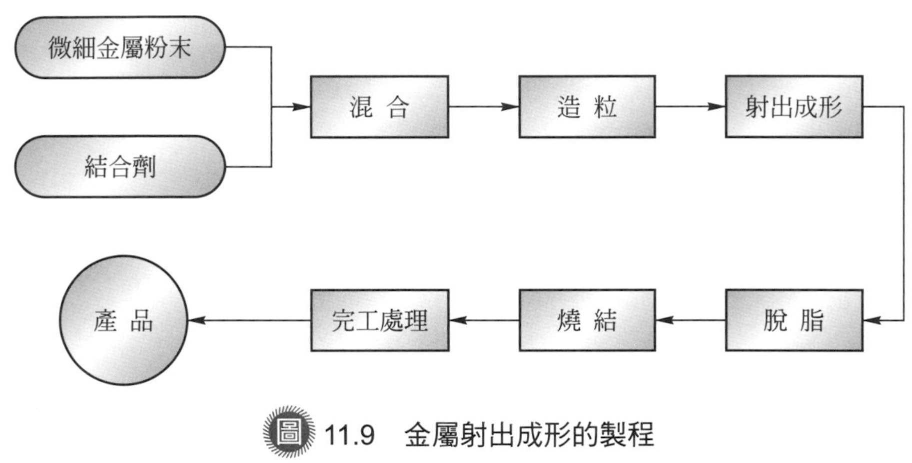

圖 11.9　金屬射出成形的製程

一、原料選擇 (Material selection)

使用的各種金屬粉末粒徑約在 5 ～ 15 μm 之間，小於粉末冶金經常使用的 5 ～ 100 μm。同時，需選用適當的高分子或蠟基材料做為結合劑 (Binder)，其功能為提供微細粉末在成形過程的流動性和毛壓胚的保形性。依不同的結合劑決定不同的脫脂方式和製程參數，且會影響到產品的尺寸和形狀精度。

二、混合 (Blending)

將選用的微細金屬粉末和結合劑，依一定的體積及重量比例混合，其方式和粉末冶金的混合製程類似。

三、造粒 (Pelletizing)

混合後得到成形配方的粉末原料，通常將它製作成如一般塑膠射出成形加工常用的粒狀原料，以方便搬運及貯存。

四、射出成形 (Injection molding)

對已完成成形配方的粒狀原料加熱，使結合劑成熔融狀態後，以射出成形機射入模穴中，冷卻後即可得到所要零件外形的毛壓胚 (Green compact)。

五、脫脂 (Debinding)

以加熱方式或利用溶劑將毛壓胚內的結合劑去除的步驟稱為脫脂，此後毛壓胚就只剩下含有產品所要的零件材料成分。

六、燒結 (Sintering) 與完工處理

與粉末冶金的相關製程相同。

金屬射出成形和粉末冶金比較時，前者產品的相對密度可達 95 ～ 98%，而後者約為 80 ～ 85%；前者可製造比後者形狀更複雜，機械性質更優良的產品；但前者產品的重量受到限制，以生產較小型、較輕者為主。

金屬射出成形的優點為：

1. 使用其他加工法不易或無法製造的複雜形狀產品，此法可容易地利用執行一次製程即可生產。
2. 產品具有高精密度及良好的表面狀態。
3. 產品的相對密度可達 95% 以上，近似鑄造產品，具有良好的機械性質。
4. 所需的完工處理極少，易於自動化及無人化生產。
5. 產品成形循環較快，適合大量生產。

金屬射出成形法目前已廣泛地應用於以碳鋼、不銹鋼、工具鋼、銅合金、鈦合金等材料，製造出各種複雜形狀的產品，例如電腦用散熱片、硬碟機零件、工具機零件、手槍零件、汽機車零件、手術刀、齒型矯正器、醫療器材零件、鐘錶零件等。

11.4 電鑄成形

電鑄成形 (又稱為電積成形，Electroforming) 是利用電解沉積 (Electrolytic deposition) 的原理，置於陽極上的金屬在通電後形成陽離子，經過電解溶液而沉積於陰極模型上，當形成一定厚度的實體後，與模型分離即可得到類似板金件的殼狀電鑄產品。其操作的過程和電鍍相同，但厚度比做為工件表面鍍層用的電鍍層大。又如第 10.3.4 節所述，若陰極處放置的是鑄模時，沉積的鍍層會堆積形成立體狀的產品。

電鑄成形的第一步為需先製作模型或鑄模，其種類、功能及特性與用於鑄造加工者相同，但需注意的是有些模型或鑄模材料若非導電體時，則必須在其表面

上先塗上一層導電的金屬膜才能使用。所有可用於電鍍的材料，均可作為電鑄成形的材料，尤其是銅、鎳、鐵、銀等，均已被廣泛地應用於相關產品的製造。

電鑄成形主要用於要求高精確度、內表面平滑及內孔形狀較複雜，而無法用砂心或機器加工製造的空心或薄壁零件，例如導波管；可複製精緻細微且形狀複雜的表面輪廓花紋的印刷板，用於印製工藝品、郵票、證券等；也可製作放電加工用電極、表面粗糙度標準樣規、反光鏡、眼鏡模仁等。電鑄原理的其他應用將於第 16.2.2 節中再加以介紹。

電鑄成形的優點有：

1. 沉積在導電體模型 (鑄模) 表面上的金屬可完全貼緊，故可得到極高的尺寸精確度及維持 200 nm 的內表面精度。產品具有良好的一致性。

2. 可製造極薄或層狀金屬，或純度極高的金屬產品。

3. 可製造產品內部或外部形狀極為複雜的零件，或零件表面需具有特殊的物理或冶金性質。

但此法的缺點有成本過高、生產效率低、材料的選擇受限、產品厚度一般要在 9.5 mm 以下、難以控制不與模型 (鑄模) 接觸之另一面的尺寸準確度等。

一、習題

1. 非傳統切削加工的特點為何？適用的場合有那些？
2. 何謂化學加工？加工步驟為何？說明其優缺點。
3. 何謂電化學加工？加工步驟為何？說明其優缺點。
4. 敘述電子束加工的原理及優缺點。
5. 敘述雷射束加工的原理及優缺點。
6. 敘述放電線切割加工的操作及應用。
7. 何謂電漿加工？
8. 比較放電研磨加工和放電加工的異同。
9. 敘述超音波加工的原理及特點。
10. 敘述磨料噴射加工的原理及應用。
11. 敘述水噴射加工的原理及優缺點。
12. 繪製粉末冶金主要製造步驟的流程圖。
13. 粉末冶金製程中常用的粉末製造方法有那些？敘述其適用的場合？

14. 粉末冶金製程中所使用之粉末的特性包括那些？
15. 粉末冶金製程之混合操作有何目的？
16. 粉末冶金製程主要的成形方法為何？
17. 何謂粉末冶金製程之燒結？產生燒結的機制為何？
18. 粉末冶金經燒結成形後之產品有那些完工處理？各有何目的？
19. 敘述金屬射出成形的優缺點。
20. 敘述電鑄成形的原理、用途及優缺點。
21. 電鑄成形與電鍍有何不同？

二、綜合問題

1. 模具業常用到放電加工製程，但缺點為加工速度較慢，所得之工件尺寸及表面精度不夠精密等。高速銑削製程的優點可解決上述的問題，有逐漸被模具業採用的發展趨勢。比較兩者間的優劣處及應用性。
2. 對於薄板金屬的切割及沖孔加工時，可使用沖床或雷射，兩者各有其優點及限制。詳細說明如何考慮此兩種不同製程的相關參數，並用以設計出一套整合的系統，使能更有效率地加工薄板金屬。
3. 找出主要是利用粉末冶金製程生產，若以其他方法製造時很難達成功能與特性要求的 3 種金屬工件，敘述其理由。

Chapter 12

非金屬材料加工

12.1 陶瓷材料加工

12.2 塑膠材料加工

12.3 複合材料加工

金屬材料具有良好的機械和物理性質，故被廣泛地應用於製造各式各樣產品的零組件，各種主要的加工方法已敘述於前面的章節。然而，科技的進步促使人類對提升生活品質的目標和達成理想或想像世界的實現，不斷地提出具體成果展現的要求。為滿足這些要求所發展出的新產品中，有些特殊的功能或性質是金屬材料所不易或根本無法達成的，例如高溫強度、高硬度、高耐磨耗性、高耐腐蝕性、輕量化、高強度對重量比、低導電性、低電阻抗、兼具高強度及韌性等。因此，有許多非金屬材料和針對特定要求而研發出來的新材料被加以應用，並取代部分金屬材料的地位。常見的工程用非金屬材料有陶瓷與玻璃、塑膠和複合材料(請參閱第二章的敘述)。這些材料如同金屬材料一般，需經過加工程序被製造成有一定形狀、尺寸和表面狀態的零件，方具有工程的用途和商業的價值。

非金屬材料的組成和金屬材料有很大的不同，例如陶瓷是由金屬與非金屬元素或化合物，以結晶組織的構造所組成，原子間鍵結方式包含共價鍵和離子鍵。玻璃組成的成分和陶瓷類似，但為不具結晶組織的構造。塑膠是由許多單體聚集所形成的聚合體，結合的力量包含共價鍵和凡得瓦爾鍵(次鍵結)。複合材料則是結合兩種或兩種以上不能相互固溶的物質所形成的非均質體材料。因此，對非金屬材料加工的機制會與應用於金屬材料者有鉅大的差異。

12.1 陶瓷材料加工

陶瓷(Ceramic)在應用上可分為傳統陶瓷和工程陶瓷。傳統陶瓷的使用歷史很悠久，典型的產品有陶器、瓷器、磚頭、地磚、下水道水管、磨輪等。工程陶瓷則常被用於製造汽車、航太、渦輪機、熱交換器、半導體等產品的零件，以及密封環、噴嘴、切削刀具等。陶瓷和金屬就其性質方面比較時，陶瓷比金屬的高溫強度和高溫硬度高、彈性係數大、脆性高、韌性低、密度低、熱膨脹係數低、熱傳導性低和導電性低等。尤其陶瓷材料的組成成分及結晶組織的變化範圍極為廣泛，故其性質的變化範圍也相當大，例如陶瓷的導電性可從近乎絕緣到非常優良，因此可利用此特性製成半導體的產品。

玻璃(Glass)被歸類為一種過冷液體，並不具結晶組織，屬於無明確的熔點或凝固點的材料。玻璃因具有多變的光學特性、耐化學腐蝕性、相對高強度等，被廣泛應用於窗戶、眼鏡、容器、燒杯、烹飪器具和光纖等產品。玻璃陶瓷(Glass-ceramic)則是由許多高度結晶構造所組成的玻璃，製作過程為先以玻璃狀態加工成形後，再經熱處理產生結晶作用而得，其顏色大都為白色或灰色而不一定是透明狀態。玻璃陶瓷具有比一般玻璃更好的機械和物理性質，例如良好的熱衝擊抵抗能力、極低的熱膨脹係數和優良的強度等，應用於烹飪器具、渦輪引擎、電器和電子零件等。

12.1.1　陶瓷加工

由於陶瓷的組織構造及機械性質與金屬相比較時差異很大，無法使用鍛造、切削、銲接等主要是以金屬材料為對象的傳統加工方法製造成形。陶瓷產品的生產方式和粉末冶金產品相類似，其製程通常包括將原料研磨成小顆粒後，再進行混合、成形、乾燥、燒結和完工處理等步驟。

陶瓷加工的第一步是將陶瓷原料軋碎或研磨成小的顆粒，操作過程可分為濕式和乾式兩種，使用的設備有球磨機、滾輪或粉碎機。得到的顆粒需再經粒度分類、過濾及清洗等處理步驟。接著視陶瓷產品的特性及加工製程的要求，加入合適的添加劑，例如黏結劑、潤滑劑、保濕劑、增塑性劑、去凝聚劑等，並進行混合操作。然後是使陶瓷顆粒聚集成形，包括鑄造法、塑性成形法和壓製法等三種方法。

一、鑄造法

最常見的是滑鑄法 (Slip casting)，通常用水做為溶劑，加入陶瓷顆粒形成泥漿狀溶液。將溶液倒入多孔性的石膏鑄模，當溶液中的部分水分被吸收後，有些陶瓷顆粒會黏附在模穴內表面上，再把鑄模翻轉倒出剩餘的泥漿狀溶液，即可製作出中空的產品，類似第 3.4.4 節所述的瀝鑄法。此法生產效率低、尺寸控制不易精確，但鑄模及設備的成本很低，用於生產大型且外形複雜的零件，例如水管、藝術品、坩堝等。

二、塑性成形法

利用擠製、注射模製法等方法，對水分含量較少的黏稠狀陶瓷與添加劑混合物，施加壓力使通過開放式模具或進入鑄模模穴內，用以製造棒、管或複雜形狀的火星塞、渦輪轉子等。此法生產率不高，但模具成本相對較低。

三、壓製法

與粉末冶金的金屬粉末成形方式相同，將顆粒狀的陶瓷原料和黏結劑一起加壓成形，包括乾式壓製法、濕式壓製法、注射模製法、冷均壓法 (CIP)、熱均壓法 (HIP) 等，分別適用於不同形狀複雜度和精度要求的產品。

陶瓷材料經成形加工後，接下來的步驟是乾燥和燒結。乾燥的目的在避免製造的產品可能因濕度造成的翹曲變形或破裂作用，為一不可缺少的重要處理過程。燒結是在控制的環境下，將已成形的乾燥零件加熱到某一較高溫度，使陶瓷顆粒間產生較強的結合力，並減少空孔的存在，可增進零件的強度及硬度，此過程和粉末冶金的燒結類似。

零件經燒結後為了改善其表面的瑕疵，增進平滑度，得到準確的尺寸或製作特殊的外形，常需進行完工處理。由於陶瓷材料的脆性較大，且具有缺口敏感性 (Notch sensitivity)，故加工時需特別注意。常用的加工方法有研磨、拋光、放電加工、超音波加工、雷射束加工、滾筒加工和利用鑽石磨輪切削等。

12.1.2 玻璃加工

玻璃的加工依其產品的形式而有許多不同的方法，但主要的製程相近，都是先將玻璃原料熔成液態，然後控制溫度的變化，使之在黏滯流 (Viscous flow) 狀態下成形，再經冷卻即可得到所要的產品。玻璃產品的形式有平面狀、長條狀、纖維狀和獨立個體等四大類型。製造出來的產品可進一步做強化處理或完工處理。

一、平面狀產品

平面狀的平板及薄片 (Flat sheet and plate) 玻璃是自熔融狀態利用抽拉 (Drawing)、滾軋 (Rolling) 或漂浮法 (Float method) 等加工，並以連續方式生產而得。抽拉加工是將從熔融狀態正在進行凝固中的玻璃原料，拉經一對滾輪之間，使其受擠壓作用而形成板片，然後沿著一組小滾輪送出。使用滾軋加工生產時也可在滾輪表面上製作圖案，滾軋出表面具有浮雕的玻璃板片。漂浮法是將熔融的玻璃原料送入一有控制氣氛的熔融錫床上，再經退火爐固化成形，得到的平面狀玻璃表面平滑，不需再進行研磨等完工處理。

二、長條狀產品

包括管材 (Tube) 和棒狀 (Rod)，係將熔融玻璃原料送入一旋轉的中空圓筒或圓錐形狀心軸內部，再由一組滾輪抽拉出來。若將空氣持續吹入心軸的中心，用以防止中空未凝固的玻璃塌陷，即可製造管材；若不吹空氣則可用來製造棒材。

三、纖維狀產品

連續性長玻璃纖維 (Glass fiber) 是自加熱的多孔白金板中將玻璃高速拉出，並立刻施以塗層處理保護，此法可生產直徑小至 2 μm 的玻璃纖維。短玻璃纖維是將熔融的玻璃原料送入旋轉頭內，利用離心噴灑 (Centrifugal spraying) 的方式製造。

四、獨立個體產品

屬於不連續性，各自有其特定形狀的產品。吹模製法 (Blow molding method) 是利用吹氣產生的壓力使軟化的玻璃緊貼到鑄模內壁上而成形，用於製造中空薄壁產品，例如玻璃瓶、燒杯、燈泡等。壓製法 (Pressing method) 是將熔融玻璃原料置於鑄模內，以沖模壓製成形。離心鑄造法 (Centrifugal casting method) 和金屬材料所使用者類似，用於製造映像管等。下垂法 (Sagging method) 是將玻璃板片置於模具上方，經加熱熔化後，因本身的重量而下垂，並黏貼在模壁上而成形，應用於淺碟狀或淺浮雕產品，例如盤子、太陽眼鏡鏡片、光鑲板等。

為增加玻璃的強度可進行下列三種方式的強化處理：(1) 熱回火 (Thermal tempering) 是將玻璃加熱後，利用兩階段降溫，促使其表面產生壓縮殘留應力，因而增進其強度；(2) 化學回火 (Chemical tempering) 是將玻璃置於 KNO_3、K_2SO_4 或 $NaNO_3$ 的熔融液中加熱，使其發生離子交換作用，則玻璃表面上原有較小的原子被其他較大的原子取代，因而產生壓縮殘留應力，可增進其強度；和 (3) 層化玻璃 (Laminated glass) 則是將一片高韌性塑膠薄片置入兩片平板玻璃之間，在結合後形成強化作用，例如汽車的擋風玻璃。

玻璃產品的完工處理包括利用退火 (Annealing) 處理來消除其殘留應力；以及利用人工鑽石刀具或磨輪，進行切割、鑽孔、研磨、拋光等，用來修整外形或增進其表面平滑度。

12.2 塑膠材料加工

塑膠 (又稱為高分子或聚合體) 材料已被廣泛地應用於製造種類繁多的民生消費用及工程用產品。塑膠和金屬就其性質方面比較時，塑膠比金屬的密度低、強度低、剛性低、延展性高、導電性低、熱傳導性低、熱膨脹係數高和化學阻抗高等。以塑膠取代金屬做為產品原料的好處有塑膠本身的重量輕、強度對重量的比值高、具透明的特性、可提供多種顏色的選擇、價格低廉、易於加工製造、設計複雜產品的可行性高等，典型的應用產業包括汽車、飛機、電子、運動器材、辦公室設備及民生用品等。

塑膠材料的種類依其聚合方式和特性可分為熱塑性 (Thermoplastic)、熱固性 (Thermosetting) 和彈性體 (Elastomer) 等。塑膠通常是以顆粒或粉末狀態提供給塑膠產品製造商做為成形加工的原料。常見的不同種類塑膠之成形加工法如圖 12.1 所示。

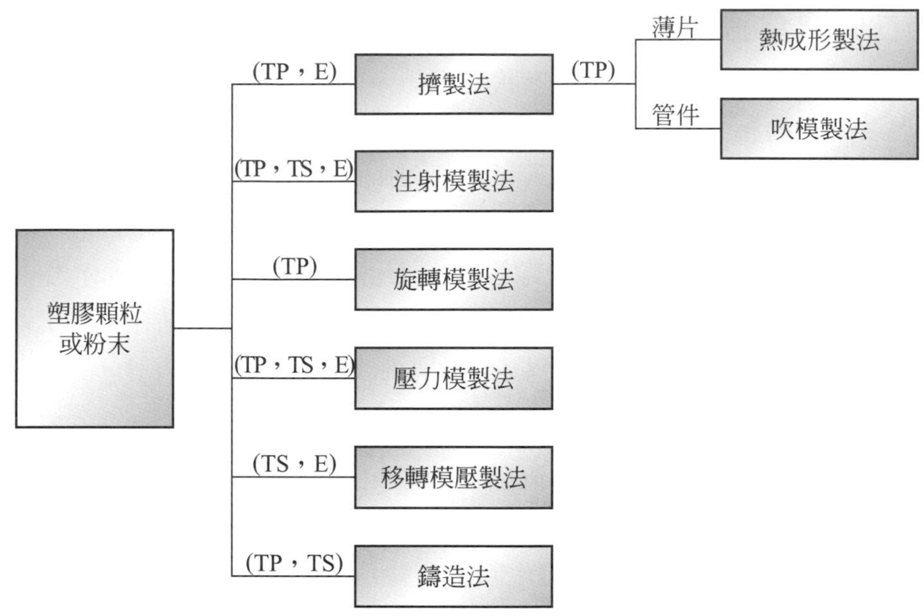

(註：TP 表熱塑性塑膠，TS 表熱固性塑膠，E 表彈性體)

 12.1　塑膠的成形加工法

12.2.1　擠製法

擠製法 (Extrusion method) 是將熱塑性 (TP) 塑膠顆粒或粉末裝置於漏斗中，然後送入擠製筒內。擠製筒中的螺旋推進器將塑膠原料推經加熱區使變成熔融狀態，最後通過擠製模而成形，再以空氣或水冷卻使產品固化。此法適用於製造外形有固定截面的產品，例如各種棒、管、槽、板、建材、電線等。彈性體也可使用此法製成產品，但此法對熱固性塑膠則不適用。

擠製法可利用平面擠製模製造薄片與薄膜產品。若把用於製造薄膜產品之擠製模的出口向上放置，並向下方吹氣迫使薄膜膨脹成氣球狀至所需的厚度，再經擠壓滾輪和捲繞機構，即可用以生產日常所使用的塑膠袋。

12.2.2　注射模製法

注射模製法 (Injection molding method) 又稱為射出成形法，其原理與金屬材料成形加工的熱室壓鑄法相同。首先是將塑膠原料送入注射筒內加熱熔化，再以往復式衝桿或旋轉式螺旋桿，壓迫熔融狀態的塑膠進入二片式分裂模的模穴中，保持壓力等到塑膠成形冷卻固化後，衝桿或螺旋桿才反向退回，在另一片可移動分裂模內的產品則由頂出桿推出模穴。此法可用於製造熱塑性塑膠、熱固性塑膠及彈性體材料的產品。可以生產各式各樣複雜外形與精密尺寸要求的不同用途產品，甚且包含具有外螺紋的零件及齒輪等。注射模製法的模具成本較貴，但加工效率很高，適合於大量生產。此法與擠製法是熱塑性塑膠產品的兩種主要製造方法。

12.2.3　吹模製法

吹模製法 (Blow molding method) 只適用於熱塑性塑膠，其原理與應用於玻璃材料者類似。首先利用擠製法將塑膠原料擠製成管狀後，取所要的長度置放於模穴中，再以壓縮空氣吹向塑膠管內，使之膨脹緊貼於模穴內壁上而成形，冷卻後即可得到薄壁的中空產品，例如容器、飲料瓶、波形管等。

12.2.4　旋轉模製法

旋轉模製法 (Rotational molding method) 用於製作大型中空產品，例如水桶、垃圾桶、容器、足球、玩具等。使用薄壁金屬製成的分裂式模具，並裝設兩個互相垂直的旋轉軸。當一定量的塑膠粉末或顆粒置入模具內，模具同時進行加熱及旋轉。塑膠粉末或顆粒受翻滾作用而緊貼靠在模具內壁，並因受熱熔解而被覆於其上，等工件冷卻後即可開模取出成形的中空產品。主要用於生產熱塑性塑膠為原料的產品。

12.2.5　熱成形製法

熱成形製法 (Thermoforming method) 是將熱塑性塑膠薄片加熱至軟化但仍未熔化的狀態，然後置於模具上，藉由抽真空或吹氣、加壓等方式產生壓力差，迫使塑膠薄片與模具貼合而成形。其原理與應用於金屬薄板的拉伸加工方法相近似。此法用於製造廣告招牌、食物托盤、包裝用品等。

12.2.6　壓力模製法

壓力模製法 (Compression molding method) 是將一定量的塑膠原料放入加熱的模穴內，利用柱塞或上模加壓成形。典型的產品有盤子、瓶蓋、容器、電子零件等。三種塑膠原料都可利用此法加工製成產品。

12.2.7　移轉模壓製法

移轉模壓製法 (Transfer molding method) 為壓力模製法改良的方法，應用於熱固性塑膠及彈性體的成形。原料先置於裝填室內加熱至液態，再以衝桿、柱塞或螺旋桿等，將塑膠熔液壓迫使經過流道進入模穴，並保持壓力一段時間直到工件凝固成形。此法生產週期較短、產品精度較佳，可製造複雜外形的產品。

12.2.8 鑄造法

鑄造法 (Casting method) 適用於熱塑性塑膠和熱固性塑膠的成形加工。是指將熔融的液態塑膠原料澆注流入剛性或撓性的鑄模內，冷卻後即可得到各種形狀的產品，但其生產效率低。

12.2.9 彈性體加工

天然橡膠為一優良的彈性材料，可承受很大的彈性變形量，又是極佳的電絕緣體。但其缺點是無法在高溫或長期在陽光下使用，因此人造彈性體被開發出來用以彌補天然橡膠的缺點。人造彈性體的典型產品有油管、O 型環、油封、電絕緣體、管子、鞋子、車輪內胎等。

彈性體材料可利用很多熱塑性塑膠的成形加工法來製造產品，例如擠製法、注射模製法、壓力模製法，和用於熱固性塑膠成形的移轉模壓製法。

12.2.10 快速成型

快速成型 (Rapid prototyping，RP) 對現代製造產業的新產品開發和製造時有很重要的貢獻，可大量縮短原創性產品從設計到生產所需的前置時間及成本，也可降低因無法預期的尺寸或外形設計錯誤所造成產品失效的風險。應用的原理是利用電腦輔助繪製三度空間的立體加工圖形，並直接對選用的塑膠或金屬材料製造成新開發產品或零件的實體模型，用以獲得全尺寸外形產品或零件的原型 (Prototype)，此法即為 3D 列印技術的原始應用。已發展成熟並最具代表性的快速成型法有立體石版印刷 (Stereolithography，SLA) 和選擇性雷射燒結 (Selective laser sintering，SLS) 兩種。

立體石版印刷是利用光化學聚合體 (塑膠) 硬化原理來製作零件的外形。在一裝有受光感應可硬化的液態聚合體 (例如丙烯酸) 大型槽內，裝置一可垂直升降的平板，在尚未開始進行作用前，平板處於最高的位置，此時只有一層依規劃高度的液態聚合體薄層覆蓋在其上。當開始進行成形加工時，將紫外線雷射束沿著水平面依工件設計圖形移動照射，促使被照射到的聚合體硬化成固態物體並形成實體模型的一部分。接著平板向下降低一小段距離使液態聚合體薄層可再次覆蓋於已硬化的固態聚合體上。然後，再根據設計這一層圖形要求的樣式進行紫外線雷射束照射，得到第二層的固態聚合體。依此步驟重覆進行，直到完成零件的實體模型。利用伺服控制系統控制雷射束及平板的移動量，可製造各種零件的聚合體實體模型。

選擇性雷射燒結是利用雷射束的熱能將粉末原料選擇性地燒結成一體，未被雷射束照到者，仍為鬆散狀態，可利用振動方式使之與已固化的一層燒結體分開。使用的粉末原料包括金屬、陶瓷和聚合體。在加工室下端裝設兩個圓筒，其中一個是進料圓筒會逐漸上升，並將粉末原料提供給另一個用做為製作零件模型的圓筒。雷射束會照射在製作零件模型的圓筒上，當粉末燒結成一體後，此圓筒會漸次下降一小段距離。整個過程是利用電腦輔助繪製的立體加工圖形所編製成的程式，引導雷射束照射在特定截面薄層上的路徑及區域，逐漸將粉末燒結進而累積成零件的實體模型。

12.3 複合材料加工

複合材料是由具有不同特性的材料所組成的混合物，並得到與組成的個別材料所無法達成的特性，或同時兼有組成材料的特定功能和機械性質。複合材料很早就被應用在各種場合，例如建材用的土磚，即為人造的複合材料。木材和竹子則是天然的複合材料，其應用的範圍更是廣泛，至今仍是製造許多種產品的重要原料。

木材的成形加工是以利用手工具和木工工具機的切削加工為主。手工具包括手鋸和鑿子。木工工具機則有平鉋機、手壓鉋機、帶鋸機、圓鋸機、線鋸機、鑽床、木工車床和砂輪機等。然而，木材在機械零組件的應用方面較不具重要性，故本節只針對人造的工程用複合材料的成形加工做為探討對象。

構成人造複合材料的基材 (Matrix) 及強化材 (Reinforcement) 的種類及功能，和複合材料依基材區分的種類及用途等，請參見第 2.4.3 節的敘述。複合材料也可依強化材構造形式分為纖維複合材料、粒子複合材料和板狀複合材料等。

12.3.1　纖維複合材料加工

基材為聚合體或金屬材料為主，強化材的形式為連續性的長纖維或經切細的短纖維，通常在纖維的表面先給予塗上膠水等浸漬處理做為保護。此類型複合材料中最具代表性的是強化塑膠 (Reinforced plastic)，現以之為例說明此類型複合材料的不同製造方法。

一、纏繞 (Winding) 法

將連續性的長纖維束浸泡通過液態聚合體 (塑膠材料) 後，纏繞在靜止或旋轉的心軸 (Mandrel) 上，聚合體儲槽可做左右移動，如圖 12.2 所示。在心軸上經一層層纏繞到所需厚度後，再加熱使聚合體固化，形成強化塑膠。若將心軸移除，即可得到筒狀或球狀容器。若心軸是鋁或鈦合金製成的產品，則不必移除，強化塑膠可形成保護層，例如飛機引擎導管、推進器等。

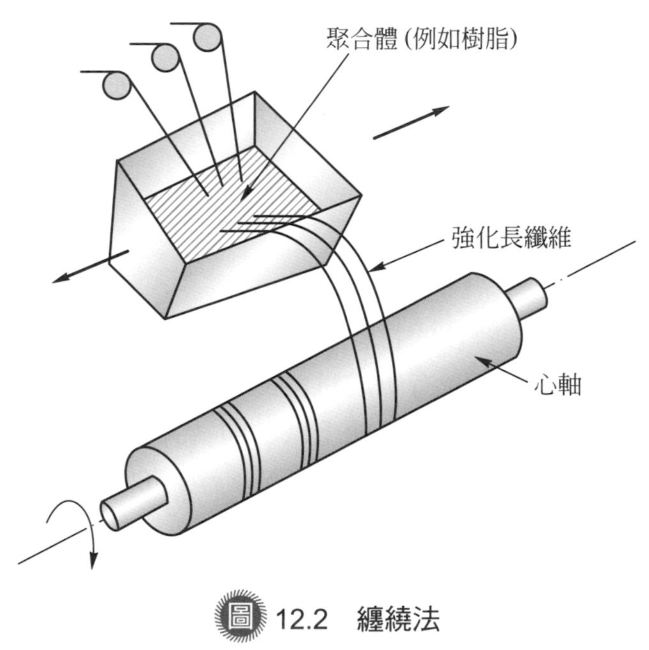

圖 12.2 纏繞法

二、薄片製法

將連續性的長纖維束併排後加以表面處理，然後浸入聚合體儲槽中形成薄片或膠帶，用途有平板、波浪板、電氣絕緣材和飛機的結構件等。另外，可將連續性的長纖維經切碎機切成短纖維，以聚合體薄膜包覆其表面，再經滾軋機壓製成薄片，可做為進一步成形加工用的原料。

三、模製 (Molding) 法

將短纖維與聚合體基材及添加劑混合後，可利用塑膠加工的注射模製法、熱成形製法、壓力模製法、移轉模壓製法等，製成各種形狀及尺寸的產品。

四、拉製 (Pultrusion) 法

將連續性的長纖維預先浸過聚合體並形成複合材料排列後，經預形模加工成初步形狀，再送入內含拉製模的加熱爐中，使聚合體固化後拉出模外。並依長度需求予以切斷即成為產品。可用於大量製造有一定截面的零件，例如高爾夫球桿、欄杆等。

五、拉伸成形 (Pulforming) 法

將強化纖維拉浸通過聚合體後，利用分離模夾緊，經硬化後成形的製造方法，產品有汽車板片彈簧等。

金屬基纖維複合材料的加工成形法有：

1. 利用傳統加工的鑄造法 (Casting)，或利用加壓氣體強迫液態金屬基材進入由強化纖維做成的預形體 (Preform)，經固化成形。
2. 金屬粉末與強化短纖維均勻混合後，利用粉末冶金的冷均壓成形法 (CIP) 或熱均壓成形法 (HIP) 製造出零件。
3. 共擠製法 (Coextrusion) 為金屬材料之擠製法的應用，例如可用來將超導體細絲嵌在銅基材內，以免因磁流漂移而喪失其超導能力。

陶瓷基纖維複合材料的製造法有浸漬熱壓法，是指將纖維浸入含有陶瓷基材和黏結劑的泥漿槽中，在纖維外面被覆一層泥漿，乾燥後排列堆積，然後再加熱、加壓成形。此外，可利用化學氣相沉積法 (CVD) 製造。

12.3.2　粒子複合材料加工

粒子複合材料的基材可為聚合體、金屬或陶瓷材料，製造的方法有粉末冶金法和熔湯鑄造法兩種。

一、粉末冶金法

將強化材粒子粉末與基材粉末均勻混合後，經壓製成形，再利用燒結或化學反應產生鍵結而得到產品。

二、熔湯鑄造法

又稱為複合鑄造 (Compocasting)，是指將固體粒子加入激烈攪拌後的熔融狀態的基材內，形成類似固相的熔湯，然後利用加壓方式將熔湯擠入模具內成形。

典型的產品有碳化鈦陶瓷合金 (Cermet) 刀具，它是利用碳化鈦的硬度切削高硬度鋼材，同時利用一起燒結的金屬提供刀具所需的韌性；開關和繼電器等電接觸材料，需要良好導電性和耐磨耗性的組合；和磨輪片包含提供硬度的磨料 (Al_2O_3、SiC、CBN、鑽石等) 與提供韌性的黏結基材。

12.3.3 板狀複合材料加工

板狀複合材料 (Laminar composite) 包含被覆層材、硬面材 (在軟材料表面銲上硬且耐磨耗的材料)、覆面材 (例如銀幣、飛機外皮、熱交換器)、雙金屬 (例如斷電器、熱阻器) 和積層材 (例如合板、安全玻璃、印刷電路板) 等，目的為增進美觀、耐磨耗、耐腐蝕、增加強度、降低成本、減輕重量或提供特殊性質 (例如不同熱膨脹係數的雙金屬) 等。

製造方法有滾軋鍵結、爆炸鍵結、共擠製法和硬銲法等，其加工方式與前面相關章節所敘述者類似。

蜂巢狀材料 (Honeycomb material) 的生產方法之一為利用滾軋加工製造薄片材料，並於適當的間隔距離上膠後堆疊，然後加熱使膠硬化而結合，再經切片及展鍛使成為蜂巢狀結構。另一種方法是皺折加工，利用一對特殊設計的滾輪將薄片材料滾軋成皺折狀，切取需要的長度，塗以黏結劑並經硬化後而得。將蜂巢狀材料與上、下兩面板黏結後，可得到夾層結構體，應用於飛機機身等。

12.3.4 複合材料的切削加工

複合材料是由至少兩種具有不同特性的材料所組成的非均質體 (Nonhomogeneous) 材料。利用傳統切削方法加工時，會產生與金屬材料切削所遇到的問題大為不同，通常其切削性不佳。例如對強化塑膠車削時不能使用切削液冷卻，故切削速度低；鑽孔時易因纖維未被完全切斷而產生毛邊等。但是，可利用非傳統切削加工方法解決複合材料切削操作的困擾，例如利用超音波振動協助切削複合材料可降低切削阻力，因而改善切削加工面的粗糙度，並增長刀具壽命。利用電子束加工或雷射束加工，可製造微小孔或深孔，也可切削複雜形狀的工件。磨粒噴射加工和水噴射加工也是用於複合材料切割成形的重要加工方法。

一、習題

1. 陶瓷材料可分為那兩種類別？各有那些應用例子？
2. 使用陶瓷材料之顆粒製造產品的基本成形方法有那些？
3. 使用陶瓷材料製造產品過程中，在成形後之步驟為乾燥、燒結及完工處理，說明其目的各為何？
4. 有那些強化處理的方式可用來增加玻璃之強度？
5. 陶瓷與玻璃產品在燒結完成後，各有那些完工處理方法及目的？
6. 塑膠材料依其聚合方式和特性可分為那些種類？敘述其形成原理和主要用途。
7. 繪圖表示常見的塑膠成形加工法。
8. 敘述塑膠成形之吹模製法的製程及應用。
9. 敘述塑膠成形之旋轉模製法的製程及應用。
10. 敘述塑膠成形之熱成形製法的製程及應用。
11. 敘述塑膠成形之壓力模製法的製程及應用。
12. 敘述塑膠成形之移轉模壓製法的製程及應用。
13. 敘述塑膠成形之鑄造法的製程及應用。
14. 敘述塑膠成形之彈性體加工的方法及應用。
15. 快速成型對新產品開發生產的好處為何？
16. 敘述快速成型法的立體石版印刷製程。
17. 敘述快速成型法的選擇性雷射燒結製程。
18. 金屬基纖維複合材料的加工成形法有那些？
19. 粒子複合材料的製造方法有那些？
20. 利用傳統加工方法對複合材料進行切削加工的特性為何？
21. 可使用那些非傳統加工方法對複合材料進行切削加工？

二、綜合問題

1. 注射模製法 (又稱射出成形法) 常被使用於製造塑膠、金屬粉末及陶瓷等材料之產品，敘述其理由為何？又此製程與金屬材料之熱室壓鑄法比較之相同及相異處為何？

2. 找出妳 (你) 的機車或汽車上 10 件有使用到塑膠材料的零組件，敘述它們可能使用的各種加工方法？
3. 汽車用剎車片通常為鑄鐵製成，若採用 20wt% 碳化矽 (SiC) 顆粒混入以鋁合金為基地之金屬基複合材料 (Metal-matrix Composite，MMC) 所製造的剎車片，可使重量減輕一半，且熱傳導速度快三倍。敘述此種 MMC 材質剎車片之完整製程。

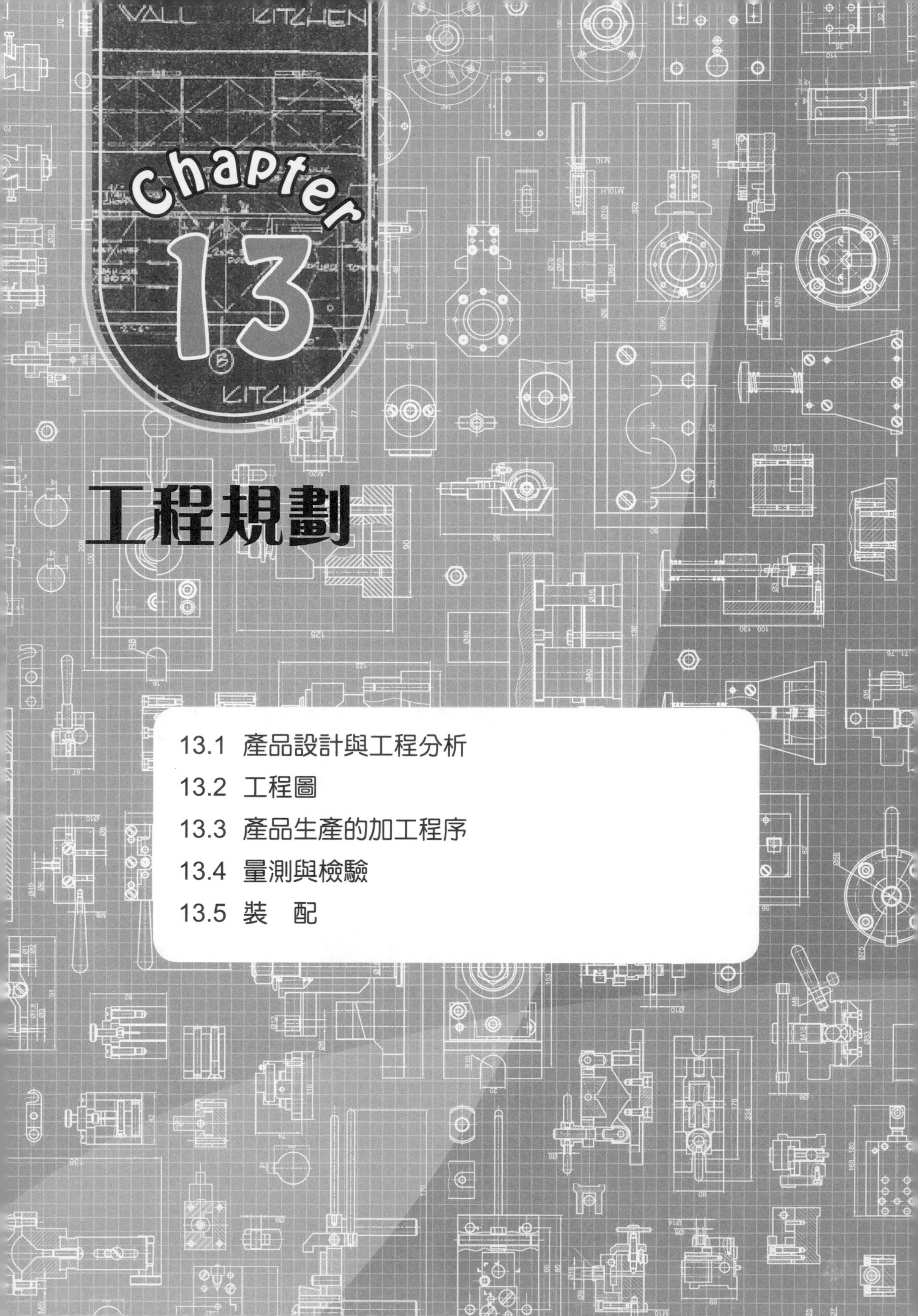

Chapter 13

工程規劃

13.1 產品設計與工程分析

13.2 工程圖

13.3 產品生產的加工程序

13.4 量測與檢驗

13.5 裝　配

製造 (Manufacturing) 的定義是指利用改變工件材料的形狀及尺寸等，因而得到滿足特定功能需求之產品 (Product) 的相關過程，與生產 (Production) 有相同的含意，故兩者常互相通用。機械製造的加工對象為各種工程材料，生產出的產品包括零件 (此為機械製造的主要產品) 及成品，即使是零件也會經由組合裝配的過程而形成具有特定功能或作用的成品。所謂的成品是指對消費者 (Consumer) 而言為可銷售的 (Salable) 且有用的 (Useful) 產品。從被加工的材料起到變成為成品的整個過程構成所謂的製造系統 (Manufacturing system)，並可藉由輸入、製造程序和輸出等三個主要階段加以描述，如圖 13.1 所示。

一、輸　入

包括市場調查、產品需求、材料、資金、人力及能源等。

二、製造程序

包括設計、加工程序及管理等。

三、輸　出

包括產品銷售、維修及售後服務等。

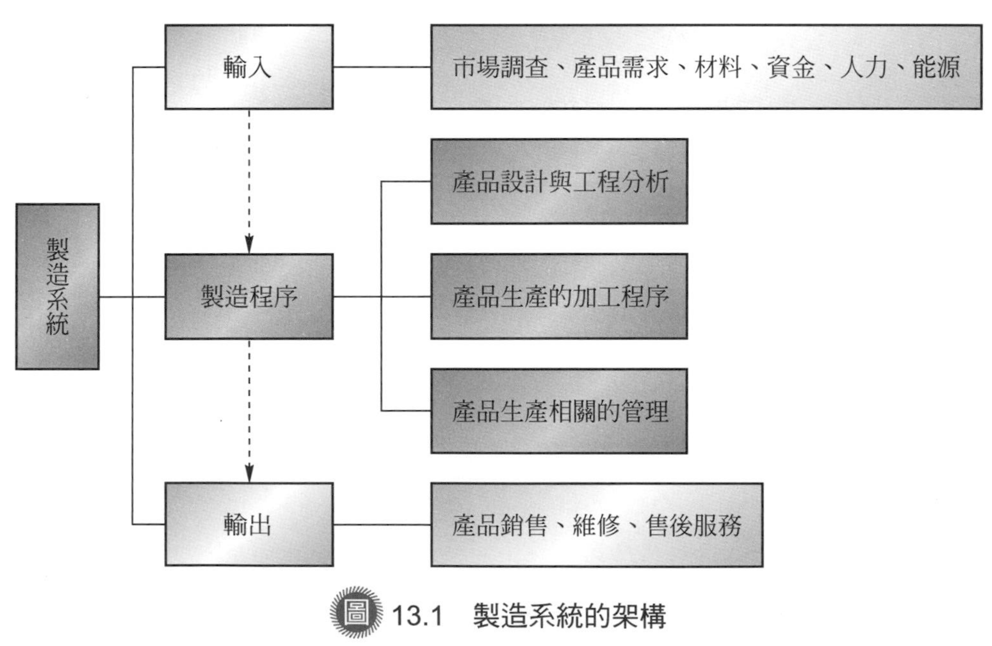

圖 13.1　製造系統的架構

輸入階段的重點在於強調產品製造的原動力是為了滿足使用者 (User) 的需求。所以首先要了解使用者是誰？他們的需求又是什麼？此階段為製造系統啟動的源頭，且大都要先進行市場調查。同時，工程人員一定要瞭解企業能持續生存及發展的基本條件是有利潤 (Benefit) 可得。因此必須儘可能地收集與生產此產品有關的各種資料，並加以整理、歸納、分析、評估和判斷，然後決定是否要進行該產品的生產。

輸出階段要考量的是當產品 (成品) 製造完成後，如何才能達到最佳的銷售結果。此階段需有完整的相關統計資料之供應，據以進行正確的分析，並藉由適當的管理以增進其價值。當然，如何讓使用者容易地瞭解產品的功能與特性，其操作性能，以及良好的售後服務，例如保養、維修等，是使產品得以發揮最大貢獻度的保證。

製造程序 (Manufacturing processes) 是產品製造系統中的核心階段，包括：(1) 產品設計與工程分析，(2) 產品生產的加工程序和 (3) 產品生產相關的管理等三大部分，詳細的流程與內容如圖 13.2 所示。本章針對製造程序的前兩部分加以闡述。至於第三部分的重點是在探討產品自設計到完成生產的過程中，包含許多考慮的因素和執行的步驟，要達成最佳化組合的經濟性生產，則必須有良好的管理配合。管理的對象包括與產品生產相關的所有項目，例如物料、人力、機械、加工程序、生產流程、半成品、成品、工具、工模及夾具、產品品質和財務等。管理的目標不外乎是降低成本、提高生產率和滿足品質要求，以及如期交貨等。畢竟製造的目的是為了創造利潤，否則企業根本談不上發展，甚且會發生能否繼續生存的問題。此部分與製造系統中輸入階段到輸出階段所包含內容的關係，將於第十四章中再加以說明。

通常欲達成上述目的，尚有賴於企業所涵蓋的工廠組織進行運作，藉著整合人力、材料、資金和能源等資源，以有效率的經濟性生產來創造利潤以達成永續經營的目標。稍具規模的工廠組織大都包含有董事長、總經理、銷售部門、人事部門、財務與會計部門、採購部門、技術研發部門、維修部門和製造部門等。

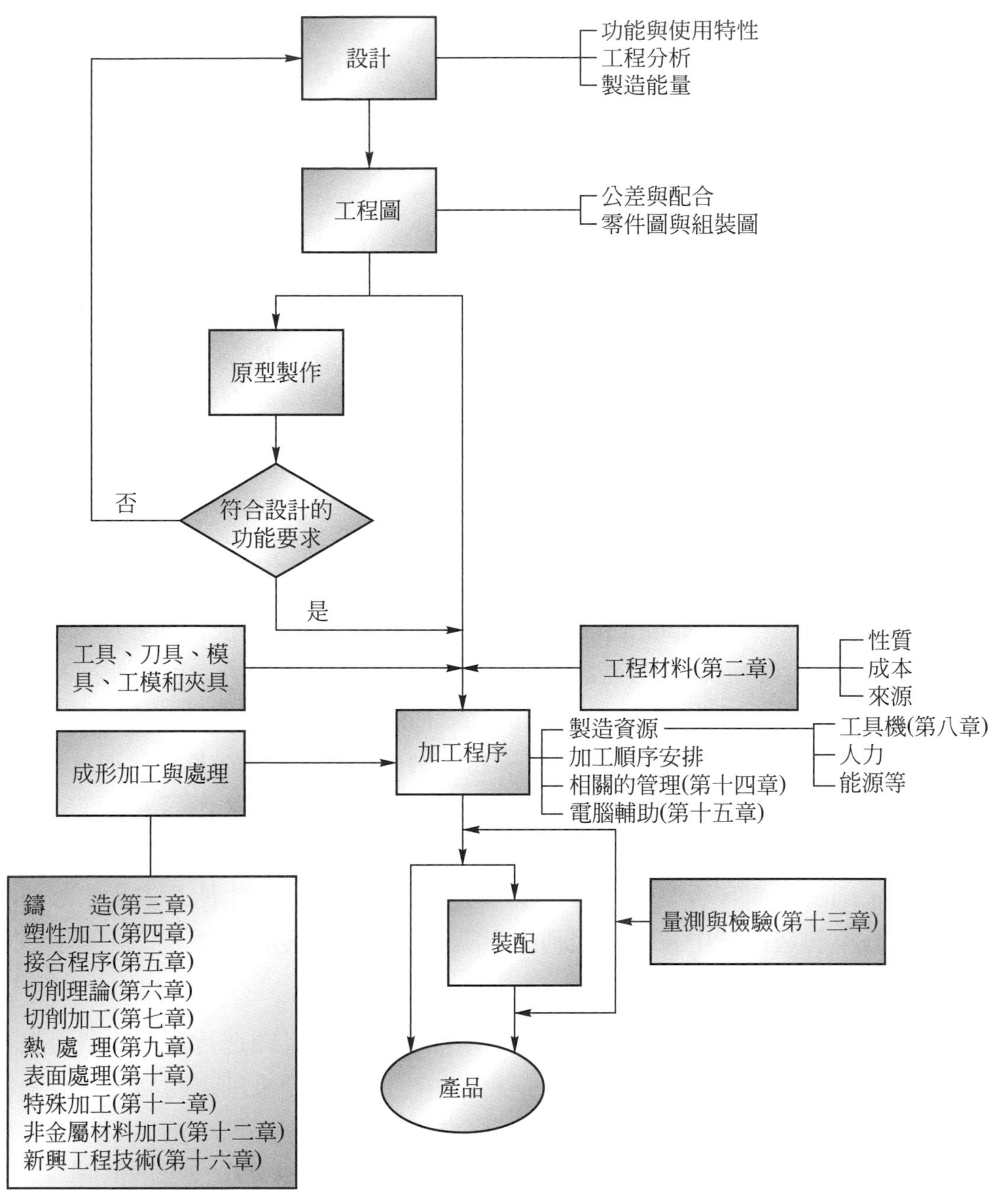

圖 13.2　製造程序的流程與內容

13.1 產品設計與工程分析

產品設計是將“抽象的 (無形的)”需求轉變成為“實體的 (有形的)”產品的第一個步驟。設計時必須考慮使產品的功能、製造的能量和成本的計算可以同時兼顧，也就是說設計需與製造、裝配及維修等工程同步思考和配合，並以合乎品質要求的經濟性生產為準則。

通常產品設計需先根據產品的功能要求，分析評估其使用材料的性質，例如強度、延展性、韌性、耐磨耗性、耐腐蝕性、導電性、熱傳導性等，和產品本身的外形或重量的限制等，目的是使製造出來的產品在應用時能滿足所要求的操作性能。此步驟常需利用電腦輔助來進行必要的工程分析。

接著是選擇適當的材料，在合乎設計規格要求的條件下，以價格較便宜的材料為優先擇用，但需注意供應的穩定性。產品的外形、尺寸和規格，則以滿足其功能需求或顧客可接受的品質為原則，不宜要求過高的精度或太複雜的變化，方可降低製造成本，並且儘可能朝向標準化、具互換性、裝配容易、維修簡單及使用方便等為準則。然後，需考慮產品生產數量的多寡，再規劃加工程序及所包含的各種加工方法及設備。必要時需先製作原型 (Prototype) 產品，並經測試、修改至合乎要求後，才算完成一件新產品的設計開發。

最後要將產品設計完成的相關資料，通常是利用工程圖表達出來，做為加工時之依據。在零件圖中需說明各個零件的形狀及尺寸精度、表面特性、使用材料、加工方法、處理步驟和加工時使用的機器設備等。產品組合圖 (又稱為裝配圖或總圖) 則用以顯示各零件間的相關位置及裝配方式，其中包括立體組合剖視圖、立體輪廓組合圖和立體分解系統圖等，以及用於展示新產品型錄、自行組裝說明或專利申請等使用的工程圖。另外，可藉由電腦輔助繪圖的功能，將產品從各種不同角度察看的外觀及立體形狀等表現出來。

由於不論是創新或改良的產品所包含的零件，有許多是和已存在的零件相類似，故可利用群組技術 (Group technology，GT) 對零件分類與編碼的功能，提供產品在設計與執行加工時可利用的參考資料。

工程分析 (Engineering analysis) 已成為現代產品設計過程中必備的工具。有限元素法 (Finite element method，FEM) 被廣泛地應用於工業界即為一明顯的例子。利用電腦硬體強大的運算速度和記憶能力，結合已發展成功的商用套裝軟體或自行撰寫的程式，可有效地將理論、公式及數值分析方法等應用於產品設計上，並且可以快速且精確地得到所需要的資訊，做為設計過程的決策依據。因此可以大幅減少產品設計開發所需的時間及成本，也可以提高產品加工時的生產率和改善產品的品質。隨著科技文明的進步，有些進階的工程分析方法的應用已被要求成為產品設計過程的一部分，例如同步工程、逆向工程和人因工程等。

一、同步工程

同步工程 (Concurrent engineering，CE) 是指在開發設計產品的同時，即進行製造流程與行銷策略的規劃與執行。同步工程採取群體合作的互動式設計，結合消費者、設計、製造、品管、維修、採購、業務、衛星工廠與資源回收業者等共同組成設計團隊，目的在使產品設計的初期即對其生命週期中所有重要的因素，例如品質、成本、生產流程及使用需求等，有一完整的規劃，對產品自設計到使用可能遇到的問題進行探討。目的在使設計出的產品能夠符合製造系統各階段的要求，減少如設計變更的次數等，並可因此有效地縮短產品從設計開發到上市的時程。

二、逆向工程

逆向工程 (Reverse engineering，RE) 是指根據現有的零件或產品實體，利用雷射等做為量測工具，並根據量測其外形所得的點座標資料建構出曲面幾何模型，然後轉換成電腦數值控制 (CNC) 加工所需的資料或製作快速成型的依據。進行的方式為透過逆向工程建構電腦輔助設計 (CAD) 的三維幾何模型圖檔，並轉換成位置 (點座標) 等加工資料，再經由電腦輔助製造 (CAM) 軟體的協助得到刀具進行路徑的程式，利用此法得到的切削精度及效率遠高於傳統的仿削加工。逆向工程的功能除了仿型和可增進後續的加工品質外，也可以提供產品重新設計所需的基本資料，目前已被大量應用，並取代原來使用的仿型加工。

三、人因工程

人因工程 (Ergonomics engineering，EE) 是探討人類、機械與工作環境間的交互影響，利用良好的產品設計、適當的加工條件和合宜的機具及工作環境等，使操作人員可以在安全又舒適的情況下，有效率的發揮其最大工作價值。人因工程主要是考慮人類生理條件的限制、作業環境的影響與心理需求等因素，供做為評估產品、工具、夾具、設備及作業環境設施等的根據，故與人體結構及生理特徵有相當程度的關係。人因工程涵蓋的內容有人體及生理特徵的設計，人類所使用機器作業設施的設計，和人機介面的設計等。

13.2 工程圖

工程圖是產品設計的具體成果展現，為設計者與製造者的溝通媒介。目前絕大部分的工程圖是藉由電腦輔助來繪製，取代以往的手工製圖。最重要的原因是設計變更時，對工程圖修改的便利性和群組技術的應用。然而，不論是電腦輔助繪圖或手工製圖，工程圖本身所要求的內容並沒有不同，識圖是相關從業人員必需具備的基本要求。由於零件製造時影響的因素很多，要完全符合某一特定尺寸且都無變異是非常的困難，甚至是不可能，況且許多時候要求生產一批尺寸完全一模一樣的產品並沒有必要。因此，對零件的製造尺寸會有一容許的可變化範圍，當利用量具量測零件的尺寸時，得到的實際值處於所容許的範圍內，即稱此零件為合格品。

在工程圖上，零件的尺寸都會標示其容許變化範圍，稱之為公差 (Tolerance)。以圖 13.3 的尺寸公差示意圖解釋孔和軸在公差制中的各種名詞。公差愈小，表示要求的尺寸愈精密，相對的製造成本也就愈高，因此公差的選定應適可而止。

一、基本尺寸 (Basic size)

零件設計時所給定的尺寸，又稱為公稱尺寸 (Nominal size)。在圖 13.3 中，軸的基本尺寸為 ϕ20 mm。

二、實際尺寸 (Actual size)

零件中某一部位被實際量測到的尺寸。

三、極限尺寸 (Limit size)

零件中某一部位被允許的最大尺寸稱為最大極限尺寸或上限，被允許的最小尺寸稱為最小極限尺寸或下限。在圖 13.3 中，軸的最大極限尺寸為 ϕ19.998 mm，最小極限尺寸為 ϕ19.989 mm。孔的最大極限尺寸為 ϕ20.015 mm，最小極限尺寸為 ϕ20.002 mm。

四、偏差 (Deviation)

零件中某一尺寸與對應之基本尺寸的代數差。上偏差為最大極限尺寸與基本尺寸的差。下偏差為最小極限尺寸與基本尺寸的差。在圖 13.3 中，軸的上偏差為 – 0.002mm，下偏差為 – 0.011mm。孔的上偏差為 0.015 mm，下偏差為 0.002 mm。

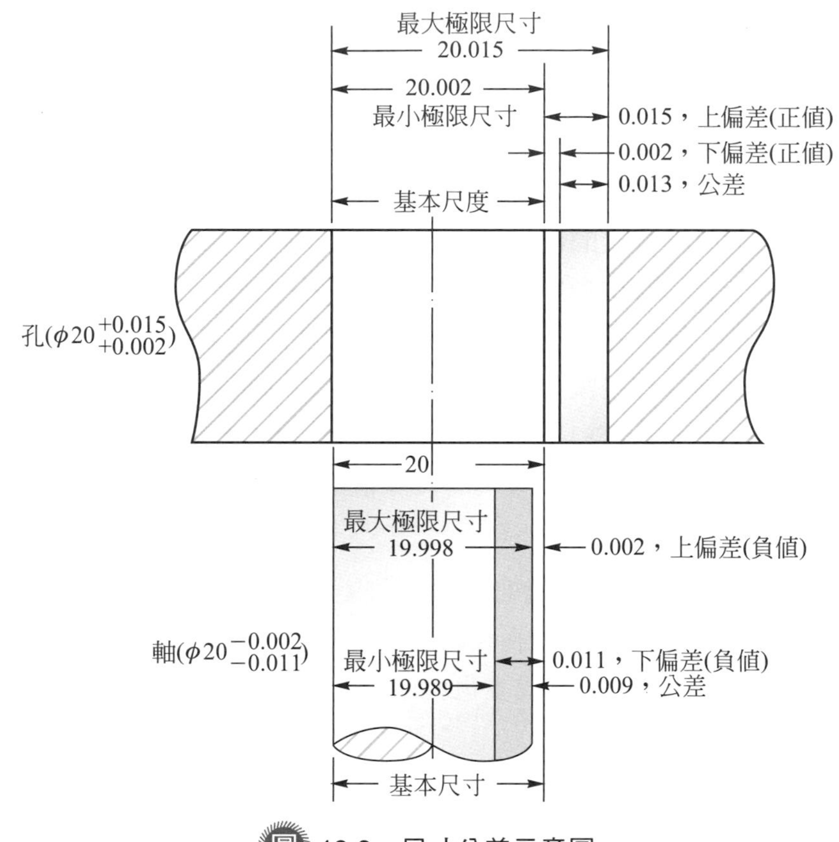

圖 13.3　尺寸公差示意圖

五、公差 (Tolerance)

零件中某一部位容許的尺寸變化範圍，即最大極限尺寸與最小極限尺寸的代數差並取其絕對值，也就是上偏差與下偏差的代數差並取其絕對值。在圖 13.3 中，軸的公差為 0.009mm。孔的公差為 0.013 mm。

當兩個零件需經裝配在一起使用時，常發生軸與孔的配合關係，有關配合的名詞及內容敘述如下：

一、裕度 (Allowance)

指具有孔與具有軸的兩零件之間配合時的尺寸差。其值有正、零或負的情況。

二、餘隙 (Clearance)

當孔的尺寸大於軸的尺寸時，裕度為正值的配合。

三、干涉 (Interference)

當孔的尺寸小於軸的尺寸時，裕度為負值的配合。

四、餘隙配合 (Clearance fit)

又稱為鬆配合 (Loose fit)，指兩配合零件中，孔的最小極限尺寸大於軸的最大極限尺寸，故其間存有餘隙，兩零件可以輕易地做相對移動或旋轉，如圖 13.3 所示之配合即是。

五、干涉配合 (Interference fit)

又稱為緊配合 (Tight fit)，指兩配合零件中，孔的最大極限尺寸小於軸的最小極限尺寸，故其間產生干涉，裝配時必須藉由外力強迫軸套裝入孔，然後彼此緊密結合成一體。

六、精密配合 (Precision fit)

又稱為過渡配合 (Transition fit)，指兩配合零件中，孔的公差範圍與軸的公差範圍有部分重疊，故配合時需視其孔和軸的實際尺寸才能決定是餘隙配合或干涉配合。此種情況不確定的配合稱為精密配合。

七、基孔制 (Basic hole system)

以孔的基本尺寸為基準，取其下偏差為零，即孔的基本尺寸為孔的最小極限尺寸。因此與孔配合的軸尺寸變化時，可得各種不同的餘隙配合或干涉配合等。

八、基軸制 (Basic shaft system)

以軸的基本尺寸為基準，取其上偏差為零，即軸的基本尺寸為軸的最大極限尺寸。因此與軸配合的孔尺寸變化時，可得各種不同的餘隙配合或干涉配合等。

公差除了尺寸公差以外，尚有幾何公差 (Geometric tolerance)。幾何公差用以規範零件的幾何形狀和相互位置關係，有關的項目及符號如表 13.1 所示。

表 13.1 幾何公差的名稱及符號

名稱	符號	名稱	符號
平行度	//	垂直度	⊥
傾斜度	∠	真直度	—
真平度	▱	真圓度	○
圓柱度	⌭	曲線輪廓度	⌒
曲面輪廓度	⌓	位置度	⌖
同心度	◎	對稱度	⌯
圓偏轉度	↗		

13.2.1 零件圖與裝配圖

零件圖是指將構成產品的個別零件，分別繪製成工程圖。利用工程圖的符號表示零件的幾何形狀、尺寸精度、表面特性、材料，甚至包括加工方法、處理步驟、使用的機具設備及量測儀器等。零件圖為設計過程最重要的成果展現，是產品生產中加工程序的依據。

裝配圖 (Assembly drawing) 又稱為組合圖或總圖，係依照機械成品或半成品的結構型態裝配完成所得的工程圖。主要是表明各組成零件或組件 (即半成品或機構等) 的相對位置，可以用一個或多個投影圖表示。裝配圖通常不標註尺寸，較不重要的形狀及隱藏線等均可省略。在裝配圖中必須標註各零組件的編號及個數，並製作成零件組裝表。裝配圖可依不同的目的而有不同的表現形式，例如輪廓裝配圖 (Outline assembly drawing) 為僅畫出機械成品或結構的輪廓外形及其主要尺寸，做為產品型錄或其他說明的用途；又因為圖中標註的尺寸為該機械或結構安裝時所需的資料，故又稱為安裝圖 (Installation drawing)。單位裝配圖 (Unit assembly drawing) 又稱為部分裝配圖，適用於複雜機械組成的零組件數量繁多時，無法在少數的幾個視圖中，同時清楚地表達全部零組件的相關位置，因此將之分割成數個單位並分別繪圖。線圖 (Diagrammatic drawing) 用以表示零組件安裝的相關位置及管路配置等。

13.2.2 快速成型

快速成型 (Rapid prototyping，RP) 是因應產品朝向少量多樣化及使用生命週期縮短的趨勢所發展出的利器。許多產品，尤其是消費性電子產品，例如行動電話(手機)等，必需縮短其研發設計到進入生產上市的時程才有獲利的機會。因此，有同步工程的應用，另外快速成型技術更是其中最有用的工具之一。

快速成型是利用電腦的協助，得以快速製作產品的模型。其原理是從概念設計完成後所得的三維 (3D) 實體模型，或從逆向工程 (RE) 經量測欲生產對象的實體後所得的產品曲面幾何模型等資料，藉由相關電腦輔助設計 (CAD) 軟體的應用，將其轉成 STL 檔或相關的格式且可被 RP 機器所接受者，再經過分層軟體的計算將 STL 檔等，進一步轉換成一層一層的二維 (2D) 剖面加工程式，然後傳入 RP 機器的控制器內儲存。進行產品原型製作時，是以平面 (2D) 成形方式經一層接一層的加工、堆疊和結合後，即可快速地得到所要產品的實體模型。

快速成型使用的方法，已在第 12.2.10 節中介紹過選擇性雷射燒結(粉末冶金法)和立體石版印刷(液態法)等兩種方法。此外，尚可利用雷射或傳統切削方式對被覆有熱熔性黏結劑的薄片材料，依據二維剖面加工程式，進行切割外輪廓，然後利用熱壓黏結於前一層已切割完成的薄片材料上，依序進行直到完成整個產品實體模型，又稱此法為固態法。另一種方法為半液態法，是指利用加熱裝置熔化線狀的熱塑性塑膠材料，並形成一具有所要求輪廓的薄層，以此方式加工屬於不同高度輪廓的薄層，並依序堆積直到完成整個產品的實體模型。相關製程將於本書第 16.4.2 節中再詳述。

13.3 產品生產的加工程序

最佳化 (Optimization) 的生產是以經濟性為準則，主要考慮的內容有：

1. 在產品設計階段時，以滿足功能需求為基本條件，對於零件應儘量採用簡單而具有良好外觀的設計，並需注意裝配、更換、保養及維修的問題。
2. 在材料選擇時，需依據其物理性質、機械性質、加工性、價格、來源、外觀等因素，選用最合適的材料。
3. 在進行生產製造時，應以使用最低成本的加工程序，製造合乎品質要求的產品為原則，並且要求提高生產率，並能達成交貨期限的要求。

產品構成之個別零件的加工過程可能包含許多步驟及不同的加工方法。根據零件的外形、尺寸和表面特性的要求，考慮所選用材料的性質、機器設備的能量、操作人員的技術和成本，然後決定產品生產時最佳的加工程序。

加工程序的規劃與生產類型有很大的關係。機械製造得到的產品之生產類型可分為年產量十萬件以上的大量生產，數千到十萬件的中量生產 (批量生產)，和單件到上千件的零星生產 (Job lot production)。大量生產宜採用專用機、專用裝配站、流程式生產線等，以提高生產率和降低生產成本。中量生產則應採用電腦數值控制工具機、裝配機械化、自動化生產線等，藉由彈性調配使機器、人力等資源發揮最佳的功效。零星生產則宜採用普通機器和通用夾具等，以人工操作方式為主，可以發揮最大的加工彈性和減少設計及製作輔助設備的時間及成本。

加工程序內容涵蓋的範圍很廣，包括決定採用那些加工方法及其順序，選用何種加工機械及配合的輔助設備，設計及製作適當的模具、工模、夾具，選擇合適的工具或刀具，決定加工條件及控制方式，使用合適的量測和檢驗標準及儀器等，目的在於根據設計的工程圖，將工件材料有效地轉變成零件 (產品)，再經裝配過程得到成品。加工程序能否順利的進行，則有賴於相關管理的配合，此部分將於第十四章再加以敘述。

13.3.1　工程材料

在第二章中已介紹過工程材料的種類及其性質。材料的選用是產品在設計過程即需面對的關鍵因素。因為材料的性質決定了產品的功能和使用特性，以及產品中所包含零件的尺寸大小等，這些是工程分析所探討的主題。當然，不同材料的選用也會改變加工程序中加工方法及加工條件的選擇，並進一步影響加工成本和生產率。因此，當以創造最大生產利潤為準則時，如何決定適當的材料以達成產品設計功能的要求，降低加工成本和提升生產率等的最佳平衡點，是從事製造工程的人員必須具備的基本能力。

由於材料是屬於產品製造流程的前端階段，在選用時需考慮其來源的品質和供應時程的穩定性，以免導致產品品質受到影響、缺料停工或庫存壓力等對製造形成不利的結果，此部分需配合產品生產相關的管理，並將於第十四章中再詳加說明。

13.3.2 輔助工具

將工程材料加工成形的方法很多，使用的機械設備種類更是不勝枚舉。然而，大部分會使用到介於機械設備本體與工件材料之間的輔助工具。輔助工具大部分會直接與工件材料接觸，依其特性可分為三種類型。

一、工具或刀具

英文名詞同為 Tool，用於直接對材料加工使之成形。例如在滾軋加工中的滾輪、放電加工中的放電電極頭等，稱之為工具。在切削加工中使用的車刀、銑刀、鑽頭等，稱之為刀具。

二、模具 (Mold)

用途和形式很多，直接作用於工件材料使之成形，例如金屬鑄模、壓鑄模、鍛造模、擠製模、沖壓模、粉末成形壓製模、塑膠射出成形模等。

三、工模 (Jig) 和夾具 (Fixture)

主要用於固定工件以利工具或刀具進行加工，是生產加工時的重要輔助裝置，其功能包含可減少操作的定位時間及技術要求，確保加工的精確度及品質，促成產品標準化及具互換性，和降低對技術人員的依賴等。因此，可以降低生產成本，同時又可提高生產率以滿足大量生產的需求。其中，工模 (又稱為治具) 不但能將工件固定夾持於正確位置，還可引導工具 (刀具) 進行正確的加工方向或加工尺寸。夾具則只有將工件固定夾持於正確位置，並不具備引導工具 (刀具) 前進的功能。兩者都是起源於將人工技術轉嫁給機器或輔助設備的想法，用以因應製造業面臨的技術人員難求和工資持續高漲的困境。

1. 工模：工模除了需包含定位和鎖緊機構外，尚需有引導工具或刀具的機構。工模多應用於鑽孔、攻螺紋、搪孔及鉸孔等加工。工模的設計需考慮：

   (1) 有效的功能：因為工模是為某一特定工件的加工而設計，且大都為大量生產時所使用。因此，它必須提供工件可以被快速、容易且有效地夾緊與拆卸的操作，刀具進行加工時要有正確的引導及良好的排屑作用，以及對操作人員的技術依賴性需儘量降低，和具有安全保障等功能。

   (2) 良好的精確度：工模的精確度直接影響到工件加工的精確度。故工模本身基準面的定位和對工件及刀具的定位，都必須經過精密計算和加工。此外，需注意工模在反覆多次使用後，可能產生因磨耗所造成的誤差。

(3) 經濟的考量：工模的成本以生產類型為計算依據。若為批量生產，以簡單、便宜、能適用者即可。若為大量生產時，才考慮較昂貴而精良的工模，如此才可降低每個零件所分攤到的成本。

機械製造的產品中，含有孔的零件佔有很大的比例。最常用的製孔方法是鑽孔，因此設計合適的鑽孔工模 (又稱為鑽模) 以配合鑽床製孔，便成為工具設計者的一項重要工作。鑽模的基本結構包含支撐、定位、夾緊、射出工件等構件，以及刀具 (鑽頭) 引導構件 (導套) 和鑽模本體等。鑽模的種類有樣板式、平板式、活葉式、箱型及翻轉式、分度式和虎鉗式等。

2. 夾具：夾具的功能為可以快速地夾持與固定工件於一定位置上，用以增進加工的速率和有效地控制加工精確度。其設計原則和基本結構與工模很類似，但夾具並不具備引導工具 (刀具) 前進的功能。夾具應用的範圍很廣，常見於車床、銑床、鉋床、鋸床、磨床、銲接、薄板加工、熱處理、裝配和檢驗等操作時，加工時為了將工件固定在一定的位置上，大都會使用到夾具。

配合工具機使用的夾具大都是標準配件，例如車床的三爪自動夾頭、四爪單動夾頭、面板、筒夾、頂心、扶架等，銑床的虎鉗、迴轉台、分度頭，鑽床及鉋床的虎鉗，和磨床的磁力夾頭等。

13.3.3 成形加工與處理

加工程序中的成形加工與處理，主要在探討如何將工件材料加工成形或進行相關處理的原理、過程及應用等，為本書的核心部分，如本章前敘的圖 13.2 所示。可依其加工或處理特性分為下列五種類型：

一、改變材料形狀的加工方法

又稱為無屑加工，包含素材的冶鍊、粉末冶金、鑄造、塑性加工和金屬射出成形等。

二、切削材料至一定尺寸的加工方法

又稱為有屑加工，包含傳統切削加工法的車、鑽、銑、鉋、磨等，和非傳統切削加工法的放電加工、超音波加工、雷射束加工、電子束加工、化學銑削、磨料噴射加工和水噴射加工等。

三、連接材料或零件的加工方法

包含銲接、鉚接、螺絲扣接、黏接和綑綁等。

四、針對材料或零件之表面的加工或處理方法

包含表面清洗、拋光、噴砂、光製、硬化和防護處理等。

五、改變材料或零件的機械或物理性質的加工或處理方法

包含熱處理、塑性加工和珠擊法等。

13.4 量測與檢驗

產品的製造需根據設計結果所展現之工程圖的形狀、尺寸和表面特性的要求，因此生產出來的零件必須合乎所規定的標準才算合格，特別是需要經過組裝及互相配合的零件，或大量生產的具交換性零件，均需依靠一定的量測及檢驗程序以確保產品的品質。量測及檢驗的項目包括原料或委託外製的零件，製程中得到的半成品或成品等。有關量測及檢驗與品管的關係將於第十四章中再敘述。本節將介紹量測及檢驗的內容，包括尺寸量測、形狀量測、表面量測和非破壞檢驗等。

13.4.1　量測概論

機械製造過程中利用量具等量測產品或零件的尺寸、形狀及表面狀態是否合乎工程圖的規定，做為評定它是否滿足品質要求的準則。主要的量測系統有公制 (SI) 和英制兩種，對於不同量測系統所得到的物理量各有其使用單位，公制與英制的單位之間存在著互相換算的數值。使用量具量測時，需注意量具本身可能產生的誤差和操作者的人為誤差，宜藉由先對量具執行校正程序，和要求操作者依標準作業程序小心操作來加以避免。量具的靈敏度和可讀性是表示它所具備的能力。量測值和標準值的差異，稱為量測的誤差。對於一組量測值而言，可用準確度 (Accuracy) 和精密度 (Precision) 來描述。準確度是指所量測的實際值與設定標準值的一致程度，準確度愈高表示加工的產品，愈接近設計時所要求的基本尺寸且幾何公差愈小。精密度則是指該組量測值變化範圍的大小程度，精密度愈高表示加工的重覆性愈良好，產品間的尺寸及幾何特性的變異愈小。

13.4.2 長度量測

長度量測是量取零件直線部位的尺寸，例如長度、厚度、內孔的直徑、內孔的深度或圓棒的外徑等。長度的基本單位有公制的厘米 (mm) 和英制的吋 (inch)。由於尺寸公差要求的精度不同，所使用的量具也因此有區別。

一、直尺 (Straight ruler)

工廠中常用的是鋼尺，主要用在量測零件長度的粗略值。鋼尺兩面皆有刻度，常見的最小刻度單位，公制為 1 mm，英制為 1/16 吋。因使用簡單方便故很普遍，但很容易產生人為誤差。

二、游標卡尺 (Vernier caliper)

工廠中最重要的量具之一，具有簡便堅固的優點。主要用於量測零件的長度、內徑、外徑、厚度及深度等。游標卡尺是由一個主尺和一個副游尺所組成，兩者都有刻度，但其大小不一樣，例如公制的游標卡尺，最小刻度為 1 mm，主尺上 49 格的距離 (即 49 mm)，在副游尺上被等分為 50 格。量測時讀取主尺與副游尺刻度線重合處副游尺的值，再經換算即可得到刻度線重合處主尺讀數的尾數，因而得到長度量測值。公制的尾數最小讀數可量到 0.02 mm (英制為 0.001 吋)，如圖 13.4 所示。此外，常見的尚有最小讀數為 0.05 mm 和 0.1 mm 等形式。游標卡尺也有可以從碼錶直接讀取量測數據，或由液晶顯示器得到數位的量測值等形式。

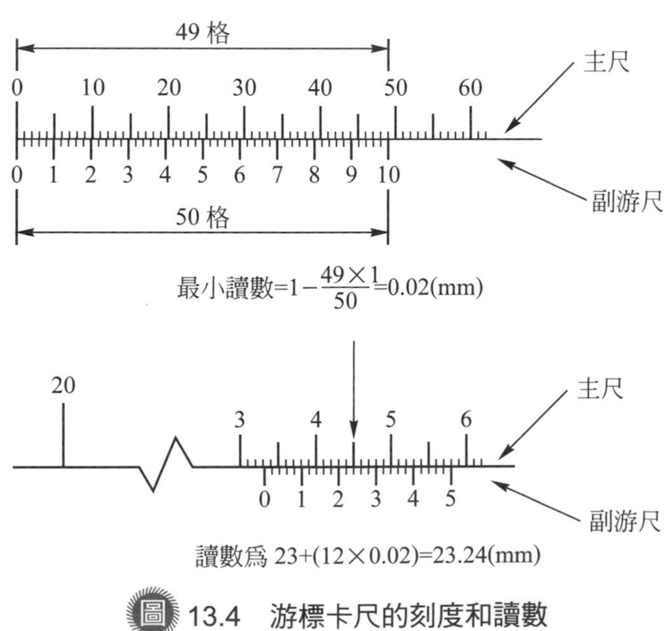

圖 13.4 游標卡尺的刻度和讀數

三、分厘卡 (Micrometer)

又稱為測微器，為工廠中常用的精密量具。主要用於量測零件的直徑、長度、厚度及深度等。分厘卡是由一個 U 型框架、砧座、心軸、具有內螺紋的空心筒和套筒所組成。套筒旋轉時帶動心軸伸縮，並由兩者刻度線重合處讀取量測值。套筒上常用的量測刻度在公制為 0.01 mm，如圖 13.5 所示。英制則為 0.001 吋。如同游標卡尺，分厘卡也有可從碼錶或液晶顯示器直接讀取數值的形式。

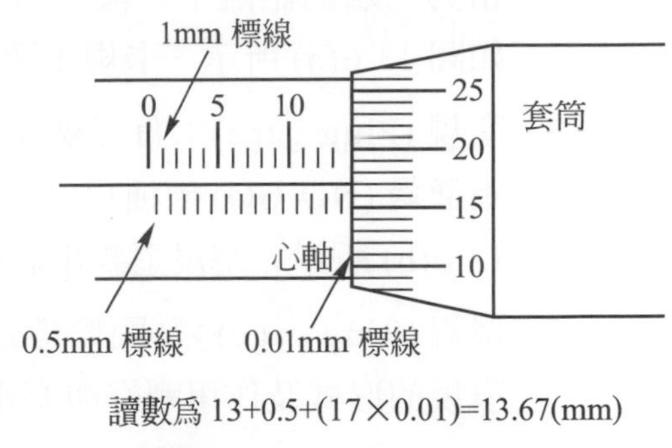

圖 13.5　分厘卡的讀數

四、游標高度規 (Vernier height gage)

主要用於量測零件的高度，並具有劃線功能。由一個游標卡尺、斜角卡爪和基座所組成。

五、游標深度規 (Vernier depth gage)

主要用於量測零件凹處的深度，使用方法與原理和游標卡尺類似。

六、卡鉗 (Caliper)

卡鉗包括內卡和外卡，用以量測零件的內徑、外徑、厚度及長度等，但它本身沒有尺寸刻度，需經由直尺或游標卡尺的協助才能得到量測值。為一間接量測方式，準確度不高。

七、塊規 (Block gage)

塊規形狀有正方形、圓形或長方形，具有一對精確研磨拋光的平行面。主要用於量測長度或做為其他量具校正的基準。塊規材料有工具鋼、不銹鋼和碳化鎢等，其中碳化鎢最硬也最貴。需注意的是塊規使用環境及使用方式有嚴格的要求。

八、量規 (Gage)

為了因應大量生產時，現場工作人員進行檢驗的製程能夠迅速而確實，將某一特定形狀或尺寸製成特定的量具，以做為該項檢驗工作的專用量具。其作用在於測定該形狀或尺寸是否在允許的公差範圍內，並不能顯示量測值。量規依不同形狀及用途有以下的種類：

1. 卡規 (Snap gage)：外形為 C 字型，開口處的一端有二個平行平面，兩者和另一端的距離不一樣，構成通過 (GO) 和不通過 (NO GO) 兩種尺寸，如圖 13.6(a) 所示。卡規主要用於檢驗外徑或零件的外部尺寸。
2. 塞規 (Plug gage)：有二個不同精確直徑的圓柱體，分別為通過 (GO) 和不通過 (NO GO) 兩種尺寸，此二個圓柱體可在握柄的同側或兩側，如圖 13.6(b) 所示。塞規主要用於檢驗孔的內徑或零件的內部尺寸。
3. 環規 (Ring gage)：為圓環樣式，用以檢驗圓柱的外徑，如圖 13.6(c) 所示。環規的形式及作用剛好與塞規相反。
4. 螺紋規 (Thread gage)：有陰和陽兩種，分別與環規或塞規相類似，如圖 13.6(d) 所示，分別適用於檢驗外螺紋或內螺紋。
5. 厚度規 (Thickness gage)：包含一組厚度不同的薄片。薄片厚度為 0.02 ～ 1.0 mm (英制為 0.001 ～ 0.015 吋) 不等。使用時可以單片或多片組合起來，用來量測間隙的大小。

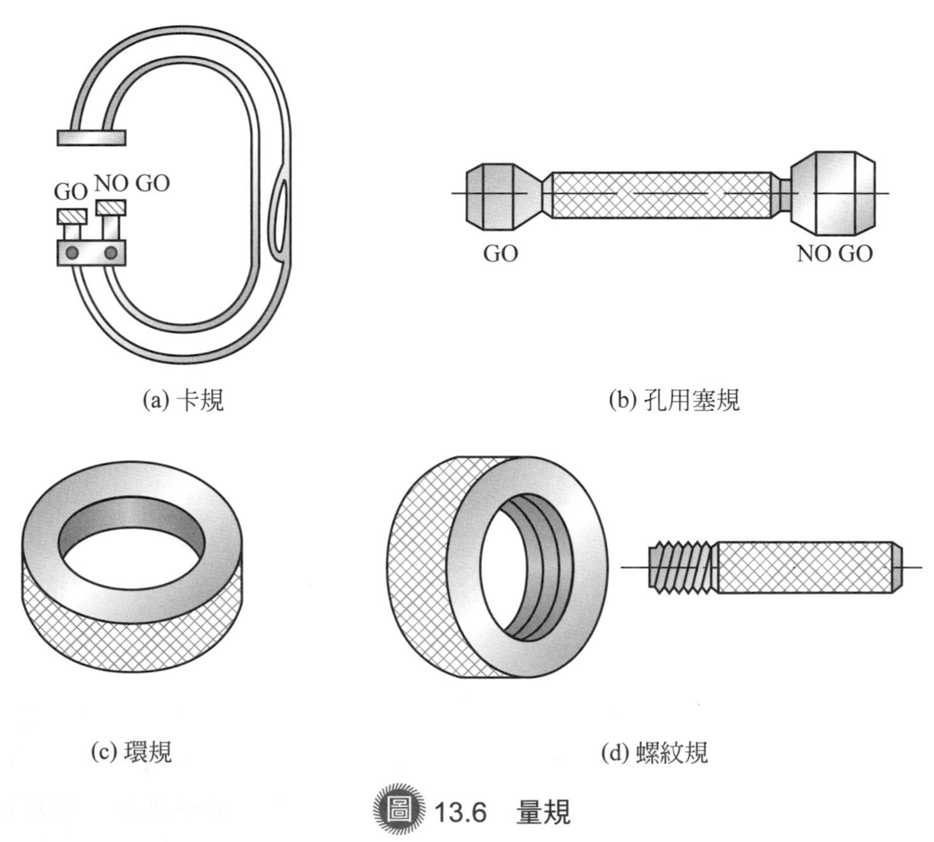

(a) 卡規　(b) 孔用塞規

(c) 環規　(d) 螺紋規

圖 13.6　量規

九、光學量測儀 (Optical measuring instrument)

1. 光學比測儀 (Optical comparator)：用於相對量測，可將被測零件的尺寸和塊規標準尺寸的相對差值放大，在光學放大刻尺上讀取其值。常用於工具室中檢驗各種量規。
2. 光學顯微鏡 (Optical microscope)：利用顯微鏡的放大功能，準確的量測各種長度，例如萬能量測儀、工具顯微鏡等。
3. 雷射干涉儀 (Laser interferometer)：利用兩道先後發出雷射束的干涉現象所產生的明暗交替條紋，計算出量測物的長度值，為一高精度的量測儀器。

13.4.3　角度量測

常見的角度單位為“度”，一度分為 60 分，一分又分為 60 秒。常用的量具有：

一、萬能量角規 (Universal protractor)

為一精密的角度量測儀器，由一具有刻度的圓盤和一把直尺做為主要構件。可調整規體的夾角來配合工件的外形而直接讀取角度值。

二、正弦桿 (Sine bar)

為一利用量測長度經計算後間接求得角度的量具。由一等厚度直桿 (正弦桿) 及其兩端各有一個等直徑的小圓柱所構成。量測時以塊規墊在圓柱下方，直到直桿邊緣與工件的邊緊密接觸，然後利用三角函數的關係求出角度，例如組合塊規中較高的一邊為 h_1，另一邊高 h_2，兩圓柱的中心距離為 L，如圖 13.7 所示，則

$$\theta = \sin^{-1}\frac{h_1 - h_2}{L}$$

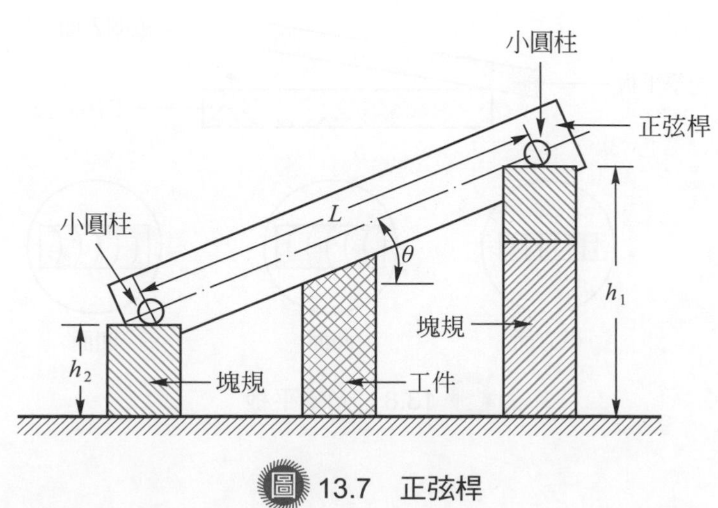

圖 13.7　正弦桿

三、角度規 (Angle gage)

由一組不同角度的薄片所組成，共有 18 片其角度分別為 1° ～ 45° 不等。使用時可將單片或多片組合起來，因而得到不同的角度值。

四、角度塊規 (Angle blocks gage)

角度塊規有一組包含 49 個或 85 個等兩種，具有各種不同的角度，可以單獨使用，也可以組合使用。對任何斜角的角度都可量測。角度塊規和長度量測用塊規的材料、功能及使用條件等相類似。

13.4.4　表面量測

表面量測的目的在求取工件表面的加工準確度或平坦情況。使用的儀器有：

一、平面規 (Surface gage)

用於檢驗平面的平行度或準確度，亦可用於劃線的工作，為機械工廠的基本量測工具之一。

二、光學平板 (Optical flat)

利用光波干涉原理檢驗工件的表面是否平直。光學平板為水晶經過研磨拋光所製成的平面透鏡。檢驗時將它斜放在工件的表面上，在其間會形成一層空氣薄膜。當光線經過光學平板及空氣薄膜至工件表面，再反射回來，因波長相位差的關係，會形成干涉條紋。若干涉條紋為等間隔的直線黑帶則表示被測表面為平直面。若直線黑帶間隔不相等或形成環狀 (稱為牛頓環) 則表示被測表面不平直，如圖 13.8 所示。

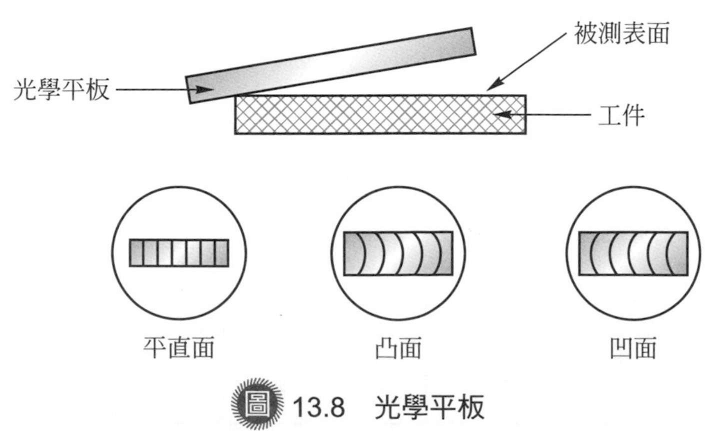

圖 13.8　光學平板

三、表面粗度儀 (Surface indicator)

工件的表面精度會因為不同的加工方法而不一樣，最常見的表面狀態描述方式是表面粗糙度。表面粗糙度的表示法有算術平均粗糙度 (Ra)、平方根平均粗糙度 (Rq，RMS)、最大高度粗糙度 (Rmax) 和十點平均粗糙度 (Rz) 等，其公制單位為 μm(10^{-6} m)。表面粗度儀，如圖 13.9 所示，是利用探針在待測物表面描繪一小段距離後，即可直接讀出所選定的表面粗糙度表示法的粗糙度量測值。

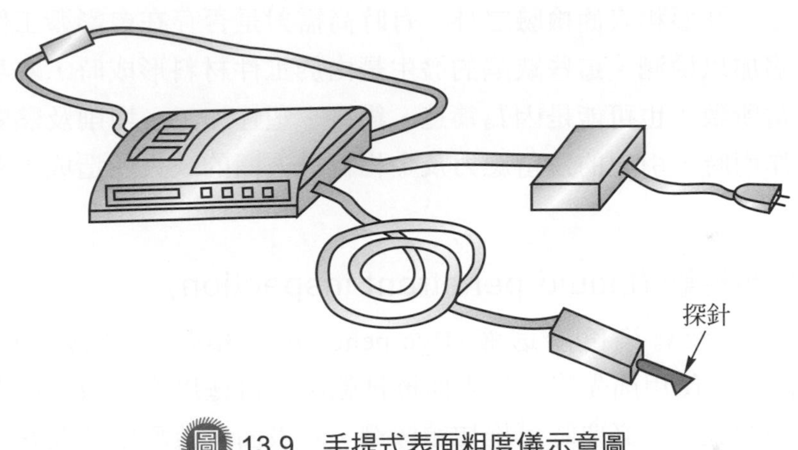

圖 13.9　手提式表面粗度儀示意圖

13.4.5　形狀量測

有些零件因設計的功能需求，在製造完成後必須對其真直度、真平度、真圓度或輪廓等幾何特性的要求加以確認時，可分別使用適當的量測方法和儀器，例如真圓度可利用圓周掃描法檢驗。

有時零件的某部位外形需嚴格控制才能達成其應有的功能，例如螺紋、齒輪外形或成型工具等，此時可利用特殊的量測儀器檢驗其外形，例如：

一、投影比測儀 (Projecting comparator)

利用光線投射原理，將零件的輪廓放大後投射於螢光幕上面，再用目視檢查其外形是否正確。

二、三次元量測儀

利用探頭在空間三個方向自由移動，並與零件表面接觸，讀取接觸點的座標位置值，然後送到相連接的資料處理裝置。其功能可用於量測複雜立體形狀零件的確實形狀、位置、中心和尺寸等，同時可做周長、面積和體積的量測及計算，使設計、繪圖與製造加工得以結合成一體。三次元量測儀的應用可使量測的人力和時間大量節省，量測的精度更是大為提高，尤其是可使一些複雜形狀的量測成為可行。

13.4.6 非破壞檢驗

非破壞檢驗 (Nondestructive inspection) 是指在不破壞工件的形狀、尺寸、材料本身和表面狀態的情況下，檢驗工件是否有缺陷存在。因為對於工件品質的保證，除了尺寸、外形和表面檢驗之外，有時尚需對是否存在會影響工件使用性能或壽命的缺陷加以檢測。這些缺陷的發生是由於工件材料形成時，本身的成分不佳或凝固不當所致；也可能是因為鑄造、銲接、塑性加工、切削及熱處理等外力及溫度變化作用時，引起的殘留應力及金相組織方面的缺失所造成。非破壞檢驗的種類有：

一、液體滲透檢驗 (Liquid penetrant inspection)

使用的滲透液有染色滲透液 (Dye penetrants) 和螢光滲透液 (Fluorescent penetrants) 兩種。使用前先將工件表面擦拭乾淨，再塗以滲透液，經過一段時間後再擦拭工件的表面，必要時可施加顯像劑。若表面有裂痕則會在該處顯示出不同的顏色，可藉由目視觀察到工件表面瑕疵之處。

二、超音波檢驗 (Ultrasonic inspection)

利用高頻率振動音波，直接傳輸進入工件內部，然後藉由接收器接收經反射面反射回來的訊號，據以判斷出缺陷的位置和大小。超音波檢驗可應用於工件內部的裂痕、孔洞和夾層等的檢驗。

三、磁粉檢驗 (Magnetic particle inspection)

將鐵磁粉撒在工件表面上，當工件磁化形成磁場時，在有空隙、孔洞或雜質處會使磁場產生變形，可由鐵磁粉的聚集形式判別出瑕疵的位置及大小。此法只適用於鐵磁性材料的工件，在其表面或接近表面的材料若有瑕疵可利用此法很容易的檢驗出來。

四、渦電流檢驗 (Eddy current inspection)

利用通有交流電的線圈，因電磁感應，在工件表面會產生感應渦電流。當工件表面或接近表面的材料有缺陷時，渦電流的行程會受到影響而變化。渦電流檢驗為非接觸式且適合於工作進行時的線上量測。另外，它也可用於鍍層厚度的量測。

五、放射線檢驗 (Radiographic inspection)

利用 X 射線、γ 射線或中子等照射工件，置於工件背面的螢光幕或底片上，可顯示出工件內部或表面的缺陷。任何材料皆可以用 X 射線檢驗。然而，因 X 射線對人體有害，故要特別注意安全防護。

13.5 裝　配

所謂裝配 (Assembly) 是指將個別零件組合在一起而成為具有特定功能成品的操作。有些過程是先經過半成品的裝配，然後再進行成品的組合。裝配所應用到的原理和知識通常比零件加工方法要少，與固定物體方式的運用有很大的關聯。

以人工方式進行裝配的勞力密集式生產，已不符現代化生產的趨勢。利用不同的機器、輸送設備、感測裝置、控制裝置和電腦等組成自動化裝配系統，已成為產品生產之製造系統的必備設施。

自動化裝配系統的組成要件需包含設計良好的給料器 (Feeder)、結合與夾持 (Joining and Fastening) 操作的機器、輸送帶 (Conveyer) 等運送裝置、機器人 (Robot)、視覺感測器 (Vision sensor) 等，並可顯現出彈性、可控制、機械化、自動化、智能化等特性。自動化裝配是構成彈性製造系統 (將於第十五章中再加以介紹) 必備的一環。

包裝 (Packing) 雖然不是產品生產的必要工作，但可用來保護零件及成品，尤其是在運送過程中，使其免於受到外在環境直接造成傷害。有時產品經過良好的包裝，可更吸引消費者採購的意願，或增加產品的附加價值。因此，包裝應可視為產品生產過程的一部分。

一、習題

1. 製造系統之輸入階段和輸出階段的重點各為何？
2. 製造系統之製造程序包含那三大部份？
3. 敘述產品設計的過程及需考慮的事項。
4. 工程分析對產品設計有何實質上的助益？
5. 何謂同步工程？
6. 何謂逆向工程？
7. 何謂人因工程？
8. 自行舉例繪製示意圖，並解釋工程圖之尺寸公差的意義及內容。
9. 繪表列出工程圖之幾何公差的名稱及符號。
10. 敘述工程圖之零件圖和裝配圖的種類及意義。
11. 何謂快速成型？有那些常用的方法？
12. 最佳化的生產是以經濟性為準則，主要考慮的內容有那些？
13. 生產製造的輔助工具中，工模和夾具使用目的各為何？
14. 生產製造的輔助工具中，工模的設計準則有那些？
15. 生產製造的輔助工具中，夾具的功能及應用為何？
16. 機械零組件之材料的成形加工與處理，依其特性可分為那五種類別？
17. 對零件進行長度量測用的量具有那些？說明光學量測儀的特點。
18. 生產製造時使用的量規依不同形狀及用途有那些分類？
19. 對零件進行角度量測用的量具有那些？
20. 對零件進行表面量測用的儀器有那些？
21. 對零件進行形狀量測用的儀器有那些？
22. 敘述對零件進行非破壞檢驗的目的。
23. 對零件進行非破壞檢驗的種類有那些？
24. 敘述生產製造之裝配的定義。
25. 生產製造之產品包裝的目的為何？

二、綜合問題

1. 找出一件金屬材料製作的機械零組件（例如齒輪），說明其加工時所用工程圖之各種符號的意義。
2. 敘述量測設備與工具機機台如何結合，使形成的設備或系統於工件加工過程中，可同時進行線上量測、自動量測、機上量測、或智慧化量測。
3. 探討壓鑄模、閉模鍛造模、擠製模、沖壓模、塑膠射出成形模等 5 種模具，在應用於工程材料成形過程時需考慮的主要因素各為何？

Chapter 14

生產管理

14.1 生產規劃
14.2 生產管制
14.3 物料管理
14.4 作業研究
14.5 工程管理
14.6 品質管制
14.7 工作研究
14.8 製造成本
14.9 財務管理
14.10 工業安全與衛生

生產 (Production) 是指利用人工 (Manpower) 及機器 (Machine) 將原料或半成品等物料 (Material) 轉變為成品 (產品，Product) 的過程。若把與此有關的行為都納入考量，即形成生產系統或稱為製造系統 (已敘述於第十三章)，其組成包含輸入 (Input)、製造程序又稱為生產程序 (Production process) 和輸出 (Output) 三個階段。生產管理 (Production management) 是指對生產系統範圍內相關的組成單元或因素，包括合稱為七 M 的人員 (Man)、物料 (Material)、機器 (Machine)、金錢 (Money)、方法 (Method)、士氣 (Morale) 和管理作業 (Management) 等，加以規劃、執行管制、追蹤、檢討和修正。

由於只從事單一類型加工過程即可得到成品的製造業者已非常少見，故通常機械製造業生產的成品是經由零件加工和裝配兩階段所產生，故又可稱為加工裝配工業 (Fabrication and assembly industry)。此類產業的組織除了作業現場的製造部門以外，還包括了設計、生產管理、物料管理、品質管理、銷售、機具設備 (包含夾具、刀具、工具及量具) 管理等與生產有直接關連的部門。這些關係密切的組織之間，如何有效率的做最佳配合以達成生產目標，則需有良好的生產管理作業來協調彼此間相關的各項工作。

生產過程中，管理人員首先需面對如何決定生產數量及其方法等問題，解決此類問題的不同方案則又會影響到備料作業，包括素材採購、零件或半成品的自製或外購，成品的加工、檢驗、包裝、庫存及配銷，在製品的存放，工廠內搬運路線等決策的訂定。此外，購買機具設備的成本佔經營資金 (Investment) 中很大的比例，其折舊費用更是計算成本時所不可忽視的項目。因此，如何使機具設備得到最有效的使用是值得重視的問題。自動化生產設備的發展使直接操作人員的比例已逐漸降低，但對技術層面的要求則相對的提高，更因工資上漲和技術人員難求的趨勢，使得如何妥善安排人力使其發揮最大產能，以達成省人化的目的，則又是另一個重要的問題。這些錯綜複雜的問題，也必須依賴合理的生產管理才能有效解決。

生產管理的目標在滿足顧客訂購數量的交貨期限及品質要求的前題下，規劃生產作業的執行，期能提高整體生產作業的效率及或降低成本，並趨向於得到最大的利潤。生產管理包含生產規劃 (Production planning) 和生產管制 (Production control) 兩個階段。若能妥善而完整地建立一套生產管理制度，且在良好的規劃與有效的管制下，按部就班地執行，必可獲得下列的利益：

1. 在產品品質和如期交貨方面都能滿足顧客的要求。

2. 使機具設備和人員得到妥善運用，可減少其閒置時間 (Idle time) 或發生未在預期內的加班趕工，並促進生產率的提升。
3. 及時 (Just in time) 供應物料和工具等，避免發生停工待料的情況，造成機器及人力成本的損失。同時原料、半成品及在製品 (In-process product) 的存量也可降到最低，可減少資金的積壓和節省工作空間的需求，更可降低因物料存放問題可能造成的損失。
4. 可以判斷生產流程的瓶頸所在，提早設法改善或解決，使能順利達成生產目標，增加產品的市場競爭力。

生產的形態可分為訂貨生產 (Sold-order production) 和存貨生產 (Stock-order production) 兩種。一般訂貨生產是依顧客的訂單來製造產品，需經重新設計後再生產，製造前置時間 (Manufacturing lead time) 較長，有交貨期的限制，但較沒有庫存的壓力。存貨生產則大都是相同規格產品的預測性庫存方式的生產，通常不需重新設計，工廠操作條件的變動較小，沒有限期交貨的壓力，但可能因為過量生產以致發生產品庫存量增加，造成資金積壓的問題。因此要先評估市場需求並進行有計畫的生產預測 (Production forecast)，其結果可做為擬訂生產規劃的依據。

14.1 生產規劃

生產規劃是指產品在實際進行生產前需要做的準備工作，是介於設計與加工之間的階段，亦即將生產預測的結果轉換成一個如何達成的完整生產活動藍圖，且大都是由生產組織中的決策單位所負責。生產規劃的內容包括：

一、生產什麼 (What)

指產品的設計方面，主要有決定產品的功能、形式、構造及選用的材料種類，並決定可同時生產的產品種類及數量比例。

二、如何生產 (How)

決定產品所包含的零件或半成品是外購或自製。自製者是以何種加工程序和加工方法來完成。同時要決定多少產量 (How many)。

三、何時生產 (When)

決定生產時間表，產品加工作業何時開始及何時完成等進度的安排。

四、誰來生產 (Who)

決定製程中的生產行為是由那些人員及機具設備負責執行。

五、那裡生產 (Where)

決定生產系統流程與機具設備的配置場所。

六、為何生產 (Why)

明確指示出生產的目的。

生產規劃首先需考慮生產場所的環境、交通運輸狀況和水、電 (能源) 供應的穩定性等外在因素。然後準備相關的資訊，包含工程圖、市場需求量、材料規格、可供使用的機具設備及加工能力，和操作人員及其技術程度等。

最後進入生產規劃最直接的考慮即交貨日期、生產能力和庫存量等因素。因為準時交貨是保持競爭力的基本條件之一，它和價格及品質同為爭取客戶訂單的重要因素。生產能力會影響製程計畫和外購與自製的比例。庫存量方面則需考慮配合資金的調度。因此，生產規劃的目的可以說是設法以最低的成本、如期製造出合於品質要求及預定數量的產品。

生產規劃的具體結果是依據設計工程圖所擬訂出來的製程計畫 (Process plan)。製程計畫包含加工程序和加工方法，主要的項目有：

1. 加工程序和工作內容。
2. 零件加工和裝配的道次及順序 (Sequence)。
3. 每一製程所需的人數。
4. 每一製程所需的機具設備和工具、刀具、夾具、工模具等。
5. 每一製程的準備時間和工作時間。
6. 適當的加工批量。

其中，零件加工和裝配的每一道次都需建立標準作業程序 (Standard operation process，SOP)，並以書面方式明確顯示，要求操作人員務必遵循，如此才能達成產品品質的穩定性。

擬訂製程計畫時，要考慮製程的合理化、機械化、自動化和系統化甚且智慧化的應用，目前大都利用電腦的協助，將於第十五章中再加以介紹。表 14.1 為製程計畫單，又稱為作業單或程序單。

表 14.1　製程計畫單

製 程 單 1

工件號碼：930202　　工件名稱：馬達傳動軸

材　　料：S45C 中碳鋼

批　　量：6000 件

施工號碼	機器名稱	施工說明	每小時標準產量(件)
1	鋸床 (No.3)	下　料	1200
2	車床 (No.2)	車外徑	500
3	車床 (No.2)	車　牙	300

14.2 生產管制

生產管制是根據生產規劃所擬定的加工程序和加工方法，進行管制並監督實際生產作業，要求按預訂計畫加以完成，此階段是由生產組織中的製造執行單位所負責。生產管制又稱為製造管制，並且與物料管理和品質管制有極為密切的關係。

管制 (Control) 的意義是指擬定計畫，並依作業標準實施，然後查核實施結果與預定目標的差異程度。如果未能達成預定目標，則應追究其根本原因，並採取適當的對策，以求目標的順利達成。當目標達成的程度符合要求，則可將所實施步驟的過程標準化。整個循環過程通常以計畫 (Plan)、實施 (Do)、查核 (Check) 和處置 (Action) 等四個步驟表示，稱之為 PDCA 循環。

生產管制的四個主要項目為途程規劃、日程安排、工作分派和工作催查。

一、途程規劃 (Routing)

按照製程計畫中所訂的加工程序，選擇一最經濟有效的路線，使素材或半成品從開始加工到產品完成的期間，所經過的工作路線最短且需求或浪費的時間最少。此路線的安排決定零件被加工的路線、先後順序、人員和機具的使用，並且與加工方法和廠房布置 (Layout) 有很大的關係。途程規劃需考慮工廠的生產能力和產品組成的所有零件，決定何者為外購及何者為自製。安排自製部分所需的素材種類及數量，和所需的加工步驟及進行程序。然後決定產品製造的總數量，並訂定各種表格，使產品的製造順利進行。常見的方式是利用工作程序圖 (Process chart) 來管制其路線，如圖 14.1 所示為熱處理作業的例子。

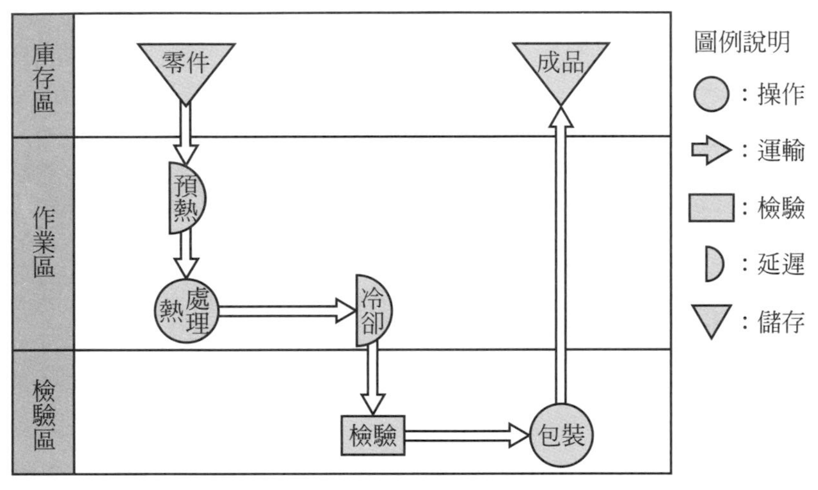

圖 14.1 工作程序圖 (熱處理作業)

二、日程安排 (Scheduling)

決定有關製造過程中各種工作的開始與完成的時間，並製成時間控制圖表，以確保準時交貨，且可避免生產作業出現擁擠，或發生不必要的人員加班趕工或閒置停工的情形。日程安排需考慮交貨日期、庫存量、製程週期，及可應用的人員、機器及物料等因素。常見的方式是利用甘特圖 (Gantt chart) 來管制生產進度，如圖 14.2 所示。為求得更多進度控制的資訊所發展出的要徑法 (Critical path method，CPA) 和計劃評核術 (Program evaluation and review technique，PERT) 等，則歸屬於第 14.4 節作業研究 (OR) 所介紹的範圍。

三、工作分派 (Work dispatching)

依據排定的途程規劃和日程安排，發佈工作指令給工廠中的操作人員及所配屬操作的機器，要求按照指令中的說明進行加工作業，並準時完成預定生產的數量。工作分派之前應先通知庫房等物料管理單位，配合途程規劃與日程安排所需求的物料及工具等預先準備妥當，以保證製造能順利進行。一般生產組織常採用派工單 (Job order) 或製造命令單做為工作分派的正式文件，如表 14.2 所示。

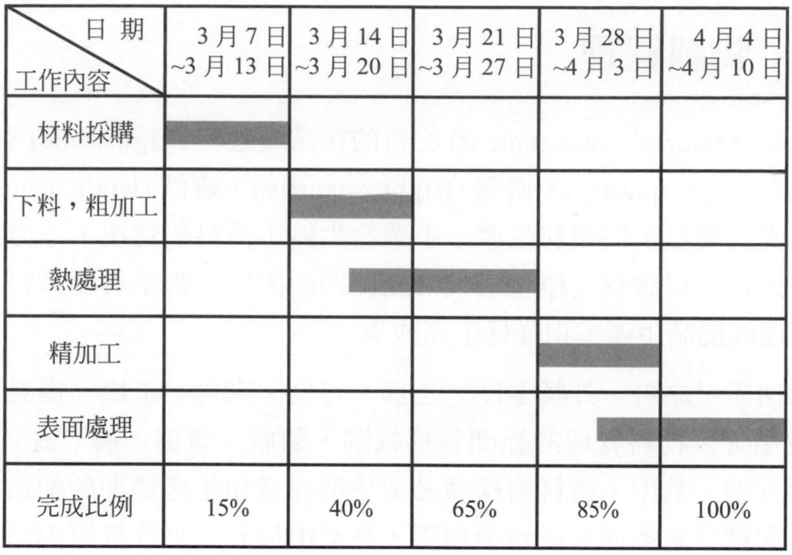

工作內容 \ 日期	3 月 7 日 ~3 月 13 日	3 月 14 日 ~3 月 20 日	3 月 21 日 ~3 月 27 日	3 月 28 日 ~4 月 3 日	4 月 4 日 ~4 月 10 日
材料採購					
下料，粗加工					
熱處理					
精加工					
表面處理					
完成比例	15%	40%	65%	85%	100%

圖 14.2　甘特圖

表 14.2　製造命令單

製造命令單			日期：93.7.17
機器號碼	No.003	工令號碼	WT451225
零件號碼	J028	件　數	5000
品　名	軸承外環	材　料	軸承鋼
操作方式	車外環溝		
工人姓名	裴大武		
開工日期	93 年 7 月 19 日		
完工日期	93 年 8 月 3 日		
領　班	鄧玉山		

四、工作催查 (Work follow-up)

為使各工作站如期完成製造命令單的內容，需到現場進行查看催詢。若有進度延誤或困難發生，可以即時謀求解決方法，以期順利完成生產目標。工作催查的種類可分為三種，即物料的催查、製造的催查和裝配的催查。各依其工作性質，做必要的記錄及處理。工作催查的時間可分為每日、每週、每月催查，常見相對應的有日報表、週報表、月報表等。

14.3 物料管理

物料管理 (Material management) 的目的在達成適時 (Right time)、適地 (Right place)、適質 (Right quality)、適量 (Right quantity)、適價 (Right price) 的供應物料，一方面支援製造部門順利生產，不致發生停工待料的情況，一方面避免購料不當的庫存過量，以致資金積壓造成財務部門的困擾，甚至發生呆料或廢料的損失，並期能達成提高生產率和降低生產成本。

物料包括素材原料、外購零件、工具、刀具、夾具、工模、模具、在製品或半成品和成品等。物料管理的範圍包括採購、驗收、倉儲、發 (領) 料和呆料或廢料處理等五項。其中，物料的採購必須特別注意和生產週期的配合，如何控制使不會發生因儲存過多而形成資金積壓，甚至由於設計更改等原因而變成呆料或廢料的浪費；或者防止因物價變動，天災人禍造成物料來源補充不及，以致發生停工待料的損失，故需有一適當的安全存量。因而有物料需求計畫 (Material requirements planning，MRP) 的應用。

由於物料的種類繁多，為了容易管理，需有一套完善的分類 (Classification) 和編碼 (Coding) 標準，其方式依製造工廠或公司的實際狀況各自制定。

物料管理的另一重要項目是倉儲管理，內容包括倉儲位置及容量、儲存方法、收發料方式、儲存記錄、定期盤存、呆料或廢料處裡和安全性等事項。由於物料管理的內容繁雜，又有時間、資金、製造需求的配合等限制，目前大都利用電腦來協助處理，將於第十五章中再詳加說明。

14.4 作業研究

作業研究 (Operation research，OR) 方法的興起是由於第二次世界大戰時軍事行動的需求，探討如何將有限的資源即時做最有效的分配和運用，於是將數學、行為科學和統計學等結合在一起，形成此一分析方法，結果獲得良好的成效。戰後這些理論和方法被成功地引用到產業界，又由於研究人員的大量投入和電腦的發展，解決了複雜的計算問題，使其應用的範圍更加廣泛，形成若是需以計量方法解決管理或公司運作問題時，大都會借助於作業研究觀念的應用。

作業研究的定義是指以科學方法，運用數學模型進行數量的分析，提供決策時的參考。所謂科學的方法是指以客觀的態度收集資料，然後以合乎邏輯的方法進行分析。作業研究應用的數學模型有線性規劃 (Linear programming)、運輸問題 (Transportation problem)、指派問題 (Assignment problem)、整數規劃 (Integer programming)、存貨模型 (Inventory model)、網路分析 (Network analysis)、排隊理論 (Queueing theory) 和模擬技術 (Simulation technique) 等。

作業研究應用於實務問題的進行步驟為：

一、定義問題

首先應確定要解決的問題是什麼，即決定研究的對象、目標和限制等。

二、收集資料

根據問題的需求，儘可能去搜尋充足的相關文獻或實務資料等。

三、建立數學模型

將文字敘述性的問題轉換為適當的數學模型。因為數學模型可明確的表達出目標函數、限制條件和變數間的關係，如此才可能以數學方法和電腦程式來協助解決問題。

四、求出解答

利用現有的電腦應用軟體或自己撰寫的程式協助計算，求出數學函數的解答。但有時因為數學模型太過複雜，只能求得近似解。

五、驗證數學模型

從數學模型求得的解答是否與實際的情況吻合，需加以驗證並做合理的評估。對於有歷史資料或實驗數據的問題，數學模型的解可與之做比較，由兩者間的差異來判斷該模型的適用性。對於無參考資料的新問題，則需運用專業知識做合理的主觀判定。

六、付諸實施

當數學模型經驗證為適用後，即可供決策時參考使用。

作業研究是計量管理的有力工具，但也受到一些限制，例如：

1. 定義問題時常會因個人的主觀意識而產生差異，可是又無適當的方法可評估其優劣。
2. 複雜的實際問題很難以數學關係式表示。若勉強用數學式表示，其模型也會很複雜，要求得解答並非易事。幸好可採用簡化的求近似解方法去趨近事實的結果。

3. 多數作業研究模型只適用於處理一個目標函數，並將其他目標視為限制條件來處理。因此實務上的問題若具有多重目標時，則會發生求解的困難。
4. 當取得的資料不足或有誤時，模型適用性的驗證會受到影響。
5. 模型的建立及分析過程需要一段時間，對急迫性的問題恐怕會緩不濟急。
6. 模型所得的解答有時會受到不確定性因素的影響而產生變化，例如物料成本因價格波動，將導致已完成分析的成本和效益，出現不符合目前狀況的情形，故需注意各種因素的變動性。

14.5 工程管理

工程管理是聯繫工程技術和管理科學兩者之間的橋樑。一般工程問題的定義明確，對象是物體，具有確定及連貫性的發展，可以用解析的 (Analytical) 方法進行決策。相對的，管理問題的定義常較不明確，對象是人，屬於不確定且不連貫性的發展，大都是以直覺的 (Intuitive) 方式進行決策。工程管理則是兩者相互作用的交集部分，扮演著溝通者的角色，如圖 14.3 所示。

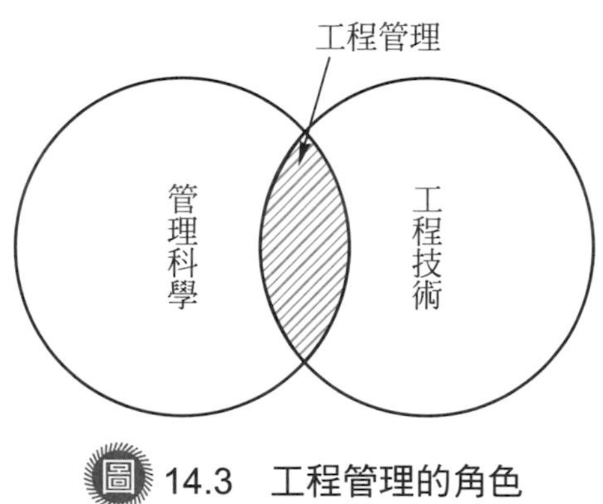

圖 14.3 工程管理的角色

在工程管理方面的管理功能 (Function) 可分為：

一、規劃 (Planning)

預估未來的發展趨勢，擬定應對的準備工作，即建立短期、中期、長期的目標，並做適當的預測。

二、組織 (Organizing)

建立人、機器和設備間的責任規範，使之得以發揮最大的效率。

三、激勵 (Motivating)

激發員工個人的學習和改進動機，使其需求和發展目標與公司的需求和發展目標相結合，共同成長。

四、指導 (Directing)

將決策的目標利用各種資訊、指示或命令明確地傳達出去，並且要求被無誤地接收。對員工的建議或抱怨也要有即時的、適當的溝通管道。

五、管制 (Controlling)

對設定的目標及進行過程加以監測及隨時評估，並做必要的改進措施，使之得以順利完成。

現代工程管理的觀念來自三種不同管理方法的融合，包括：

1. 把人當成理性及經濟性的傳統式管理方法。
2. 以人的動機為主要考慮的行為式管理方法。
3. 利用數學分析技術協助決策的數量式管理方法。

具備工程背景的工程人員，隨著工作年資的增加和經驗的累積，有機會逐漸升遷到管理的階層，並以負責技術方面的決策為主。因此，一位從事機械製造方面的工程管理人員，除了應具備工程專業知識和科學與數理基礎以外，尚需接受管理相關的教育和訓練。

14.6 品質管制

品質 (Quality) 的意義是「符合設計的要求，並以顧客觀點認定適用的結果」，亦即以顧客是否滿意並接受為準則。產品競爭的主要方向早已由拼價格低廉或自動化大量生產，轉變為品質優先客製化的時代。此處所說的品質是指銷售 (業務) 部門對顧客的「保證品質」，其要求層次應設定在最低。品質要求較為嚴格的是「檢驗基準」，這是檢驗部門做為檢驗產品是否合格的判定依據。更為嚴格要求的是「標準品質」，為製造部門依標準作業程序所製造出產品的製造品質。最高級的品質要求是「目標品質」，是設計部門考慮銷售、技術及成本所決定的要求水準，因而形成所謂全面品質管理的觀念。品質管理 (Quality management) 執行的基本程序為品質計畫、品質管制和品質改善等三個階段。

其中，品質管制 (Quality control) 的一般定義是「以經濟性的方法，製造符合顧客所要求產品品質的手段和系統」。對產品品質要求的高低會直接影響到產品的生產成本及顧客所願意付出的價格。一般而言，生產者所生產產品的品質不一定是要生產者可以製造出的最好品質，而是能帶給生產者最大利潤的品質水準，如圖 14.4 所示。品質管制具有明確的功能，包括有關的量測、記錄和維持品質水準的方法與步驟。

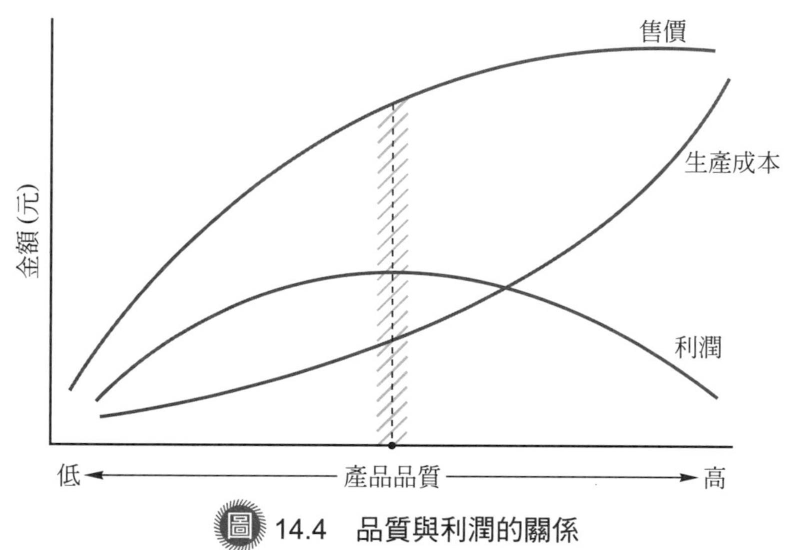

圖 14.4　品質與利潤的關係

品質管制中用於改進產品品質的方法很多，較常見的有管制圖 (Control chart)、散佈圖 (Scatter diagram)、特性要因圖 (Cause and effect diagram)、柏拉圖分析圖 (Pareto analysis diagram)、檢核表 (Check sheet)、直方圖 (Histogram) 和運作圖 (Run chart) 等七種，分別如圖 14.5(a) ～ (g) 所示。

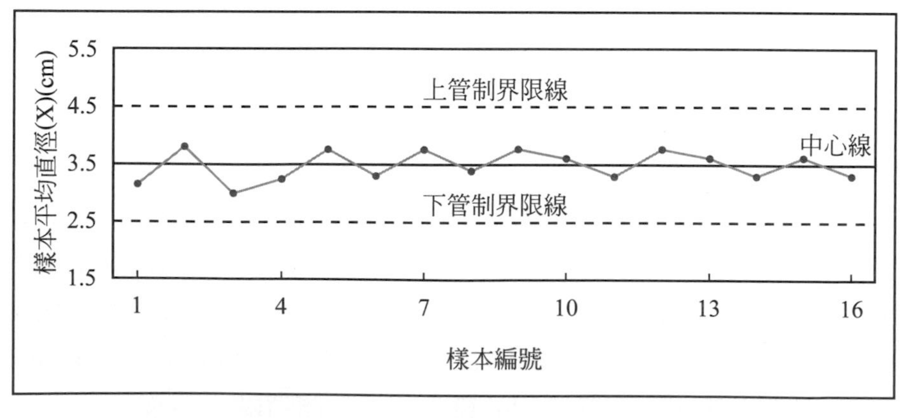

(a) 管制圖

圖 14.5　品質管制的七種方法

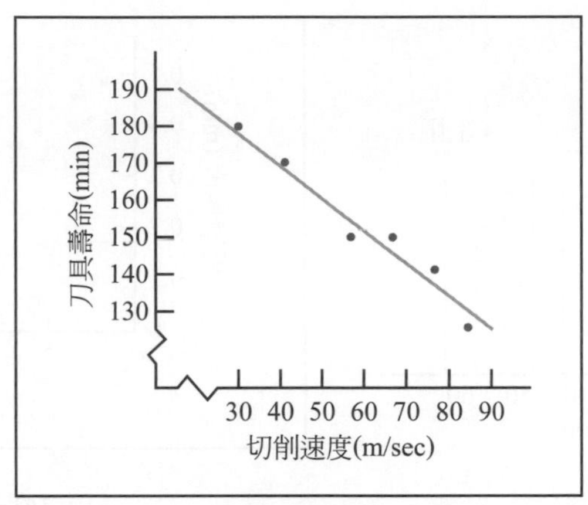

(b) 散佈圖

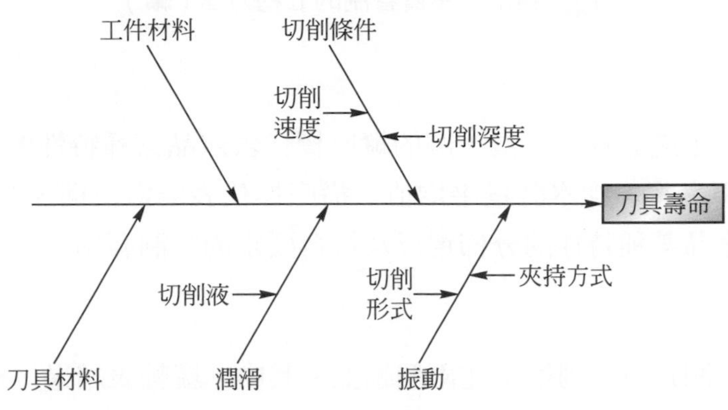

(c) 特性要因圖

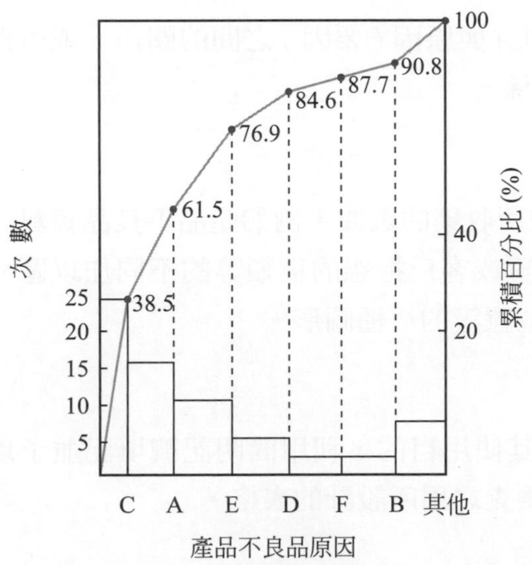

(d) 柏拉圖分析圖

(e) 檢核表

星期 / 內容	車床(No.3)					
	(一)	(二)	(三)	(四)	(五)	(六)
齒輪組	✓	✓				
導螺桿	✓	✓				
尾 座	✓	✓				
主 軸	✓	✓				
床 台	✓	✓				
電 路	✓	✓				
地 面	✓	✓				

圖 14.5　品質管制的七種方法(續)

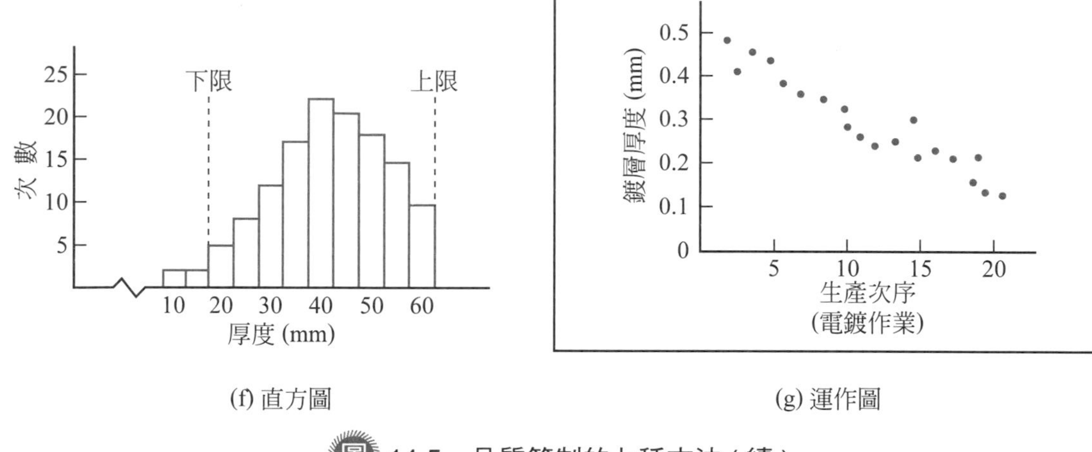

(f) 直方圖

(g) 運作圖

圖 14.5　品質管制的七種方法 (續)

一、管制圖

為一種偵測生產過程的工具。圖的縱座標代表產品某種特性的統計 (Statistic) 量，例如樣本不良率、樣本計量平均值，橫座標代表製造日期、時間或樣本編號等。用以表現產品某種特性的分佈情形及符合要求的限制範圍。

二、散佈圖

把兩個特性測定值分別標示在兩個軸上。其中，縱軸表結果，橫軸表原因。

三、特性要因圖

又稱為魚骨圖，用以表示結果 (特性) 與原因 (要因) 之間的關係，或所期望的效果 (特性) 與對策 (要因) 之間的關係。

四、柏拉圖分析圖

又稱為 ABC 圖或重點分析圖，根據所收集的數據，例如產品不良品資料，按照不良原因、不良狀況、不良發生的位置或客戶抱怨的種類等的不同加以區分，以求出其中佔最大比率的原因、狀況或位置等的一種圖形。

五、檢核表

就有關項目及預定收集的數據，依其使用目的，利用簡明記號填記並予以收集整理，供做進一步分析或做為核對、檢查之用所設計的表格。

六、直方圖

直方圖是次數分配表，橫軸以各組組距為分界且由小到大依序排列，縱軸是以各組發生次數為高度，在每一組距上畫出一矩形而得。

七、運作圖

用以分析產品發展階段或統計管制狀態前的數據，可了解產品品質是否有逐漸發生改變，或品質的分佈狀況。此圖並無管制界限。

品質管制的發展趨勢為：

1. 品質管制的手段已經從依據傳統經驗做為準則的模式，轉變成為採用統計理論為基礎的方法。如此不僅能迅速且準確的反映事實，且可由全數檢驗改為抽樣檢驗，因而可節省品管的人力及時間。
2. 品質管制的人員已由製造部門和品管部門擴展到企業全體，因此設計、採購、銷售及售後服務部門等都需參與，並以品管圈 (Quality control circle，QCC) 的模式做自我品管的要求。
3. 以事前預防代替事後檢驗。在進料、製程和成品階段，都需設法不讓品質不合格的情況出現，如此可降低不合格品的修整時間或報廢所增加的成本。
4. 利用電腦和自動化機器的結合，進行自動檢驗和計算的品管工作，取代部分品管人力，並大幅提升品管的效率和品質的穩定性。
5. 提高品質要求會使成本增加而降低利潤的觀念，已轉變成為高品質產品才能提高售價並因此獲取更高的利潤，投資於品質改善才能追求長期的利潤，因此高品質才是高獲利的保證。

品質保證 (Quality assurance) 的功能較品質管制廣泛，包括系統、標準、程序和各種組織活動的文件設計與施行，用以確保品質標準的認知與達成。國際標準組織 (International Organization for Standardization，ISO) 制度的 ISO9000 系列品質保證制度已成為大多數工業國家所共同採納的品質管理標準。ISO9000 系列標準包括：

一、ISO9001

適用於設計、開發、製造、裝配與服務的品質保證模式。

二、ISO9002

適用於製造與裝配的品質保證模式。

三、ISO9003

適用於檢驗與測試的品質保證模式。

四、ISO9004

品質管理與品質系統要素的指導綱要。

全面品質管理 (Total quality management，TQM) 是強調品質需在設計過程時就要被引入產品的觀念所建立的管理系統，以預防缺陷而非以檢測出缺陷為生產的主要目標。因此，結合管理階層與現場工作人員形成品管圈的組織，目的在促使產品生產的各個過程均能全力改善及維持產品的品質。

14.7 工作研究

工作研究 (Work study) 是用來提高生產力的工具。生產力則是生產率 (Productivity) 的指標，用以衡量一個生產系統將輸入的資源轉換成輸出的產品之能力。生產力的提升是工廠為降低成本、增加利潤所積極追求的目標之一。工作研究又稱為動作及時間研究 (Motion and time study)，主要內容包括方法研究 (Method study) 和時間研究 (Time study) 兩部分，其進行步驟如圖 14.6 所示。

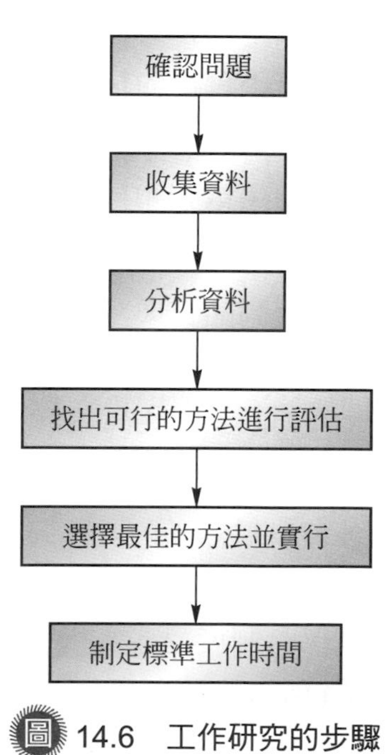

圖 14.6　工作研究的步驟

方法研究是指利用有系統的記錄與分析某項工作的程序，找出更為經濟有效的最佳工作方法。依研究範圍由大而小分為程序分析 (Process analysis)、操作分析 (Operation analysis) 及動作分析 (Motion analysis) 等。為增進分析的效率，有各種形式的程序圖 (Process chart) 被用來配合不同的研究內容。

時間研究又稱為工作衡量 (Work measurement) 用以衡量某項特定工作所需花費的時間，並訂定其標準工作時間以做為計算成本、制定生產計畫、規劃工廠布置與核發操作人員工作獎金 (獎工制度) 的重要依據。決定標準工作時間的方法有直接時間研究 (Direct time study)、預定動作時間標準 (Predetermined motion time standard) 和工作抽查 (Work sampling) 等。

14.8 製造成本

製造成本 (Manufacturing cost) 的產生是來自人、機器和物料等生產活動的三要素，為生產管理的限制條件。製造成本和生產率 (Productivity) 都是影響生產管理目標函數 (即獲取最高利潤) 的主要因素。

製造成本的分類可依其特性分為下列兩種類別：

一、與生產作業是否有直接關聯，又可分為直接成本與間接成本

1. 直接成本 (Direct cost)：又稱為操作成本 (Operating cost) 是指物料成本和直接操作人員薪資的總和，即直接成本可細分為直接材料成本與直接人工成本兩項。直接成本與產品製造數量有正比的關係，例如產品製造的數量增加，直接成本也會成比例的增加。此項成本在產品設計之初即已決定，因此為了降低直接成本，需由產品設計階段著手。藉由改變設計，促使材料的使用或種類，人工工時的使用等直接生產作業的成本減少，來達到增加產品獲利能力的目的。
2. 間接成本 (Indirect cost)：又稱為經常費用 (Overhead) 是指與生產活動無直接關聯的人事費用和行政費用等支出的成本。此項成本可再細分為間接人工、間接材料及製造費用等三項，例如辦公室人員、管理人員、搬運人員、清潔人員、維修人員、研究人員或銷售人員等的薪資，以及水、電、電話、文具等費用。此部分的成本需注意適當的管制，以免形成生產產品總成本的增加，以致成為產品競爭力的負擔。此項成本的管制需著重於日常的作業，降低各項耗材、行政工作、能源、管理人力等的浪費。

二、與產量改變是否有直接關聯，又可分為固定成本與變動成本

1. 固定成本 (Fixed cost)：指投資的廠房建築物和設備有關的折舊、利息、稅和保險等固定性的支出，此項成本的支出不會因為產量的變化而改變。欲降低此部分成本佔總製造成本的比例時，可採用提高其使用率的方式，例如將一班制生產改為二班制生產或三班制生產的方式。

2. 變動成本 (Variable cost)：此項成本一般包括材料成本、直接人工成本、能源成本等，會隨著產量的改變而改變，即變動成本常與生產作業內容有直接關係。可藉著加工技術水準的提升、人員工作效率的增加、材料利用率的改善等達到降低變動成本的目的。

然而若只考慮如何降低製造成本，並不一定可使生產行為得到最大的利益。它必須和生產率及產品品質同時進行分析及綜合評估，並求其最佳化的平衡點才是達成生產目標的正確途徑。

14.9 財務管理

金錢 (Money) 是生產系統的一項重要資源，在生產過程的各階段皆需要有足夠的金錢來支持，而這些資金的取得與運用，必須經過良好的規劃與管制，才能發揮最大的效用，達成企業的生產目標。因此，在企業的組織架構中一定設有財務管理部門來負責規劃與取得資金，並且有效地運用這些資金來創造最高的利潤。可以說所有生產系統相關的部門都會與財務管理有密切的關聯。

財務管理的內容可分為會計 (Accounting) 和財務 (Finances) 兩大類。會計方面的功能在記錄及彙整財務的數據並呈現於財務報表中，做為管理者分析經營績效和進行財務決策的參考依據。財務方面的功能為適時地提供正確的財務資訊，供管理者決定應如何配置企業的投資、融資及股利等決策。在各種可利用的財務資訊中，財務報表可說是居於最重要的地位。

14.9.1　財務報表

財務報表是管理者和投資者進行決策時最常用到的資料，主要的種類有：

一、資產負債表 (Balance sheet)

用以反映企業於某一特定時間的財務狀況，在此報表中彙整了企業的資產、負債及股東權益等。資產是指一切具有經濟價值的資源，例如現金、有價證卷、應收帳款、存貨、廠房、土地和機器等。負債是指對外的債務，例如應付帳款、應付薪資、銀行貸款等。股東權益是指企業的股東對資產的要求權，包括股東投資的股本和保留未付給股東的盈餘等。表 14.3 為資產負債表的一例。根據會計的計算原理：

資產 = 負債 + 股東權益

 14.3　資產負債表

寶福電子股份有限公司
資產負債表
中華民國九十二年十二月三十一日

單位：新台幣仟元

資　產	金　額	負債與股東權益	金　額
流動資產	167,500	負　債	
長期股權投資	50,000	流動負債	100,000
固定資產淨額	208,027	長期負債	－
其他資產	45,000	其他負債	10,000
		負債合計	110,000
		股東權益	
		股　本	300,000
		累積盈餘	35,000
		本期損益	25,527
		股東權益合計	360,527
資產總計	470,527	負債與股東權益總計	470,527

二、損益表 (Income statement)

用以說明會計期間企業的收入與支出的情形，可顯示企業獲利的狀況，如表 14.4 所示。所謂利潤即為收入減去支出的餘額，餘額愈高，表示企業獲利情形愈佳。若餘額為負值，則表示虧損。

表 14.4　損益表

寶福電子股份有限公司
損益表
中華民國九十二年一月一日至十二月三十一日

單位：新台幣仟元

項　目	總　計
營業收入淨額	450,000
減：營業成本	350,000
營業毛利	100,000
減：營業費用	55,000
營業淨利	45,000
加：營業外收入	10,000
減：營業外支出	8,000
本期稅前淨利	47,000
減：所得稅費用	9,500
本期純益	37,500

三、盈餘分配表 (Earning distribution statement)

用以說明會計期間盈餘分配的情形，如表 14.5 所示。盈餘分配的方式可包括提列法定公債、股息、紅利和酬勞等。該年度未分配的盈餘則保留至下年度再分配。

 14.5　盈餘分配表

寶福電子股份有限公司
盈餘分配表
中華民國九十二年一月一日至十二月三十一日

單位：新台幣仟元

項　目	總　計
可分配盈餘	
前年度未分配盈餘	571,228
本年度稅後盈餘	20,040,202
總 額	20,611,430
分　配	
提列法定公積	7,849,268
股　息	3,700,000
紅　利	5,517,985
董監事酬勞金	985,005
員工紅利發給現金	1,023,000
員工紅利配發新股	886,000
未分配盈餘	650,172
總 額	20,611,430

14.10 工業安全與衛生

生產過程中，若有職業災害的發生，將會危及人員的生命安全或健康，也會造成工廠財務的損失，對生產管理的目標產生不利的影響。因此，不論是企業雇主或員工都需做好工業安全衛生的工作，以降低職業災害發生的可能性。工業安全是探討如何防止工業意外事故的發生，通常造成意外事故發生的主要原因有人員的不安全動作或行為，使用不安全的設備或工具，和存在不安全的環境所引起等。工業衛生方面主要是避免員工暴露在不良的或有害的，因而在一段時間後會危害員工身心的工作環境，以致造成職業病，影響其身心的健康。

工業安全與衛生管理的目的為事先預防，利用各種方法和措施將不利的因素消除，務求達到「安全第一、衛生至上」的最高原則。主要的實施內容有：

一、建立安全衛生的工作環境

依據工業安全衛生法規，視其工作性質，建立合乎規定的工作環境，包括建築物、安全門及安全梯、通風及換氣、溫度及濕度、照明、顏色標示及警告裝置等設施，用以確保工作人員處於符合安全及衛生要求的環境。同時對於從事特殊工作的操作時，例如鍋爐、鑄造或銲接等，需提供操作人員必要的安全防護設備，使他們可以免於受到外來危險因素的傷害。

工作環境的整潔，以及機械設備或工具、材料等的整齊放置，對安全衛生的影響很大，故有所謂的 5S 管理 (即整理、整頓、清掃、清潔和紀律)。ISO14000 系列標準則是更進一步管制環保績效，以求建立優良的工作環境和週遭生活空間。

二、加強安全與衛生的教育和訓練

教育和訓練可影響工作人員的行為，減少他們有不安全動作的出現，並可教導他們養成正確使用防護器具的習慣，建立「零災害」的觀念與做法。主要內容包括防範未然的工作安全指導以避免發生受傷的機會，萬一有事故致使人員受傷時的必要急救訓練，以及員工自我保護意識的提升，和具有預知危險的警覺性。

三、落實安全與衛生檢查

經過安全與衛生的實施檢查才能確認安全與衛生的管理計畫是否完善，相關設備是否妥當，教育和訓練是否有效，安全與衛生工作環境的建立是否確實等，若發現缺點可即時補救，同時也可促使工作人員提高警覺更加注意自我保護，並確實執行各項安全防護規定。檢查的方式可採定期或不定期，以確保缺失均能即時有效地改善為目標。

對於特殊生產單位，例如化工廠、核能廠、炸藥廠、煉鋼廠或農藥製造工廠等生產高危險性產品的工廠，或惡劣及具危險性工作環境的工廠，除了一般工廠的安全與衛生管理方式以外，尚需有特別加強的安全管理規範，此點和普通的機械製造工廠有明顯的差異。此外，有關工業安全與衛生的 ISO 系列標準，也在規劃中。

一、習題

1. 何謂製造程序之生產管理？
2. 藉由製造程序之生產管理的規劃與管制，可獲得那些利益？
3. 敘述生產形態之訂貨生產與存貨生產的利弊。
4. 敘述製造程序之製程計畫所包含的內容及考量。
5. 何謂製造程序之生產管制？管制的意義為何？
6. 製造程序之物料管理的目的為何？
7. 製造程序之物料管理的內容為何？
8. 作業研究應用於實務問題的進行步驟為何？
9. 作業研究在應用上可能的限制為何？
10. 製造程序之工程管理的管理功能為何？
11. 工程管理人員需具備的觀念及訓練為何？
12. 製造程序之品質管制的意義及定義為何？
13. 敘述製造程序之品質與利潤的關係。
14. 敘述製造程序之品質管制的發展趨勢。
15. 與製造程序相關的 ISO9000 系列包括那些標準？適用範圍各為何？
16. 敘述製造程序之工作研究的主要內容。
17. 敘述製造程序之財務管理的重要性。
18. 製造程序之財務管理的內容為何？
19. 敘述製造程序之工業安全與衛生的重要性。

二、綜合問題

1. 拜訪一家機械零組件製造工廠，選擇一項金屬工件之製程計畫單 (又稱作業單或程序單)，考慮其加工順序、使用設備、施工說明及每小時生產數量等相關內容，探討做此安排的根據為何？提出妳 (你) 認為可行的修改方案並說明理由。
2. 在航太產業及電子晶片製造業朝向要求產品品質為六標準差 (Six Sigma，6σ) 的趨勢，簡要敘述其內容。一般機械零組件的產品品質是否也應該比照這種要求，為什麼？
3. 找出台灣積體電路製造股份有限公司 (通稱台積電，TSMC，股票代號 2330) 近五年來公開的財務報表，探討其晶圓代工製程技術的進展與其年營收、每股獲利 (EPS) 或股價間之關係。

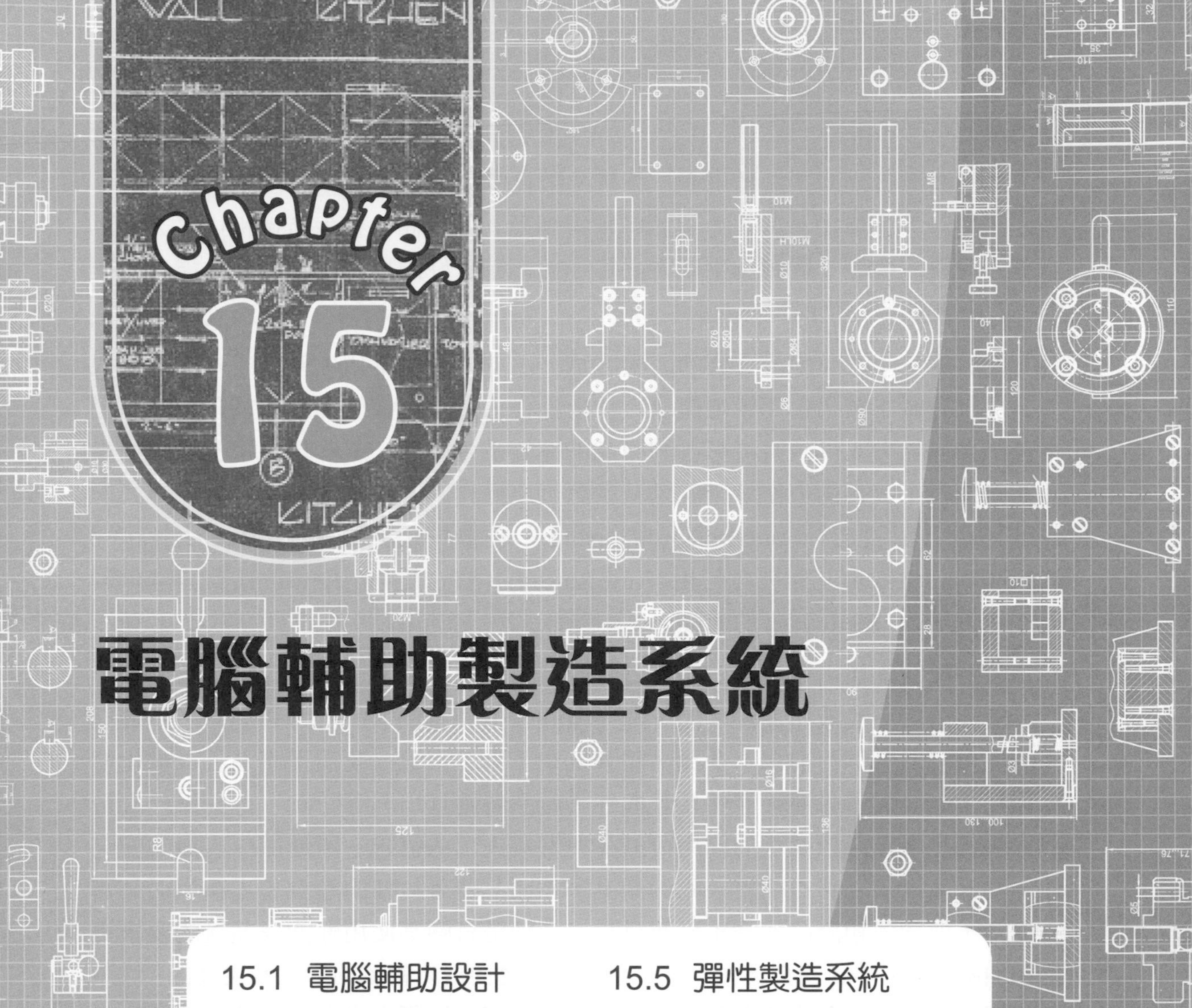

電腦輔助製造系統

15.1 電腦輔助設計

15.2 電腦輔助製造

15.3 電腦輔助製程規劃

15.4 物料需求規劃與製造資源規劃

15.5 彈性製造系統

15.6 管理資訊系統

15.7 電腦整合製造系統

製造業進行生產系統的研究、分析、改良等行為之目的在藉由降低生產成本或提高生產率來增加其競爭力，並尋求得到最大的利潤。在生產過程中，人員、設備、材料、資金、能源及生產方式等，都需有良好的規劃與管理，才能以最佳的組合達成產業經營的目標。

人員是生產過程中最重要的因素之一。由於人工成本佔生產總成本的比例很大，況且有時工資仍會不斷地調漲。加上操作人員可能會因為疲倦或疏忽，甚至本身的技術能力，以致直接影響到產品的品質及生產率。這些現象都不利於生產活動的進行，改善的方法之一就是減少對直接操作人員的依賴。因此加工方式的演進已從人工製造 (Manual manufacturing)、經機械化與專業化 (Mechanization and specialization)、然後自動化 (Automation)、整合化 (Integration) 到智慧化製造 (Smart manufacturing) 的階段。

人工製造是指由生產者一個人負責產品的設計、製造、銷售等所有的生產行為，產品是否可達成預期的功能，則完全仰賴生產者個人的能力與經驗，為最早期的生產模式，但目前已不多見。隨著工業革命的來臨，製造程序進入機械化與專業化，達成大量生產、零件具互換性、產品精確且均一等特點，但對操作人員的依賴仍是頗深。自動化的應用可減少對直接人工的需求、增進操作人員的安全性、提升生產率和獲得品質一致的產品。然而，隨著科技的進步，人類生活品質的提升，對於各類產品的需求日新月異，特別是有關其使用性能及品質的要求更是益加嚴格。其中，對於機械產品的要求則是趨向於更複雜的形狀及更高的精度，需使用新的材料和利用新發展出來的加工技術等。這類需求有些可藉由熟練的技術人員來克服，但是絕大多數則必須依靠功能日益強大的電腦和先進的自動控制技術的協助才能達成，近年來電腦數值控制 (CNC) 工具機的廣被採用即為明證。尤其現今製造系統的複雜程度，若無電腦的參與，將無法順利運作，故惟有整合生產系統的所有要素，利用電腦的協助，才可能滿足現代化製造業的發展。

電腦的出現對製造業的影響極為重大，因此有人稱電腦的發明及應用為第二次工業革命。電腦與生產系統已形成密切不可分離的關係，生產系統的要素為規劃、設計、製造和管理，這一切都可經由電腦的輔助而得到最佳化的組合，因此形成一個有效率的生產系統，達到最合乎經濟利益的生產活動。

未來的生產方式可從近年來生產技術的發展和整體社會環境的演變得知，將會是更加重視生產相關行為之管理的合理化、電腦化和自動化。在生產系統的加工、處理和管理過程中，將強調以節省能源、注重環境保護和加強工業安全與衛生為原則，並趨向省力化、系統化和無人化的生產模式。其中，又以電腦整合製

造 (Computer integrated manufacturing，CIM) 的應用最具關鍵。CIM 結合了電腦硬體和軟體的技術，用來支援生產系統的製程規劃、物料存取、產品設計、製造控制、製造資源及資訊管理等，建立單一且資訊可以互相交換使用的共用資料庫 (Common database)。CIM 所包含的主要內容有電腦輔助設計、電腦輔助製造、電腦輔助製程規劃、物料需求規劃與製造資源規劃、彈性製造系統和管理資訊系統等，並藉由共用資料庫的連結形成電腦整合製造系統 (Computer integrated manufacturing system，CIMS)。尤其在邁向智慧製造的發展策略中，CIMS 更是居於關鍵的地位，在實體生產中扮演著不可或缺的角色。

15.1 電腦輔助設計

電腦輔助設計 (Computer-aided design，CAD) 是指利用電腦強大的計算能力及速度和記憶體容量，配合相關軟體和硬體設備的支援，協助新產品的開發與工程分析，或對原有產品加以改良，目的在求得最佳化的設計，並將設計完成所得到的結果自動繪製成工程圖表達出來。電腦輔助繪圖 (Computer-aided drafting，CAD) 是電腦在輔助設計方面最早的應用，故成為一般人所熟知及接受的電腦輔助設計的代表。實際上電腦輔助設計早已結合了交談式電腦繪圖 (Interactive computer graphic) 所具有之建構各種形式圖形的功能，以及電腦輔助工程分析 (Computer-aided engineering analysis，CAE) 的計算及最佳化處理的特性，共同形成功能完備的電腦輔助設計系統。然而，此系統的建立需有適當的硬體設備和軟體之配合。

電腦輔助設計系統的硬體設備包括電腦、繪圖螢幕、儲存大量記憶體的媒介 (硬碟、光碟、隨身碟等)、輸入裝置 (鍵盤、滑鼠、光筆、電子墊板及筆、掃描用電子感應器等) 和輸出裝置 (雷射印表機、點矩陣印表機、筆繪圖器、微縮影片、3D 列印機等)。軟體方面則包括作業系統、繪圖套裝軟體、應用軟體和應用資料庫，分別敘述如下：

一、作業系統

提供基本操作環境，用以控制電腦及週邊設備的運作，例如 DOS、UNIX 和 WINDOWS 作業系統。

二、繪圖套裝軟體

提供設計者創造、展示及修改產品的幾何圖形。在電腦輔助設計系統中，呈現產品設計成果的三種形式有一般的工件平面圖 (二維)，二又二分之一維的輪廓物體圖及旋轉物體圖，和三維的線架構模型 (Wire frame model)、面模型 (Surface model) 及實體模型 (Solid model) 等。三維模型的建立需經過許多計算，可利用工程分析的計算功能求得所需的資料。不同的模型各有其特殊的優點，可分別適用於顯示不同要求的設計成果。有些電腦輔助繪圖軟體的功能可擴展至 3D 列印時建立數位 3D 模型，將於本書第 16.4.1 節中再加以說明。電腦輔助繪圖的好處是可以很容易地將複雜形狀的零件表示成為工程圖，尤其是當設計有修改時更可顯示其優點，比起傳統的人工繪圖方式，可節省大量的人力和時間。

三、應用軟體

因應不同工程領域的需求，市面上已開發出各種類型的應用套裝軟體，用以解決設計時遭遇到的問題，此即為電腦輔助工程分析 (CAE) 的一部分。包含利用有限元素法(Finite element method，FEM)建構的套裝軟體，例如ANSYS、Pro/E、DEFORM 3D 等，可用來分析計算設計的物體受外力作用時，應力、應變、溫度等的分佈或反應，用以提供設計者評估是否已達成可以接受的設計。

四、應用資料庫

電腦整合製造系統的資料庫，可提供設計所需的各種資訊，同時可將設計成果等資源分享至生產的各個階段。例如群組技術 (Group technology，GT) 的應用可大量縮短類似零件的開發時間。因為不論是新開發的產品或原有產品的改良，會使用到許多有相同設計與製造特性的零件，即使需求有些不同，但其設計原理與過程仍是有很多的相似性。群組技術則是根據其特性所建立的零件分類和編碼 (Parts classification and coding) 系統。因此對設計者而言只需找到零件的相關特性，即可很容易地得到設計時所需的參考資料。利用繪圖套裝軟體建構的設計圖也將會被儲存到相關的資料庫中，再經由電腦輔助設計與製造 (CAD/CAM) 套裝軟體的程式轉換，即可將工程圖的數位資訊傳送到電腦輔助製造系統，達成系統整合的目標。

電腦輔助設計系統的設計過程可分為四個階段：

一、幾何造型 (Geometric modeling)

將藉由數學方法和解析法的描述所設計出來的零件，利用繪圖套裝軟體的指令產生或修改其線、面、實體、尺寸和文字等，建構出二維或三維的幾何模型。

二、工程分析 (Engineering analysis)

利用相關的應用套裝軟體對已描繪出來的幾何模型進行工程分析。分析的主要內容包括應力、應變、應變率、撓曲、溫度、振動等，經綜合考量後找出最佳化的設計。

三、審核及評估 (Review and evaluation)

查驗組成產品的各零件間有無干涉等現象，以免在零件裝配或產品使用時發生問題，例如連桿等運動構件的操作檢查。虛擬實境 (Virtual reality) 的技術可用於產品的動態模擬。經由數值分析可迅速而直接地找出產品設計的缺失，然後對其尺寸、形狀及其公差等加以修正。

四、自動繪圖 (Automated drafting)

當產品設計完成上述階段的工作後，可將最終的成果自動繪製成工程圖呈現出來，並在其上面標註尺寸和適當的文字說明。

電腦輔助設計系統的優點有：

1. 可縮短設計開發的前置時間 (Lead time)，搶占上市的有利時機。
2. 利用完整的設計資訊及分析軟體，可即時修正缺失或錯誤，得到最佳的設計結果。
3. 可使工程人員的生產力增加，以及產品的開發成本降低。
4. 可產生標準化的工程圖或實體模型，達成資訊的傳輸與共享；或是藉由產品的立體 (3D 實體) 展示有利於和顧客的溝通。
5. 當設計有任何修改時，可透過共用資料庫的功能，讓所有相關部門立即得知，如此使得該產品的整個生產系統，可以即時使用相同之修改後最新版本的設計資料。

15.2 電腦輔助製造

電腦輔助製造 (Computer-aided manufacturing，CAM) 是指藉由電腦與生產系統之共用資料庫的結合，執行與產品製造相關的規劃、加工、管理及品質管制等各種過程。電腦將發揮監督 (Monitoring)、溝通 (Communication) 和控制 (Control) 的功能。電腦輔助製造包含許多自動化、數值控制、工業機器人 (Robot) 等的技術和機具設備。現代化的製造工廠通常會採用由電腦輔助設計 (CAD) 與電

腦輔助製造 (CAM) 結合成的電腦輔助設計／製造 (CAD/CAM) 系統。此種結合可使產品設計的資訊直接轉換成產品製造所需的資訊，亦即不必再經由人工方式處理零件工程圖並進行繁雜的計算等。CAD/CAM 系統可將 CAD 發展的資料庫轉儲存到 CAM，並進一步處理成生產系統的其他部分所需使用的資訊。CAD/CAM 系統也可編製 CNC 工具機加工的刀具路徑程式，並具有群組技術的功能，涵蓋相似零件的設計特性和製造特性。

CAD/CAM 系統的發展對製造業產生很大的衝擊與貢獻，它主要的優點有：

1. 可以製造品質均一的產品。
2. 可快速反應市場的需求，即時修改產品設計並加以製造出來，大幅提高產品的競爭力。
3. 可減少物料的浪費，降低操作人員的負擔、危險和持續性工作的疲累等，也能促進製造成本的降低和生產率的提升。

15.3 電腦輔助製程規劃

電腦輔助製程規劃 (Computer-aided process planning，CAPP) 是針對與製造過程有關的機器、工模、夾具、刀具、工具、模具及加工順序和裝配等的安排，利用電腦執行最佳化的處理，目的在避免人力或機器發生浪費、閒置或過度使用的情況，或是不必要的加班趕工等。尤其對於少量多樣化的產品或加工流程複雜的時候，更是必須藉助電腦的整合規劃方能使製造程序順利進行，達成準時交貨的目標。

電腦輔助製程規劃的形式有兩種：

一、擷取式 (Retrieval type) 系統

又稱為變動式 (Variant) 系統或衍生式 (Derivative) 系統，是指以群組技術 (GT) 的觀念為基礎，對要製造的零件根據其形狀和製造特性的分類及編碼，在原先已建立完成的資料庫中找出同一屬性的零件族，並擷取使用其標準製程。若找不到相對應的零件族時，則尋找最類似的零件編碼，顯示其製程檔案後，做必要項目的修改，再將修改後的結果重新輸入資料庫，使成為新增的一項標準製程。

二、創成式 (Generative type) 系統

是指以專家系統 (Expert system) 所包含的零件幾何形狀、尺寸、材料性質、製造方法、機器、輔助工具、操作順序等眾多資料庫為基礎。將要製造零件的工程圖及相關資料輸入此系統後，系統電腦會執行一套運算法則和邏輯判斷，進而規劃出一份最佳的新製程。

電腦輔助製程規劃的優點包括：

1. 因製程規劃的標準化，可使製程規劃更具一致性、更合乎邏輯，真正達到最佳化。
2. 藉由資料庫的協助，可使製程規劃人員減少很多工作負擔及錯誤的發生，提升其生產力。
3. 可縮短製程規劃的時間，故可減少製造的前置時間。
4. 電腦列印的製程路線單 (Routing sheet) 比手工抄寫的整齊易讀，也較不會出錯。
5. 可結合其他應用程式，例如成本估價、標準作業程序等應用程式，增進電腦支援製造自動化的功能。

15.4 物料需求規劃與製造資源規劃

物料需求規劃 (Material requirements planning，MRP) 是指對生產相關的原料、外購零件、半成品、輔助工具和維修用品等的採購、庫存和管制等。利用電腦統計及規劃的能力，以計量方式列出其細部排程，做為庫存管理的依據，並配合及時 (Just-in-time，JIT) 生產的觀念，使能夠有效地減少不必要的庫存，和因之所造成的資金積壓狀況。

物料需求規劃的觀念源自獨立需求與相關需求的區別及預測，突發性大量需求的處理，採購前置時間及製程前置時間的控制，和共同項目的安排等。

物料需求規劃的優點有：

1. 可有效降低原料、外購零件、半成品等的庫存數量。
2. 可有效減少交貨期的延誤，改進對顧客服務的水準。
3. 可以迅速回應主要排程及需求的改變。
4. 得到較佳的機器使用率。
5. 提高生產率。

若將從人力資源到顧客要求等，只要與製造有關的資訊及事物等都納入需求規劃，並整合生產規劃與控制的各種功能，同時結合財務管理系統，即形成製造資源規劃 (Manufacturing resource planning，MRP- II)，可把物料需求規劃的特性擴展至整個生產系統的所有部門。它的另一重要特點是具有模擬功能，可用於模擬各種不同的生產規劃及管理決策時所產生的可能結果。

15.5 彈性製造系統

彈性製造系統 (Flexible manufacturing system，FMS) 是指一個製造系統對產品有關的反應及適應改變的速率，具有很高的接受及調整生產活動的能力。它必須兼具機械化生產及自動化生產的特性，可以有效解決熟練技術人員不足的困境，達成減少直接操作人員的省人化目標，並可滿足產品生命週期變短，和少量多樣化或客製化生產的發展趨勢的需求等。

彈性製造系統的效益有：

1. 可彈性調整或變更製程，以適應市場上對產品要求不斷改變的狀況。
2. 利用線上檢測刀具損壞的功能，執行即時更換刀具的動作，以確保品質及減少不良品造成的損失。
3. 有效運用機具設備，避免閒置浪費的發生，可增進其使用率。
4. 減少各種生產資源庫存積壓的問題。
5. 降低直接及間接人工成本。
6. 增進對加工條件的有效控制。
7. 增進對產品生產數量改變，或混合不同的類似產品製造時的調整能力。
8. 達成低成本和高效率的生產目標。

彈性製造系統是配合 CAD/CAM 的整合，其構成要素包括：(1) 主控電腦及系統軟體的控制系統，(2) 電腦數值控制工具機等組成的工作站，(3) 物料自動化搬運及傳送的處理系統，和 (4) 人員參與的程式製作、監控、系統維護及操作等四大部分。在製造系統的演進上，彈性製造單元 (Flexible manufacturing cell，FMC) 是屬於大型 FMS 中的一個工作站，比 FMS 的發展更早，甚至成功應用的可能性較大，且成長也比大型 FMS 更快速。FMC 和 FMS 比較時，FMC 的主要優點有初期的投資成本較低，電腦控制系統較簡易，和操作及學習較容易等。

15.5.1　電腦數值控制工具機

工作站 (Workstation) 是彈性製造系統中，用以執行加工及裝配等直接生產工件的主要場所，包括的設備有電腦數值控制 (CNC) 工具機、工作檯、機器人等。其中，電腦數值控制工具機是彈性製造系統的製造核心，有關的介紹已敘述於第八章中。可根據使用的 CNC 工具機或 DNC 工具機的組合等級決定 FMS 的彈性程度。CNC 工具機本身的主軸數、刀具存取系統 (例如自動換刀裝置) 的功能、夾具的種類、甚至工件清洗和工件後處理設備的形式，都會影響到 FMS 的功能發揮。

15.5.2　物料處理系統

物料處理系統 (Material handling system，MHS) 是彈性製造系統中的動脈。有關製造的原料、外購零件、半成品以至成品，均需經由運送的過程，將他們從儲存區送到機器附近的裝卸區，再到工具機夾具的裝卸；在加工完成後送到檢驗、清洗、裝配和包裝等工作站，MHS 都可以利用控制系統的監控作用及管理功能，使其按照規劃的路線，有效率地進行運送動作。因為 MHS 的應用可使各個單站工作的 CNC 工具機和其他處理設施，得以連接而形成一個更有競爭力的生產系統。

FMS 中所使用的 MHS 設備有單軌吊車、手推車、堆高機、滾子輸送帶、軌道導引搬運車、自動導引搬運車 (Automated guided vehicle，AGV，又稱為無人搬運車) 和機器人等，其中彈性程度以 AGV 最大，長期以來即被使用於工廠和倉庫中，其導引方式有紅外線、雷射及視覺系統等。

根據 ISO 的定義機器人 (Robot) 為一種由多個自由度的機構所組成的機械，通常是以一個或多個手臂的外形出現。在它的終端有類似人類手腕的機構，能夠夾持工具、工件或檢驗設備。機器人適合於當工作場所的空間有限，及所謂的工作性質重複而無聊 (Dull)、骯髒 (Dirty) 或危險 (Dangerous) 的三 D 場合，或是高溫 (Hot)、沈重 (Heavy) 或冒險 (Hazardous) 的三 H 情況下使用。今日機器人的角色已從單純的取代人員執行上述的 3D 或 3H 工作，演進到朝向提高生產力、增進產品品質和降低人工成本等積極性的功能發展，使用的範圍及數量已大為增加。

自動存取系統 (Automated storage-retrieval system，AS/RS) 是使彈性製造系統的自動化加工機器設備，得以完全發揮其功能的重要輔助裝置。利用電腦的管理能力，可精確地控制物料、工具和成品等的庫存數量和放置位置，以及取用的順序和方式。AS/RS 系統即所謂的自動倉儲，其中物料存放的方式有拖板 (Pallet) 和箱型 (Box) 兩種，運送方式則可配合 AGV 和 Robot 等的使用。

15.5.3 自動檢驗系統

自動檢驗系統 (Automated inspection system) 是彈性製造系統中用來達成品質保持一致的工作項目。基本的檢驗方式有生產線上檢驗和生產線外檢驗兩種。生產線上檢驗需利用靈敏的電子探針、雷射或視覺系統設備，在製造過程中即時檢測出加工誤差，並且立刻處理以消除引起誤差的原因，減少不合格產品的繼續被製造。生產線外檢驗則是在工件離開執行加工的工具機後，送到獨立的專門檢驗設備處再進行量測，例如三次元量測儀的應用。其優點為可用於檢驗不同製造來源的工件，缺點則為無法在製造的當時即時發現瑕疵品並立即改進缺失，因此可能造成生產的浪費。

15.6 管理資訊系統

管理資訊系統 (Management information system，MIS) 是指與生產系統有關的人員管理、物料管理、銷售管理、加工管理、製程管理、品質管理、財務管理、機具設備及電腦的軟體和硬體管理等，利用電腦執行統一的控制，以達成一致性的管理目標。因此，除了需要功能強大的共用資料庫外，必須有良好的通訊管道，可以有效地執行各部門之間相關數據及資訊的傳送與溝通。

區域網路 (Local area network，LAN) 扮演著重要的通訊功能。由於自動化是結合機械化和電腦智慧的成果，而彈性製造系統可說是大規模的自動化應用。它使得生產系統中的各種工作能順利的運轉。生產過程中所涵蓋的工作種類很多，需要處理的資料數量更是龐大，若用人力來做不但速度太慢無法應付，也會發生協調溝通的問題。因此，只有利用電腦管理各階層所執行的工作，並形成各階層的控制系統。然後再由電腦網路的連繫使各階層控制系統整合成一體。然而，各個工作階層的自動控制系統和電腦廠牌並不一定相同，要連結他們則需提供溝通的介面，故有賴於區域網路的裝設。

15.7 電腦整合製造系統

電腦整合製造系統 (Computer integrated manufacturing system，CIMS) 是將前面章節所敘述的各種與電腦輔助生產活動相關的技術和觀念整合應用而成，是自動化層次很高的生產方式。CIMS 的核心是共用資料庫，經由資料擷取系統 (Data acquisition system，DAS) 自動收集及分析來自各部門的資訊，並將處理後的資訊再傳輸給相關部門，如圖 15.1 所示。CIMS 的共用資料庫包含管理、財務、市場、規劃、設計和生產等六種主要資訊來源。人工智慧 (Artificial intelligence，AI) 的應用可促進 CIMS 的發展更趨完善，使之進入知識工程 (Knowledge engineering) 的境界。

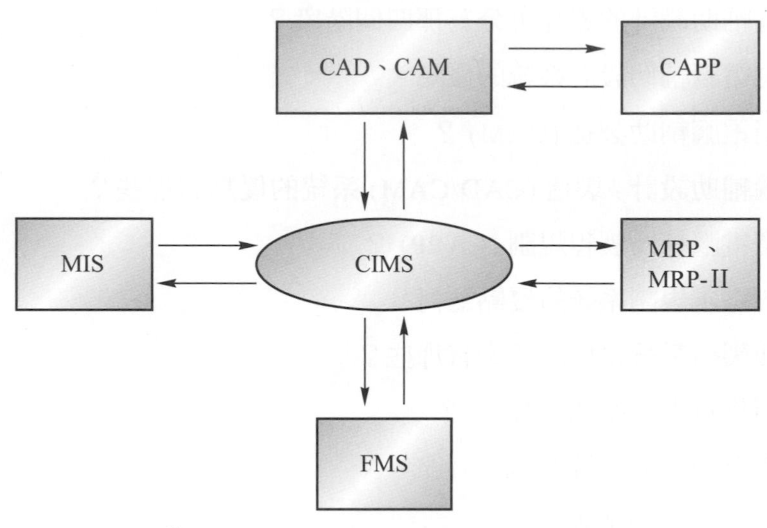

圖 15.1　電腦整合製造系統的關係圖

理想的工廠生產模式是無人化工廠 (Unmanned factory) 又稱為工廠自動化 (Factory automation，FA)，是指一天 24 小時都可以進行生產製造的工廠，且不必有直接操作人員在工作現場，也不需要大量的庫存，機器設備的使用率能充分達成，並能以最低生產成本，最高生產率的方式，生產品質穩定的產品。人類扮演的角色則是有關生產資訊的收集和處理，然後對此無人化工廠的組成做適當的規劃、安排和調整，以達成最佳化的生產目標。因此，可以說無人化工廠是電腦整合製造系統的功能發揮到極佳成果展示，是製造業追求的理想境界之一。

因應工業 4.0 發展出的智慧製造更是電腦協助製造業的極致表現，從另一個角度看，電腦可視為製造業的核心，藉由電腦軟硬體的指揮及整合各類型設備和資訊網路，已克服原本互為矛盾或困難達成的製造策略，並將朝向製造業服務化的嶄新時代。

一、習題

1. 敘述生產方式的未來發展趨勢。
2. 何謂電腦輔助設計 (CAD)？
3. 電腦輔助設計所需的硬體及軟體設備有那些？
4. 電腦輔助設計的過程可分為那四個階段？
5. 敘述電腦輔助設計系統的優點。
6. 何謂電腦輔助製造 (CAM)？
7. 電腦輔助設計 / 製造 (CAD/CAM) 系統的優點有那些？
8. 何謂電腦輔助製程規劃 (CAPP)？
9. 物料需求規劃系統的優點為何？
10. 彈性製造系統組成的要素有那些？
11. 何謂物料處理系統 (MHS)？
12. 何謂自動存取系統 (AS/RS)？
13. 何謂自動檢驗系統？
14. 何謂管理資訊系統 (MIS)？
15. 敘述區域網路 (LAN) 在生產系統中的功能。

二、綜合問題

1. 工業機器人或稱為機械手臂 (Robot) 這個名詞開始出現於 1920 年。(1) 敘述 ISO 對它的定義；(2) 其基本型式有那幾種？(3) 舉出常見的應用場合，例如 3D(dull、dirty、dangerous) 或 3H(hot、heavy、hazardous)；(4) 在彈性製造系統 (FMS) 及電腦整合製造系統 (CIMS) 的重要性為何？(5) 使用時需考慮因素有那些？
2. 現有一家小型機械工廠，員工 10 位，主要機器有 CNC 車銑複合工具機和 CNC 銑床共 12 台。試規劃一彈性製造單元 (Flexible manufacturing cell，FMC) 可用於每年生產 100 種不同類型的產品，而相同設計者的數量從 1 個到 35,000 個不等。列出相關之配合設備及其示意圖。
3. 探討未來工廠 (Factory of future) 的樣貌、內容、運作方式等，對於人員的需求及參與的模式為何？

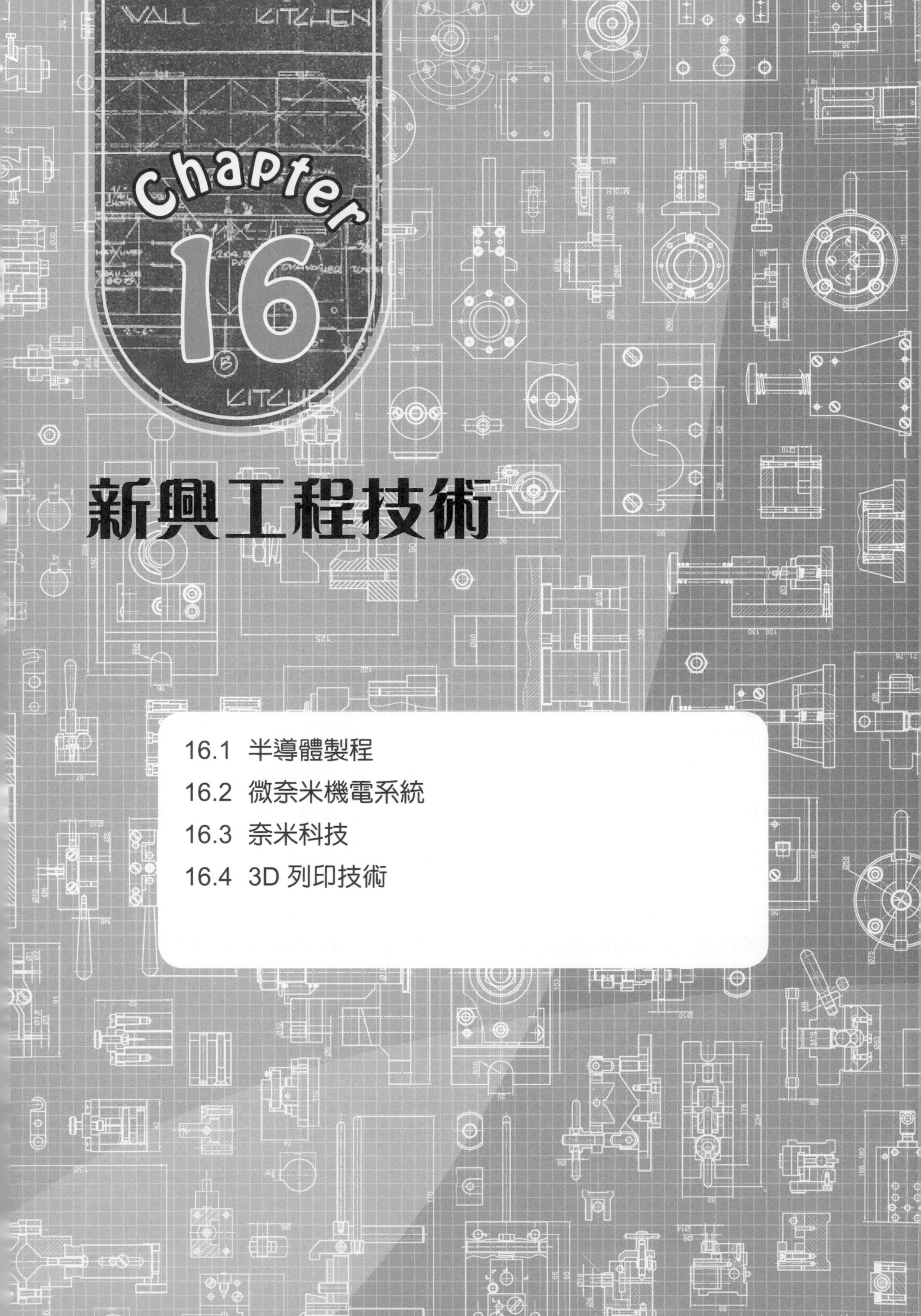

Chapter 16

新興工程技術

16.1 半導體製程
16.2 微奈米機電系統
16.3 奈米科技
16.4 3D 列印技術

半導體材料是指導電性介於導電體和絕緣體之間的材料，其導電性可藉由控制或植入適當的雜質原子而改變，為電子元件的重要基本材料。半導體材料的應用因 1948 年電晶體的發明而使得技術方面有很大的進展，然後 1959 年積體電路 (Integrated circuit，IC) 的出現，促使半導體產業成為目前最具生產價值的產業之一，其成長性及重要性更是在製造業中居於領先的地位。積體電路 (IC) 與其他電子元件 (Device) 的組合早已成功地應用於電腦、消費性電子、光電、通訊、製造、汽車、航太、軍事等領域，幾乎已成為所有產業不可或缺的一部分，對人類生活的影響可說是非常密切而深遠。有關半導體產業中積體電路的製造過程，也成為從事現代機械製造相關人員需具備的知識。

隨著半導體產業的持續發展，促使相關產品趨向超精密化、高密度化和微小化，導致高附加價值和高產值產品的加工技術迅速興起，以因應此類產品的製造需求。微機電系統 (Micro-electro-mechanical system，MEMS) 的發展即根源於 1960 年代對積體電路微小化的研究，進一步演進成為用來製造微小零件，並形成一全新的製造領域。微機電系統是整合機械、電機、電子、光學、材料、控制、化學、物理和生物科技等多種科技所形成的先進工程技術，製造出來的產品不僅可因微小化而提高其性能、品質、可靠度和附加價值，同時也可以節省材料及能源的使用。現今微機電系統在機械製造的應用已頗常見，更發展成為微奈米機電系統，並可取代許多傳統的加工方法製造更精密或更細微的產品，同時也正擴展至其他的應用領域。

奈米技術 (Nanotechnology) 自 1990 年誕生以來，已引起歐、美、日等工業先進國家的高度重視，並持續地投入大量的研究人力及經費，視之為國家製造業競爭能力的指標。一般公認奈米技術的發展將對人類的生活造成鉅大的衝擊及全面性的影響，因此有人說它是下一波的產業技術革命，且已成為製造業馬上需面對的核心領域。造成此現象的主要原因是當材料的尺寸小到奈米 (Nanometer，nm，10^{-9}m) 等級時，許多物理及化學特性會發生非常奇特的變化，因此產生極為特殊且優異的功能，應用的範圍涵蓋電子、電腦、光電、通訊、航太、機械、材料、能源、化工、環保、醫藥、生物科技等產業。奈米技術是一種潛力極高的新興工程技術，更是許多工業先進國家列為優先發展的關鍵性技術產業。

3D 列印技術已從主要是設計階段之快速製作產品模型的應用，進展為製造階段使用金屬材料來生產實際應用的機械零組件產品。被視為在客製化或輕量化等特別需求產品的生產利器，例如醫療及航太產業。

16.1 半導體製程

半導體材料包含兩種基本元素，即矽 (Silicon，Si) 和鍺 (Germanium，Ge)，以及數十種化合物，例如砷化鎵 (Gallium arsenide，GaAs) 和磷化鎵 (Gallium phosphide，GaP) 等。鍺是最早被用來製成電晶體的材料，但是鍺的熔點為 937℃，無法進行半導體製程中的高溫製程，加上無法自然形成氧化物，致使其產品的表面易出現漏電現象。然而矽的熔點為 1415℃，允許進行高溫製程，加上矽易形成二氧化矽 (SiO_2) 的絕緣體，可做為晶圓 (Wafer) 絕緣及保護之用，配合平坦化製程技術的成功應用，使得矽成為最重要的晶片基材 (Substrate)，約占晶圓原料的 90% 以上。此外，矽也可應用於太陽能電池及微奈米機電系統的元件。

半導體產業所製造的主要產品是積體電路。積體電路的定義是將電路所需的各種電子元件和線路縮小，並將其製作於 1 cm^2 或更小面積上的電子產品，即一般所稱的晶片 (Chip)。積體電路的種類相當多，主要是將電晶體、電阻器、電容器及二極體等電子元件聚集在矽基材上，並以電子線路連結形成完整的邏輯電路，用以執行控制、計算或記憶等功能。大部分的積體電路可分成邏輯 (Logic)、記憶 (Memory) 和微處理器 (Microprocessor，包含邏輯和記憶) 等三種。其中電子元件的功能可分成三類：

一、主動元件

用於放大、開關或整流電子訊號的裝置，例如電晶體和二極體。

二、被動元件

不用經放大、開關或整流就能改變訊號的傳導裝置，例如電阻器、電容器和感應器。

三、傳導元件

提供訊號通過的傳導裝置，不會改變通路功能的既定路徑。

積體電路是由很多層所組成，每一層都包含有精細的立體結構，在 2001 年電路線寬即縮小到 0.18 μm，到 2020 年時早已縮小到數奈米 (nm) 的大小，其製程相當複雜。生產的方式是在以直徑 8 吋 (約 200 mm) 或 12 吋 (約 300 mm) 為主的矽晶圓 (Silicon wafer) 上，同時製造很多個積體電路，稱此為前段製程。然後將之送到後段製程，把晶圓切割成許多個各自獨立的晶片，再分別加以包裝或固定在金屬導線架上，即完成積體電路的構裝。

構裝完成的積體電路很少單獨使用，通常是由多個積體電路共同組合成一個較大的電路結構單元。印刷電路板 (Printed circuit board，PCB) 一般是用塑膠樹脂經被覆上銅箔後，利用微影及選擇性侵蝕銅箔的製程，在其上製作導通電路而成。當積體電路和個別製造的電子元件固定在印刷電路板上後，存在於印刷電路板中的電路將負責結合各積體電路間的內部電子電路，以及提供與電路結構單元外部的電路及電子元件溝通的連線基礎。

由於積體電路在製造過程中對環境的溫度、濕度和污染源的控制要求非常嚴格，一般是以建造無塵室 (Clean room) 來滿足上述的需求。無塵室的分級是以室內空氣品質的級數表示，例如一萬級 (Class 10000) 無塵室是指在室內 1 立方英呎的空間內，所允許存在的最大微粒子直徑等於或大於 0.5 μm 的數量在 10000 個以下。Class 10 是指每立方英呎包含 10 個以下的 0.5 μm 大小的微粒子，其他級數則依此類推。

16.1.1 晶圓製造

晶片 (Chip) 上的元件密度要求不斷地提高，以及為了降低生產成本，導致使用的晶圓直徑也愈來愈大，早已成功發展到 12 吋，相對地晶圓製備的困難度也比起小尺寸時增加許多。矽晶圓的製備過程為：

1. 將自然界中以二氧化矽及矽酸鹽型態存在的礦石，經一系列精煉的步驟製成高純度的多晶矽。
2. 利用下列所述適當的長晶法，將多晶矽轉變成為一均勻摻雜的圓柱形單晶 (Single crystalline) 棒。
3. 將單晶棒研磨到精確直徑後，利用內徑鋸切割成薄片的晶圓 (Wafer)。
4. 切割下來的晶圓需再經拋光清潔的處理步驟，方可供應半導體代工廠進行積體電路製造之用。

矽晶圓棒的長晶法有三種：

一、柴式 (Czochralski) 長晶法 (CZ 法)

為矽晶圓棒的主要長晶法，使用的設備是石英質的坩鍋，環繞著可產生高週波做為加熱用的線圈。先將多晶矽及少量的摻雜物填入坩鍋，加熱使其熔化成液態熔液，然後將一小塊單晶結構的種晶 (Seed crystal) 放置於熔液的表面上，使兩者剛好接觸到。接著進行長晶過程，將種晶緩慢地自熔液表面向上升起，同時做旋轉運動。種晶和熔液間的表面張力會使得一層薄層熔液黏附在種晶下面，接著逐漸冷卻。在冷卻過程中熔液內的矽原子會依照與種晶相同的結晶方向進行排列，而熔液內的摻雜物也會同時進入成長的結晶中，並結合成 N 型或 P 型的晶圓棒。為了得到完美的結晶和均勻的摻雜，並控制正確的直徑，坩鍋與種晶是以相反的方向旋轉。製造一個 8 吋晶圓的單晶棒，約需三天的時間才能完成。此法可用來生產 12 吋直徑，長數英呎的單晶棒。

二、液面被覆柴氏長晶法 (LEC 法)

主要用來產生砷化鎵 (GaAs) 晶圓棒，與柴氏長晶法大致相同。但是因為砷化鎵熔液內的砷具有揮發的特性，會導致生成的晶圓棒材質不均勻，故需控制砷的揮發。可利用在坩鍋內部加壓，或在一大氣壓下添加一層三氧化二硼 (B_2O_3) 使之浮在熔液上面以抑制砷的揮發。

三、浮動區 (Float zone) 長晶法

先鑄造出含摻雜物質的多晶矽棒，單晶結構的種晶被熔融後接合在該多晶矽棒的下端，然後一起置入長晶機內。高週波加熱線圈首先放在種晶與多晶矽棒的接合處加熱，接著沿棒的軸向往上移動，將經過處的多晶矽棒一小段接著一小段地熔化成液態，在液態區域內的矽原子將如同柴式長晶法所述般排列成種晶的結晶方向，依序逐漸地將原先的多晶矽棒轉變成單晶矽棒。利用此法得到的單晶棒成分較純、含氧量較低，可用來製造大功率的整流元件和大功率晶體。

自長晶機取下的單晶棒，將其頭尾切除，可做為下一次長晶用的種晶。再以無心磨床將已去除頭尾的單晶棒外圓研磨成正確直徑，然後確認結晶方向，並研磨出結晶方向指示面，然後做電性規格的檢測。最後利用鑲有鑽石的內徑鋸，將單晶棒切割成薄片晶圓。

晶圓需經過粗拋光和化學機械拋光 (Chemical mechanical polishing，CMP) 後，形成整面平坦及極高平滑度的單面，另一面則進行噴砂等晶背處理。但是大尺寸，例如 12 吋 (約 300 mm) 直徑的晶圓則需雙面拋光。晶圓的邊角也需要加以研磨及拋光，以減少在製程中，因碰撞造成碎裂及損傷，或導致差排的生成。最後將矽晶圓進行氧化處理得到二氧化矽保護層，再包裝後運交給客戶，需注意晶圓包裝要在無塵室中進行才能免於受到污染。

16.1.2　前段製程

前段製程即晶圓製程 (Wafer fabrication) 是指在晶圓上製造出許多晶片 (Chip)，每個晶片是由許多個電子元件和電子線路所形成完整積體電路的一系列製造程序。在此製程中運用到的基本操作有四種：

一、加層 (Layering)

在晶圓表面上被覆一層薄膜材料。使用的方法包含成長法中的氧化法及氮化法；沉積法 (Deposition) 中的化學氣相沉積 (Chemical vapor deposition，CVD)、蒸鍍 (Evaporation) 及濺鍍 (Sputtering)。

二、成形 (Patterning)

將被覆於晶圓上的各層材料，在特定的部位予以去除，得到具有凹下的洞或凸起的島等特殊形狀層。使用的方法包含微影 (Lithography) 和蝕刻 (Etching)。

三、摻雜 (Doping)

經由晶圓表面被覆層的開孔處，將特定量的摻雜物植入晶圓的操作。使用的方法包含擴散 (Diffusion) 法和離子植入 (Ion implantation) 法。

四、熱處理 (Heat treatment)

利用加熱、冷卻的過程將晶圓表面的污染物等蒸發去除，或是利用退火處理恢復在離子植入時受損的晶圓結晶構造。

晶圓製程是屬於製造積體電路的前段製程，實際的生產線需包括下列所敘述的一連串操作步驟：

一、微　影

微影是指將經過設計的積體電路幾何圖案製作於光罩 (Mask) 上，再利用類似攝影原理的步驟轉移到已經過處理的晶圓表面上的製程。微影之前需在已包含有二氧化矽 (SiO_2) 層的晶圓表面上方塗佈一層光阻 (Photo resist)。光阻是一種類似照相底片的感光劑，若原先是可被化學溶劑溶解者，因曝光後產生聚合作用而變為不可被溶解者，稱之為負光阻。反之，本來不可被溶解，經曝光而變為可被溶解者，則稱為正光阻。

對塗完光阻後的晶圓加以烘烤，使光阻內的部分溶劑蒸發。然後將光罩在晶圓上精確定位，再以紫外線 (UV) 等光源照射，經曝光及顯影作用之後，即可將光罩上的幾何圖案複製到晶圓上面的光阻層中。此步驟的技術在積體電路的進展上扮演著關鍵的角色，例如線寬要持續縮小，需有微影技術的配合才能成功。由於光學方面的需求，此製程中的照明採用偏黃色的可見光，故一般稱其工作區為黃光區。

二、蝕　刻

蝕刻是將晶圓矽基材上面的各層薄膜，從光阻層圖案的開孔處中移除的製程。蝕刻包括下列兩種形式，如圖 16.1 所示。當蝕刻完成後，需將殘留的光阻去除乾淨。

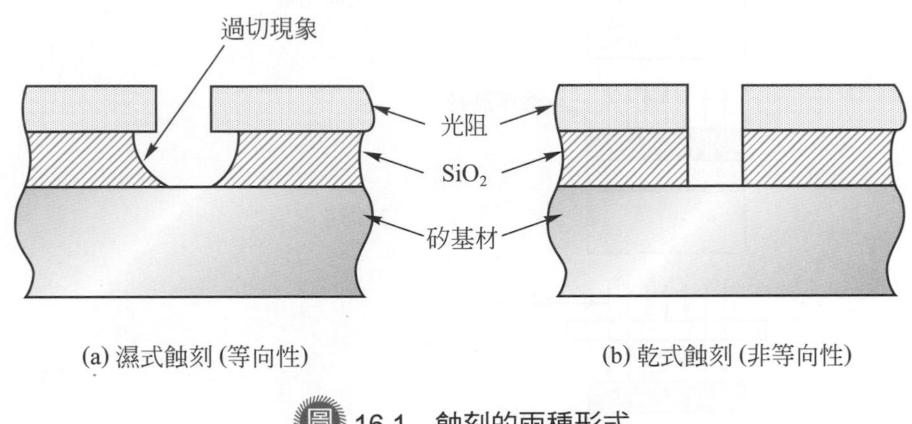

圖 16.1　蝕刻的兩種形式

1. 濕式蝕刻：將經過微影製程的晶圓浸入混合硝酸和氫氟酸的蝕刻溶液中，進行蝕刻二氧化矽薄層材料。其缺點為蝕刻方向是等向性 (Isotropic)，故可能造成過切問題，影響超高解析度的圖案轉移。
2. 乾式蝕刻：包括利用氣體離子的轟擊去移除材料的濺擊蝕刻 (Sputter etching)，或使用由高週波激發產生的氣體電漿去分解材料的電漿蝕刻 (Plasma etching)。此法可得到極佳的垂直蝕刻，表現出具有高度的非等向性 (Anisotropic)。

大多數先進的積體電路製程可能需重覆上述的微影及蝕刻製程達 25 次之多。圖 16.2 為綜合前述步驟的示意圖。

三、摻　雜

因為電子元件的電路運作特性是依賴不同種類及濃度的摻雜物。因此，可經由蝕刻後晶圓表面二氧化矽層的開孔處，將摻雜物滲入矽基材內，最後再將二氧化矽層去除，即完成積體電路的前段製程。摻雜的方法主要有兩種：

1. 擴散法：將完成蝕刻製程的晶圓置入含有摻雜物的氣體爐管中，加熱到 800 ～ 1200℃，促使摻雜原子從二氧化矽薄層的開孔處，經擴散作用滲透進入矽基材內部。擴散法是一種化學反應。

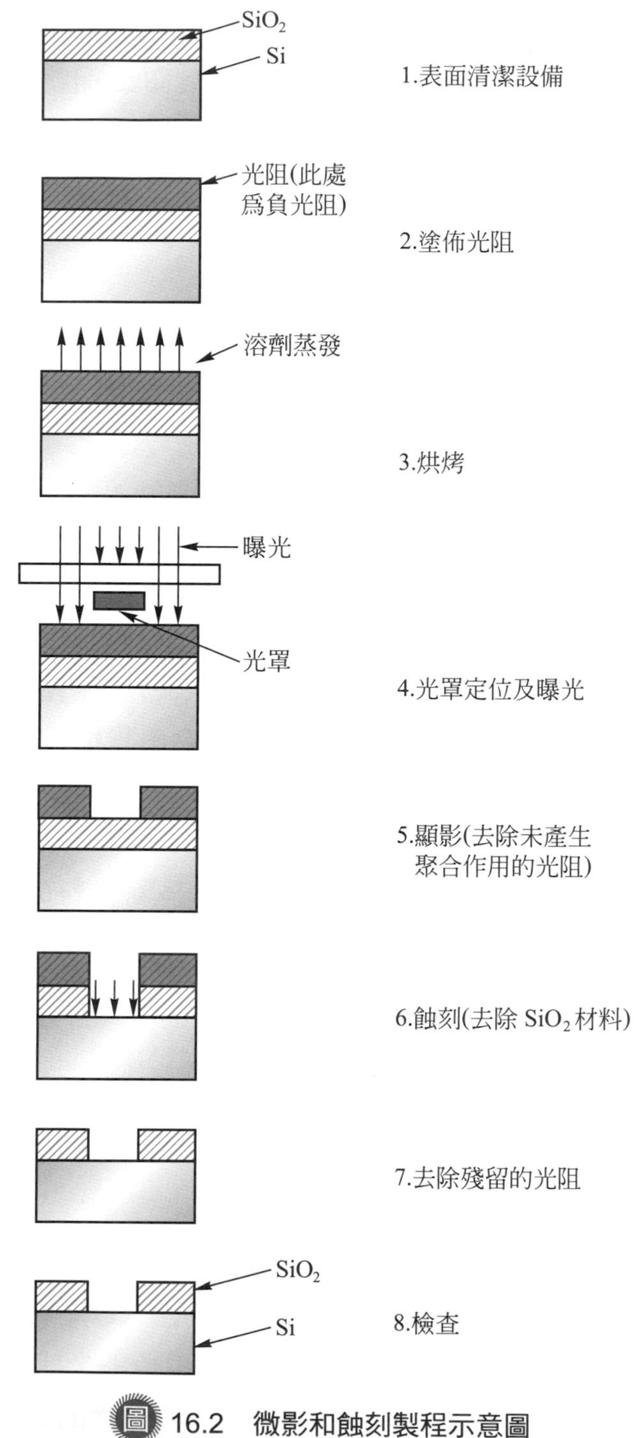

圖 16.2 微影和蝕刻製程示意圖

2. 離子植入法：在真空設施中，將摻雜物的離子經高壓電場加速，配合使用質量分離器，選出所要摻雜物的離子束後，再利用類似陰極射線管的方法，將此離子束經偏移板射入晶圓基材內。這是一種物理反應，需配合退火處理使摻雜物的離子植入時受損的矽結晶構造復原。

晶圓製程中必備的技術尚包括：

一、快速熱製程 (Rapid thermal processing，RTP)

利用輻射加熱，可使晶圓在 10 ～ 20 秒內迅速升溫到 1000℃。當用於退火處理時，可解決利用傳統方法加熱，在受損的矽結晶構造修復過程中，卻使摻雜的原子有機會擴散到晶圓其他不該存在此摻雜物的地方等不良副作用。

二、化學機械拋光 (Chemical mechanical polishing，CMP)

結合具有研磨物質的機械拋光作用與化學溶液的化學腐蝕作用，可以使晶圓表面達到全面性的平坦及平滑化，以利後續薄膜沉積的進行。因為此項技術的成功發展，才使得大尺寸晶圓的生產成為可行。

三、薄膜沉積 (Film deposition)

在晶圓表面上的沉積薄膜有絕緣型和導電型兩種，薄膜的材質包含多晶矽、氮化矽、二氧化矽與導電金屬 (例如金、鋁等)。應用的技術有：

1. 蒸鍍：將金屬在真空中加熱到蒸發後，使之在基材表面凝結形成金屬薄膜。
2. 濺鍍：在真空中以高能量的氣體離子 (例如氬離子，Ar^+) 轟擊靶材 (例如鋁合金)，使其原子被撞離母材而沉積於晶圓表面上形成薄膜。蒸鍍和濺鍍屬於物理氣相沉積 (Physical vapor deposition，PVD) 技術。
3. 化學氣相沉積 (CVD)：在高溫下藉由化學反應得到原子或化合物蒸氣，然後沉積在已經過清潔處理的晶圓表面上形成薄膜。此法適用於沉積多晶矽、氮化矽和二氧化矽薄膜。

晶圓製程的最後步驟是晶圓揀選 (Wafer sort)，藉由測試晶圓上數以百計晶片 (積體電路) 的電性和功能，並將良品和不良品的位置資料記錄於電腦記憶體中。

16.1.3　後段製程

經過揀選後的晶圓往往被送到其他工廠進行包括封裝 (Packaging) 和測試 (Testing) 的後段製程。封裝的功能有四個：

1. 製作導線系統使晶片能與印刷電路板的電路相接通，或直接與電器產品相連接。
2. 提供物理性的保護作用，使晶片不會因受到外力碰觸或不當使用而破裂或受損。
3. 提供防護作用，使晶片免於受到來自環境中的化學物質、濕氣、氣體、微粒子等的污染而干擾其使用功能。
4. 將晶片在使用時產生的熱量帶走，使晶片得以維持正常功用。

封裝的主要製程有：

一、晶圓背面處理 (Wafer back-side treatment)

視需要決定是否在晶圓背面進行研磨，使其變薄以配合封裝，且可將背面的損傷去除。然後再貼上膠帶稱此步驟為晶圓黏片 (Wafer mount)。

二、晶圓切割 (Wafer sawing)

利用鍍鑽石的圓形鋸片在高轉速下對晶圓鋸割，或利用研磨畫線後再以圓筒狀滾輪壓過晶圓，使晶圓沿刮痕線裂開，兩種方法都可使晶圓上同時製成的晶片分離而形成許多顆各自獨立的晶片 (即積體電路)，又稱為晶粒 (Die)。

三、黏晶 (Die mount/Die bond/Die attach)

將一顆顆晶粒置於導線架 (Lead frame) 上，並以銀膠 (環氧樹脂，Epoxy) 黏著固定。

四、銲線 (Wire bonding)

將晶粒上的銲墊與導線架內部的接腳，用極細的金線 (18 ～ 50 μm) 相連接，藉此將晶粒內的電路訊號傳輸至外界。也可以使用鋁線當銲線材料。

五、封膠 (Molding)

利用經過預熱的樹脂將晶粒和銲線完全密封起來，以防止外界的濕氣等侵入，並用以提供晶粒的固定形狀。

六、蓋印 (Marking)

將每顆晶粒的相關資料，主要以雷射標誌的方式刻劃在封裝樹脂的表面上。

七、剪切與成形 (Trimming and forming)

封膠完成後，在導線架上多餘的殘膠需先去除，再對導線架電鍍以增加其導電性及抗氧化性。接著將導線架的外部接腳進行剪切，使完成封裝的晶粒可自導線架上取出而成為單獨個體。最後再將這些外部接腳壓成各種預先設計好的形狀。

經過封裝完畢的晶粒，除了以目視檢查成品外觀、外部接腳形狀、蓋印是否清晰等之外，必須進行一系列的測試，包含電性能、環境及可靠度等。電性能測試是用來確認在經晶圓揀選後的良好晶片，在封裝過程中沒有受到損壞，仍可依照規格要求產生作用。環境測試的目的是要將封裝有缺陷或裂縫的積體電路剔除。利用高溫及低溫的週期性變化，以及圓形離心加速器的加速作用，測試晶片是否有鬆脫、污染顆粒或銲接錯誤等缺陷。可利用觀察有否氣泡發生或質譜儀偵測氣體方式，檢測有否裂縫發生。測試的最後一項是預燒測試 (Burn-in test)，用於測試高可靠度要求的積體電路，目的是將在使用初期即可能發生故障者，先行偵測出來並予以剔除。

16.2 微奈米機電系統

微奈米機電系統的前身為微機電系統，微機電系統在世界各地區的定義並不相同，美國所稱的微機電系統 (Micro-electro-mechanical system，MEMS) 是指整合的微元件或系統，包含利用與積體電路相容的批次加工技術所製造的微型電子和機械元件，而該元件或系統的大小從微米 (μm，10^{-6} m) 到毫米 (mm，10^{-3} m)。日本所稱的微機械 (Micromachine) 是指體積很小且能執行複雜或細微工作，具有特定功能的機器。歐洲則稱為微系統技術 (Micro-system technology，MST) 是指智慧型、微小化的系統，包含感測、處理、致動等功能，同時有兩個或多個電子、機械、光學、生物、磁學或其他性質，整合到一個單一或多晶片上。

我國行政院國家科學委員會 (National Science Council，NSC) 所採行的定義是以美國的定義為主，並將日本和歐洲的定義納入而成微機電系統技術，包括矽基微細加工、光刻鑄模技術和微機械加工，用以製造微感測器、微致動器、微處理器 (積體電路) 和微結構元件。在我國主要的應用領域有消費性電子、生化醫療、自動化、半導體、通訊與資訊、環保與安全、紡織和化工等。此外，在其他方面的應用有電腦、汽車、航太、量測、維修機器人、環保和娛樂等。

一般而言，對於能夠將每個微元件結構或系統本身的大小製作在微米範圍內，或是微結構的機械運動能夠達到微米以內的精度時，則即可稱這些微元件為微機電元件，並可將他們與其週邊的積體電路組成的系統稱為微機電系統。

微機電系統技術起源於 1960 年代，最初的目的是在利用半導體製程將積體電路的電子電路微小化。然後此類半導體製程被應用於矽晶片上製造出機械結構，試圖將各種機械元件微小化。其中，微感測器最先被成功地開發出來，接著是一些微細的複雜機構與元件，例如幫泵、閥、齒輪、馬達夾子等。同時正朝向發展完整的微系統，包含感測、致動、訊號處理、控制等多種功能，例如微型機器人、微型硬碟機等。隨著加工技術及相關設備的進展，微機電系統的尺寸已可縮小到微米以下至數奈米 (nm，10^{-9} m) 的範圍，因而擴展成為奈米機電系統 (Nano-electro-mechanical system，NEMS)，或微奈米機電系統 (NEMS/MEMS)。

微奈米機電系統的特性有：

1. 可利用半導體製程技術來製造微元件，但在物理意義上這些由矽晶片製成的微元件是屬於二次元構造。然而，微奈米機電系統中微機械的微元件為三次元構造，故需利用新的技術來製造三次元的微元件。
2. 微細機構間的摩擦、磨耗、作用應力、變形、疲勞、潤滑等機械特性，與巨觀世界的差異甚大，應用時需對相關的基礎科學加以修正。
3. 環境因素將會影響微機械元件與微粒子或原子間的作用力、黏性變換及電磁場等。

微奈米機電系統的優點有：

1. 當一個傳統的機械系統縮小到微機械系統時，其元件本身及系統的運動精確度將大為提高。可用以製造高附加價值的產品。
2. 微奈米機電系統元件的質量都很小，可以產生很多傳統製造方法所無法達成的特性，例如低慣性、低質量變化效應、運動速率高且輕柔平順等。
3. 使用的材料少，不僅可降低材料及製造成本，也可節省作動空間及能源消耗，有益於解決地球資源過度使用及環保的問題。

16.2.1 矽基微細加工

利用矽半導體製程的蝕刻技術和薄膜技術製造微電子和微機械的元件，並整合成又小又輕的裝置，其原理及加工方法如第 16.1 節所述。主要的加工技術種類有下列兩種：

一、體型微加工技術 (Bulk micromachining technology)

指將一塊矽晶片或玻璃基材蝕刻成三維構造的加工技術。利用非等向性蝕刻，沿著晶片的特定結晶面進行切割作用，可直接成形得到高深寬比的構造，例如橋、懸臂、膜、溝、坑、噴嘴等。

二、面型微加工技術 (Surface micromachining technology)

與前面所述積體電路的製造方法相類似。在金屬或多晶矽的基材上，製作多層薄膜沉積，再進行選擇性蝕刻，可以得到所要的構造，其精確度和解析度勝於體型微加工技術所得的產品。

16.2.2　光刻鑄模技術

即 LIGA 製程，是由德文 Lithographie、Galvanoformung 和 Abformung 等三個字的字頭縮寫而成，意思為光刻、電鑄成形和射出成形三種技術的合成，用以製造高深寬比及複雜的微結構元件。主要的製程為：

一、光　刻

利用光或能量束對光阻材料作用，將光罩上平面的圖案轉換成具有一定深寬比的微結構，類似積體電路製程中微影的曝光及顯影功能。首先利用 PMMA 熱塑性塑膠 (俗稱壓克力) 製作光罩的圖案，目的是將可吸收 X 射線 (X-ray) 的金或鉬沉積到可讓 X 射線通過的鈦或鈹的箔上，此為 LIGA 製程中最貴的步驟。然後利用此光罩及 X 射線在塗有對 X 射線作用為負光阻的基材上製作三維微結構。負光阻材料通常是 PMMA。近來也有使用紫外線 (UV)、雷射束、電子束或離子束做為光刻的能量源。

二、電鑄成形

光刻製程得到光阻材料 PMMA 的結構只是中間產品做為模型之用，然後利用此結構以電鑄成形 (Electroforming) 技術，將電解液中的金屬沉積在此光阻材料的結構外表及凹穴內，形成金屬鑄模 (又稱為微型模仁)，如第 10.3.4 節及第 11.4 節所述。

三、射出成形

藉由微射出成形 (Micro injection molding)、微熱壓印 (Micro hot embossing) 或微滑鑄法 (Micro slip casting) 等方法，將塑膠、陶瓷或金屬材料充填於金屬鑄模的空穴中，冷卻後取出即為微元件產品。

16.2.3 微機械加工

微機械加工 (Micro mechanical machining) 適用於微元件的批量生產，有別於上述用於大量生產的技術。主要的加工方法有傳統切削加工方法中，利用刀具微小化等的改進所形成之微車削加工、微銑削加工、微鑽孔加工和微輪磨加工等，以及非傳統切削加工方法中的微放電加工、雷射束加工、離子束加工和原子力顯微鏡加工等。微機械加工技術領域中，如何將刀具微小化，以便加工出微元件是關鍵因素。此外，在加工過程中需特別注意刀具振動、環境因素、熱誤差等問題。

有時基於製程上的需要，將兩片或兩片以上的基材先接合在一起再成形，或者是將已製作成形的基材接合，使成為具有特定要求或功能的元件。由於接合技術的進步，使得可以設計並製造出更複雜且更實用的元件，例如壓力感測器、微閥、加速規等。接合的基材包括晶片、玻璃、石英和金屬等。接合的方法有陽極接合 (Anodic bonding)、共晶接合 (Eutectic bonding)、熔融接合 (Fusion bonding)、直接接合 (Direct bonding) 和黏著接合 (Adhesive bonding) 等。

一般所稱的微奈米機電系統中常包含三種主要元件，即微感測器、微致動器和微處理器 (積體電路)。他們最重要的特徵是微小化，並因而造成高精度、高穩定度、小體積、低成本和產生新的應用領域等優點。

微感測器 (Microsensor) 的種類很多，例如量測加速度變化的慣性感測器、量測各類型壓力的壓力感測器等。用於將外界環境的變化轉換成可以解讀的資訊，並據以做出反應。微奈米機電系統技術製造的感測器有體積小、功能多、運作速度快、整合性高的特點，並且可與其他微元件組合成微機械系統。

微致動器 (Microactuator) 必須使用合適的能量轉換技術，用以產生特定的力量、扭矩或位移。所需能量的形式和用於傳統巨觀致動器者並不相同，例如可使用靜電、電磁、磁變、電變、壓電、形狀記憶合金材料和高分子等。微致動器用於驅動微馬達、微閥、微膜幫泵、微爪和微開關等。

16.3 奈米科技

奈米科技是一個快速成長的新興科技領域，以 0.1 ～ 100 奈米 (Nanometer，1 nm = 10^{-9} m) 的尺度為探討對象，與機械製造相關地研究及應用的主要內容包括奈米技術 (Nanotechnology) 和奈米結構材料 (Nanostructure material)。奈米科技的發展已對物理、化學、材料、製造、電子、電腦、光電、資訊、環境、能源、生物科技、醫藥、民生產業等產生重大的影響，可預期地會對人類生活模式造成快速而鉅大的改變，並形成新的產業革命。

奈米科技起源於產品不斷地趨向輕量化和微細化的發展方向邁進，例如半導體產業中電路的線寬及線距已從數十微米進步到奈米的尺度。1982 年發明掃描穿隧式顯微鏡 (Scanning tunneling microscope，STM)，利用鎢金屬探針在極靠近物體表面時產生穿隧電流，可用於掃描半導體或金屬材料表面的影像。1985 年發明原子力顯微鏡 (Atomic force microscope，AFM)，利用探針與物體表面之間的原子力 (包括排斥力和吸引力)，可測得物體表面的形貌。AFM 的應用範圍較廣，除可用於半導體或金屬材料外，也可用於絕緣體及生物樣品的觀察。STM 和 AFM 合稱為掃描式探針顯微鏡 (Scanning probe microscope，SPM)。STM 不僅可用於觀察物體表面的狀態，在 1990 年美國 IBM 公司的研究員利用 STM 的探針，將 35 個氙原子 (Xe) 在鎳基板上排列出「IBM」三個字母，首次完成人為操控原子排列的動作，實現了 1959 年費曼 (Feynman) 提出來的想法，並促成奈米科技獲得突破性的進展。同時使奈米繼電腦、網路、基因技術之後，正式加入對人類生活產生重大影響的新興科技行列中。

產品微細化的發展趨勢，促使加工技術朝向如何將材料切割成更細微的方式演進，此即為由上往下 (Top-down) 的加工概念 (減法加工)。另一方面，1959 年費曼提出從單個原子或分子出發組裝產品的觀念。1986 年崔斯勒 (K. E. Drexler) 對此觀念進一步加以闡述並以通俗而具體的說明，提出如何將原子或分子排列組合的方法來製造出想要的產品，此為奈米科技的起源。隨後即發展出由下往上 (Bottom-up) 的加工概念 (加法加工)。換言之，奈米科技不是微小尺寸技術的延伸，而是在原子尺度內控制物質排列組合的新技術。奈米科技將成為 21 世紀的關鍵性產業，對生產系統的原物料結構及功能特性要求、能源消耗、加工技術、產品附加價值及投資策略等，都會有極大而深遠的影響。

16.3.1　奈米結構的特性

自然界中早已存在著奈米結構的物體，例如荷葉的表面結構為奈米級的顆粒所組成，污泥及水珠等無法與之沾附，形成所謂的自潔 (Self-cleaning) 功能。鵝與鴨羽毛間的隙縫小到奈米尺寸，故水分子無法穿透，可使羽毛保持乾燥。蜜蜂體內的磁性奈米粒子，具有羅盤的導航功能，可使蜜蜂不會迷失方向。

奈米科技是指將原子或分子排列組合成具奈米結構的材料，並以之為基礎，經製造及組裝等程序應用於元件或系統中。奈米結構除了尺寸很小之外，與一般巨觀的塊材比較時，兩者的物理性質和化學性質有極大的差異。當材料結構小到奈米尺寸時，會發生以下的特性：

一、表面效應

奈米材料的比表面積值 (表面積除以體積) 很大，因而具有很高的活性效應，原子擴散或溶解度增大，容易與其他原子結合，例如吸附空氣中的氧氣進行反應，甚且產生自燃。材料表面之顆粒的尺寸小於 10 奈米時，會顯現出沒有固定的結構狀態，會隨著時間而產生各種形狀的變化。

二、小尺寸效應

當物質小到奈米尺寸時，會引起下列物理性質的特殊變化：

1. 光學特性：所有的金屬顆粒在奈米尺寸的狀態時都是呈現近乎黑色，尺寸愈小，顏色愈深。亦即超微細金屬顆粒對光的反射率很低。此一特性可被用做為高效率的光熱、光電等轉換材料，及紅外線隱形技術等。
2. 熱性質：超微細化後的物質，熔點將大為降低。粉末冶金及半導體製程均可利用此一特性進行金屬低溫燒結，因此可節省能源成本，又可得到高品質的產品。
3. 磁性質：超微細顆粒的磁性與大塊材料有顯著地不同，可做成高儲存密度的記錄磁粉，或用途廣泛的磁性液體。
4. 力學性質：奈米顆粒材料具有高硬度、高延展性、高韌性、高強度等優異的性質。

三、量子效應

奈米尺寸的材料將不再具有大塊材料的電子連續能階的現象，而變成為離散的能階，此為量子效應，可應用於光電或電子元件上。而且導線電阻的觀念會失效，電子穿隧作用會使絕緣性質消失，一個電子即可改變超微小結構電容量的電位等特性。

16.3.2 奈米材料

物體三維尺寸中只要有一維的尺寸在 1 到 100 奈米之間即可稱之為奈米材料。日常生活中所見的材料稱為塊材 (Bulk material) 是屬於巨觀 (Macroscope) 世界的材料，而原子及分子是屬於微觀 (Microscope) 世界的材料。奈米材料則處於兩者之間，並不盡然適用於塊材之傳統物理學及化學的理論，或用於原子及分子之量子物理的理論來推論其特性，故特別將奈米材料歸類為介觀 (Mesoscope) 世界的材料。奈米材料的種類可依其具有奈米尺寸的維度多少而分為：

一、零　維

指長、寬、高三維尺度均在奈米尺寸範圍內，例如奈米粉末、奈米粒子、分子團簇、量子點等。可做為高密度磁記錄、吸收電磁波、單晶矽及精密光學儀器拋光、微電子封裝、太陽能電池、高效催化劑、高效助燃劑、敏感元件、高韌性陶瓷等使用的材料。

二、一　維

指長、寬、高三維尺度中有二維處於奈米尺寸範圍內，例如奈米纖維、奈米棒、奈米柱、奈米管、量子線等。可做為微導線、微光纖、新型雷射、發光二極體等使用的材料。其中，最具代表性的是 1991 年被發現的奈米碳管 (Carbon nanotube，CNT)，直徑約為數奈米到數十奈米，長度可達數微米，形式包含有單層壁及多層壁的中空管。因具有良好的電及熱傳導性、強度高又具韌性且化學穩定性高，可用於製作燃料電池、儲氫材料、場發射顯示器、生物醫學晶片、原子力顯微鏡探針、電子元件等。

三、二　維

指僅有一維尺度是在奈米尺寸範圍內，例如奈米薄膜、超晶格層、量子井等。可做為氣體催化、氣體感測、過濾器、高密度磁記錄、平面顯示器、超導等使用的材料。

四、三　維

指將奈米粉末高壓成形，或控制液態金屬的結晶過程，使得到具奈米晶粒結構的塊材或奈米孔洞的材料。可做為製作超高強度且具高韌性材料、智慧型材料等的應用。

製造奈米材料的方法有：

一、奈米粒子的物理製備方法

1. 氣相凝結法 (Gas condensation method)：利用一般加熱方式或高密度能量源 (例如電子束、雷射束、電漿、電弧等) 將原料在真空環境中熔融蒸發，然後使之驟冷於基板上，再經刮取而得。其特點為得到的奈米粒子的純度高、結構好、粒徑可控制，但對製作技術及設備的要求較高。

2. 物理粉碎法：利用機械粉碎、電火花爆炸等方法，使原料碎裂成奈米粒子。其特點為操作簡單、成本低，但得到的奈米粒子純度低、粒徑大小分佈不均勻。

3. 機械研磨法 (Mechanical attrition method)：利用磨球對較粗大的原料顆粒施加高能量球磨作用使之破裂，並可經由反覆的融合及破裂等過程得到合金化的粒子。可用於製作任何材料的奈米尺寸粒子，為目前能以經濟規模大量生產奈米粒子的製程。但是來自磨球、設備及環境的污染，使其應用價值降低。

二、奈米粒子的化學製備方法

1. 化學氣相沉積法 (Chemical vapor deposition method)：利用金屬化合物蒸氣的化學反應合成製作奈米粒子，其純度高且粒徑分佈範圍窄。

2. 沈澱法 (Precipitation method)：將沈澱劑加入鹽溶液中，反應後經沈澱熱處理得到奈米粒子。其特點為操作簡單，但所得到的奈米粒子的純度低、粒徑較大，適合於製備氧化物。

3. 水熱合成法 (Hydrothermal method)：將原料置於高溫高壓的水溶液或蒸汽等流體中合成，再經分離和熱處理過程得到奈米粒子。其特點為奈米粒子純度高、分散性好、粒徑易控制等。

4. 溶膠凝膠法 (Sol-gel method)：金屬化合物經過溶液、溶膠、凝膠等過程而固化，再利用低溫熱處理得到奈米粒子。其特點是反應物種類多、過程易控制、奈米粒子大小均一，適用於氧化物等的製備。

5. 微乳液法 (Microemulsion method)：使兩種互不相溶的溶劑在表面活性劑的作用下形成乳液，然後在其微泡中經過成核、聚集、團聚及熱處理後得到奈米粒子。其特點為奈米粒子的分散性和介面性良好，適用於半導體材料奈米粒子的製備。

三、奈米碳管的製備方法

一維奈米材料因其具有特殊結構和優異性能，是奈米級元件的基礎構造材料。其中又以奈米碳管最受到矚目。有關奈米碳管的製備方法有：

1. 電弧放電法 (Arc discharge method)：將置於陽極的石墨以等速而緩慢的方式往陰極移動，當兩極的間距夠小時，即引起瞬間電弧放電作用，產生的高溫 (約 3700℃) 造成陽極上的石墨氣化，並在陰極上形成奈米碳管。

2. 雷射剝蝕法 (Laser ablation method)：將石墨靶材置於通入氦氣或氬氣的高溫 (約 1200℃) 石英管中，利用雷射束激發石墨使之氣化並沉積在銅收集棒上而得到奈米碳管。
3. 化學氣相沉積法 (Chemical vapor deposition method)：將催化劑塗覆於基板上，再通入含碳的氣體，例如 CH_4、C_2H_2、C_2H_4 或 CO 等。氣體分子在基板上被分解成碳，並進一步反應生長成奈米碳管，其反應溫度在 400 ～ 700℃。
4. 一氧化碳不均衡法 (CO disproportionation method)：以 CO 做為碳源氣體，在 200℃左右的相對比較低溫下，利用如鎳 - 鎂 (Ni-Mg) 觸媒，使 CO 反應生成奈米碳管。
5. 熱分解法 (Pyrolysis)：將含有催化劑金屬的有機化合物混合碳源氣體，前者在高溫爐中氣化分解成小顆粒的觸媒，然後與碳源氣體作用長成奈米碳管。

四、奈米結構鍍層的製備方法

製作奈米結構鍍層的方法很多，一般只需將目前的鍍膜製程進一步要求更為嚴謹的控制厚度，即可得到奈米結構的鍍層。例如：

1. 熱蒸鍍 (Thermal evaporation)：在真空環境中，加熱金屬材料使其表面的分子被蒸發出來，然後落到基板上，冷卻後形成一層約數十個奈米厚度的薄膜於基板上。可應用在電子元件上蒸鍍一層奈米尺度的金屬薄膜。
2. 分子束磊晶 (Molecular beam epitaxy)：與熱蒸鍍製程類似。在超真空環境中，利用電子束加熱金屬或半導體材料，使其表面上很淺的一層分子被蒸發出來落在基板上，形成一層僅數個奈米或原子厚度的薄膜於基板上。用於蒸鍍超薄的薄膜。
3. 脈衝式雷射沉積 (Pulse laser deposition)：與分子束磊晶製程類似，只是改以脈衝式雷射束取代電子束做為加熱源。除了可以製作超薄的金屬薄膜及半導體薄膜外，也可以用來製造奈米碳管。
4. 濺鍍沉積 (Sputtering deposition)：在真空環境中灌入氬氣，利用高電場作用使氬氣變成氬離子 (Ar^+)，並對其加速使朝向陰極方向 (靶材) 運動，當撞擊到靶材後，會造成靶材的表面分子脫離而飛濺到基材上形成薄膜。薄膜厚度約數十奈米，可用於製作金屬材料、半導體材料和絕緣體材料的薄膜。

五、奈米結構塊材的製備方法

奈米結構塊材包括具有奈米晶粒的塊材和具有奈米孔洞 (Nanoporous) 的塊材。其製程可分為：

1. 單一步驟製程 (One-step process)：利用電鍍 (Electroplating)、非晶質固體的結晶化 (Crystallization from amorphous state)、大量的塑性變形 (Plastic deformation) 等單一個步驟的製程，直接製備出具有奈米級晶粒的塊材，其結構相當緻密。
2. 兩步驟製程 (Two-step process)：先製作出奈米粒子，再以粉末冶金的加工製程進行燒結步驟，因而得到奈米級晶粒的塊材。在製作過程中需注意防止晶粒的成長，以確保奈米尺寸得以維持，其結構中較易產生孔隙。
3. 奈米孔洞材料製程 (Nanoporous material process)：塊材中含有一定孔隙率的結構，且其孔徑的大小為奈米級者稱為奈米孔洞材料。可應用於催化、分離、感測等領域。製作過程為使用模板 (Template) 的幾何結構特徵，做為材料合成的架構引導之用，然後將模板除去，即可形成具有一定孔隙率的奈米孔洞材料。

16.3.3 奈米技術

奈米科技的主要發展方向為生產奈米材料和奈米元件。有關奈米材料的部分已於上一節 (第 16.3.2 節) 中敘述過。至於利用奈米技術製造具特定功能的元件則是奈米科技中最重要的一環，更是具體顯現奈米材料優異性質的基礎工作。奈米級結構元件的生產方式有兩種，一種是微細加工向下延伸至奈米尺度，採用由上往下 (Top-down) 的移除方式成形 (減法加工方式)，例如奈米級的研磨、蝕刻和 LIGA 製程等。另一種是利用奈米粒子間組織的作用力，採用由下往上 (Bottom-up) 的堆積或組裝方式成形 (加法加工方式)。

一、奈米研磨技術

對於如半導體製程中基材表面的平坦度要求需達到奈米尺度者，可利用將超微細粒子懸浮於水中對工件進行研磨，然後再進行退火處理。這些超微細粒子 (例如 Al_2O_3) 與工件表面材料接觸時，產生的化學反應可取代原先存在於工件表面的原子，利用原子的重新排列得以達到原子尺度的平坦度。

二、奈米蝕刻技術

利用半導體的薄膜沉積、微影蝕刻等製程為基礎，將微奈米機電系統的矽基微細加工尺度進一步微細化至奈米級。利用到的新技術是以掃描穿隧式顯微鏡 (STM) 或原子力顯微鏡 (AFM) 的探針製作光罩的圖案，用以達成奈米級尺寸的精度。曝光用的光源則需使用更短的波長，以免因光繞射現象造成圖案模糊或曝光失敗。目前使用的光源或能量束有極紫外線 (EUV)、X 射線、電子束、離子束等。

三、奈米 LIGA 製程

將微奈米機電系統的 LIGA 製程進一步微細化，例如使用波長更短的 X 射線來得到穿透力更高、受繞射影響更小的加工特性，製造出三維奈米尺度的元件。

此外，也可利用奈米 LIGA 製程製作模具後，使用具超塑性 (Superplasticity) 的奈米級晶粒金屬，以熱壓成形 (Hot embossing) 方法製造微形元件。

奈米 LIGA 製程所得的模具也可用於製造奈米級尺寸的陶瓷元件。將奈米大小尺寸的陶瓷粉末與熱塑性塑膠混合後，利用微射出成形 (Micro injection molding) 進行精密射出成形。

四、奈米機械加工

屬於由下往上的製程。利用掃描穿隧式顯微鏡或原子力顯微鏡的探針操縱原子或分子的移動及堆積，製作奈米級的微小元件。當然也可進行奈米切削 (Nanomachining) 的操作。

五、奈米結構自組裝技術

利用較弱鍵結或方向性較低的氫鍵、凡得瓦爾鍵 (van der Waals) 或弱離子鍵等的作用力，經其整體協同作用，將原子、離子或分子等連結在一起所組成的結構體。藉由特定化學作用的影響，控制奈米粒子間的交互作用與結構，可得到超過一般高解析度光學微影蝕刻技術的極限。奈米結構自組裝技術可用於製作奈米級電子、光電、生物、機械等元件。

16.3.4　奈米科技的應用

奈米科技的應用前景無限廣闊，並將對人類的生活產生無遠弗屆的重大影響。世界上先進的工業國家都早已投入大量的人力及資金進行研發，無不將奈米科技視為國家發展的核心產業，並成為用來評估其競爭力的重要指標。奈米科技主要的應用領域列舉如下：

一、醫學領域

利用奈米科技製造生物晶片 (Bio-chip) 用來從事臨床醫療或檢驗。奈米顆粒大小的藥物可有效地攻擊病毒、細菌或修復細胞。奈米機器人可在人體內偵測並執行診斷及治療。

二、電子與電腦領域

奈米科技可促使電子產品的功能更多但體積卻變為更小。也可使電腦運算速度變大、記憶體容量大增，但能量消耗卻大為降低，體積也將縮小許多。

三、塗料領域

奈米粒子製成的奈米塗料，若塗在飛機上，可使飛機成為對電磁波強烈吸收的隱形飛機。若塗在建築物上，將具有自潔作用，可長期保持牆壁的清潔。若塗在衣服外層，可產生防水又通風的效果。光觸媒則具有自潔、除臭及殺菌的功能。

四、環保與能源領域

奈米電池可大量提高電力儲存能力且減輕重量，可將現有電池的缺點大量改善，對電動汽機車工業的發展大有幫助。特殊功能的奈米薄膜可用於探測化學或生物製劑所造成的汙染，並加以過濾或分解，因此對環保及能源的問題也會產生極大的貢獻。

五、機械與航太領域

使用奈米科技對機械關鍵零組件進行表面塗層處理，可提高其硬度、耐磨耗性及耐熱性等，可增加其使用壽命。奈米科技也可製造出質輕、高強度且熱穩定性良好的材料及元件，應用於航太方面的飛機、火箭、太空梭、衛星等，前景看好。

16.4 3D 列印技術

機械零組件生產的過程中，從設計階段進入到製造階段時，快速成型 (Rapid prototyping，RP) 早已被廣泛應用於快速得到產品實體模型的一種重要工具，如第 12.2.10 節及第 13.2.2 節所述。利用類似的原理及製程技術，並配合適當的機器設備，若將快速成型中使用的塑膠 (高分子) 材料改為產品實際所使用的金屬等材料時，即可用來製造如設計階段所規劃具特定功能的機械零組件產品，此即為自 1980 年後發展自日本及美國並成功地被引進市場的積層製造 (Additive manufacturing，AM) 程序，又稱為 3D 列印技術 (3D printing)，為一種新興工程技術。

16.4.1 原理與特性

3D 列印技術的製程為先建立數位 3D 模型，以適當的資料格式儲存，然後進行切層運算，再將所得資料傳輸到硬體設備，最後利用設備控制層狀輸出的加工路徑，並逐漸堆疊成 3D 實體工件。

3D 模型建模的方式主要有兩種，(1) CAD 軟體建模，常見的工程用軟體有 AutoCAD、CATIA、ProE、Solidworks、SiemensNX 等；及 (2) 對已存在實體的形狀逆向掃描建模，利用接觸式的三次元量床，或非接觸式的逆向掃描建模技術 (例如三角幾何測距法、立體影像方法、多視角輪廓法等)。

3D 模型的幾何資料需藉由軟體轉換成數位化的圖檔方式，以利儲存、編輯與傳遞。3D 模型的資料格式可分為記錄物體表面網格資料，及用特定方程式參數化表示等兩大類，常見者有 STL(Stereolighography)、PLY、OBJ、3MF 等資料格式。這些數位資料再經過軟體的切層 (Slicing) 運算功能，產生如三角網格化的 STL 檔案格式輸出，得到多個且連續的分層 2D 資料，可用以傳輸到相關的硬體設備。

積層製造設備 (3D 列印機器) 接收到上述資料後，配合選定機台的加工參數，將工件材料轉換產生實體薄層並依序堆疊，每一薄層的幾何輪廓會構成工件的外形輪廓而逐漸形成實體 (立體) 工件。因每一薄層為二維 (two dimensions，2D) 平面式的加工，經多次堆疊而形成三維 (three dimensions，3D) 的實體工件，故稱此數位製造方法為積層製造，屬於一種加法加工方式，類似第 16.3.3 節所述之奈米技術由下往上 (Bottom-up) 的堆積或組裝的成形方式。這種製造程序不同於切削加工製程利用工具機的刀具將工件材料不要的部份移除之減法加工方式 (由上往下，Top-down)。

3D 列印技術的應用已由最初的快速成型 (如第 12.2.10 節及第 13.2.2 節所述)，進展到快速製造 (Rapid manufacturing) 階段，包含直接加工 (Direct tooling) 用來製作夾具、工模具或模具等輔助工具以協助生產，和直接製造 (Direct manufacturing) 用來直接生產工件。使用的材料種類也從聚合物 (塑膠) 擴展至金屬和陶瓷等。材料應用的形式則有液態狀、熱熔膠固態狀和粉末狀等。

3D 列印技術應用在機械製造產業的主要優勢有 4 項：

1. 適合客製化：針對各種特定功能需求的設計，可以立刻進行實體產品的少量製造，除了會省略選用或開發模具、刀具、夾具等輔助工具之繁複過程的各種成本及時間外，也可以使設計更加彈性、即時地配合客戶的要求。

2. 容易自動化：因是利用 2D 積層的數位加工，其製程大都是無施加應力的加工，故不需設計製作特定的刀具、夾具、工模具或模具等輔助工具，以及選擇過於複雜的加工參數，可使操作相對簡化，降低對現場操作人員的技術要求，滿足製造自動化的趨勢。
3. 產品輕量化：在材料逐漸加入成形的過程中操控堆疊方式，可以不需填入與輪廓無關的內部材料，能輕易地製作出空心的工件，對於製造減重需求較高的工件尤其大有助益，例如航太零組件。
4. 材料多元化：加工的過程是依規劃的加工路徑進行並為逐層疊加，可依產品各部位的功能要求選用合適的不同材料，經過此製程而得到設計時所規劃的產品。這是一般傳統製造製程，如塑性加工、切削加工等所無法達成的特性。

與現有的傳統製造技術生產相同產品比較時，3D 列印技術目前仍受到二項主要的限制，故尚未能廣泛應用到機械零組件製造的量產。其一是產品的性能，3D 列印技術所得到產品的強度相對不足。不論 3D 列印技術使用材料的成形機制，是由液態狀經光固化成形，或固態狀經熱能熔化再凝固成形，或粉末狀經燒結成形，所得到產品的強度，都比不上傳統製造技術所得到的產品。其二為製造時間的考量，產品量產時在滿足品質要求的條件下，加工效率亦為一經濟考量的重要因素。3D 列印技術受限於製程特性，通常在製造相同的產品時，尚無法同時兼顧精度與速度，加工時間比傳統製造技術要長。

16.4.2 種類

根據美國材料試驗學會 (ASTM) 的分類，將 3D 列印技術歸納為 7 種不同的類別，並依其製程原理、設備及使用的材料，可應用於製造原型、模型或模具等，甚至直接生產工件。

一、材料擠製成型技術 (Material extrusion，ME) 或熔融擠製成型技術 (Fused deposition modeling，FDM)

將材料加熱至熔融狀態，施加壓力使通過噴嘴擠壓出來，材料從半固態冷卻後固化成形。噴嘴以直立方式安裝，硬體設備的控制單元依據從軟體傳輸來的資料，規劃噴嘴在一水平面上的移動路徑，當一層輪廓成形後，噴嘴向上提升一個層厚的大小，繼續另一層的加工，直到完成所有的層數而得到 3D 實體。此製程類似使用熱熔膠槍，或直立式塑膠射出成型法。

相關的設備種類很多，使用的材料主要是熱塑性塑膠材料，常用於製作原型。此法的缺點為工件要求高精度時需較長的製作時間，以及受限於噴嘴的外型有些要求的幾何精度無法達成。

二、光聚合固化技術 (Vat photopolymerization，VP)

將液態的光聚合固化樹脂置入一大型槽內，控制一成型用平板使完全浸入液面下一層設定的深度 (工件的薄層厚度)，利用紫外線雷射束 (或其他光源，或電子束) 依傳輸自軟體資料規劃的路徑進行掃描，被照射的液態樹脂會硬化形成固體。然後成型平板再降下一層設定的深度，並依該層所規劃的路徑進行掃描，得到的固體薄層會與下方的固體黏結在一起。重覆進行上述步驟直到完成工件的實體模型。此技術又稱為立體石版印刷 (Stereolithography，SLA)，如第 12.2.10 節所述。

使用的材料為熱固性樹脂材料，經光照射後呈交聯固化反應，由線性結構轉變為網狀結構而具有強接著力。藉由調整照射光源的大小可得到不同精細程度的產品，不像材料擠製成型技術會受限於噴嘴有本身形狀尺寸的限制。常用於製作原型。

三、材料噴印成型技術 (Material jetting，MJ)

利用噴頭將液態的成型材料噴印在一底板上，再透過熱能或光源進行固化處理 (此步驟類似於材料擠製成型技術使用的固化過程)，經逐層噴印得到 3D 實體。此技術與光聚合固化技術雷同處為，直接噴出的積層材料大多採用光聚合固化樹脂，並利用光固化成型。

目前最常採用的點矩陣式壓電噴頭進行液滴噴印，具有高解析度，及列印速度快的優點。若配合使用多個噴頭依序噴出不同顏色或材質的成型材料，則可製作出彩色或多種材質的成品。

成型材料除了光聚合固化樹脂用於製作原型外，由於壓電式驅動的噴頭可用於高黏滯性材料的液滴成型，因此亦適用於蠟材料。先將蠟加熱融化成液態，經噴頭噴印出一薄層，液態蠟遇冷空氣會固化，依序逐層堆積成型，可直接得到脫蠟鑄造法中所要的蠟模型，如此則不需透過先製作鋁鑄模才能得到蠟模型，可增加設計的彈性，減少生產的前置作業成本及時間。

四、黏著劑噴印成型技術 (Binder jetting，BJ) 或三維噴印黏結技術 (Three dimensional printing and gluing，3DPG)

將一層成型用的粉末材料鋪於平台上，經由噴頭在選定的列印處噴出黏著劑，平台下降一層厚度後再鋪上粉末，此時黏著劑會將其上下粉末層間的顆粒黏結在一起，然後噴頭根據在其上面的切層輪廓資料噴出黏著劑，接著平台下降再鋪粉末，重複進行前述的步驟直至完成實體產品。通常完成後的實體產品需再經後處理劑再次固化處理，沒有被黏著劑噴到的粉末可回收再使用。

在噴印同時若加入彩色墨水，可以製作彩色 3D 實體。缺點為產品的強度不足，不適用於需承受應力的結構件。常用於製作原型、工藝品及鑄造的鑄模等。本技術與材料擠製成型技術常見應用於三維食品的列印。

五、疊層製造成型技術 (Laminated object manufacturing，LOM) 或薄片疊層技術 (Sheet lamination，SL)

將固態的薄片材料分別依各切層的輪廓切割成形後，再依序一層一層堆疊結合在一起的成型技術。薄片材料有紙、塑膠及金屬，皆可用雷射或切削加工的電腦數值控制工具機進行輪廓的切割，惟需考慮設備的成本、雷射熱的燒痕，刀片的磨耗率等問題。至於層與層的結合方式，在紙和塑膠薄片的背面可預先塗膠，利用加熱的滾輪或平板加壓已成形的切層，增進各切層間平整黏合的效果。金屬薄片則是藉由超音波銲接法來達成金屬工件所需的接合強度。

當與其他 3D 成型技術比較時，優點為在單層薄片材料上可容易且快速地加工成形。缺點是在疊層結合過程中，容易產生不平整、不均勻，造成翹曲或結合強度不均勻而影響工件的品質。用於製作原型或直接生產工件，但因成型機制的限制，目前較不常使用。

六、粉末床熔融成型技術 (Powder bed fusion，PBF)

將一層成型用的粉末材料鋪於平台上，使用雷射束或電子束依規劃的切層輪廓進行掃描，所產生的能量會促使被照射到的粉末熔融或燒結在一起。然後平台下降一個切層厚度，再繼續鋪粉末、掃描照射，反覆前述的步驟直至完成實體產品。當能量源為雷射運用於塑膠粉末加工時，則又稱為選擇性雷射燒結 (Selective laser sintering，SLS)，如第 12.2.10 節所述。

相較於其他積層技術，粉末床熔融成型技術的特點有：

1. 堆積的粉末即可支撐已熔融燒結成形的部分，故不需要再使用其他輔助的支撐材料，大為簡化製程規劃及操作的複雜度。
2. 不受限於特定類型而可用於各式的材料，包括塑膠、金屬、合金、陶瓷，甚至複合材料的粉末。
3. 配合粉末材料種類可以選用不同的能量源，例如加工用常見的各種雷射，或用於金屬粉末的電子束。此外，製程中也會控制環境氣氛以避免粉末氧化。又為了求得產品的良好精度，會採用微米級或更小的粉末，故有關粉塵操作的安全性與人員的健康問題需特別注意。

針對粉末燒結成型的金屬工件強度不足的缺陷，進一步發展出選擇性雷射熔融技術 (Selective laser melting，SLM)，利用雷射產生的熱能將被掃描到的粉末顆粒與其週遭已成型的實體完全熔化而形成熔池，當熔池固化後即可得到具高密度及高強度的金屬工件，類似銲接的過程。

粉末床熔融成型技術已從製作原型的應用，成功導入金屬工件的直接製造，尤其對需求功能性合金材料成分的工件，或複合材料的混合製造等，更是具有極大的發展性，故本製程技術在金屬材料加工的領域中將佔有一個很重要的地位。

七、指向性能量沉積技術 (Directed energy deposition，DED)

粉末材料經由塗覆 (Powder spraying) 方式到工件表面上，透過雷射束或電子束的能量融化被覆粉末材料與基材表面而形成冶金式鍵結，當透過 3D 之路徑軌跡規劃，使材料沉積成特定層厚，再經層層堆疊可完成實體製作。其原理起源於雷射被覆 (Laser cladding) 在已成型工件的表面，得到薄層材料沉積，用於工件的局部特性補強或修補。當以電子束為能量源時，需在真空環境下進行，可得到比雷射更高的沉積速率。

因不受粉末成型用平台大小的限制，故可以製作大尺寸金屬工件；也可以在曲面工件上製作細長結構；並可快速更換材料，達成複合金屬材料之積層製作，目前主要應用在航太產業之大型零組件的製作。

為克服製作的工件表面之平滑度與精度的問題，已有相關業者開發製造結合 CNC 銑削工具機而形成的複合化設備，達成應用雷射、3D 列印、CNC 切削等技術整合在同一台機具設備上進行加工生產的目標。

16.4.3 應用與發展

3D 列印技術在機械製造業方面，已從應用於快速成型之將設計階段的抽象概念，轉換成具體的模擬模型；進展到應用於快速製造，可以直接加工輔助工具以協助生產，甚且直接製造出真材實料的實體工件。

在直接製造上相較於傳統加工製程，3D 列印技術尤其適合運用在：(1) 快速將創意想法以實體呈現，或快速複製小批量生產的需求；及 (2) 對精密度、輕量化要求非常高，或需兼具多功能的機械零件，而傳統減法製造無法或困難加工者。

然而，3D 列印技術尚未能廣泛應用於機械製造業的量產，主要原因是受限於產品的強度相對不足，以及生產時難兼顧精度與加工效率。克服這些問題的發展方向有：(1) 採用適應性切層技術 (Adaptive slicing) 使參數多元化，配合輪廓的變化而改變層厚等，類似切削加工製程之先使用粗加工進行材料的大移除率，然後再施以精加工進行精修，以求得兼顧加工速度與產品精度；(2) 針對特定產業，例如航太、模具、醫療、牙齒、生物工程、鞋子、衣服等，發展符合其產品特性之專用製程及材料設計系統，以達成同時滿足產品精度與加工速度的要求；(3) 結合加減法複合加工方式，先利用 3D 列印技術的加法加工法，快速且大量的供給粉末，再以燒熔或噴印的製程將粉末固化成型。接著進行 CNC 切削的減法加工法，使產品符合要求的精度。這些製程是在同一機台上完成，故容易達到自動化，落實直接數位製造 (Direct digital manufacturing) 的構想。

3D 列印技術另一種應用是為創客 (Maker) 們提供了一項實現想法的重要工具，讓個人可將其創造力產出的抽象概念，能以容易、快速、低價的方式動手實作製造出實體，為達成商品化之前的重要階段。

一、習題

1. 敘述半導體材料的特性及種類。
2. 電子元件依其功能可分成那三類？
3. 無塵室的分級方式為何？
4. 矽晶圓的製備過程有那些？
5. 矽晶圓棒的長晶法有那三種？
6. 繪圖說明晶圓製程中蝕刻的兩種型式。
7. 繪圖說明晶圓微影和蝕刻的製程。
8. 晶圓製程中摻雜主要的方法有那兩種？

9. 何謂晶圓製程之快速熱製程？
10. 何謂晶圓製程之化學機械拋光 (CMP) ？。
11. 晶圓製程之薄膜沈積應用的技術有那些？
12. 晶圓後段製程之封裝的功能有那四個？
13. 微奈米機電系統的起源為微機電系統，在世界各地區的定義並不相同，主要的定義有那些？
14. 微奈米機電系統的特性有那些？
15. 微奈米機電系統的優點有那些？
16. 微奈米機電系統之矽基微細加工的主要種類為何？
17. 微奈米機電系統之微奈米機械加工，所包含的傳統切削加工方法及非傳統切削加工方法各有那些？
18. 微奈米機電系統包含那三種主要元件？
19. 敘述何謂奈米，所探討的範圍為何？
20. 當材料的結構小到奈米尺寸時，會產生那些特性？
21. 奈米材料的種類依其具有多少奈米尺寸的維度可分為那幾種？其應用為何？
22. 奈米粒子的製備方法有那些？
23. 奈米碳管的製備方法有那些？
24. 奈米結構鍍層的製備方法有那些？
25. 奈米結構塊材的製備方法有那些？
26. 奈米科技的應用領域有那些？
27. 3D 列印技術之 3D 模型建模的方式有那兩種？
28. 3D 列印技術應用在機械製造產業的主要優勢有那四項？
29. 3D 列印技術目前要應用到機械零組件量產的主要限制為何？
30. 何謂 3D 列印技術中之材料擠製成型技術？使用的材料為何？有何缺點？
31. 何謂 3D 列印技術中之光聚合固化技術？使用的材料為何？
32. 何謂 3D 列印技術中之材料噴印成型技術？其中壓電噴頭的應用有那些？
33. 何謂 3D 列印技術中之黏著劑噴印成型技術？應用性為何？

34. 何謂 3D 列印技術中之疊層製造成型技術？相較於其他 3D 成型技術時的優缺點為何？
35. 何謂 3D 列印技術中之指向性能量沉積技術？在金屬材料加工領域中有何重要應用？
36. 3D 列印技術應用於產品量產時，克服其限制的發展方向為何？

二、綜合問題

1. 採用由下往上 (Bottom-up) 之堆積或組裝方式製作工件的方法稱為加法加工，例如粉末冶金製程、快速成型、奈米科技及 3D 列印技術等，比較它們之間的相似及相異處，並舉出其代表性的產品。
2. 敘述積體電路 (晶片，IC) 製作時，會應用到金屬加工製程中的知識或技術有那些？機械專業人員其中在可扮演的角色或職務有那些？
3. 探討微奈米機電系統、奈米科技、3D 列印技術等，應用到機械工程之精密製造的機制及特點。

參考書目(中文)

1. 魏秋健編著，“機械製造(上)、(下)”，初版，全華圖書股份有限公司，1994。
2. 劉鼎嶽編著，“機械加工法(上)、(下)”，第九版，文京圖書有限公司，1991。
3. 陳昌泉著，“機械製造學”，初版，大中國圖書公司，1984。
4. 劉玉文、李喜橋主編，“機械製造(上)、(下)”，初版，文京圖書有限公司，1996。
5. 王繼正等編譯，“機械製造”，初版，高立圖書有限公司，1996。
6. 溫富亮等編譯，“製造程序”，修訂版，文京圖書有限公司，1996。
7. 劉覆新等共譯，“機械製造程序”，初版，文京圖書有限公司，1996。
8. 邱雲堯等共譯，“機械製造(第三版)”，初版，文京圖書有限公司，1998。
9. 許源泉、許坤明著，“機械製造(上)、(下)”，初版，台灣復文興業股份有限公司，1997。
10. 黃振賢著，“機械材料”，五版，文京圖書有限公司，1992。
11. 金重勳著，“機械材料”，四版，復文書局，1997。
12. 劉國雄等編著，“工程材料科學”，再版，全華圖書股份有限公司，1995。
13. 洪敏雄、王木琴編著，“非金屬材料”，再版，復文書局，1988。
14. 唐文聰編譯，“鋼鐵材料選用要領”，初版，全華圖書股份有限公司，1993。
15. 龔肇鑄編著，“鑄造學”，第六版，文京圖書有限公司，1991。
16. 吳英豪著，“(新)鑄造學”，初版，復文書局，1993。
17. 林文和、邱傳聖編著，“鑄造學”，四版，高立圖書有限公司，1994。
18. 林宗獻編著，“精密鑄造”，再版，全華圖書股份有限公司，1994。
19. 林文樹等著，“塑性加工學”，第三版，三民書局印行，1992。
20. 錢友榮、陳鶴崢主編，“塑性加工學”，初版，文京圖書有限公司，1995。

21. 黃新春、陳昌順、王進猷編著，“塑性加工”，三版，文京圖書有限公司，1995。
22. 曾廣銓編著，“塑性加工”，初版，中央圖書出版社出版，1989。
23. 董基良著，“銲接學”，四版，三民書局，1991。
24. 周長彬、蔡丕椿、郭央諶編著，“銲接學”，初版，全華圖書股份有限公司，1993。
25. 陳永甡主編，“銲接學”，初版，文京圖書有限公司，1993。
26. 王萬泉編著，“銲接學”，初版，台灣復文興業股份有限公司，1995。
27. 趙芝眉、湯銘權、蔡在亶編著，“金屬切削原理”，初版，科技圖書股份有限公司，1989。
28. 李鈞澤編著，“切削刀具學”，四版，文京圖書有限公司，1992。
29. 洪良德、陳正仁、陳昌順等編著，“切削刀具學”，四版，高立圖書有限公司，1997。
30. 劉偉均，“工具機”，三版，東華書局，1992。
31. 洪瑞斌、何祖璇編著，“工具機”，六版，高立圖書有限公司，1995。
32. 陳永甡主編，“工具機”，革新版，文京圖書有限公司，1994。
33. 余煥騰編著，“金屬熱處理學”，二版，六合出版社印行，1990。
34. 謝淵清譯，“熱處理學技術”，再版，復文書局，1985。
35. 張天津著，“熱處理”，四版，三民書局印行，1992。
36. 黃振賢，“金屬熱處理”，新訂版，文京圖書有限公司，1998。
37. 張裕祺編著，“表面處理，第五版”，高立圖書有限公司，1996。
38. 表面處理編輯委員會編著，“表面處理”，三版，文京圖書有限公司，1992。
39. 劉俊傑譯，“金屬的表面處理與加工”，初版，徐氏基金會出版，1990。
40. 柯賢文編著，“腐蝕及其防治”，初版，全華圖書股份有限公司，1995。
41. 張瑞慶譯，“非傳統加工(二版)”，高立圖書有限公司，1995。

42. 蘇英源、郭金國編著，“粉末冶金學”，初版，全華圖書股份有限公司，2001。
43. 詹福賜編譯，“精密陶瓷加工法”，初版，全華圖書股份有限公司，1994。
44. 謝淵清譯，“工程塑膠之特性及其加工”，初版，徐氏基金會出版，1992。
45. 洪良德編著，“鑽模與夾具”，六版，高立圖書有限公司，1997。
46. 龔肇鑄編著，“鑽模與夾具”，第九版，文京圖書有限公司，1991。
47. 葉思武編著，“實用精密量測”，初版，機械技術出版社，1992。
48. 侯國琛譯，“非破壞性檢測法”，初版，徐氏基金會出版，1992。
49. 高孔廉、張緯良著，“作業研究”，初版，五南圖書出版公司，1994。
50. 廖慶榮著，“作業研究”，初版，三名書局，1994。
51. 劉錫蘭譯，“工程管理學”，初版，科技圖書股份有限公司，1984。
52. 蔡志弘編著，“生產管理”，初版，高立圖書有限公司，1984。
53. 工業工程全書編纂委員會編，“工業工程全書”，初版，中興管理顧問公司，1994。
54. 鍾明鴻編譯，“生產管理”，初版，清華管理科學圖書中心，1992。
55. 賴福來、胡伯潛、黃信豪著，“工業工程與管理”，初版，三民書局印行，1996。
56. 陳耀茂著，“品質管理”，初版，五南圖書公司，1995。
57. 戴永久著，“品質管理”，初版，三民書局，1994。
58. 彭游、吳水丕，“工廠管理理論實務”，三版，南宏圖書公司，1992。
59. 彭敏求編著，“生產實務”，六版，文京圖書有限公司，1992。
60. 萬行雲編著，“生管實務”，再版，清華管理科學圖書中心，1993。
61. 黃盈志、黃盈仁編譯，“自動化加工技術”，初版，全華圖書股份有限公司，1989。
62. 戴佳坦編譯，“自動化的設計與製作”，初版，文笙書局，1991。
63. 張充鑫、賴連康編著，“自動化概論”，再版，全華圖書股份有限公司，1992。

64. 方世榮譯，“自動化生產系統”，初版，曉園出版社，1991。

65. 高進鎰、葛自祥共譯，“彈性製造系統”，初版，高立圖書有限公司，1995。

66. 蘇品書編著，“自動控制製造工程”，初版，復漢出版社，1988。

67. 姜庭隆譯，“半導體製程 (第四版)”，初版，滄海書局，2001。

68. 張俊彥譯著，施敏原著，“半導體元件物理與製作技術”，第三版，高立圖書有限公司，2000。

69. 楊龍杰編著，“認識微機電”，初版，滄海書局，2001。

70. 黃淳權譯，“微機電概論”，初版，高立圖書有限公司，2000。

71. 楊錫杭編著，“微機械加工概論”，初版，全華圖書股份有限公司，2002。

72. 李旺龍、馮榮豐主編，“奈米工程技術”，初版，滄海書局，2002。

73. 馮榮豐、陳錫添編著，“奈米工程概論”，初版，全華圖書股份有限公司，2003。

74. 馬遠榮著，“奈米科技”，初版，商周出版，2002。

75. 龔建華著，“你不可不知道的奈米科技”，初版，世茂出版社，2002。

76. 林振華編譯，川合知二原著，“奈米技術入門”，初版，全華圖書股份有限公司，2003。

77. 鄭正之等編著，“3D 列印積層製造技術與應用”，初版，全華圖書股份有限公司，2017。

參考書目 (英文)

1. Serope Kalpakjian, “Manufacturing Processes for Engineering Materials,” 2nd Ed., Addison Wesley, 1984.

2. B. H. Amstead, Phillip F. Ostwald and Myron L. Begeman, “Manufacturing Processes,” 8th., John Wiley &. Sons, Inc., 1987.

3. John A. Schey, “Introduction to Manufacturing Processes,” 2nd Ed., McGraw-Hill,Inc., 1987.

4. Mikell P. Groover, “Fundamentals of Modern Manufacturing: Materials, Processes,and Systems,” 2nd Ed., John Wiley & Sons, Inc., 2002.

5. Serope Kalpakjian, Steven R. Schmid, "Manufacturing Engineering and Technology," 4th Ed., Prentice Hall International, 2001.
6. E. Paul DeGarmo, J T. Black, Ronald A. Kohser, "Materials and processes in manufacturing," 9th Ed., John Wiley & Sons, Inc., 2003.
7. Phillip F. Ostwald, Jairo Mu oz, "Manufacturing Processes and Systems," 9th Ed., John Wiley &. Sons, Inc., 1997.
8. James F. Shackelford, "Introduction to Materials Science for Engineers," 3rd Ed.,Macmillan Publishing, 1992.
9. William D. Callister, Jr., "Materials Science and Engineering: An Introduction," 3rd Ed., John Wiley & Sons, Inc., 1994.
10. William F. Smith, "Foundations of Materials Science and Engineering," 2nd Ed.,McGraw-Hill, Inc., 1993.
11. William F. Hosford, Robert M. Caddell, "Metal Forming Mechanics and Metallurgy," 2nd Ed., Prentice Hall, 1993.
12. George E. Dieter, "Mechanical Metallurgy," 3rd Ed., MaGraw-Hill, Inc., 1987.
13. Geoffrey Boothroyd, Winston A. Knight, "Fundamentals of Machining and Machine Tools," 2nd Ed., Marcel Dekker Inc., 1989.
14. Milton C. Shaw, "Metal Cutting Principles," Oxford University Press, 1984.
15. Randall M. German, "Powder Metallurgy Science," Metal Powder Industries Federation, 1984.
16. Derek Hull, "An introduction to composite materials," Cambridge University Press, 1981.
17. Marc Madou, "Fundamentals of Microfabrication ," CRC Press, 1997.
18. Sergej Fatikow, Ulrich Rembold, "Microsystem Technology and Microrobotics," Springer, 1997.
19. Mick Wilson, Kamali Kannangara, Geoff Smith, Michelle Simmons and Burkhard Raguse, "Nanotechnology: basic science and emerging technologies," 1st Ed.,UNSW Press, 2002.

INDEX
索引

一畫

T 型接頭 (T-joint) 5-4
T 型槽銑刀 (T-slot milling cutter) 7-14
一氧化碳不均衡法 (CO disproportionation method) 16-19
乙炔羽 (Acetylene feather) 5-7

二畫

二片模型 (Two pieces pattern) 3-6
二氧化碳模 (CO_2 mold) 3-13
人工 (Manpower) 14-2
人工時效 (Artificial aging) 9-20
人工造模 (Hand molding) 3-14
人工智慧 (Artificial intelligence) 15-11
人因工程 (Ergonomics engineering) 13-6
人字齒輪 (Herring bone gear) 7-23
人員 (Man) 14-2
刀刃口 (Cutting edge) 6-3,7-7
刀片 (Bit) 6-13
刀具 (Tool) 6-2
刀具溜座 (Carriage) 8-9
刀具壽命 (Tool life) 6-25
刀柄 (Shank) 6-9
刀面 (Face) 6-9
刀痕方向 (Lay) 10-15
刀腹磨耗 (Flank wear) 6-27
刀鼻 (Nose) 6-9
刀齒 (Tooth) 7-10

三畫

三爪夾頭 (Chuck) 8-9
三滾輪成形法 (Three-roll forming) 4-29
三維的線架構模型 (Wire frame model) 15-4
三維噴印黏結 (Three dimensional printing and gluing) 16-26
下垂法 (Sagging method) 12-5
下料 (Blanking) 4-26
下銑 (Down milling) 7-12
下變韌鐵 (Lower bainite) 9-11
上銑 (Up milling) 7-12
上變韌鐵 (Upper bainite) 9-11
凡得瓦爾鍵 (van der Waals bond) 2-2,2-21,16-21
刃差排 (Edge dislocation) 4-5
士氣 (Morale) 14-2
小胚 (Billet) 4-8
工件 (Workpiece) 6-2
工作分派 (Work Dispatching) 14-6
工作抽查 (Work sampling) 14-17
工作研究 (Work study) 14-16
工作站 (Workstation) 15-9
工作催查 (Work Follow-up) 14-7
工作衡量 (Work measurement) 14-17
工具 (Tool) 7-15
工具銑床 (Tool milling machine) 8-12
工具機 (Machine tool) 6-2,7-2
工具磨床 (Tool grinder) 8-15
工具磨削 (Tool grinding) 7-21
工具鋼 (Tool steel) 2-15
工程分析 (Engineering analysis) 13-5,15-5
工廠自動化 (Factory automation) 15-11
工模 (Jig) 8-11
工模搪床 (Jig boring machine) 8-14
工模磨床 (Jig grinder) 8-15
干涉 (Interference) 13-9
干涉配合 (Interference fit) 13-9
弓鋸機 (Hacksawing machine) 7-4

四畫

不完全退火 (Partial annealing) 9-15
不連續切屑 (Discontinuous chip) 6-7

不銹鋼 (Stainless steel) 2-15
不變鋼 (Invar) 2-18
中性焰 (Neutral flame) 5-8
中胚 (Bloom) 4-8
中等波來鐵 (Medium pearlite) 9-10
介電液 (Dielectric fluid) 11-6
介觀 (Mesoscope) 16-17
內拉床 (Internal broaching machine) 8-14
內圓磨床 (Internal grinder) 8-15
內齒輪 (Internal gear) 7-23
六角鑽床 (Turret drilling machine) 8-12
公差 (Tolerance) 13-8
公稱尺寸 (Nominal size) 7-21,13-7
分子束磊晶 (Molecular beam epitaxy) 16-19
分批式爐 (Batch furnace) 9-23
分析 (Analysis) 1-6
分度頭 (Index head) 8-13
分厘卡 (Micrometer) 13-17
分裂模型 (Split pattern) 3-6
分類 (Classification) 14-8
切削 (Cutting) 8-2
切削力 (Cutting force) 6-18
切削比 (Cutting ratio) 6-17
切削加工 (Cutting or Machining) 6-2
切削平面 (Cutting edge plane) 6-9
切削性 (Machinability) 6-29
切削性指數 (Machinability index) 6-29
切削阻力 (Cutting resistance) 6-16
切削動力計 (Dynamometer) 6-18
切削液 (Cutting fluid) 6-23
切削深度 (Depth of cut) 7-2,7-6
切削速度 (Cutting speed) 7-2,7-6
切削過程 (Cutting process) 6-3
切屑 (Chip) 6-2,6-6
切屑厚度比 (Chip thickness ratio) 6-17
切屑流動角 (Chip-flow angle) 6-4
切割 (Cut-off) 7-21
切螺紋機構 (Feeding and thread-cutting mechanism) 8-9
化成塗層 (Chemical conversion coating) 10-13
化學切胚料 (Chemical blanking) 11-3
化學反應能銲接 (Chemical reaction energy welding) 5-4
化學加工 (Chemical machining) 11-3
化學回火 (Chemical tempering) 12-5
化學性質 (Chemical property) 11-14
化學氣相沉積 (Chemical vapor deposition) 10-13
化學能 (Chemical energy) 11-2
化學電鍍 (Chemical plating) 10-12
化學銑削 (Chemical milling) 11-3
化學機械拋光 (Chemical mechanical polishing) 8-26,16-9
化學雕刻 (Chemical engraving) 11-3
反向再引伸成形 (Reverse redrawing) 4-27
反射爐 (Reverberatory furnace) 3-17
反磁性材料 (Diamagnetic material) 2-7
引伸成形 (Drawing) 4-27
心軸 (Mandrel) 4-15,12-10
方法 (Method) 14-2
方法研究 (Method study) 14-16
方螺紋 (Square thread) 7-22
日程安排 (Scheduling) 14-6
比重 (Specific gravity) 2-5
比剛性 (Specific stiffness) 2-5
比能 (Specific energy) 6-20
比密度 (Relative density) 11-14
比強度 (Specific strength) 2-5
比電阻 (Specific resistance) 2-6
比熱 (Specific heat) 2-5
毛壓胚 (Green compact) 11-15,11-18
水刀加工 (Water jet cutting) 11-10
水玻璃 (Sillicate) 7-18
水噴射加工 (Water jet machining) 11-10
水熱合成法 (Hydrothermal method) 16-19

火炬軟銲法 (Torch soldering) 5-25
火炬硬銲法 (Torch brazing) 5-25
火焰 (Flame) 10-8
牛頭鉋床 (Shaper) 7-16

五畫

主刀腹 (Major flank) 6-9
主運動 (Primary motion) 6-5
主變形區 (Primary deformation zone) 6-3
仙吉米亞 (Sendzimir) 4-18
凹陷磨耗 (Crater wear) 6-13,6-27
凹槽敏感性 (Notch sensitivity) 2-11
凸輪 (Cam) 8-6
凸輪磨床 (Cam grinder) 8-15
加工硬化 (Work hardening) 2-8,4-6
加工裝配工業 (Fabrication and assembly industry) 14-2
加工裕度 (Finish allowance) 3-4
加工熱處理 (Thermo-mechanical treatment) 9-21
加層 (Layering) 16-6
包裝 (Packing) 13-23
包層 (Cladding) 10-14
包模鑄造 (Investment casting) 3-24
卡式 (Cartesian) 8-17
卡規 (Snap gage) 13-18
卡鉗 (Caliper) 13-17
可取出模型 (Removable pattern) 3-4
可消失模型 (Disposable pattern) 3-4
可程式邏輯控制器 (Programmable logic controller) 8-6
可塑性 (Formability) 4-6
可潰式螺絲攻 (Collapsible tap) 7-22
外拉床 (External broaching machine) 8-14
外圓磨床 (Cylindrical grinder) 8-15
外觀密度 (Apparent density) 11-14
外觀接觸面積 (Apparent area of contact) 6-21
布置 (Layout) 14-6
失效 (Failure) 2-11
巨觀 (Macroscope) 16-16
巨觀組織 (Macro-structure) 9-27
平板及薄片 (Flat sheet and plate) 12-4
平板滾軋 (Flat rolling) 4-15
平板銑削 (Slab milling) 7-11
平面規 (Surface gage) 13-20
平面磨床 (Surface grinder) 8-14
平銑刀 (Plain milling cutter) 7-13
平銲位置 (Flat position) 5-5
平衡圖 (Equilibrium diagram) 9-6
平爐 (Open-hearth furnace) 3-17
本生 (Bunsen) 5-8
正交切削 (Orthogonal cutting) 6-4
正交平面 (Orthogonal plane) 6-9
正弦桿 (Sine bar) 13-19
正常化 (Normalizing) 9-16
正齒輪 (Spur gear) 7-23
甘特圖 (Gantt chart) 14-6
生產 (Production) 13-2,14-2
生產型銑床 (Production type milling machine) 8-13
生產率 (Productivity) 6-32,14-16,14-17
生產規劃 (Production planning) 14-2
生產程序 (Production process) 14-2
生產預測 (Production forecast) 14-3
生產管制 (Production control) 14-2
生產管理 (Production management) 14-2
生銹 (Rusting) 10-9
目視檢查 (Visual examination) 3-19
石膏模鑄造法 (Plaster mold casting) 3-25
功能 (Function) 14-10
立方氮化硼 (Cubic boron nitride) 6-15
立式 (Vertical) 7-15
立式車床 (Vertical lathe) 8-10
立式搪床 (Vertical boring machine) 8-14
立式銑床 (Vertical milling machine) 8-12
立式鑽床 (Upright drilling machine) 8-11

立銲位置 (Vertical position) 5-5
立體石版印刷 (Stereolithography) 12-8

六畫

交談式電腦繪圖 (Interactive computer graphic) 15-3
交鏈作用 (Cross-linking) 2-21
仿削控制 (Tracer control) 8-7
仰銲位置 (Overhead position) 5-5
光化學銑削 (Photochemical milling) 11-3
光學比測儀 (Optical comparator) 13-19
光學平板 (Optical flat) 13-20
光學測量儀 (Optical measuring instrument) 13-19
光學顯微鏡 (Optical microscope) 13-19
光譜儀 (Spectrometer) 3-19
光聚合固化技術 (Vat photopolymerization) 16-25
共用資料庫 (Common database) 1-9
共晶接合 (Eutectic bonding) 16-14
共價鍵 (Covalent bond) 2-2
共融合金熔化鍵結 (Eutectic fusion bonding) 5-24
共擠製法 (Coextrusion) 12-11
再結晶 (Recrystallization) 4-7
再結晶退火 (Recrystallization annealing) 9-16
再結晶溫度 (Recrystallization temperature) 4-2
印刷電路板 (Printed circuit board) 16-4
危險 (Dangerous) 15-9
危險區域 (Dangerous zone) 9-18
同步工程 (Concurrent engineering) 1-6,13-6
同素變態 (Allotropic transformation) 9-4
吐粒散鐵 (Troosite) 9-10
向前擠製 (Forward extrusion) 4-20
向後擠製 (Backward extrusion) 4-20
合金工具鋼 (Alloy tool steel) 2-15
回火 (Tempering) 9-19
多軸向之壓應力 (Compressive stresses) 4-2
多軸自動車床 (Multiple spindle automatic lathe) 8-22
多軸鑽床 (Multiple spindle drilling machine) 8-11
多鋒刀具 (Multi-point tool) 6-2
存貨生產 (Stock-order production) 14-3
存貨模型 (Inventory model) 14-9
安裝圖 (Installation drawing) 13-10
弛力退火 (Stress relief annealing) 9-16
成本 (Cost) 6-30
成形 (Patterning) 16-6
成型切削 (Form cutting) 7-23
成型滾軋 (Shape rolling) 4-15
成型銑刀 (Form milling cutter) 7-13
成排鑽床 (Gang drilling machine) 8-11
扣件 (Fastener) 7-21
收縮裕度 (Shrinkage allowance) 3-4
收縮壓配 (Shrink press fitting) 5-36
有角彎形 (Angle bending) 4-29
有胚料架之引伸成形 (Drawing with blank holder) 4-27
有限元素法 (Finite element method) 13-5,15-4
次刀刃口 (Minor cutting edge) 6-9
次刀腹 (Minor flank) 6-9
次表面層 (Subsurface) 6-28
次變形區 (Secondary deformation zone) 6-3
自由鍛造 (Free forging) 4-12
自動化 (Automation) 15-2
自動存取系統 (Automated storage-retrieval system) 15-10
自動車床 (Automatic lathe) 8-10,8-21
自動換刀裝置 (Automatic tool changer) 8-20
自動導引搬運車 (Automated guided vehicle) 15-9
自動檢驗系統 (Automated inspection system) 15-10

自動螺絲車床 (Automatic screw lathe)8-23
自動繪圖 (Automated drafting) 15-5
自然 (Natural) 6-28
自然時效 (Natural aging) 9-20
自開式螺絲模 (Self-opening die) 7-22
艾左 (Izod) 2-9,9-27
行星式銑床 (Planetary milling machine) 8-13
行星運動 (Planetary motion) 7-20

七畫

伽凡尼 (Galvanic) 10-11
伸長率 (Percentage of elongation) 2-8
伸展成形 (Stretch forming) 4-28
作用力 (Force) 9-21
作業研究 (Operation research) 14-8
低溫回火脆性 (Temper brittleness) 9-19
冷均壓法 (Cold isostatic pressing) 11-15
冷室 (Cold chamber) 3-22
冷流衝擊法 (Cold stream impact process) 11-13
冷銲法 (Cold welding) 5-23
冷凝塊 (Chill) 3-18
冷鋸機 (Cold sawing machine) 7-4
冷鍛 (Cold forging) 4-11
利潤 (Benefit) 13-3
努氏 (Knoop) 2-9
呋喃模 (Furan mold) 3-13
吹模製法 (Blow molding method)12-5,12-7
均質化 (Homogeneous) 9-3
均質化退火 (Homogenizing annealing)9-14
均壓法 (Isostatic pressing) 11-15
夾渣 (Inclusion) 5-33
完工處理 (Finish operation) 11-17
完全退火 (Full annealing) 9-14
完美 (Perfect) 4-4
尾座 (Tail stock) 8-9
床型 (Bed type) 8-12
床型銑床 (Bed type milling machine) 8-13
床座 (Bed) 8-9
形狀 (Shape) 11-14
快速成型 (Rapid prototyping) 12-8,13-11,16-22
快速製造 (Rapid manufacturing) 16-23
快速原型製造 (Rapid prototyping) 1-6
快速熱製程 (Rapid thermal processing) 16-9
抗扭強度 (Torsional strength) 2-7
抗拉強度 (Tensile strength) 2-7
抗剪強度 (Shear strength) 2-7
抗壓強度 (Compressive strength) 2-7
扶架 (Rest) 8-9
批量生產 (Batch production) 1-7
投影比測儀 (Projecting comparator) 13-21
材料流 (Material flow) 4-6
材料移除率 (Material removal rate) 7-6
材料擠製 (Material extrusion) 16-24
材料噴印 (Material jetting) 16-25
沙丕 (Charpy) 2-9,9-27
沈重 (Heavy) 15-9
沈澱法 (Precipitation method) 16-18
沉積法 (Deposition) 16-6
沖孔 (Piercing) 或 (Punching) 4-25,7-8
沃斯田鐵 (Austenite) 9-6
角度規 (Angle gage) 13-20
角度塊規 (Angle blocks gage) 13-20
角銑刀 (Angle milling cutter) 7-14
角緣接頭 (Corner joint) 5-4
車削 (Turning) 6-3,7-2,7-5

八畫

亞共析鋼 (Hypoeutectoid steel) 9-6
使用者 (User) 13-3
兩步驟製程 (Two-step process) 16-20
刮板模型 (Sweep pattern) 3-8
刮鉋 (Shaving) 7-23

刮除 (Abrasion) 6-26
制振能 (Damping capacity) 2-16
周邊銑削 (Peripheral milling) 7-11
固定成本 (Fixed cost) 14-18
固體滲碳 (Pack carburizing) 10-6
坩鍋爐 (Crucible) 3-17
奈米 (Nanometer) 16-2
奈米切削 (Nanomachining) 16-21
奈米孔洞材料製程 (Nanoporous material process) 16-20
奈米技術 (Nanotechnology) 16-2,16-14
奈米結構材料 (Nanostructure material) 16-14
奈米碳管 (Carbon nanotube) 16-17
奈米機電系統 (Nano-electro-mechanical system) 16-12
屈服強度 (Yielding strength) 4-10
底板 (Bottom board) 3-15
延性 (Ductility) 2-8
性質 (Properties) 1-6,2-2
拉式 (Pull type) 8-14
拉伸成形 (Pulforming) 12-11
拉伸試驗 (Tensile test) 2-7
拉削 (Broaching) 7-8
拉製 (Pultrusion) 12-11
拋光 (Polishing) 7-8,7-21,10-16
拋砂法 (Sand slinging) 3-14
抽拉 (Drawing) 4-22,12-4
放射線檢驗 (Radiographic inspection) 3-19,13-23
放電加工 (Electrical discharge machining) 11-6
放電研磨加工 (Electrical discharge grinding) 11-8
放電線切割 (Electrical discharge wire cutting) 11-7
板狀複合材料 (Laminar composite) 12-12
板模模型 (Match plate pattern) 3-6
板彎形 (Plate bending) 4-29
析出硬化 (Precipitation hardening) 9-20
注射模製法 (Injection molding method) 12-6
泥土模 (Loam mold) 3-13
波來鐵 (Pearlite) 9-8
波浪狀 (Waviness) 10-15
油漆 (Paint) 10-14
泛用工具機 (General purpose machine tool) 8-2
物料 (Material) 14-2
物料處理系統 (Material handling system) 15-9
物料管理 (Material management) 14-8
物料需求規劃 (Material requirements planning) 15-7
物理氣相沉積 (Physical vapor deposition) 10-12,16-9
盲孔 (Blind hole) 7-22
直尺 (Straight ruler) 13-16
直方圖 (Histogram) 14-12
直接成本 (Direct cost) 14-17
直接時間研究 (Direct time study) 14-17
直接接合 (Direct bonding) 16-14
直接製造 (Direct manufacturing) 16-23
直接加工 (Direct tooling) 16-23
直接數位製造 (Direct digital manufacturing) 16-28
直接擠製 (Direct extrusion) 4-20
直進輪磨 (Plunge grinding) 7-20
直線切削控制 (Straight path cutting control) 8-19
知識工程 (Knowledge engineering) 15-11
矽晶圓 (Silicon wafer) 16-3
空孔 (Pore) 11-16
空氣乙炔氣銲法 (Air-acetylene welding) 5-8
肥粒鐵 (Ferrite) 9-6
臥式 (Horizontal) 7-15
臥式搪床 (Horizontal boring machine) 8-13

臥式銑床 (Horizontal milling machine)8-12
虎克定律 (Hooke's law) 2-8
虎鉗 (Vise) 8-10
初析肥粒鐵 (Proeutectoid ferrite) 9-8
初析雪明碳鐵 (Proeutectoid cementite) 9-9
表面 (Surface) 10-2
表面完整性 (Surface integrity) 6-28
表面拉床 (Surface broaching machine)8-14
表面紋理 (Surface texture) 10-15
表面清潔 (Surface cleaning) 10-3
表面粗度儀 (Surface indicator) 13-21
表面粗糙度 (Surface roughness) 6-28
表面精度 (Surface finish) 6-28
金屬成形 (Metal forming) 4-2
金屬射出成形 (Metal injection molding) 11-18
金屬基複合材料 (Metal matrix composite) 2-22
金屬移除率 (Metal removal rate) 6-20
金屬滲透法 (Metallic cementation) 10-8
金屬鍵 (Metallic bond) 2-2
阻斷式 (Obstruction type) 6-8
青銅 (Bronze) 2-17
非均質體 (Nonhomogeneous) 12-12
非破壞檢驗 (Nondestructive inspection) 5-34,13-22
非晶質固體的結晶化 (Crystallization from amorphous state) 16-20
非等向性 (Anisotropic) 16-7
非傳統切削加工 (Nontraditional or Nonconventional machining process) 11-2
非鐵系金屬 (Nonferrous metal) 2-2,2-13
非鐵鑄合金 (Nonferrous cast alloy) 6-13

九畫

冒口 (Riser) 3-9
冒險 (Hazardous) 15-9
前手銲法 (Forehand welding) 5-7
前饋控制 (Feedforward control) 8-24
勃氏 (Brinell) 2-9,9-27
厚度規 (Thickness gage) 13-18
品管圈 (Quality control circle) 14-15
品質 (Quality) 14-11
品質保證 (Quality assurance) 14-15
品質管制 (Quality control) 14-12
品質管理 (Quality management) 14-11
封裝 (Packaging) 16-9
封膠 (Molding) 16-10
後手銲法 (Backhand welding) 5-7
後傾角 (Back rake angle) 6-7,6-9
急回機構 (Quick return mechanism) 7-16
恆溫退火 (Isothermal annealing) 9-15
扁胚 (Slab) 4-9
指派問題 (Assignment problem) 14-9
指導 (Directing) 14-11
染色 (Coloring) 10-15
柱膝型 (Column and knee type) 8-12
查核 (Check) 14-5
柏拉圖分析圖 (Pareto analysis diagram) 14-12
歪斜滾軋 (Skew rolling) 4-17
流動性 (Flowability) 11-14
流路系統 (Gating system) 3-9
流路模型 (Gated pattern) 3-7
流道 (Runner) 3-9
流體動力加工 (Hydrodynamic machining) 11-10
洛氏 (Rockwell) 2-9,9-27
洛氏硬度 (Rockwell hardness) 9-12
玻璃 (Glass) 2-20,12-2
玻璃陶瓷 (Glass-ceramic) 12-2
玻璃纖維 (Glass fiber) 12-4
盈餘分配表 (Earning distribution statement) 14-21
相退火 (Phase annealing) 9-14
相圖 (Phase diagram) 9-6
砂心 (Core) 3-13

砂心盒 (Core box) 3-14
砂模 (Sand mold) 3-10
砂模平板 (Mold board) 3-15
砂模鑄造法 (Sand casting process) 3-3
研磨 (Lapping) 7-21,7-24,10-4,10-16
穿孔法 (Piercing) 4-17
紅熱硬度 (Red hardness) 6-11
耐熱性 (Refractoriness) 3-11
耐熱鋼 (Heat-resisting steel) 2-16
耐磨耗性 (Wear resistance) 6-12
背隙 (Backlash) 7-12
衍生式 (Derivative) 15-6
指向性能量沉積 (Directed energy deposition) 16-27
計畫 (Plan) 14-5
訂貨生產 (Sold-order production) 14-3
派工單 (Job order) 14-6
重力鑄造法 (Gravity casting) 3-22
降伏強度 (Yield strength) 2-7
面板 (Face plate) 8-9
面型微加工技術 (Surface micromachining technology) 16-13
面銑刀 (Face milling cutter) 7-14
面銑削 (Face milling) 7-10
面模型 (Surface model) 15-4
面積縮減率 (Percentage of area reduction) 2-8

十畫

剛性 (Stiffness) 2-8
剛性模數 (Modulus of rigidity) 4-5
原子力顯微鏡 (Atomic force microscope) 16-15
原型 (Prototype) 1-6,8-3
原料選擇 (Material selection) 11-18
射出成形 (Injection molding) 11-18
差排 (Dislocation) 4-5
徑節 (Diametral pitch) 7-23
挫屈 (Buckling) 8-6
效益 (Profit) 6-30
時效 (Aging) 9-20
時效硬化 (Age hardening) 9-20
時間研究 (Time study) 14-16
氣孔 (Gas hole) 3-20
氣相凝結法 (Gas condensation method) 16-17
氣體切割 (Gas cutting) 5-7
氣體金屬極電弧銲法 (Gas metal arc welding) 5-12
氣體滲碳 (Gas carburizing) 10-7
氣體銲接 (Gas welding) 5-6
氣體壓力鍵結 (Gas pressure bonding) 5-24
氣體壓銲法 (Pressure gas welding) 5-23
氣體鎢極電弧銲法 (Gas tungsten arc welding) 5-11
氧乙炔氣銲法 (Oxy-acetylene welding) 5-7
氧化 (Oxidation) 2-4
氧化焰 (Oxidizing flame) 5-8
氧氯化鎂 (Oxychloride) 7-18
泰勒 (Taylor) 6-12
消費者 (Consumer) 13-2
浸式軟銲法 (Dip soldering) 5-26
浸式硬銲法 (Dip brazing) 5-26
浸沒 (Immersion) 10-3
浸滲 (Impregnation) 11-17
特性要因圖 (Cause and effect diagram) 14-12
特殊磨床 (Special grinder) 8-15
珠擊法 (Shot peening) 10-9
疲勞 (Fatigue) 2-11
疲勞強度 (Fatigue strength) 2-11
疲勞試驗 (Fatigue test) 2-11
真空滲碳 (Vacuum carburizing) 10-7
真空熔化鍵結 (Vacuum fusion bonding) 5-24
真空鑄造 (Vacuum casting) 3-26
破裂韌性 (Fracture toughness) 2-11
破損 (Breaking) 6-25

破壞性測試 (Destructive testing) 5-35
粉末毛胚鍛造 (Powder preform forging) 11-16
粉末冶金 (Powder metallurgy) 11-11
粉末製造 (Powder production) 11-12
粉末鍛造 (Powder forging) 4-15
粉末床熔融 (Powder bed fusion) 16-26
素材 (Raw material) 4-8
素材生產 (Raw material production) 4-2
索瑞夫 (Zorev) 6-21
純鐵 (Pure iron) 2-13
缺陷 (Flaw) 10-15
脈衝式雷射沉積 (Pulse laser deposition) 16-20
記憶 (Memory) 16-3
財務 (Finances) 14-18
起模斜度 (Draft taper) 3-4
逆向工程 (Reverse engineering) 1-6,13-6
逆銑 (Conventional milling) 7-12
退火 (Annealing) 9-14,12-5
追蹤器 (Tracer) 8-7
閃光銲法 (Flash welding) 5-20
骨架模型 (Skeleton pattern) 3-8
高分子基複合材料 (Polymer matrix composite) 2-22
高能率成形 (High energy rate forming) 4-30,11-15
高強度低合金鋼 (High strength low alloy steel) 2-14
高速切削 (High speed machining) 8-23
高速鋼 (High speed steel) 2-16
高週波 (High frequency resistance) 10-8
高溫 (Hot) 15-9
高溫硬度 (Hot hardness) 6-11
高碳鋼 (High carbon steel) 6-12
高頻銲法 (High frequency welding) 5-23

十一畫

乾切削 (Dry cutting) 6-25
乾砂模 (Dry sand mold) 3-13
乾面膜 (Skin-dried mold) 3-13
側刃角 (Side cutting edge angle) 6-9
側傾角 (Side rake angle) 6-9
側銑刀 (Side milling cutter) 7-13
側讓角 (Side relief angle) 6-9
偏弧 (Arc blow) 5-34
偏析 (Segregation) 3-21,5-33
偏差 (Deviation) 13-7
剪力強度 (Shear strength) 4-23
剪切角 (Shear angle) 6-17
剪切面 (Shear plane) 6-16
剪切強度 (Shear strength) 6-22
剪切與成型 (Trimming and forming) 16-11
剪應力 (Shear stress) 4-3
剪斷 (Shearing) 4-25
動作及時間研究 (Motion and time study) 14-16
動作分析 (Motion analysis) 14-16
匙孔銲接 (Key-hole welding) 5-29
基孔制 (Basic hole system) 13-9
基本尺寸 (Basic size) 13-7
基材 (Substrate) 16-3
基面 (Reference plane) 6-9
基軸制 (Basic shaft system) 13-9
密度 (Density) 11-14
專用工具機 (Special purpose machine tools) 8-3
崩裂 (Chipping) 6-26
崩潰性 (Collapsibility) 3-11
常溫硬度 (Cold hardness) 6-11
帶鋸機 (Band sawing machine) 7-4
強化材 (Reinforcement) 2-22,12-9
強化塑膠 (Reinforced plastic) 12-9
強度 (Strength) 3-11,4-6
控制 (Control) 15-5
控制因子 (Controlling factor) 4-6
接合程序 (Joining processes) 5-2

掃描穿隧式顯微鏡 (Scanning tunneling microscope) 16-15
掃描式探針顯微鏡 (Scanning probe microscope) 16-15
推向力 (Thrust force) 6-18
推式 (Push type) 8-14
排隊理論 (Queueing theory) 14-9
捨棄式刀片 (Throwaway insert or bit) 6-10
斜交切削 (Oblique cutting) 6-4
斜齒輪 (Bevel gear) 7-23
旋壓成形 (Spinning) 4-27
旋臂鑽床 (Radial drilling machine) 8-11
旋轉式光學編碼器 (Rotory optical encoder) 8-20
旋轉超音波切削 (Rotary ultrasonic machining) 11-9
旋轉模製法 (Rotational molding method) 12-7
氫氧氣銲法 (Oxy-hydrogen welding) 5-8
液體滲透檢驗 (Liquid penetrant inspection) 13-22
液體滲碳 (Liquid carburizing) 10-6
添加劑 (Additive) 10-14
清洗 (Washing) 11-3
清理 (Fettling) 3-3,3-19
清潔 (Cleaning) 11-3
清潔劑清潔法 (Detergent cleaning) 10-3
混合 (Blending) 11-14,11-18
混合法則 (The rule of mixture) 2-22
混合差排 (Mixed dislocation) 4-5
深孔鑽床 (Deep hole drilling machine) 8-11
淬火 (Quenching) 9-17
犁入力 (Plowing force) 6-16
球化退火 (Spheroidizing annealing) 9-16
球磨法 (Ball milling) 11-13
理想 (Ideal) 6-28
現代鑄造法 (Contemporary casting processes) 3-3
產品 (Product) 13-2,14-2
產品功能 (Function) 10-2
移轉模壓製法 (Transfer molding method) 12-7
第三變形區 (Tertiary deformation zone) 6-4
粒度 (Grain size) 7-18
粗糙表面 (Rough surface) 3-21
粗糙度 (Roughness) 10-15
統計 (Statistic) 14-14
細密性 (Fineness) 3-11
組合模型 (Composited pattern) 3-6
組織 (Structure) 9-3
脫脂 (Debinding) 11-19
莫氏 (Mohs) 2-9
處置 (Action) 14-5
規劃 (Planning) 14-10
軟銲 (Soldering) 5-25
軟鋼 (Mild steel) 2-14
通訊 (Communication) 8-24
通過進給 (Through-feed) 7-20
連續切屑 (Continuous chip) 6-6
連續切屑附積屑刃口 (Continuous chip with built-up edge) 6-7
連續生產 (Continuous production) 1-7
連續式爐 (Continuous furnace) 9-23
連續性鑄造 (Continuous casting) 3-25
造粒 (Pelletizing) 11-18
造模程序 (Mold making process) 3-14
透氣性 (Permeability) 3-11
途程規劃 (Routing) 14-5
閉迴路控制系統 (Closed-loop control system) 8-8
閉模鍛造 (Closed-die forging) 4-12
陶瓷 (Ceramic) 2-2,2-19,6-14,12-2
陶瓷合金 (Cermet) 6-14,12-12
陶瓷基複合材料 (Ceramic matrix composite) 2-23
陶瓷模鑄造法 (Ceramic mold casting) 3-25
雪明碳鐵 (Cementite) 9-6

頂心 (Center) 8-9
頂出桿 (Ejector) 3-3
麻田散鐵 (Martensite) 9-10

十二畫

最佳化 (Optimization) 6-30,13-11
創成式 (Generative type) 15-7
單一步驟製程 (One-step process) 16-20
單件模型 (One piece pattern) 3-6
單位裝配圖 (Unit assembly drawing) 13-10
單晶 (Single crystalline) 16-4
單軸自動車床 (Single spindle automatic lathe) 8-22
單鋒刀具 (Single-point tool) 6-2
單體 (Monomer) 2-21
喬米尼 (Jominy) 9-12
嵌板模型 (Follow board pattern) 3-8
嵌柱式電弧銲法 (Stud arc welding) 5-15
幾何公差 (Geometric tolerance) 13-9
幾何造型 (Geometric modeling) 15-4
循環退火 (Cycle annealing) 9-15
惰氣金屬極電弧銲法 (Metal inert gas arc welding) 5-12
惰氣鎢極電弧銲法 (Tungsten inert gas arc welding) 5-11
戟齒輪 (Hypoid gear) 7-23
揀選 (Wafer sort) 16-9
插入型固溶體 (Interstitial solid solution) 9-5
插床 (Slotter) 7-16
散佈圖 (Scatter diagram) 14-12
普通 (Plain) 7-15
普通磨床 (Plain grinder) 8-15
晶片 (Chip) 16-3
晶界 (Grain boundary) 4-6,9-3
晶粒 (Crystal grain) 9-3
晶圓 (Wafer) 16-3
晶圓切割 (Wafer sawing) 16-10
晶圓背面處理 (Wafer back-side treatment) 16-10
晶圓製程 (Wafer fabrication) 16-5
棒狀 (Rod) 12-4
殘留應力 (Residual stress) 5-33
殼式銑刀 (Shell milling cutter) 7-14
殼模鑄造法 (Shell mold casting) 3-25
氮化法 (Nitriding) 10-7
游標卡尺 (Vernier caliper) 13-16
游標高度規 (Vernier height gage) 13-17
游標深度規 (Vernier depth gage) 13-17
渦電流檢驗 (Eddy current inspection) 3-19,13-22
測試 (Testing) 16-9
無人化工廠 (Unmanned factory) 15-11
無心磨床 (Centerless grinder) 8-15
無心磨削 (Centerless grinding) 7-20
無胚料架之引伸成形 (Drawing without blank holder) 4-27
無電電鍍 (Electroless plating) 10-12
無塵室 (Clean room) 8-25,16-4
發泡聚苯乙烯 (Expanded polystyrene) 3-5
硬化能 (Hardenability) 9-12
硬度 (Hardness) 2-9
程式 (Program) 8-17
程序分析 (Process analysis) 14-16
程序圖 (Process chart) 14-6,14-16
等向性 (Isotropic) 16-7
等級 (Grade) 7-18
結合劑 (Binder) 11-18
結晶能銲接 (Crystalling energy welding) 5-4
結構 (Structure) 7-18
絕對座標 (Absolute positioning) 8-17
給料器 (Feeder) 13-23
虛擬實境 (Virtual reality) 15-5
裂縫 (Crack) 2-11,5-32
視覺感測器 (Vision sensor) 13-23
超音波加工 (Ultrasonic machining) 11-8

超音波清潔法 (Ultrasonic cleaning) 10-4
超音波輔助加工 (Ultrasonic assisted machining) 11-9
超音波銲法 (Ultrasonic welding) 5-22
超音波檢驗 (Ultrasonic inspection) 3-19,13-22
超塑性 (Superplasticity) 16-21
超塑性成形 (Superplastic forming) 4-31
超精磨 (Super finishing) 7-21,10-16
超導性 (Superconductivity) 2-6
進給 (Feed) 7-2,7-6
進給運動 (Feed motion) 6-5
量規 (Gage) 13-17
鈑刀 (Chaser) 7-22
開迴路控制系統 (Open-loop control system) 8-7
開模鍛造 (Open-die forging) 4-12
開縫鋸 (Slitting saw cutter) 7-14
間接成本 (Indirect cost) 14-17
間接擠製 (Indirect extrusion) 4-20
陽極接合 (Anodic bonding) 16-14
陽極處理 (Anodizing) 10-14
韌性 (Toughness) 2-9
順序 (Sequence) 14-4
順序程式控制 (Sequence program control) 8-6
順磁性材料 (Paramagnetic material) 2-7
順銑 (Climb milling) 7-12
黃銅 (Brass) 2-17
創客 (Maker) 16-28

十三畫

傳統鑄造法 (Traditional casting process) 3-3
圓鋸機 (Circular sawing machine) 7-4
圓環滾軋 (Ring rolling) 4-15
塞規 (Plug gage) 13-18
塑性加工 (Plastic working) 4-2
塑性流 (Plastic flow) 6-3
塑性變形 (Plastic deformation) 4-3,16-20
塗層 (Coating) 10-14
塊材 (Bulk material) 16-17
塊規 (Block gage) 13-18
微乳液法 (Microemulsion method) 16-19
微致動器 (Microactuator) 16-15
微射出成形 (Micro injection molding) 16-14,16-22
微處理機 (Microprocessor) 8-7
微感測器 (Microsensor) 16-14
微滑鑄法 (Micro slip casting) 16-14
微熱壓印 (Micro hot embossing) 16-14
微機械 (Micromachine) 16-11
微機械加工 (Micro mechanical machining) 16-14
微機電系統 (Micro-electro-mechanical system) 16-2
微觀 (Microscope) 16-17
微觀組織 (Micro structure) 9-29
感應軟銲法 (Induction soldering) 5-26
感應硬銲法 (Induction brazing) 5-26
感應爐 (Induction furnace) 3-18
愛克姆螺紋 (Acme thread) 7-22
搪孔 (Boring) 7-7
搪床 (Boring machine) 7-8
搪磨 (Honing) 7-7,7-21,7-24
搭接接頭 (Lap joint) 5-5
損益表 (Income statement) 14-21
搖動裕度 (Shake allowance) 3-4
極 (Polar) 8-19
極限尺寸 (Limit size) 13-7
極限開關 (Limit switch) 8-7
溶解處理 (Solution treatment) 9-20
溶膠凝膠法 (Sol-gel method) 16-19
溶劑 (Solvent) 10-14
溝槽式 (Groove type) 6-8
濕砂模 (Green sand mold) 3-12
溫鍛 (Warm forging) 4-11
滑動 (Slip) 4-3

滑動面 (Slip plane) 4-3
滑動區 (Sliding region) 6-22
滑鑄法 (Slip casting) 11-15,12-3
準確度 (Accuracy) 13-15
萬能 (Universal) 7-15
萬能量角規 (Universal protractor) 13-19
萬能試驗機 (Universal testing machine) 9-27
萬能銑床 (Universal milling machine) 8-12
置換型固溶體 (Substitutional solid solution) 9-5
群組技術 (Group technology) 13-5,15-4
落錘鍛造 (Drop hammer forging) 4-13
蜂巢狀材料 (Honeycomb material) 12-12
裝配 (Assembly) 1-7,5-2,13-23
裕度 (Allowance) 13-8
解析器 (Resolver) 8-20
資金 (Investment) 14-2
資料擷取系統 (Data acquisition system) 15-10
資產負債表 (Balance sheet) 14-19
運作圖 (Run chart) 14-12
運輸問題 (Transportation problem) 14-9
過共析鋼 (Hypereutectoid steel) 9-6
過度設計 (Over design) 1-6
過時效 (Overaging) 9-20
過渡配合 (Transition fit) 13-9
鉋削 (Shaping) 7-15
鉚釘 (Rivet) 5-36
雷射 (Laser) 5-28
雷射干涉儀 (Laser interferometer) 13-19
雷射束加工 (Laser beam machining) 11-6
雷射束切割 (Laser beam cutting) 5-29
雷射束銲法 (Laser beam welding) 5-28
雷射剝蝕法 (Laser ablation method) 16-19
雷射軟銲法 (Laser soldering) 5-26
雷射硬銲法 (Laser brazing) 5-26
電子束 (Electron beam) 10-8
電子束切割 (Electron beam cutting) 5-28
電子束加工 (Electron beam machining) 11-5
電子束銲法 (Electron beam welding) 5-26
電子材料 (Electronic material) 2-2
電化能 (Electrochemical energy) 11-2
電化學反應 (Electrochemical reaction) 10-10
電化學加工 (Electrochemical machining) 11-4
電化學研磨 (Electrochemical grinding)11-5
電化學搪磨 (Electrochemical horning)11-5
電火花成形 (Electrospark forming) 4-30
電弧放電法 (Arc discharge method) 16-18
電弧爐 (Electric arc furnace) 3-17
電阻浮凸銲法 (Resistance projection welding) 5-18
電阻軟銲法 (Resistance soldering) 5-25
電阻硬銲法 (Resistance brazing) 5-25
電阻縫銲法 (Resistance seam welding)5-19
電阻點銲法 (Resistance spot welding) 5-16
電氣液壓成形 (Electro-hydraulic forming) 4-30
電腦輔助工程分析 (Computer-aided engineering analysis) 15-3
電腦輔助設計 (Computer-aided design) 15-3
電腦輔助繪圖 (Computer-aided drafting) 15-3
電腦數值控制 (Computer numerical control) 8-16
電腦數值控制銑床 (CNC milling machine) 7-12
電腦整合製造 (Computer integrated manufacturing) 15-3
電腦整合製造系統 (Computer integrated manufactaring system) 1-9,15-10
電解 (Electrolysis) 10-8
電解沉積 (Electrolytic deposition) 11-19
電解拋光 (Electrolytic polishing) 10-4

電解法 (Electrolytic method) 11-13
電解清潔法 (Electrolytic cleaning) 10-4
電磁能銲接 (Electromagnetic energy welding) 5-4
電漿 (Plasma) 10-8
電漿電弧加工 (Plasma arc machining) 11-8
電漿電弧銲法 (Plasma arc welding) 5-15
電漿蝕刻 (Plasma etching) 16-7
電熱氣體銲法 (Electrogas welding) 5-30
電熱能 (Electrothermal energy) 11-2
電熱熔渣銲法 (Electroslag welding) 5-30
電鍍 (Electroplating) 10-11,16-20
電鑄成形 (Electroforming) 11-19,16-13
預形體 (Preform) 12-11
預定動作時間標準 (Predetermined motion time standard) 14-17
預燒測試 (Burn-in test) 16-11
預鍛 (Preforging) 4-12
零星生產 (Job lot production) 1-7,13-12

十四畫

實際尺寸 (Actual size) 13-7
實際接觸面積 (Real area of contact) 6-21
實體模型 (Solid model) 15-4
對接接頭 (Butt joint) 5-4
摺縫 (Seam) 5-36
摺疊 (Crimp) 5-36
敲密度 (Tap density) 11-14
敲擊法 (Tapping method) 5-9
槍管鑽頭 (Gun drill) 7-7
滾軋 (Rolling) 4-15,12-4
滾軋鍛造 (Roll forging) 4-14
滾筒磨光 (Barrel finishing) 10-16
滾齒刀 (Hob) 8-23
滾齒法 (Hobbing) 7-23
滾齒機 (Gear hobbing machine) 8-23
漂浮法 (Float method) 12-4
漸開線 (Involute) 7-23
滲硫法 (Sulfurizing) 10-8
滲透不足 (Lack of penetration) 5-34
滲透檢驗 (Penetrant inspection) 3-19
滲硼法 (Boriding) 10-8
滲碳法 (Carburizing) 10-6
熔滲 (Infiltrant) 11-17
熔化 (Melting) 3-3,3-16
熔化銲接 (Fusion welding) 5-4
熔著 (Adhesion) 6-26
熔融接合 (Fusion bonding) 16-14
熔融擠製成型 (Fused deposition modeling) 16-24
熔點 (Melting point) 2-5
熔鐵爐 (Cupola) 3-17
監督 (Monitoring) 15-5
適應性切層 (Adaptive slicing) 16-28
磁力成形 (Magnetic forming) 4-31
磁性 (Magnetic property) 2-7
磁性用鋼 (Magnetic steel) 2-15
磁粉檢驗 (Magnetic particle inspection) 3-19,13-22
碳工具鋼 (Carbon tool steel) 2-15
碳極電弧銲法 (Carbon arc welding) 5-10
碳鋼 (Carbon steel) 2-14
碳醯法 (Carbonyl method) 11-13
碳化焰 (Carburizing flame) 5-8
端刃角 (End cutting edge angle) 6-9
端進給 (End-feed) 7-20
端銑刀 (End milling cutter) 7-14
端銲型 (Brazed-bit type) 6-10
端壓銲法 (Upset welding) 5-20
端壓鍛造 (Upset forging) 4-14
端讓角 (End relief angle) 6-9
管件滾軋 (Tube rolling) 4-15
管材 (Tube) 12-4
管制 (Controlling) 14-11
管制圖 (Control chart) 14-12
管理作業 (Management) 14-2

管理資訊系統 (Management information system) 15-10
精密度 (Precision) 13-16
精密配合 (Precision fit) 13-9
精密鑄造法 (Precision casting) 3-24
綜合加工機 (Machining center) 7-15,8-20
緊配合 (Tight fit) 13-9
網路分析 (Network analysis) 14-9
維氏 (Vickers) 2-9,9-27
聚合體 (Polymer) 2-20
腐蝕 (Corrosion) 2-4,10-10
蒙納合金 (Monel metal) 2-18
蓋印 (Marking) 16-10
蒸鍍 (Evaporation) 10-1216-6
蔴花鑽頭 (Twist drill) 7-7
製造 (Manufacturing) 13-2
製造成本 (Manufacturing cost) 14-17
製造系統 (Manufacturing system) 13-2
製造前置時間 (Manufacturing lead time) 14-3
製造程序 (Manufacturing processes) 1-3,13-3
製程計畫 (Process plan) 14-4
製程退火 (Process annealing) 9-16
酸性清潔法 (Acid cleaning) 10-4
鉸孔 (Reaming) 7-8
銑床 (Milling machine) 7-15
銑削 (Milling) 6-3,7-2,7-10

十五畫

價值工程 (Value engineering) 1-5
噴砂 (Sand blast) 10-4
噴覆 (Spraying) 10-13
噴霧法 (Atomization method) 11-12
噴灑 (Spray) 10-3
增量座標 (Incremental positioning) 8-17
審核及評估 (Review and evaluation) 15-5
層化玻璃 (Laminated glass) 12-5
層狀波來鐵組織 (Coarse pearlite) 9-10
彈性製造系統 (Flexible manufacturing system) 15-8
彈性模數 (Modulus of elasticity) 2-8
彈性體 (Elastomer) 12-5
彈簧 (Spring) 5-36
摩擦力 (Frictional force) 6-20
摩擦法 (Scratching method) 5-9
摩擦係數 (Coefficient of friction) 6-20
摩擦銲法 (Friction welding) 5-21
數值控制 (Numerical control) 8-7,8-16
樣板 (Template) 7-23,8-21
標準作業程序 (Standard operation process) 14-4
模型 (Pattern) 3-3
模型裕度 (Pattern allowance) 3-4
模砂 (Molding sand) 3-10
模製 (Molding) 12-10
模擬技術 (Simulation technique) 14-9
澆池 (Pouring basin) 3-9
澆注 (Pouring) 3-3
澆桶 (Ladle) 3-17
澆道 (Sprue) 3-9
潛弧銲法 (Submerged arc welding) 5-13
潛變 (Creep) 2-12
熱分解法 (Pyrolysis) 16-19
熱回火 (Thermal tempering) 12-5
熱成形製法 (Thermoforming method) 12-7
熱作 (Hot working) 4-2
熱冷深引伸成形 (Hot-and-cold deep drawing) 4-27
熱均壓法 (Hot isostatic pressing) 11-15
熱固性 (Thermosetting) 2-21,12-5
熱室 (Hot chamber) 3-22
熱浸 (Hot dipping) 10-11
熱處理 (Heat treatment) 9-2,16-6
熱傳導性 (Thermal conductivity) 2-6
熱塑性 (Thermoplastic) 2-21,12-5
熱電偶 (Thermocouple) 6-23
熱蒸鍍 (Thermal evaporation) 16-19

熱影響區 (Heat affected zone) 5-33
熱膨脹係數 (Coefficient of thermal expansion) 2-6
熱壓成形 (Hot embossing) 16-21
熱鍛 (Hot forging) 4-11
編碼 (Coding) 14-8
線性光學編碼器 (Linear optical encoder) 8-20
線性規劃 (Linear programming) 14-9
線缺陷 (Linear defect) 4-5
蝸桿與蝸輪 (Worm and worm wheel) 7-23
衝頭 (Punch) 4-23
衝擊 (Impact) 4-10
衝擊試驗 (Impact test) 2-9
衝擊銲法 (Percussion welding) 5-21
衝擊擠製 (Impact extrusion) 4-21
衝擊鍛造 (Impact forging) 4-13
輝光放電 (Glow discharge) 10-7
複合材料 (Composite material) 2-2
複合鑄造 (Compocasting) 12-11
質量效果 (Mass effect) 9-18
輪廓切削控制 (Contouring cutting control) 8-19
輪廓裝配圖 (Outline assembly drawing) 13-10
輪磨 (Grinding) 8-2
適地 (Right place) 14-8
適時 (Right time) 14-8
適量 (Right quantity) 14-8
適價 (Right price) 14-8
適質 (Right quality) 14-8
適應性控制系統 (Adaptive control system) 8-8
遮蔽及畫線 (Masking and scribing) 11-3
遮蔽金屬電弧銲法 (Shielded metal arc welding) 5-10
銷 (Pin) 5-36
鋁熱銲法 (Thermit welding) 5-31
銲炬 (Welding torch) 5-7
銲接 (Welding) 5-35
銲接位置 (Welding position) 5-5
銲接接頭 (Welding joint) 5-4
銲蝕 (Under cutting) 5-34
銲線 (Wire bonding) 16-10
震動法 (Jolting) 3-14
靠模 (Profile) 7-15
靠模車床 (Copying lathe) 8-10
靠模銑床 (Profile milling machine) 8-12
靠模磨床 (Copying grinder) 8-15
餘隙 (Clearance) 13-8
餘隙配合 (Clearance fit) 13-9
齒刀 (Hob) 7-23
齒輪 (Gear) 7-23
齒輪創製 (Gear generating) 7-23
齒輪磨床 (Gear grinder) 8-15

十六畫

凝固 (Solidification) 3-3,3-18
導線架 (Lead frame) 16-10
操作分析 (Operation analysis) 14-16
操作成本 (Operating cost) 14-17
整合 (Integration) 15-2
整數規劃 (Integer programming) 14-9
整緣 (Trimming) 4-26
整體成形 (Bulk deformation or Massive forming) 4-2
整體型 (Solid type) 6-10
整體模型 (Solid pattern) 3-6
橫向滾軋 (Transverse rolling) 4-17
橫移輪磨 (Traverse grinding) 7-20
橫銲位置 (Horizontal position) 5-5
樹脂 (Resin) 10-14
樹脂 (Resinoid) 7-18
橡膠 (Rubber) 7-18
機力車床 (Engine lathe) 8-9
機械 (Machinery) 1-7
機械元件 (Mechanical component) 7-23

機械式深引伸成形 (Mechanical deep drawing) 4-27
機械式緊固 (Mechanical fastening) 5-35
機械法 (Mechanical method) 11-13
機械研磨法 (Mechanical attrition method) 16-18
機械能 (Mechanical energy) 11-2
機械能銲接 (Mechanical energy welding) 5-4
機構 (Mechanism) 1-7
機器 (Machine) 1-7,14-2
機器人 (Robot) 13-23
機器造模 (Machine molding) 3-14
激勵 (Motivating) 14-11
燒結 (Sintering) 11-16,11-19
燒結碳化物 (Cemented carbide or Sintered carbide) 6-13
燒結鍛造 (Sinter forging) 4-15
磨削 (Grinding) 6-3,7-2,7-17,7-24
磨料 (Abrasive) 7-18
磨料水噴射加工 (Abrasive water jet machining) 11-10
磨料噴射加工 (Abrasive jet machining) 11-9
磨耗 (Wear) 6-25
磨輪 (Abrasive wheel or Grinding wheel) 6-2
蕭氏 (Shore) 2-9,9-27
輸入 (Input) 14-2
輸出 (Output) 14-2
輸送帶 (Conveyer) 13-23
選擇性雷射燒結 (Selective laser sintering) 12-8,16-26
選擇性雷射熔融 (Selective Laser Melting) 16-27
錠 (Ingot) 4-8
鋸切 (Sawing) 7-3
鋸片 (Saw blade) 7-3
鋸齒螺紋 (Buttress thread) 7-22
鋼鐵發藍 (Blueing) 10-15
靜液壓力深引伸成形 (Hydrostatic deep drawing) 4-27
靜點 (Dead point) 7-7
頸縮 (Necking) 2-8
頭座 (Head stock) 8-9
龍門 (Planer) 7-15
龍門銑床 (Planer type milling machine) 8-12

十七畫

壓力模製法 (Compression molding method) 12-7
壓力銲接 (Pressure welding) 5-4
壓力鍛造 (Press forging) 4-14
壓平深引伸成形 (Deep drawing combined with ironing) 4-27
壓印 (Coining) 4-26
壓浮花 (Embossing) 4-26
壓製法 (Pressing method) 12-5
壓擠法 (Squeezing) 3-14
壓擠鑄造 (Squeeze casting) 3-26
壓縮性 (Compressibility) 11-14
壓鑄法 (Die casting) 3-22,7-22
積層製造 (Additive manufacturing) 16-21
應力強度因子 (Stress intensity factor) 2-11
應變率 (Strain rate) 2-9
應變硬化 (Strain hardening) 2-8
擠製法 (Extrusion method) 12-6
擠壓 (Press) 4-10
擦光 (Buffing) 7-21
擦亮 (Burnishing) 7-23
檢核表 (Check sheet) 14-12
檢驗 (Inspection) 3-3,3-18
環氧樹脂 (Epoxy) 2-21
環規 (Ring gage) 13-18
矯正 (Sizing) 11-17
糙斑鐵 (Sorbite) 9-10
縮孔 (Shrinkage cavity) 3-20

縱向滾軋 (Longitudinal rolling) 4-17
縱進給 (In-feed) 7-20
翼形刀具 (Fly cutter) 7-7
臨界剪應力 (Critical shear stress) 4-5
臨界區域 (Critical zone) 9-18
薄板成形 (Sheet forming) 4-3
薄片疊層 (Sheet lamination) 16-26
薄膜沉積 (Film deposition) 16-9
螺栓 (Bolt) 5-36
螺紋 (Screw thread) 7-21
螺紋規 (Thread gage) 13-18
螺紋緊固 (Threaded fastener) 5-36
螺紋銑床 (Thread milling machine) 8-12
螺紋磨床 (Thread grinder) 8-15
螺釘 (Screw) 5-36
螺旋差排 (Screw dislocation) 4-5
螺旋齒輪 (Helical gear) 7-23
螺桿螺紋 (Worm thread) 7-22
螺帽 (Nut) 5-36
螺絲 (Screw) 5-36
還原法 (Reduction method) 11-12
錘鍛 (Hammer forging) 4-12
鍛造 (Forging) 4-10
鍛壓銲法 (Forge welding) 5-23
黏土 (Vitrified) 7-18
黏晶 (Die mount/Die bond/Die attach) 16-10
黏著區 (Sticking region) 6-22
黏著接合 (Adhesive bonding) 5-35-5-36,16-14
黏滯流 (Viscous flow) 12-4
黏著劑噴印 (Binder jetting) 16-26
點到點定位控制 (Point-to-point position control) 8-19

十八畫

擴散 (Diffusion) 16-6
擴散退火 (Diffusion annealing) 9-14
擴散接合 (Diffusion bonding) 4-31,5-24
擴散被覆法 (Diffusion coating) 10-8
擴散銲法 (Diffusion welding) 5-23
擺線 (Cycloid) 7-23
擷取式 (Retrieval type) 15-6
斷屑裝置 (Chip breaker) 6-8
檯式車床 (Bench lathe) 8-9
檯式鑽床 (Bench drilling machine) 8-11
濺擊蝕刻 (Sputter etching) 16-7
濺鍍 (Sputtering) 10-12,16-6
蟲漆 (Shellac) 7-18
轉換溫度 (Transition temperature) 2-11
轉換器 (Transducer) 8-20
轉塔車床 (Turret lathe) 8-10
轉爐 (Converter) 3-17
鎖扣 (Staple or Stitch) 5-36
離子化 (Ionization) 2-4
離子植入法 (Ion implantation) 16-6
離子鍵 (Ionic bond) 2-2
離心成形法 (Centrifugal compacting) 11-15
離心噴灑 (Centrifugal spraying) 12-4
離心鑄造法 (Centrifugal casting method) 12-5
雜質 (Inclusions) 3-21
雙晶 (Twin) 4-3
雙晶面 (Twin plane) 4-3
顏料 (Pigment) 10-14
鬆件模型 (Loose piece pattern) 3-6

十九畫

瀝鑄法 (Slush casting) 3-24
爆炸成形 (Explosive forming) 4-30
爆炸銲法 (Explosive welding) 5-23
穩態 (Steady state) 4-15
邊緣接頭 (Edge joint) 5-4
鑿刃 (Chisel edge) 7-7

二十畫

爐式軟銲法 (Furnace soldering) 5-25

爐式硬銲法 (Furnace brazing) 5-25
鐘錶車床 (Watch lathe) 8-9

二十一畫

鐵匠鍛造 (Smith forging) 4-12
鐵系 (Ferrous) 10-9
鐵系金屬 (Ferrous metal) 2-2,2-13
鐵磁性材料 (Ferromagnetic material) 2-7
驅動交流伺服馬達 (AC serve motor) 8-20

二十二畫

彎曲 (Bending) 4-29
彎管 (Tube bending) 4-29
鑄口 (Gate) 3-9
鑄件 (Casting) 3-3
鑄造性 (Castability) 2-16
鑄造法 (Casting method) 12-8
鑄模 (Casting mold) 3-3,10-12
鑄鐵 (Cast iron) 2-16
顫動 (Chatter) 6-7,6-28
疊層製造 (Laminated object manufacturing) 16-26

二十三畫

變形 (Distorsion) 3-21,5-33
變形裕度 (Distorsion allowance) 3-4
變動成本 (Variable cost) 14-18
變韌鐵 (Bainite) 9-11
變態 (Transformation) 9-3
邏輯 (Logic) 16-3
體型微加工技術 (Bulk micromachining technology) 16-13
體積不變 (Constant volume) 4-6
鑞銲 (Soldering and brazing) 5-4

二十七畫

鑽石 (Diamond) 6-15
鑽尖 (Drill point) 7-7
鑽床 (Drilling machine) 7-6
鑽身 (Drill body) 7-7
鑽削 (Drilling) 6-3,7-2
鑽柄 (Drill shank) 7-7
鑽唇 (Drill lip) 7-7
鑽腹 (Drill web) 7-7
鑽槽 (Drill flute) 7-7
鑽頭 (Drill) 7-6
鑽頭夾頭 (Drill chuck) 8-10
鑽頭套筒 (Drill sleeve) 8-10
鑽邊 (Drill margin) 7-7

國家圖書館出版品預行編目資料

機械製造 / 簡文通編著. -- 六版. -- 新北市
：全華圖書股份有限公司.2023.12
面 ； 公分
ISBN 978-626-328-795-2(平裝)
1. CST:機械製造
446.89 112020411

機械製造

編著／簡文通
發行人／陳本源
執行編輯／蔣德亮
封面設計／楊昭琅
出版者／全華圖書股份有限公司
郵政帳號／0100836-1 號
印刷者／宏懋打字印刷股份有限公司
圖書編號／0548004
六版一刷／2023 年 12 月
定價／新台幣 500 元
ISBN／978-626-328-795-2(平裝)
ISBN／978-626-328-797-6(PDF)
全華圖書／www.chwa.com.tw
全華網路書店 Open Tech／www.opentech.com.tw
若您對本書有任何問題，歡迎來信指導 book@chwa.com.tw

臺北總公司(北區營業處)
地址：23671 新北市土城區忠義路 21 號
電話：(02) 2262-5666
傳真：(02) 6637-3695、6637-3696

南區營業處
地址：80769 高雄市三民區應安街 12 號
電話：(07) 381-1377
傳真：(07) 862-5562

中區營業處
地址：40256 臺中市南區樹義一巷 26 號
電話：(04) 2261-8485
傳真：(04) 3600-9806(高中職)
(04) 3601-8600(大專)

（請由此線剪下）

讀者回函卡

掃 QRcode 線上填寫 ▶▶▶

姓名：＿＿＿＿ 生日：西元＿＿年＿＿月＿＿日 性別：□男 □女

電話：（ ）＿＿＿＿ 手機：＿＿＿＿

e-mail：（必填）＿＿＿＿

註：數字零，請用 Φ 表示，數字 1 與英文 L 請另註明並書寫端正，謝謝。

通訊處：□□□□□

學歷：□高中・職 □專科 □大學 □碩士 □博士

職業：□工程師 □教師 □學生 □軍・公 □其他

學校／公司：＿＿＿＿ 科系／部門：＿＿＿＿

・需求書類：

□ A. 電子 □ B. 電機 □ C. 資訊 □ D. 機械 □ E. 汽車 □ F. 工管 □ G. 土木 □ H. 化工 □ I. 設計

□ J. 商管 □ K. 日文 □ L. 美容 □ M. 休閒 □ N. 餐飲 □ O. 其他

・本次購買圖書為：＿＿＿＿ 書號：＿＿＿＿

・您對本書的評價：

封面設計：□非常滿意 □滿意 □尚可 □需改善，請說明＿＿＿＿

內容表達：□非常滿意 □滿意 □尚可 □需改善，請說明＿＿＿＿

版面編排：□非常滿意 □滿意 □尚可 □需改善，請說明＿＿＿＿

印刷品質：□非常滿意 □滿意 □尚可 □需改善，請說明＿＿＿＿

書籍定價：□非常滿意 □滿意 □尚可 □需改善，請說明＿＿＿＿

整體評價：請說明＿＿＿＿

・您在何處購買本書？

□書局 □網路書店 □書展 □團購 □其他＿＿＿＿

・您購買本書的原因？（可複選）

□個人需要 □公司採購 □親友推薦 □老師指定用書 □其他＿＿＿＿

・您希望全華以何種方式提供出版訊息及特惠活動？

□電子報 □ DM □廣告（媒體名稱＿＿＿＿）

・您是否上過全華網路書店？（www.opentech.com.tw）

□是 □否 您的建議＿＿＿＿

・您希望全華出版哪方面書籍？＿＿＿＿

・您希望全華加強哪些服務？＿＿＿＿

感謝您提供寶貴意見，全華將秉持服務的熱忱，出版更多好書，以饗讀者。

填寫日期： / /

2020.09 修訂

親愛的讀者：

感謝您對全華圖書的支持與愛護，雖然我們很慎重的處理每一本書，但恐仍有疏漏之處，若您發現本書有任何錯誤，請填寫於勘誤表內寄回，我們將於再版時修正，您的批評與指教是我們進步的原動力，謝謝！

全華圖書 敬上

勘 誤 表

書 號		書 名		作 者	
頁 數	行 數	錯誤或不當之詞句		建議修改之詞句	

我有話要說：（其它之批評與建議，如封面、編排、內容、印刷品質等・・・）

得分

機械製造

課後評量

CH1 機械製造概論

班級：____________

學號：____________

姓名：____________

1 通常可將產業結構分爲那三級？敘述它們之間的關係。

2 敘述機械製造三個主要不同生產方式的演進。

3 就產品製造成本的考量，敘述產品之設計、材料與製造三者間的關係。

4 一般可將產品的產量分爲那些類型？產量的多寡對產品生產行爲有何影響？

5 敘述1960年代以後之機械製造策略考量演進的核心、規劃重點及支援的系統。

（請沿虛線撕下）

得 分

機械製造
課後評量
CH2 工程材料

班級：＿＿＿＿＿＿
學號：＿＿＿＿＿＿
姓名：＿＿＿＿＿＿

1 工程材料通常可分為那兩大類？若依材料組成之原子間的鍵結方式則可分為那五大類？

2 金屬材料較重要的機械性質有那些？

3 敘述碳鋼的特性、種類及應用。

4 何謂合金鋼？主要的種類有那些？

5 敘述鋁合金的特性、種類及應用。

6 敘述複合材料的特性、種類及應用。

（請沿虛線撕下）

得　分

機械製造
課後評量
Ch3　鑄　造

班級：__________

學號：__________

姓名：__________

1 說明製造工件之鑄造程序的主要步驟及需特別注意的事項。

2 說明鑄造程序中之模型、鑄模和鑄件三者間的關係。

3 鑄件在砂模中凝固冷卻後取出的過程爲何？

4 常見的鑄件缺陷有那些？各有何預防方法？

5 何謂永久模鑄造法之壓鑄法？有那些種類？其優缺點爲何？

6 敘述包模鑄造法的製造過程，試繪製工作流程圖加以說明。

（請沿虛線撕下）

得　分

全華圖書

機械製造

課後評量

Ch4　塑性加工

班級：＿＿＿＿＿＿＿＿

學號：＿＿＿＿＿＿＿＿

姓名：＿＿＿＿＿＿＿＿

1 何謂金屬材料之加工硬化及再結晶溫度？兩者之間的關係為何？

2 金屬工件塑性加工之鍛造加工程序的主要步驟為何？

3 繪圖說明金屬工件塑性加工之平板滾軋加工的基本原理。

4 說明金屬工件塑性加工之擠製和抽拉的相同和差異之處。

5 何謂金屬薄板成形加工之沖剪加工？有那些種類？

6 何謂金屬工件塑性加工之超塑性成形？其優缺點為何？

(請沿虛線撕下)

得 分

全華圖書

機械製造

課後評量

CH5 接合程序

班級：

學號：

姓名：

1 先將產品拆解成數個零件分開製造，再經裝配組合後才成為產品的主要原因為何？

2 氧乙炔氣銲法的火焰形式那三種類型？各有何特點？

3 何謂惰氣鎢極電弧銲法(TIG)？有何優缺點？

4 何謂惰氣金屬極電弧銲法(MIG)？MIG與惰氣鎢極電弧銲法(TIG)的較大差異為何？

5 何謂電阻銲接？有何優缺點？

6 何謂軟銲和硬銲，各有何用途？需特別注意的事項為何？

7 機械式緊固的使用場合為何？包含那些種類及使用的接合配件？

(請沿虛線撕下)

得　分

機械製造
課後評量
Ch6　切削理論

班級：＿＿＿＿＿＿
學號：＿＿＿＿＿＿
姓名：＿＿＿＿＿＿

1 敘述常見之五種不同切削型式的主運動和進給運動。

2 說明金屬工件切削過程產生之切屑的種類、形成原因及其特點。

3 金屬工件切削過程使用之刀具材料需具備的性質有那些？

4 金屬工件切削過程中切削液的功用和種類爲何？

5 敘述金屬工件切削過程中刀具磨耗的型式及影響磨耗速率的因素有那些？

6 敘述金屬工件切削加工過程的相關參數。

（請沿虛線撕下）

得　分

全華圖書（版權所有，翻印必究）

機械製造

課後評量

CH7　切削加工

班級：________________

學號：________________

姓名：________________

1 敘述金屬工件車削加工之切削速度、進給和切削深度的意義。

2 敘述金屬工件銑削加工之逆銑法與順銑法的異同處及優缺點。

3 敘述金屬工件銑削加工之切削速度、進給和進給率的意義。

4 敘述金屬工件利用砂輪進行磨削加工的方式有那些？

5 在金屬工件上製作螺紋的方法有那些？

6 利用切削加工製造金屬零組件之齒輪的方法有那些？

（請沿虛線撕下）

得　分

機械製造
課後評量
CH8　工具機

班級：________
學號：________
姓名：________

1 一般切削用工具機的主要構造爲何？

2 敘述車床的功能及規格。

3 敘述銑床的功能及用途。

4 敘述電腦數值控制工具機的優缺點。

5 高速切削工具機必須具備的基本構造有那些？

6 切削加工之多軸複合工具機的種類有那些？

（請沿虛線撕下）

得　分

機械製造
課後評量
CH9　熱處理

班級：＿＿＿＿＿＿
學號：＿＿＿＿＿＿
姓名：＿＿＿＿＿＿

1 金屬工件熱處理的作用及過程爲何？進行的步驟依序爲何？

2 何謂鐵碳合金的連續冷卻變態圖？繪製方法爲何？

3 何謂鐵碳合金的恆溫變態圖？繪製方法爲何？

4 何謂鋼材的退火處理？繪出退火的種類和加熱溫度範圍之關係圖。

5 鋼材淬火的目的爲何？處理過程及需注意的事項爲何？

6 舉例繪圖並說明鋁銅合金的硬化處理過程。

（請沿虛線撕下）

得　分

全華圖書（版權所有，翻印必究）

機械製造

課後評量

CH10　表面處理

班級：＿＿＿＿＿＿＿＿

學號：＿＿＿＿＿＿＿＿

姓名：＿＿＿＿＿＿＿＿

1 何謂工件的表面處理？主要之目的及應用例子有那些？

2 對鋼材工件執行表面硬化處理之目的爲何？有那3種不同類型的方法可達成？

3 何謂工件的表面防護處理？

4 分別敘述物理氣相沉積(PVD)與化學氣相沉積(CVD)的作用原理和應用。

5 說明工件表面光製處理之考量及常用的方法。

（請沿虛線撕下）

得 分

機械製造

課後評量

CH11 特殊加工

班級：________

學號：________

姓名：________

1 非傳統切削加工使用的能量形式有那四種？應用的加工法有那些？

2 敘述放電加工的原理及優缺點。

3 利用粉末冶金製造產品的優缺點有那些？

4 敘述粉末冶金之均壓法的優點及種類。

5 敘述金屬射出成形的加工步驟。

（請沿虛線撕下）

得　分

全華圖書 (版權所有，翻印必究)

機械製造

課後評量

CH12　非金屬材料加工

班級：________

學號：________

姓名：________

1 玻璃產品的型式有那些？各是如何加工而得？

2 敘述塑膠成形之擠製法的製程及應用。

3 敘述塑膠成形之注射模製法的製程及應用。

4 複合材料依強化材的構造型式可分爲那三種？各有何應用的產品？

5 纖維複合材料中強化材的製造方法有那些？

6 板狀複合材料包含那些種類？其應用目的各爲何？

（請沿虛線撕下）

得　分

機械製造

課後評量

CH13　工程規劃

班級：＿＿＿＿＿＿＿＿

學號：＿＿＿＿＿＿＿＿

姓名：＿＿＿＿＿＿＿＿

1 製造系統三個主要階段所包含的內容爲何？

2 敘述工程圖之有關配合的名詞及內容。

3 在進行生產製造時，輔助工具大都會與工件材料直接接觸，依其特性可區分爲那三種類別？

4 敘述對零件進行量測之目的，並解釋準確度和精密度的意義。

5 生產製造之自動化裝配系統的組成要件爲何？

（請沿虛線撕下）

得　分

機械製造
課後評量
CH14　生產管理

班級：__________
學號：__________
姓名：__________

1 製造程序之生產規劃的內容有那些？

2 製造程序之生產管制的主要項目有那四項？各有何常用的圖表？

3 製造程序之品質管制可用於改進產品品質的方法有那些？

4 製造程序之製造成本依其特性可分爲那兩種類別？

5 財務報表的主要種類有那些？

6 製造程序之工業安全與衛生管理主要的實施方法有那些？

（請沿虛線撕下）

得 分

全華圖書
機械製造
課後評量
CH15 電腦輔助製造系統

班級：__________
學號：__________
姓名：__________

1 電腦輔助繪圖優於傳統人工繪圖之處爲何？

2 電腦輔助製程規劃(CAPP)的形式及優點各爲何？

3 何謂物料需求規劃(MRP)及製造資源規劃(MRP-II)？

4 敘述彈性製造系統(FMS)的功能與效益。

5 何謂電腦整合製造系統(CIMS)？

(請沿虛線撕下)

得　分

機械製造
課後評量
CH16　新興工程技術

班級：＿＿＿＿＿＿＿＿

學號：＿＿＿＿＿＿＿＿

姓名：＿＿＿＿＿＿＿＿

1 積體電路(IC)的定義爲何？可分爲那些種類？

2 晶圓製程中運用到的基本作業方法有那四種？

3 晶圓製程爲屬於積體電路程的前段製程，包括那些操作步驟？

4 晶圓後段製程之封裝的主要製程爲何？

5 何謂微奈米機電系統之光刻鑄模技術？其主要的製程爲何？

6 奈米級結構元件的生產方式有那些？

7 積層製造程序又稱3D列印技術，其製程爲何？

8 何謂3D列印技術中之粉末床熔融成型技術？相較於其他3D成型技術時的特點爲何？在金屬材料加工領域中的地位有何重要性？

（請沿虛線撕下）